A EQUAÇÃO QUE NINGUÉM CONSEGUIA RESOLVER

Mario Livio

A EQUAÇÃO QUE NINGUÉM CONSEGUIA RESOLVER

3ª edição revista

Tradução de
JESUS DE PAULA ASSIS

Revisão técnica de
MICHELLE DYSMAN e DIEGO VAZ BEVILAQUA

EDITORA RECORD
RIO DE JANEIRO • SÃO PAULO
2021

CIP-Brasil. Catalogação-na-fonte
Sindicato Nacional dos Editores de Livros, RJ.

Livio, Mario, 1945-
L762e A equação que ninguém conseguia resolver / Mario Livio;
3ª ed. [tradução Jesus de Paula Assis]. – 3ª ed. – Rio de Janeiro: Record, 2021.

Tradução de: The equation that couldn't be solved
Apêndice
Inclui bibliografia e índice
ISBN 978-85-01-07650-2

1. Teoria dos grupos – História. 2. Galois, Teoria de – História. 3. Galois, Evaristo, 1811-1832. 4. Funções simétricas. 5. Análise indeterminada. I. Título.

CDD – 512.209
08-2782 CDU – 512(09)

Título original em inglês:
THE EQUATION THAT COULDN'T BE SOLVED

Direitos exclusivos de publicação em língua portuguesa para o Brasil adquiridos pela
EDITORA RECORD LTDA.
Rua Argentina 171 – Rio de Janeiro, RJ – 20921-380 – Tel.: 2585-2000
que se reserva a propriedade literária desta tradução

Impresso no Brasil

ISBN 978-85-01-07650-2

Para Sofie

SUMÁRIO

Prefácio

Sou fascinado por Évariste Galois desde os tempos de colégio. O fato de alguém de 21 anos ter inventado um novo e vibrante ramo da matemática foi fonte de uma verdadeira inspiração. Nos meus últimos anos de faculdade, porém, o jovem e romântico francês também se tornara uma fonte de profunda frustração. O que mais você pode sentir ao perceber que, mesmo aos 23 anos, não realizou nada de magnitude comparável? O conceito introduzido por Galois — *teoria de grupos* — é hoje reconhecido como a linguagem "oficial" de todas as simetrias. E, já que a simetria permeia as disciplinas que vão desde artes visuais e música até psicologia e ciências naturais, nunca será exagerada qualquer ênfase dada a essa linguagem.

A lista de pessoas que contribuíram direta e indiretamente para este livro ocuparia, sozinha, mais que algumas páginas. Aqui, mencionarei apenas aquelas sem cuja ajuda teria sido muito difícil a tarefa de terminar o manuscrito. Sou grato a Freeman Dyson, Ronen Plesser, Nathan Seiberg, Steven Weinberg e Ed Witten pelas conversas sobre o papel da simetria na física. *Sir* Michael Atiyah, Peter Neumann, Joseph Rotman, Ron Solomon e, em especial, Hillel Gauchman ofereceram explicações lúcidas e comentários cruciais sobre matemática em geral e a teoria de Galois em particular. John O'Connor e Edmund Robertson ajudaram com história da matemática. Simon Conway Morris e David Perrett apontaram-me a direção correta nos temas relacionados à evolução e à psicologia da evolução. Tive discussões frutíferas com Ellen Winner sobre o tema da criatividade. Philippe Chaplain, Jean-Paul Auffray e Norbert Verdier ofereceram materiais e informações de valor inestimável sobre Galois.

Victor Liviot ajudou-me a entender o relatório de autópsia de Galois. Stefano Corazza, Carla Cacciari e Letizia Stanghellini forneceram informações úteis sobre os matemáticos de Bolonha. Ermanno Bianconi foi igualmente prestativo no tocante aos matemáticos de San Sepolcro. Laura Garbolino, Livia Giacardi e Franco Pastrone forneceram materiais essenciais sobre história da matemática. Patrizia Moscatelli e Biancastella Antonio forneceram documentos importantes da biblioteca da Universidade de Bolonha. Arild Stubhaug ajudou-me a compreender alguns aspectos da vida de Abel e forneceu documentos importantes, assim como o fez Yngvar Reichelt.

Sou extremamente agradecido a Patrick Godon e a Victor e Bernadette Liviot por sua ajuda nas traduções do francês, a Tommy Wiklind e Theresa Wiegert pelas traduções do norueguês, e a Stefano Casertano, Nino Panagia e Massimo Stiavelli por seu auxílio nas traduções do italiano e latim. Elisabeth Fraser e Sarah Stevens-Rayburn ofereceram ajuda bibliográfica e lingüística de valor inestimável. O manuscrito não chegaria ao prelo sem o competente trabalho de preparação de Sharon Toolan e os desenhos de Krista Wildt.

As pesquisas e textos associados a um livro deste alcance implicaram um fardo inevitável sobre a vida familiar. Sem o apoio contínuo e a infinita paciência de minha mulher Sofie e meus filhos Sharon, Oren e Maya, eu nunca poderia sequer sonhar em algum dia concluir o livro. Espero que minha mãe, Dorothy Livio, cuja vida inteira girou e ainda gira em torno de música, goste deste livro sobre simetria.

Finalmente, minha sincera gratidão à minha agente, Susan Rabiner, por seu incrível trabalho e estímulo; ao meu editor da Simon & Schuster, Bob Bender, por seu profissionalismo e inflexível apoio; e a Johanna Li, Loretta Denner, Victoria Meyer e toda a equipe da Simon & Schuster por sua ajuda na produção e promoção deste livro.

– UM –

SIMETRIA

Uma mancha de tinta sobre um papel não é particularmente atraente ao olho, mas, se você dobrar o papel antes de a tinta secar, poderá obter algo parecido com a Figura 1, que é bem mais intrigante. De fato, a interpretação de manchas de tinta semelhantes forma a base do famoso teste de Rorschach[1] desenvolvido nos anos 1920 pelo psiquiatra suíço Hermann Rorschach. A finalidade declarada do teste é de alguma forma evocar temores ocultos, as fantasias desenfreadas e os pensamentos mais profundos daqueles que interpretam as formas ambíguas. O verdadeiro valor do teste como um "raio X da mente" é debatido com veemência nos círculos da psicologia. Como disse certa vez o psicólogo Scott Lilienfeld, da Universidade Emory: "A mente de quem, do cliente ou do examinador?" Ainda assim, não há como negar o fato de que imagens como as da Figura 1 transmitem algum tipo de impressão atraente e fascinante. Por quê?

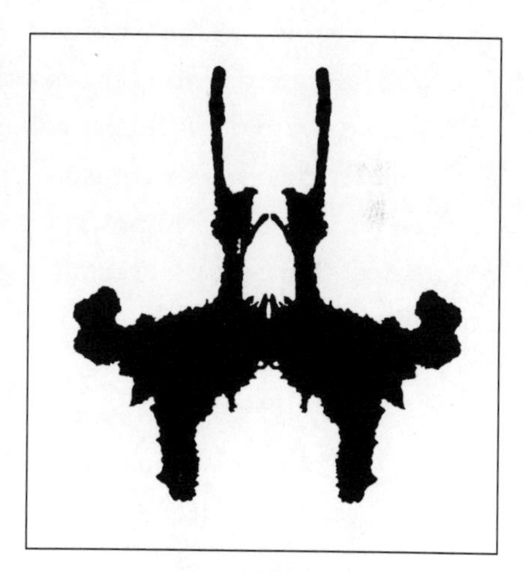

Figura 1

Seria porque o corpo humano, a maioria dos animais e tantos artefatos humanos possuem uma simetria bilateral semelhante? E por que, para início de conversa, todas essas feições zoológicas e criações da imaginação humana exibem tal simetria?

A maioria das pessoas tem a impressão de que composições harmoniosas como o *Nascimento de Vênus*, de Botticelli[2] (Figura 2), são simétricas. O historiador de arte Ernst H. Gombrich até comenta que as "liberdades que Botticelli tomou com a natureza para obter um esquema elegante contribuem para a beleza e harmonia do desenho". Contudo, os matemáticos dirão que, no sentido matemático, os arranjos de cores e formas desse quadro não são de forma alguma simétricos. Reciprocamente, a maioria dos observadores não-matemáticos não tem a impressão de que o padrão da Figura 3 seja simétrico, mesmo que seja verdadeiramente simétrico de acordo com a definição matemática formal. Então, o que é a simetria realmente? Ela tem alguma função na percepção? Qual? Qual a sua relação com a sensibilidade estética? No domínio científico, por que a simetria tornou-se um conceito tão central em nossas idéias sobre o cosmos que nos cerca e nas teorias fundamentais que tentam explicá-lo? Já que a simetria abrange um leque tão amplo de disciplinas, que "linguagem" e que "gramática" usamos para descrever e caracterizar simetrias e seus atributos, e como essa linguagem universal foi inventada? Em um sentido mais leve, pode a simetria fornecer uma resposta à pergunta de suma importância colocada no título de uma das canções do astro do rock Rod Stewart — "Do Ya Think I'm Sexy?" [Você me acha sexy?]

Vou tentar oferecer respostas pelo menos parciais a todas essas perguntas e muitas mais. No percurso, espero que a narrativa como um todo retrate o lado humanista da matemática e também, mais importante ainda, o lado humano

Figura 2

dos matemáticos. Como veremos, a simetria é a ferramenta suprema para preencher a lacuna entre ciência e arte, entre psicologia e matemática. Permeia objetos e conceitos que vão desde os tapetes persas às moléculas da vida, da Capela Sistina à cobiçada "Teoria de Tudo". Ainda assim, a teoria de grupos — a linguagem matemática que descreve a essência das simetrias e explora suas propriedades — não emergiu de forma alguma do estudo das simetrias. Pelo contrário, essa idéia surpreendentemente unificadora do pensamento moderno emanou de uma fonte bem improvável — uma equação que não tinha solução. A dramática e tortuosa história de tal equação é uma parte essencial desta saga intelectual. Ao mesmo tempo, esta narrativa lançará luz sobre a solidão do gênio e sobre a tenacidade do intelecto humano perante desafios aparentemente insuperáveis. Dediquei-me incansavelmente à tentativa de resolver o mistério da morte do protagonista deste enredo — o brilhante matemático Évariste Galois —, mistério este que já dura dois séculos. Acredito ter chegado mais perto da verdade do que já foi possível anteriormente.

Figura 3

O espirituoso dramaturgo George Bernard Shaw disse certa vez: "O homem racional se adapta ao mundo; o irracional persiste na tentativa de adaptar o mundo a si mesmo. Logo, todo progresso depende do homem irracional." Neste livro, encontraremos muitos homens e mulheres irracionais. O processo criativo, por sua própria natureza, busca o terreno intelectual e emocional inexplorado. Breves incursões na abstração matemática oferecerão um vislumbre da própria natureza da criatividade. Começo com uma exploração concisa do mundo maravilhoso das simetrias.

IMUNIDADE A MUDANÇAS

A palavra *simetria* tem raízes antigas,[3] que vêm do grego *sym* e *metria*, que se traduzem em "a mesma medida". Quando os gregos classificavam como simétricos uma obra de arte ou um desenho arquitetônico, eles queriam dizer que era possível identificar uma pequena parte da obra tal que as dimensões de todas as outras partes continham tal parte um número preciso de vezes (as partes eram "comensuráveis"). Tal definição primitiva corresponde mais à nossa noção moderna de proporção que à de simetria. Ainda assim, os grandes filósofos Platão (428/427-348/347 a.C.) e Aristóteles (384-322 a.C.) rapidamente associaram simetria a beleza. Nas palavras de Aristóteles, "As principais formas de beleza são o arranjo sistemático [do grego *taxia*], proporção [*symmetria*] e determinação [*horismenon*], revelados em particular pela matemática". Seguindo os passos dos gregos, a identificação da simetria com a "devida proporção" foi subseqüentemente propagada pelo influente arquiteto romano Vitrúvio[4] (*c.* 70-25 a.C.) e persistiu durante o tempo todo até o Renascimento. Em seu *De Architectura Libri Decem* (*Dez livros sobre arquitetura*), literalmente a bíblia da arquitetura da Europa durante séculos, Vitrúvio escreve:

> O desenho de um templo depende da simetria, cujos princípios devem ser cuidadosamente observados pelo arquiteto. São decorrentes da proporção. Proporção é uma correspondência entre as medidas dos membros de uma obra inteira e do todo com uma determinada parte selecionada como padrão. Disto resultam os princípios da simetria.

O significado moderno de simetria (introduzido pela primeira vez em fins do século XVIII) no sentido matemático preciso é realmente "imunidade a uma possível alteração".[5] Ou, como colocou certa vez o matemático Hermann Weyl (1885-1955): "Uma coisa é simétrica se existir algo que você possa fazer a ela de maneira que, depois que você tiver terminado de fazê-lo, ela pareça igual a antes." Examinemos, por exemplo, os versos

É estranha uma simetria
"assimétrica"?
"Assimétrica" simetria,
Uma estranha é.[6]

Essa estrofe permanece inalterada se lida palavra por palavra do fim ao início — é simétrica com respeito à leitura de trás para a frente. Se imaginarmos que as palavras estão distribuídas como pérolas em um colar, poderíamos considerar a leitura reversa como uma espécie de reflexão especular (não literal) da estrofe no espelho. A estrofe não se altera quando espelhada no sentido acima — é simétrica com respeito a tal reflexão. De outra forma, se preferirmos pensar em termos da leitura do poema em voz alta, então a leitura retrógrada corresponde a uma reversão do tempo, um pouco parecido com rebobinar uma fita (novamente, não literalmente, porque os sons individuais não são revertidos). Frases com essa propriedade são denominadas *palíndromos.*[7]

A invenção dos palíndromos é geralmente atribuída a Sótades, o Obsceno de Maronéia, que viveu no terceiro século a.C. no Egito dominado pelos gregos. Os palíndromos foram extremamente populares com muitos magos dos jogos de palavras, como o inglês J. A. Lindon, e com o soberbo autor de obras de matemática recreativa Martin Gardner. Um dos divertidos palíndromos de Lindon que têm a palavra como unidade diz: "Garota em Biquíni olhando garoto descobre garoto olhando biquíni em garota."* Outros palíndromos são simétricos com respeito à leitura de trás para a frente letra por letra — "Able was I ere I saw Elba"** (jocosamente atribuída a Napoleão),[8] ou o título de um episódio da famosa série televisiva *NOVA*: "A Man, a Plan, a Canal, Panama."***

Surpreendentemente, os palíndromos aparecem não apenas nos engenhosos jogos de palavras, mas também na estrutura do cromossomo Y, que define o gênero masculino. Somente em 2003 foi concluído o seqüenciamento genômico completo do *Y*.[9] Foi a realização suprema de um esforço heróico e revelou que os poderes de preservação desse cromossomo sexual foram gros-

*Garota, nadando em Biquíni, olhando garoto, descobre garoto olhando biquíni em garota nadando. A palavra "nadando" foi excluída da frase em português para mantê-la simétrica. (*N. do T.*)
**Capaz era eu antes de ver Elba. (*N. do T.*)
***Um homem, um plano, um canal, Panamá. (*N. do T.*)

seiramente subestimados. Outros pares de cromossomos humanos combatem as mutações danosas por meio de permutações gênicas. Já que o *Y* não possui um parceiro, os biólogos do genoma tinham estimado anteriormente que sua carga genética estaria definhando e prestes a desaparecer inteiramente, talvez em apenas cinco milhões de anos. Para o seu espanto, porém, os pesquisadores da equipe de seqüenciamento descobriram que o cromossomo combate definhamento com palíndromos. Cerca de seis milhões de seus cinqüenta milhões de letras do DNA formam seqüências palindrômicas — seqüências com uma leitura igual de frente para trás e de trás para a frente nas duas fitas da dupla hélice. Tais cópias não apenas servem como cópias de segurança no caso de mutações ruins, mas também permitem que, até certo ponto, o cromossomo faça sexo consigo mesmo — os braços podem trocar de posição e genes mudam de lugar. Como disse David Page, chefe da equipe do MIT: "O cromossomo *Y* é um corredor de espelhos."

Naturalmente, o exemplo mais familiar da simetria de reflexão em espelho é o da simetria bilateral que caracteriza o reino animal.[10] Das borboletas às baleias e dos pássaros aos seres humanos, se refletirmos a metade esquerda em um espelho, obteremos algo que é quase idêntico à metade direita. Por ora, vou ignorar as pequenas mas instigantes diferenças externas que realmente existem e também o fato de nem a anatomia interna nem as funções do cérebro possuírem simetria bilateral.

Para muitos, a palavra simetria realmente significa simetria bilateral. Mesmo no *Webster's Third New International Dictionary*, uma das definições diz: "Correspondência em tamanho, forma e posição relativa das partes que estão em lados opostos de uma linha divisória ou um plano mediano." A descrição matemática precisa de simetria de reflexão usa os mesmos conceitos. Tomemos o desenho de uma borboleta bilateralmente simétrica e façamos uma linha reta que passe pelo meio da figura. Se dobrarmos o desenho, mantendo a linha central no lugar, ocorrerá uma perfeita sobreposição. A borboleta permanecerá inalterada — invariante — sob reflexão em torno de sua linha central.

A simetria bilateral é tão prevalente nos animais que dificilmente é obra do acaso. De fato, se pensarmos nos animais como vastas coleções de trilhões e trilhões de moléculas, existem infinitamente mais maneiras de construir configurações assimétricas que simétricas a partir desses blocos fundamentais. As partes de um vaso quebrado podem ficar em uma pilha dispostas de várias maneiras diferentes, mas existe um único arranjo em que todas elas se encaixam para reproduzir o vaso intacto (e, quase sempre, bilateralmente simétrico). Ainda assim, o registro fóssil das montanhas Ediacara da Austrália mostra que os organismos de corpo mole (*Spriggina*) que datam do período Vendiano (650 a 543 milhões de anos atrás) já exibiam uma simetria bilateral.

Já que as formas de vida na Terra foram moldadas por eras imensuráveis de evolução e seleção natural, esses processos devem ter de alguma forma preferido a simetria bilateral ou especular. De todas as diferentes aparências que os animais poderiam ter assumido, as bilateralmente simétricas tiveram superioridade. Não há como escapar da conclusão de que esta simetria foi provavelmente um resultado do crescimento biológico. Seria possível entendermos a causa dessa predileção particular? Podemos pelo menos tentar encontrar algumas de suas raízes de engenharia nas leis da mecânica. Um ponto central aqui é o fato de que nem todas as direções na superfície da Terra foram criadas iguais. Uma distinção nítida entre acima e abaixo (dorsal e ventral nos animais, no jargão da biologia) é introduzida pela gravidade da Terra. Na maioria dos casos, o que sobe deve descer, mas não o inverso. Outra distinção, entre frente e dorso, é um resultado da locomoção animal.

Qualquer animal que se move com relativa rapidez, seja no mar, no solo ou no ar, possui uma vantagem indubitável se sua extremidade frontal for diferente da dorsal. Possuir na frente todos os órgãos sensoriais, os principais detectores de luz, som, cheiro e sabor, indubitavelmente ajuda o animal a decidir para onde ir e qual a melhor maneira de chegar lá. Um "radar" frontal também proporciona um aviso precoce contra perigos potenciais. Ter a boca na frente pode fazer toda a diferença entre ser ou não ser o primeiro a chegar até o almoço. Ao mesmo tempo, a mecânica real do movimento (especialmente no solo e no ar) sob a influência da força gravitacional da Terra gerou uma diferença nítida entre topo e base. Já que a vida emergiu do mar e passou ao solo, foi necessário desenvolver alguma espécie de dispositivos mecânicos — pernas — para levar o animal para cá e para lá. Tais apêndices não eram necessários no topo e, portanto, a diferença entre topo e base tornou-se ainda mais pronunciada. A aerodinâmica do vôo (ainda sob a gravidade da Terra) acoplada às exigências de um trem de aterrissagem além de algum meio de movimento pelo solo se combinaram para introduzir as diferenças topo-base nos pássaros.

Aqui, contudo, surge uma importante percepção: *não há nada importante no mar, no solo ou no ar para diferenciar entre esquerda e direita.* O falcão olhando para a direita vê quase exatamente o mesmo ambiente que vê à esquerda. O mesmo não é verdadeiro sobre acima e abaixo — acima é onde o falcão voa ainda mais para o alto no céu, enquanto abaixo é onde ele pousa e constrói o ninho. Trocadilhos políticos à parte, não existe realmente nenhuma grande diferença entre esquerda e direita na Terra, porque não há forças horizontais vigorosas. É inegável que a rotação da Terra em torno de seu eixo e o campo magnético da Terra (o fato de a Terra agir sobre seus arredores como um ímã) de fato introduzem uma assimetria. Entretanto, esses efeitos são bem menos significativos no nível macroscópico que aqueles da gravidade e movimento animal rápido.

A descrição até agora explica por que a simetria bilateral dos organismos vivos faz sentido em termos mecânicos. A simetria bilateral é também econômica — obtemos dois órgãos pelo preço de um. Como esta simetria ou a ausência dela emergiu da biologia da evolução (os genes) ou, mais fundamentalmente ainda, das leis da física é uma questão mais difícil, voltarei a partes dela nos capítulos 7 e 8. Aqui, quero mencionar que, no início da fase embrionária, muitos animais multicelulares têm um corpo sem simetria bilateral. A força motora por trás da modificação do "plano original" à medida que o embrião cresce pode ser de fato a mobilidade.

Nem toda a natureza animada vive na via rápida. As formas de vida que estão ancoradas em um único lugar e são incapazes de se mover voluntariamente, como plantas e animais sésseis, têm de fato topos e bases bem diferentes, mas sem frente e dorso e sem direita e esquerda distinguíveis. Elas têm uma simetria semelhante à de um cone — produzem reflexões simétricas em qualquer espelho que atravesse seu eixo vertical central. Alguns animais que se movem bem lentamente, como as águas-vivas, têm uma simetria semelhante.

Obviamente, uma vez que a simetria bilateral tinha se desenvolvido nas criaturas vivas, havia muitos motivos para mantê-la intacta. Qualquer perda de um ouvido ou um olho tornaria um animal bem mais vulnerável a um predador à espreita que surgisse despercebido.

É sempre possível especular se a configuração convencional particular com que a natureza dotou os seres humanos seria a configuração ótima. O deus romano Jano, por exemplo, era o deus dos portões e dos novos começos, inclusive o primeiro mês do ano (janeiro). Assim sendo, ele é sempre representado na arte com duas faces, uma na frente olhando para a frente (simbolicamente para o ano vindouro) e outra atrás da cabeça (em direção ao ano que passou). Tal arranjo nos seres humanos, embora útil para alguns fins, não teria deixado nenhum espaço para as partes do cérebro responsáveis pelos sistemas não-sensoriais. Em seu maravilhoso livro *The New Ambidextrous Universe* [O novo universo ambidestro], Martin Gardner conta a história de um comediante de Chicago[11] que tinha um número no qual discutia as vantagens de se ter vários órgãos dos sentidos em lugares fora do comum no corpo. Ouvidos sob as axilas, por exemplo, ficariam quentes nos frios invernos de Chicago. Sem dúvida, outros pontos fracos estariam associados a tal configuração. A audição dos ouvidos axilares seria profundamente comprometida, a menos que você mantivesse os braços erguidos o tempo todo.

Os filmes de ficção científica invariavelmente retratam alienígenas bilateralmente simétricos. Se existirem criaturas extraterrestres inteligentes que evoluíram biologicamente, qual seria a probabilidade de que possuíssem uma simetria de reflexão? Alta. Dada a universalidade das leis da física e, em particular, das leis da gravidade e movimento, as formas de vida nos planetas fora do sistema solar enfrentam alguns dos mesmos desafios ambientais enfrentados pela vida na Terra. A força gravitacional ainda segura tudo na superfície do planeta e cria uma discriminação significativa entre acima e abaixo. Da mesma forma, a locomoção separa extremidade frontal da traseira. É bem provável que os ETs sejam ou tenham sido ambidestros. Isso não significa, contudo, que toda delegação de alienígenas visitantes teria qualquer coisa de parecido conosco. Qualquer civilização suficientemente evoluída para se dedicar a viagens interestelares provavelmente já teria passado há muito tempo pela fusão de uma espécie inteligente com suas criaturas bem superiores baseadas em tecnologia computacional. É bem provável que uma superinteligência baseada em computador seja de tamanho microscópico.[12]

Algumas das letras maiúsculas do alfabeto estão entre os inúmeros objetos humanos que são simétricos em relação aos reflexos no espelho. Se você segurar uma folha de papel com as letras A, H, I, M, O, T, U, V, W, X, Y em frente a um espelho, as letras parecerão iguais. Palavras (ou mesmo frases inteiras) construídas com essas letras e impressas verticalmente, como a frase sem muito sentido

O
T
O

M
A
T
O
U

O

T
A
T
U

permanecem inalteradas quando refletidas no espelho. O grupo sueco de música pop AᗺBA, cuja música inspirou o musical de sucesso *Mamma Mia*, introduziu uma brincadeira na grafia do nome que o torna simétrico especular (MAMMA MIA escrito verticalmente é também simétrico especular). Algumas letras, como B, C, D, E, H, I, K, O, X, são simétricas com respeito ao reflexo no espelho que as divide ao meio horizontalmente. Palavras compostas com essas letras, como DEBOCHE, CHICO, BICO, permanecem inalterados quando colocados de ponta-cabeça em um espelho.

Nunca será exagerada a ênfase dada à importância da simetria por reflexo especular para a nossa percepção e apreciação estética, para a teoria matemática das simetrias, para as leis da física e para a ciência em geral e eu retornarei a ela várias vezes. Outras simetrias de fato existem, contudo, e são igualmente relevantes.

A DIVERTIDA ARQUITETURA DA NEVE

O título desta seção é tirado de "The Snowstorm" [A nevasca],[13] do poeta e ensaísta americano Ralph Waldo Emerson (1803-82). Expressa a perplexidade que se sente ao discernir as formas especulares dos flocos de neve (Figura 4). Embora a frase comum "não existem dois flocos de neve iguais" não seja realmente verdadeira a olho nu, os flocos de neve que se formaram em diferentes ambientes são de fato diferentes. O famoso astrônomo Johannes Kepler (1571-1630),[14] que descobriu as leis do movimento planetário, ficou tão impressionado com as maravilhas dos flocos de neve que dedicou todo um tratado, *O floco de neve de seis pontas*, para a tentativa de explicar sua simetria. Além da simetria de reflexão em espelho, os flocos de neve possuem uma simetria rotacional[15] — podem ser girados em determinados ângulos ao redor de um eixo perpendicular ao seu plano (que passa pelo centro) e continuam iguais. Por causa das propriedades e forma das moléculas de água, os flocos de neve têm caracteristicamente seis pontas (quase) idênticas. Conseqüentemente, o menor ângulo de rotação (não nulo) que deixa a forma inalterada é aquele em que cada ponta é deslocada em um "passo": 360 ÷ 6 = 60 graus. Os outros ângulos que levam a uma figura final indistinguível são múltiplos simples deste: 120, 180, 240, 300, 360 graus (o último devolve o floco de neve à sua posição original e é equivalente a não fazer rotação nenhuma). Os flocos de neve têm, portanto, uma simetria rotacional sêxtupla. Em comparação, estrelas-do-mar têm simetria rotacional quíntupla; podem ser giradas por 72, 144, 216, 288 e 360 graus sem nenhuma diferença discernível. Muitas flores, como o crisântemo, a margarida inglesa e a linda-flor (coreópsis), exibem uma simetria aproximadamente rotacional. Parecem essencialmente as mesmas quando giradas por qualquer ângulo (Figura 5). A simetria, quando combinada com cores exuberantes e perfumes inebriantes, é uma propriedade fundamental que dá às flores o seu encanto estético universal. Talvez ninguém tenha expressado melhor a relação

Figura 4

associativa entre flores e obras de arte que o pintor James McNeill Whistler (1834-1903):

> A obra-prima deve se manifestar como a flor para o pintor — perfeita em seu broto como em sua floração — sem nenhuma razão para explicar sua presença — sem missão a cumprir — um júbilo para o artista, um delírio para o filantropo — um enigma para o botânico — um acidente de sentimento e aliteração para o homem de letras.[16]

O que existe em um padrão simétrico que provoca uma resposta tão emocional? E seria essa verdadeiramente a mesma excitação que as obras de arte estimulam? Repare que, mesmo que a resposta à última pergunta seja um categórico sim, isso não nos aproxima nem um pouco da resposta à primeira pergunta. A resposta à pergunta "O que existe nas obras de arte que provoca uma resposta emocional?" está longe de ter sido elucidada. Na verdade, qual a qualidade em comum de obras-primas tão diferentes quanto a *Moça com brinco de pérola* de Jan Vermeer, *Guernica* de Pablo Picasso e *Díptico Marilyn* de Andy Warhol? Clive Bell (1881-1964), um crítico de arte e membro do grupo Bloomsbury (que, a propósito, incluía a romancista Virginia Woolf), sugeriu que a única qualidade comum a todas as verdadeiras obras de arte era aquilo que ele chamava de "forma significativa".[17] Com isso, ele queria dizer uma combinação particular de linhas, cores, formas e relações de formas que atiça nossas emoções. Não estou aqui dizendo que todas evocam a mesma emoção. Muito pelo contrário: cada obra de arte pode evocar uma emoção inteiramente diferente. O que existe de comum está no fato de todas realmente evocarem alguma emoção. Se fôssemos aceitar tal hipótese estética, então a simetria pode simplesmente representar um dos componentes dessa forma significativa (um tanto vagamente definida). Neste caso, nossa reação aos padrões simétricos pode não ser tão diferente (mesmo se menos intensa, talvez) da nossa sensibilidade estética mais

Figura 5

geral. Nem todos concordam com tal afirmativa. Sobre a resposta humana à simetria de elementos ou objetos individuais, como os flocos de neve, o teórico estético Harold Osborne tinha a dizer o seguinte: "Podem despertar interesse, curiosidade e admiração. Mas o interesse visual neles tem vida curta e é superficial: em contraste com o impacto de uma obra-prima artística, a atenção perceptual logo vagueia, nunca se aprofunda. Não há intensificação da percepção."[18] Na verdade, como mostrarei no próximo capítulo e no capítulo 8, a simetria tem muito a ver com percepção. Por ora, contudo, quero me concentrar no "valor" puramente estético da simetria.

Em 1977, os psicólogos Peter G. Szilagyi e John C. Baird,[19] do Dartmouth College, realizaram um experimento fascinante que tinha como finalidade explorar as relações quantitativas entre o tanto de simetria em desenhos e a preferência estética. Pediu-se a vinte alunos de graduação (os cobaias mais comuns da psicologia experimental) que realizassem três tarefas simples. Na primeira, foram convidados a distribuir oito quadrados com um ponto preto em seus centros dentro de uma fileira de 18 células, cada qual de um tamanho igual àquele dos quadrados (Figura 6a). As instruções aos indivíduos foram que dispusessem as peças de uma maneira que considerassem "visualmente agradável". Cada peça deveria cobrir uma célula inteiramente e todos os quadrados tinham de ser usados. A segunda e terceira tarefas eram de natureza semelhante. Na segunda, 11 peças tinham de ser dispostas em uma grade 5 ×5 (Figura 6b). Na terceira, 12 cubos tinham de ser encaixados em orifícios de uma estrutura transparente tridimensional que consistia em três planos horizontais, cada qual contendo nove orifícios quadrados (Figura 6c). Os resulta-

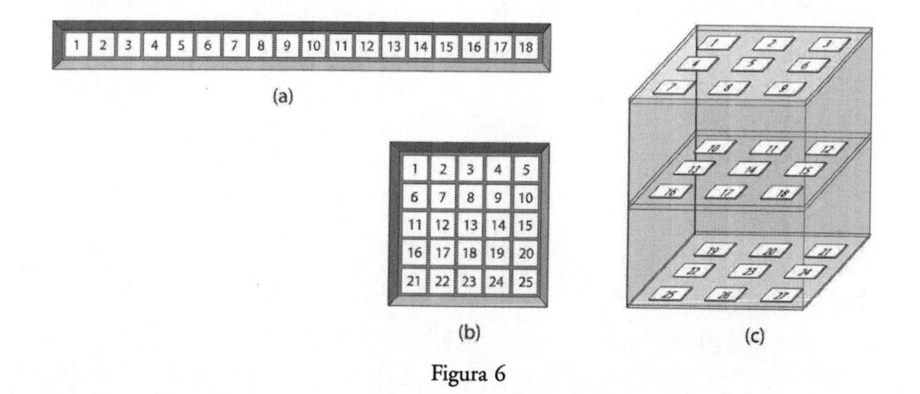

Figura 6

dos revelaram uma preferência estética por desenhos simétricos. Por exemplo, 65 por cento dos indivíduos criaram padrões de perfeita simetria de reflexão especular na primeira tarefa. De fato, a simetria foi o componente principal nos desenhos da maioria dos indivíduos (em uma, duas e três dimensões), com a simetria perfeita sendo a situação mais favorecida.

A associação entre simetria e gosto artístico emergiu não apenas nos experimentos, mas também em uma teoria da estética mais especulativa desenvolvida pelo famoso matemático de Harvard, George David Birkhoff (1884-1944).[20] Birkhoff é mais conhecido por ter demonstrado em 1913 uma famosa conjectura geométrica formulada pelo matemático francês Henri Poincaré, e por seu teorema ergódico (publicado em 1931-32) — uma contribuição do mais alto significado para a teoria dos gases e para a teoria das probabilidades. Durante a graduação, Birkhoff começou a ficar intrigado com a estrutura da música e, por volta de 1924, ampliou seus interesses para a estética em geral. Em 1928, gastou metade do ano viajando pela Europa e Extremo Oriente em uma tentativa de absorver o máximo de arte, música e poesia de que fosse capaz. Seus esforços no desenvolvimento de uma teoria matemática do valor estético culminaram na publicação de *Aesthetic Measure* [Medida estética] em 1933.[21] Birkhoff discute especificamente a sensação intuitiva de valor evocada pelas obras de arte, que é "claramente separável da sensação sensual, emocional, moral ou intelectual". Ele divide a experiência estética em três fases: (1) o esforço de atenção necessário para a percepção; (2) tomar consciência de que o objeto se distingue por uma determinada ordem; (3) a apreciação do valor que premia o esforço mental. Birkhoff ainda atribui medidas quantitativas aos três estágios. O esforço preliminar, sugere ele, aumenta proporcionalmente à complexidade da obra (denotada por C). As simetrias desempenham um papel central na ordem (denotada por O) que caracteriza o objeto. Finalmente, a sensação de valor é o que Birkhoff chama de "medida estética" (denotada por M) da obra de arte.

A essência da teoria de Birkhoff pode ser resumida da seguinte maneira. Em cada classe de objetos estéticos, como ornamentos, vasos, peças musicais ou poesia, pode-se definir uma ordem O e uma complexidade C. A medida estética de qualquer objeto da classe pode então ser calculada simplesmente dividindo-se O por C. Em outras palavras, Birkhoff propôs uma fórmula para a sensação do valor estético: $M = O \div C$. O significado desta fórmula é: Para um dado grau de complexidade, a medida estética é maior quanto maior a ordem que o objeto possui. Alternativamente, se o tanto de ordem for especificado, a medida estética é maior quanto menos complexo o objeto. Já que, para a maioria das finalidades práticas, a ordem é determinada principalmente pelas simetrias do objeto, a teoria de Birkhoff proclama a simetria como um elemento estético crucial.

Birkhoff foi o primeiro a admitir que as definições precisas de seus elementos *O*, *C* e *M* eram complicadas. Ainda assim, ele fez uma tentativa valente de fornecer prescrições detalhadas para o cálculo dessas medidas para diferentes formas de arte. Começou em particular com formas geométricas simples, como aquelas da Figura 7, continuou com ornamentos e vasos chineses, prosseguiu até harmonia na escala musical diatônica e concluiu com a poesia de Tennyson, Shakespeare e Amy Lowell.

Ninguém, e muito menos o próprio Birkhoff: afirmaria que as complexidades do prazer estético poderiam ser inteiramente reduzidas a uma mera fórmula. Entretanto, nas palavras de Birkhoff: "No inevitável acompanhamento analítico do processo criativo, a teoria da medida estética é capaz de realizar um duplo serviço: dá uma explicação simples unificada da experiência estética e fornece os meios para a análise sistemática dos campos estéticos típicos."

Figura 7

Voltando agora dessa rápida digressão no reino da estética e indo para o caso específico da simetria rotacional, notamos que uma das figuras mais simples de simetria rotacional no plano é um círculo. Se fizermos uma rotação em torno de seu centro de, digamos, 37 graus, ele permanecerá inalterado. De fato, se fizermos uma rotação por qualquer ângulo ao redor de um eixo perpendicular passando por seu centro, não perceberemos nenhuma diferença. O círculo tem, portanto, um número infinito de simetrias rotacionais. Não são estas as únicas simetrias que o círculo possui. Reflexões em todos os eixos que o cortam diametralmente (Figura 8b) também deixam o círculo inalterado.

O mesmo sistema pode, portanto, ter várias simetrias, ou ser simétrico sob várias *transformações de simetria.* Rotacionar uma esfera perfeita em torno de seu centro, utilizando um eixo que corre em qualquer direção, deixa-a precisamente igual. Ou examinemos, por exemplo, o triângulo equilátero (todos os lados iguais) da Figura 9a. Não temos permissão de alterar a forma nem o tamanho desse triângulo, nem de movê-lo do lugar. Que transformações poderíamos aplicar nele e mantê-lo inalterado? Poderíamos girá-lo por 120, 240 e 360 graus em torno de um eixo perpendicular ao plano da figura que passa pelo ponto *O* (Figura 9b). Essas transformações realmente trocam os lugares dos vértices, mas se você ficar de costas enquanto alguém estiver realizando tais rotações, você não notará nada de diferente. Repare que uma rotação de 360 graus equivale a não fazer nada, ou fazer uma rotação de zero grau. Isto é conhecido como *transformação identidade.* Por que o incômodo de definir tal transformação? Como veremos adiante no livro, a transformação identidade tem um papel semelhante ao do número zero na operação aritmética da adição ou do número um na multiplicação — quando zero é adicionado a um número ou um número é multiplicado por um, o número permanece inalterado. Podemos também refletir o triângulo em um espelho em relação às três linhas tracejadas da Figura 9c. Existem, portanto, precisamente seis transformações de simetria — três rotações e três reflexões — associadas ao triângulo equilátero.

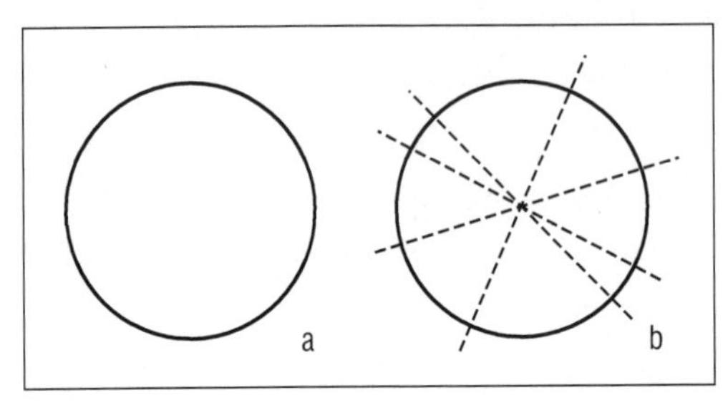

Figura 8

E quanto às combinações de algumas dessas transformações, como uma reflexão seguida de uma rotação? Elas não contribuem para o número de si-

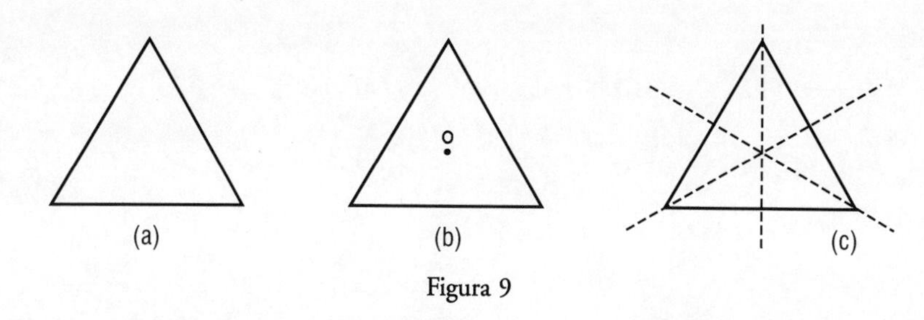

Figura 9

metrias do triângulo? Voltarei à questão no contexto da linguagem das simetrias. Por ora, contudo, outra simetria importante aguarda uma exposição.

MORRIS, MOZART E COMPANHIA

Um dos mais familiares de todos os padrões simétricos é o de um motivo repetitivo, recorrente. Dos frisos de templos clássicos e pilares de palácios aos tapetes e mesmo o canto dos pássaros, a simetria de padrões repetitivos sempre produziu uma familiaridade bem reconfortante e um efeito tranqüilizante. Um exemplo elementar deste tipo de simetria foi apresentado na Figura 3.

A transformação de simetria neste caso é denominada *translação*, isto é, um deslocamento ou desvio por uma determinada distância ao longo de uma dada linha. O padrão é denominado simétrico se puder ser deslocado em várias direções sem parecer nem um pouco diferente. Em outras palavras, desenhos regulares nos quais o mesmo tema se repete a intervalos fixos possuem simetria translacional. Ornamentos simétricos por translação podem ser vistos desde 17.000 a.C. (a era paleolítica). Um bracelete em marfim de mamute[22] encontrado na Ucrânia está gravado com um padrão repetitivo em ziguezague. Outros desenhos com simetria translacional são encontrados em diversas formas de arte, que vão desde os ladrilhos islâmicos medievais no palácio de Alhambra em Granada, Espanha, passam pela tipografia do Renascimento e até os desenhos do fantástico artista gráfico holandês M. C. Escher (1898-1972).[23] A natureza também fornece exemplos de criaturas com simetria translacional, como as centopéias, nas quais segmentos idênticos do corpo podem se repetir até 170 vezes.

a

Figura 10 b

O artista, poeta e tipógrafo vitoriano William Morris (1834-96)[24] foi um prolífico produtor de arte decorativa. Muito de seu trabalho é literalmente a realização física da simetria translacional. Cedo na vida, Morris ficou fascinado pela arquitetura medieval e, aos 27 anos, iniciou uma firma de decoradores que mais tarde ficou famosa como Morris and Company. Em uma forte reação ao crescente industrialismo na Inglaterra do século XIX, Morris procurou maneiras de reviver o artesanato artístico e de revitalizar o esplendor das artes decorativas da Idade Média. A Morris and Company e posteriormente a Kelmscott Press, fundada por Morris em 1890, desenharam peças espetaculares de ladrilhos, louças, têxteis e manuscritos ilustrados em desenho medieval. Mas foi no desenho de papel de paredes que Morris adquiriu a sua incrível mestria nos padrões repetitivos de simetria translacional. Dois de seus suntuosos temas são mostrados na Figura 11. Embora os desenhos de Morris possam não ter sido mais inovadores que os de alguns de seus contemporâneos, como Christopher Dresser ou A. W. N. Pugin, sua influência e legado foram imensos. Morris estava pessoalmente interessado em promover as artes e ofícios, e não na matemática da simetria. Em *The Beauty of Life* [A beleza da vida], ele resumiu assim a sua filosofia socioestética:

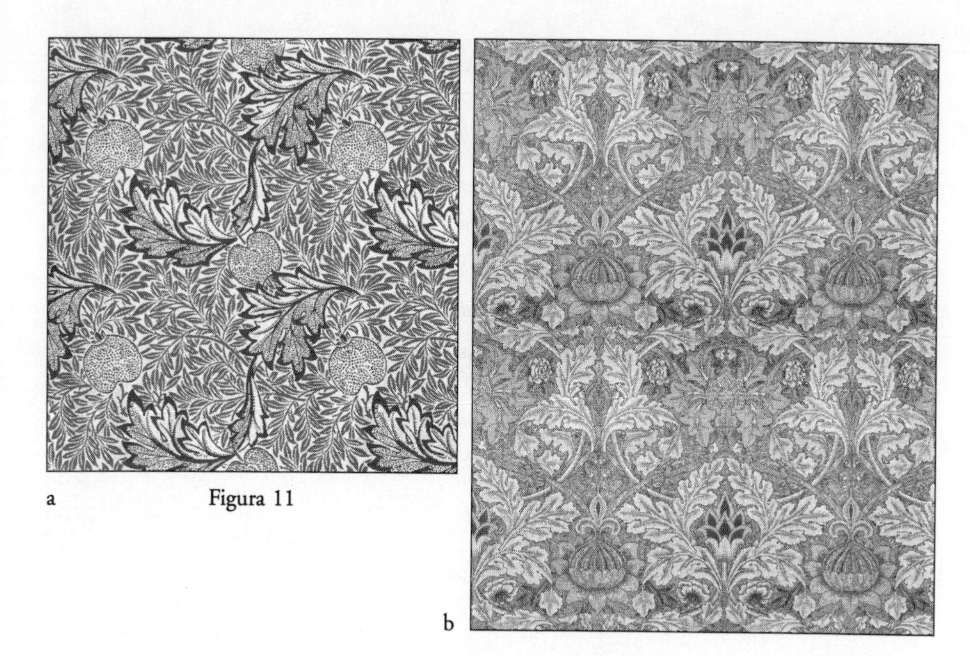
a Figura 11 b

Você pode pendurar tapeçarias nas paredes em vez de caiá-las ou revesti-las com papel; pode cobri-las com mosaico; ou encomendar um afresco de um grande pintor: nada disso será luxo se for feito em nome da beleza e não da exibição: não transgride a nossa regra de ouro: não ter em sua casa nada que você não saiba se é útil ou não acredite que seja belo.[25]

Uma questão interessante é se a simetria com relação à translação e, de fato, também reflexão e rotação, está limitada às artes visuais ou pode ser exibida por outras formas artísticas, como peças de música. Evidentemente, se nos referirmos aos sons, e não ao traçado da partitura musical escrita, teríamos de definir as operações de simetria em outros termos que não os puramente geométricos, exatamente como fizemos no caso dos palíndromos. Uma vez que fizermos isso, contudo, a resposta à pergunta "Encontramos música com simetria translacional?" será um retumbante sim. Como escreveu o cristalógrafo russo G. V. Wulff em 1908: "O espírito da música é o ritmo. Consiste na repetição regular, periódica, de partes da composição musical(...) a repetição regular de partes idênticas no todo constitui a essência da simetria."[26] De fato, os temas recorrentes bem comuns na composição musical são os equivalentes temporais dos desenhos de Morris e simetria de translação. Mais genericamente ainda, as composições muitas vezes se baseiam em um motivo fundamental introduzido no início que, então, sofre diversas metamorfoses.

Exemplos simples de simetria por translação em música[27] incluem os compassos de abertura da famosa *Sinfonia nº 40 em sol menor* de Mozart (Figura 12), assim como a estrutura inteira de algumas das formas musicais comuns. No primeiro exemplo, vemos a simetria translacional não apenas dentro de cada linha da partitura (onde são assinalados os sinais curtos em descida), mas também entre a primeira e a segunda linhas (denotadas por *a* e *b*). Em termos do desenho global, se usarmos os símbolos A, B e C para descrever seções inteiras de um movimento, então o padrão para um rondó como um todo, por exemplo, poderá ser expresso como ABACA ou ABACABA, onde a simetria translacional é evidente. A associação de Mozart com objetos de matemática[28] não deveria causar nenhuma surpresa. Sua irmã, Nannerl, lembrou-se, certa vez, de que ele cobriu as paredes da escada e de todos os cômodos de sua casa com números e, quando não sobrava nenhum espaço, passou para as paredes de uma casa vizinha. Até as margens do manuscrito de Mozart da *Fantasia e fuga em dó maior* contêm cálculos da probabilidade de ganhar na loteria. Não admira, então, que o musicólogo e compositor britânico Donald Tovey identificasse as "proporções belas e simétricas" das composições de Mozart como uma das razões centrais para a sua popularidade.

Outro grande compositor conhecido por sua obsessão por números, jogos mentais e seu uso em formas musicais complexas foi Johann Sebastian Bach

Figura 12

(1685-1750).[29] Reflexão e translação aparecem freqüentemente na música de Bach em muitos níveis. Um exemplo que abrange reflexo por um "espelho" horizontal é a abertura da *Invenção a duas vozes nº 6 em mi maior*. Imagine um espelho no espaço entre as duas linhas da partitura. A tendência ascendente assinalada pela linha *a* está refletida (meio átimo depois) pela tendência descendente *b* e o movimento inteiro é refletido e novamente repetido um pouco depois (começando em *d*). Outro exemplo é dado pela estrutura inteira em larga escala de uma das obras mais impressionantes de Bach, a famosa *Oferenda musical*. A composição consiste nas seguintes formas musicais:

Ricercare 5 Cânones Trio Sonata 5 Cânones Ricercare

Exibe uma simetria de reflexão (obviamente não som por som).

Ricercare (de *ricercare* — "pesquisar ou procurar") era um antigo termo usado livremente para qualquer tipo de prelúdio, geralmente no estilo de fuga. O grande humanista, médico e filósofo Albert Schweitzer (1875-1965) era também um grande entusiasta de Bach. Em seu livro *J. S. Bach*, ele observa: "A palavra [ricercare] significa uma peça musical na qual precisamos procurar alguma coisa — a saber, um tema." A *Oferenda musical* também contém dez cânones, que, por construção, envolvem a operação de translação. Em qualquer cânone (a palavra significa "lei, regra"), uma corrente melódica determina a regra (em termos de linha ou ritmo melódico) para a segunda ou mais vozes. A segunda voz segue, depois de algum intervalo fixo de tempo — uma translação temporal. Um exemplo simples e familiar é

Figura 13

Row row row your boat
Gently down the stream
Merrily merrily merrily merrily
Life is but a dream,

onde a segunda voz começa quando a primeira atinge a palavra "*gently*".

A história que cerca a *Oferenda musical* é, por si só, verdadeiramente fascinante. Três anos antes de sua morte, Bach estava a caminho de Berlim para visitar a nora Johanna Maria Dannemann (esposa do compositor Carl Philipp Emanuel Bach), que estava na época esperando um filho. Exaurido da longa jornada, o compositor idoso fez uma parada em Potsdam, então a residência do rei Frederico, o Grande, da Prússia, que também empregava Carl Philipp Emanuel. No palácio real, a notícia da chegada de Bach instigou o rei a cancelar um concerto noturno no qual ele próprio se apresentaria tocando flauta, em prol de uma série de recitais *impromptu* de Bach em sete novos pianofortes. Gottfried Silbermann, o mestre construtor de órgãos do barroco alemão, construiu esses instrumentos. Depois de um desempenho virtuosístico em sete diferentes salões do palácio, Bach ofereceu ao seu público encantado improvisar uma fuga sobre um tema que Sua Alteza Real sugeriria. Ao voltar para casa, Bach criou a *Oferenda musical* tendo como base essa fuga improvisada. Ele acrescentou a ela um conjunto de cânones magnificamente complexos e um trio sonata e trabalhou nos outros movimentos contrapontísticos. Na sonata figurava uma flauta (instrumento do rei Frederico), um violino e contínuo (teclado e violoncelo). Como título da *Oferenda*, Bach, que sempre gostou de jogo de palavras, escolheu *Regis iussu cantio et reliqua canonica arte resoluta* (*Por ordem do rei, o tema e adições resolvidos no estilo canônico*), que forma o acrônimo RICERCAR.

Existem outras simetrias ainda na *Oferenda musical*. No Cânone I (o Cânone Caranguejo), cada violino toca a parte do outro de trás para a frente, resultando na simetria de reflexão (da partitura) em um espelho vertical. Finalmente, os cânones em geral foram considerados na época uma espécie de quebra-cabeça de simetria. O compositor forneceu o tema, mas foi tarefa dos músicos descobrirem que tipo de operação de simetria ele tinha em mente para o tema a ser executado. No caso da *Oferenda musical*, Bach acompanhou os dois últimos cânones antes do trio sonata com a inscrição "*Quaerendo inventis*", que significa "Procura e descobrirás". Como veremos no capítulo 7, isso não é conceitualmente muito diferente do enigma apresentado a nós pelo universo — encontra-se em toda a sua glória aberto à inspeção — para que descubramos os padrões e simetrias subjacentes. Mesmo as incertezas e ambigüidades envolvidas nas tentativas de se desvendar a "teoria de tudo" podem ter uma analogia no desafio intelectual de Bach. Veja você, um dos cânones da *Oferenda musical* tem três soluções possíveis.

Translação e reflexão podem ser combinadas em uma única operação de simetria conhecida como *reflexão deslizante*.[30] As pegadas geradas por uma caminhada esquerda-direita-esquerda-direita que se alternam exibem uma simetria de reflexão deslizante (Figura 14). A operação consiste simplesmente em uma translação (o deslizamento), seguida de uma reflexão em uma linha paralela à direção do deslocamento (a linha tracejada na figura). De forma equivalente, poderíamos ver a reflexão deslizante como um reflexo no espelho seguido de uma translação paralela ao espelho. A simetria de reflexão deslizante é comum nos frisos clássicos e também na cerâmica dos americanos nativos do Novo México. Enquanto os padrões com simetria translacional tendem a transmitir uma impressão de movimento em uma única direção, os desenhos simétricos por reflexão deslizante criam uma sensação visual serpenteante. As serpentes reais obtêm esses padrões contraindo e relaxando alternadamente os grupos musculares dos dois lados do corpo — quando contraem um grupo da direita, o grupo correspondente da esquerda está relaxado e vice-versa.

A esta altura, já encontramos todas as transformações rígidas que resultam em simetrias em duas dimensões. A palavra rígida simplesmente significa que, depois da transformação, cada dois pontos acabam a mesma distância

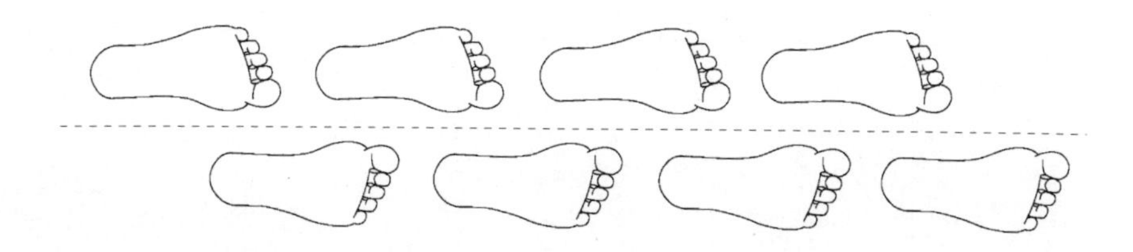

Figura 14

em que se encontravam no início — não podemos encolher, inflar nem deformar as figuras.

No espaço tridimensional, além da simetria de translação, rotação, reflexão e reflexão deslizante, encontramos mais uma simetria conhecida como *simetria de parafuso*. Esse é o tipo de simetria de um saca-rolhas, no qual a rotação em torno de algum eixo é combinada com translação ao longo desse eixo. Alguns troncos de plantas, nos quais as folhas aparecem a intervalos regulares depois de completar a mesma fração de um círculo inteiro em torno do tronco, possuem essa simetria. São estas todas as simetrias que existem? Indubitavelmente não.

TODOS SÃO IGUAIS, MAS...

As artes e as ciências estão abarrotadas de exemplos fascinantes de simetria subordinados às operações de translação, rotação, reflexão e reflexão deslizante e voltaremos a alguns deles nos capítulos posteriores. Uma transformação interessante que não é de natureza geométrica envolve *permutações* — o rearranjo diferente de objetos, números ou conceitos. Por exemplo, para testar o desgaste de quatro marcas diferentes de pneus, conviria esquematizar uma estratégia que garanta que você troque as posições de todos os pneus a cada mês, durante quatro meses, com cada pneu ocupando cada uma das posições. Se você rotular as marcas A, B, C, D e as posições DE (dianteira esquerda), DD (dianteira direita), TE (traseira esquerda) e TD (traseira direita), então o plano de quatro meses poderia ter uma aparência semelhante a esta:

MÊS	DE	DD	TE	TD
Primeiro	A	B	C	D
Segundo	B	A	D	C
Terceiro	C	D	A	B
Quarto	D	C	B	A

Cada linha ou coluna representa uma permutação das letras A, B, C, D. Note que para realizar o teste desejado, nenhuma linha ou coluna deve conter o mesmo rótulo duas vezes. Quadrados do tipo 4 ×4 aqui apresentados são conhecidos como *quadrados latinos*[31] e foram estudados exaustivamente pelo famoso matemático suíço Leonhard Euler (1707-83). A propósito, você poderá gostar de resolver o seguinte quebra-cabeça de cartas que foi popular no século XVIII: Distribua todos os valetes, damas, reis e ases de baralho de cartas em um quadrado, de tal maneira que nenhum naipe ou valor apareça duas vezes em qualquer linha, coluna ou nas duas diagonais principais. Se você tiver dificuldade com este quebra-cabeça barroco, mostro uma solução no apêndice 1.

As permutações aparecem em circunstâncias tão diversas quanto a troca de parceiros na dança folclórica escocesa e um jogo de cartas embaralhadas.[32] A principal preocupação da operação de permutações não é tanto qual objeto está situado onde, mas sim qual objeto toma o lugar de qual. Por exemplo, na permutação: 1 2 3 4 → 4 1 3 2, o número 1 foi substituído por 4, o 2 foi substituído por 1, o 3 permaneceu fixo e o 4 foi substituído por 2. Isto é geralmente denotado por

$$\begin{pmatrix}1234\\4132\end{pmatrix}$$

onde cada número na linha superior é substituído pelo número diretamente abaixo. A mesma operação de permutação poderia ter escrita como

$$\begin{pmatrix}3214\\3142\end{pmatrix}$$

porque precisamente as mesmas substituições ocorrem e a ordem em que os números são escritos não é importante. Você pode se perguntar como pode um sistema ser simétrico (isto é, não se alterar) sob permutações? Evidentemente, se você tiver dez livros em uma estante e eles forem todos diferentes, qualquer permutação que não seja a identidade (deixando os livros intocados) mudará a ordem. Entretanto, se você tiver três exemplares do mesmo livro, por exemplo, indubitavelmente algumas permutações deixarão a ordem inalterada. O ensaísta e crítico inglês Charles Lamb (1775-1834),[33] conhecido por suas observações auto-reveladoras da vida, tinha uma opinião bem firme sobre alguns desses "rearranjos" de livros. Ele escreve: "A espécie humana, de acordo com a melhor teoria que consigo formar dela, é composta de duas raças distintas: os homens que pedem emprestado e os homens que emprestam(...) Os que pedem livros emprestado — aqueles mutiladores de coleções, saqueadores da simetria das estantes e criadores de estranhos volumes."

A simetria de permutação pode aparecer em circunstâncias mais abstratas. Examinemos o conteúdo da frase "Raquel é prima de Sara". O significado permanecerá inalterado se permutarmos *Sara* e *Raquel*. O mesmo não é verdadeiro para a frase "Raquel é filha de Sara". Da mesma forma, a igualdade entre duas quantidades, $a = b$, é simétrica sob a transposição de a e b, já que $b = a$ é a mesma relação. Embora possa parecer trivial, a relação "maior que" (habitualmente denotada pelo símbolo >) não tem esta propriedade. A relação $a > b$ significa que "a é maior que b". A permutação das letras resulta em $b > a$, "b é maior que a", e as duas relações são mutuamente exclusivas.

Várias fórmulas matemáticas também podem ser simétricas sob permutações. O valor da expressão $ab + bc + ca$ (onde ab significa "a vezes b" e assim por diante) permanece inalterado sob qualquer permutação das letras a, b, c. Como discutirei em maior detalhe adiante, existem precisamente seis permutações possíveis de três letras, inclusive uma (a primeira a seguir) que é a identidade, mapeando cada letra em si mesma:

$$\begin{pmatrix} abc \\ abc \end{pmatrix} \quad \begin{pmatrix} abc \\ acb \end{pmatrix} \quad \begin{pmatrix} abc \\ bca \end{pmatrix} \quad \begin{pmatrix} abc \\ cab \end{pmatrix} \quad \begin{pmatrix} abc \\ cba \end{pmatrix} \quad \begin{pmatrix} abc \\ bac \end{pmatrix}$$

É fácil verificar que a expressão acima não é alterada por essas permutações. Por exemplo, a terceira permutação troca a por b, b por c e c por a. A fórmula inteira então se altera para: $bc + ca + ab$. Entretanto, já que, qualquer que seja a ordem em que multiplicamos ou somamos números, o resultado é sempre igual, a nova expressão é igual à original.

As pessoas que jogam roleta em um cassino fornecem um exemplo interessante de simetria sob permutações.[34] A roleta é composta de uma roda giratória na qual são marcadas 18 casas vermelhas numeradas, 18 casas pretas e duas casas verdes geralmente rotuladas 0 e 00. Uma bola branca é solta na roda girando e, depois de rolar rapidamente pela borda algumas vezes, ela quica aqui e ali e, finalmente, pousa e fica parada em uma das casas. Quando a roda é mecanicamente perfeita, o jogo da roleta é absolutamente simétrico sob qualquer permutação dos jogadores. Todo mundo tem precisamente a mesma chance de ganhar ou perder independentemente de serem freqüentadores assíduos ou novatos de cassino, especialistas em teoria da probabilidade ou os bobos. A expectativa de ganho[35] (na verdade, de perda: cerca de 5,3 centavos para cada dólar apostado, em média) não depende da quantia de dinheiro arriscada nem da estratégia do jogador. Embora nenhuma roda mecânica possa ser verdadeiramente perfeita, séculos de lucros para os cassinos provam que, quaisquer que sejam os pequenos desvios que possam existir, eles não levam a uma violação significativa da simetria sob permutações.

Nem todas as atividades de jogo são simétricas por permutações dos jogadores. Vinte-e-um é um jogo de cartas no qual cada jogador à mesa joga contra o carteador.[36] Cada carta de número tem o valor de face, com todas as cartas de figura tendo o valor de dez e o ás oferecendo a opção de ser contado como um ou 11. O objetivo é obter a soma dos valores das cartas distribuídas mais próxima de 21 que a mão do carteador, sem exceder 21. O que torna o vinte-e-um assimétrico com respeito às permutações dos jogadores é precisamente o fato de a estratégia *ser* importante. Nos anos 1960, os cassinos descobriram do jeito duro até que ponto a estratégia é importante. O matemático Edward O. Thorp revelou um defeito na maneira como os cassinos estavam calculando as probabilidades quando o monte de cartas estava diminuindo. Ele usou a informação para desenvolver um método extremamente lucrativo de jogar. Antes que você se anime, os cassinos desde então implementaram as medidas corretivas. No entanto, continua sendo verdade que a estratégia realmente influencia o vinte-e-um. De fato, seis estudantes do MIT que se comunicavam com palavras em código para as cartas ganharam milhões em Las Vegas nos anos 1990.

A simetria de permutação e alguns de seus parentes próximos científicos têm conseqüências de longo alcance na física do mundo subatômico e voltaremos a algumas delas no capítulo 7. Aqui, farei apenas uma breve menção a um exemplo simples que explica um fato desconcertante sobre átomos de diferentes elementos — todos eles têm aproximadamente o mesmo tamanho.

Os átomos lembram um pouco sistemas solares em miniatura. Os elétrons do átomo orbitam um núcleo central, exatamente como os planetas giram em torno do Sol. A força que mantém os elétrons em suas órbitas, contudo, é eletromagnética, e não gravitacional. O núcleo contém prótons, que têm cargas elétricas positivas, e nêutrons, que são neutros, enquanto os elétrons em órbita (igual em número aos prótons) são carregados negativamente. Cargas elétricas opostas se atraem reciprocamente. Ao contrário do sistema planetário, que pode ter órbitas de qualquer tamanho, os átomos precisam obedecer às regras do reino subatômico — a *mecânica quântica.* A maior probabilidade de encontrar os elétrons está ao longo de certas órbitas "quantizadas" específicas, restritas a uma série particular de tamanhos discretos. As órbitas permitidas são caracterizadas principalmente por sua energia. Genericamente, quanto maior a energia associada à órbita, maior seu tamanho. A situação é um pouco análoga a um lance de escada, com o núcleo representando a base e os níveis de maior energia correspondendo a degraus cada vez mais altos. Aqui, contudo, entra o enigma. A física e, de fato, a vida cotidiana, nos ensinam que os sistemas são mais estáveis em seu estado de menor energia possível (por exemplo, uma bola rolando para baixo pelos degraus atinge a estabilidade no pé da escada). Isso implicaria que, se estivermos lidando apenas com o átomo de hidrogênio, que tem um único elétron, com o átomo de oxigênio, com oito elétrons, ou urânio, 92 elétrons, todos os elétrons ficariam agrupados na menor órbita possível. Uma vez que quanto mais ricos em elétrons e prótons os átomos forem, mais forte a atração elétrica entre o núcleo e os elétrons, esperaríamos que o átomo de oxigênio fosse menor que o átomo de hidrogênio e o átomo de urânio muito menor ainda (como descrito esquematicamente na Figura 15). Os experimentos mostram, contudo, que isso está longe de ser o caso. Pelo contrário, independentemente do número de elétrons, constata-se que os átomos são aproximadamente do mesmo tamanho. Por quê?

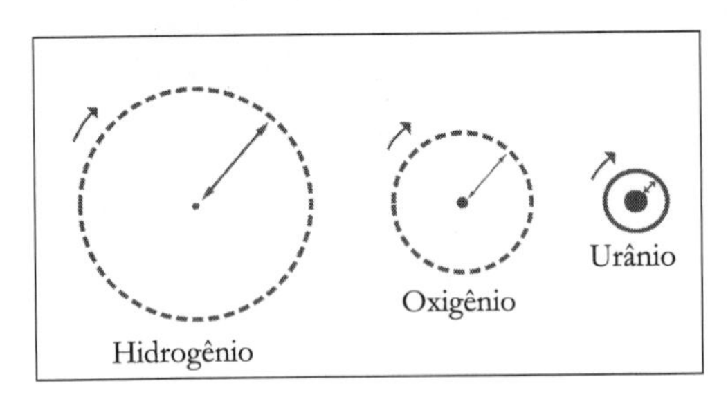

Figura 15

A explicação foi dada pelo famoso físico Wolfgang Pauli (1900-58). Em 1925, ele propôs uma poderosa lei da natureza (que lhe valeu o prêmio Nobel em 1945), conhecida como o princípio de exclusão de Pauli.[37] A lei se refere a algumas partículas elementares do mesmo tipo, como os elétrons. Todos os elétrons do universo são precisamente idênticos em termos de suas propriedades intrínsecas — não existe nenhuma maneira de distingui-los um do outro. Além de sua massa e carga elétrica, os elétrons têm outra propriedade fundamental, chamada *spin*. Para alguns fins, poderíamos pensar no spin como o eixo em torno do qual gira o elétron, se este fosse uma bola minúscula. A mecânica quântica — a teoria que descreve átomos, luz e partículas subatômicas — nos diz que o spin eletrônico pode ter apenas dois estados (mais ou menos análogos à bola rodopiando a uma velocidade específica em uma direção ou na direção oposta). O princípio de exclusão de Pauli afirma que dois elétrons quaisquer não podem estar precisamente no mesmo estado; isto é, tendo exatamente a mesma órbita e direção do spin. Qual a relação disso com simetria? Para enunciar com maior precisão o princípio da exclusão, precisamos compreender que a mecânica quântica fala na linguagem das probabilidades. Não podemos jamais determinar com precisão a localização de um elétron dentro do átomo. Pelo contrário, só podemos determinar as diferentes probabilidades de encontrá-lo em diversas posições. O conjunto de todas essas probabilidades é conhecido como a *função de probabilidade*. A função de probabilidade tem o papel de um mapa, mostrando-nos onde temos a maior probabilidade de encontrar o elétron. Conseqüentemente, Pauli também formulou seu princípio de exclusão em termos de uma propriedade da função de probabilidade que descreve o movimento dos elétrons no átomo. Ele afirmou que a função de probabilidade é anti-simétrica com respeito ao intercâmbio de qualquer par de elétrons. Tal função é chamada anti-simétrica se a transposição de dois elétrons que se movem ao longo da mesma órbita e têm a mesma direção de spin alterar somente o sinal da função (por exemplo, de mais para menos), mas não seu valor. Por exemplo, imagine que a letra a simbolize o valor de alguma propriedade do primeiro elétron e a letra b, o valor da mesma propriedade para o segundo elétron. Uma função que assume o valor $a + b$ é simétrica sob a troca dos dois elétrons já que $a + b$ é igual a $b + a$. Por outro lado, uma função representada por $a - b$ é anti-simétrica já que trocar a por b e b

por a muda $a - b$ para $b - a$ e $b - a$ é precisamente o negativo de $a - b$ (por exemplo, $5 - 3 = 2$; $3 - 5 = -2$).

A afirmativa de Pauli é, portanto, o ponto crucial da questão. Por um lado, sabemos que, se intercambiarmos dois elétrons idênticos, isso não deveria fazer nenhuma diferença e a função de probabilidade deveria permanecer inalterada. Por outro, o princípio de exclusão nos diz que a função de probabilidade deveria alterar seu sinal (por exemplo, de positivo para negativo) sob tal permutação. Que número é igual ao negativo de si mesmo? Existe um único número assim — o zero. A mudança do sinal na frente de um zero não altera o valor em nada; menos zero é igual a mais zero. Em outras palavras, a probabilidade de encontrar dois elétrons com o mesmo spin movendo-se ao longo da mesma órbita é zero — não existe tal estado.

O princípio de exclusão de Pauli nos diz que os elétrons com as mesmas propriedades não gostam de ficar amontoados no mesmo lugar. Conseqüentemente, não se permite mais que dois elétrons (um em cada direção de spin) em qualquer dada órbita. Em lugar de todos os elétrons se aglomerarem na menor (de menor energia) órbita, os elétrons são forçados a ir para órbitas de energia sucessivamente maior e de tamanho sucessivamente maior. O resultado líquido é que, mesmo que os tamanhos de todas as órbitas quantizadas sejam menores nos átomos mais pesados (mais ricos em prótons), os elétrons não têm outra alternativa senão ocupar um número cada vez maior de órbitas. Surpreendentemente, o comportamento da função de probabilidade sob permutações de elétrons fornece a explicação de por que, ao contrário do descrito na Figura 15, os átomos têm tamanhos quase iguais.

Voltando agora às permutações em geral, a transformação de cor[38] pode ser considerada um parente próximo. Para qualquer padrão que tenha mais de uma cor, como um tabuleiro de xadrez, as cores podem ser intercambiadas. Estritamente falando, os padrões reais geralmente não são simétricos sob transformação de cor — eles realmente mudam. Alguns dos desenhos imaginativos de M. C. Escher chegam bem perto do que se esperaria como desenhos simetricamente coloridos (Figura 16). Observe que a imagem não permanece verdadeiramente a mesma quando preto e branco são transpostos, como também não ocorre com um tabuleiro de xadrez. Entretanto, a impressão visual geral permanece a mesma.

O próprio Escher nunca teve muita certeza do que o levou à obsessão pelos padrões com simetria translacional e simetria de cor. Em suas próprias palavras:

> Muitas vezes eu ficava espantado com a minha própria mania de fazer desenhos periódicos. Certa vez, perguntei a um amigo meu, um psicólogo, sobre a razão de eu ser tão fascinado por eles, mas a resposta dele — de que devo ser impelido por um instinto primitivo, prototípico — não explica nada. Qual pode ser a razão de eu estar sozinho nesse campo? Por que nenhum de meus colegas artistas parece ser tão fascinado como eu por essas formas entrelaçadas? Contudo, suas regras são puramente objetivas, regras essas que todo artista poderia aplicar de sua própria maneira pessoal![39]

As meditações retrospectivas de Escher tocam em dois tópicos importantes: o papel da simetria no processo "primitivo" da percepção e as regras subjacentes à simetria. Este último tópico será tema de vários capítulos adiante. Entretanto, já que toda a informação que obtemos sobre o mundo nos chega através dos sentidos, a questão da simetria como um fator potencial na percepção ganha relevância imediata.

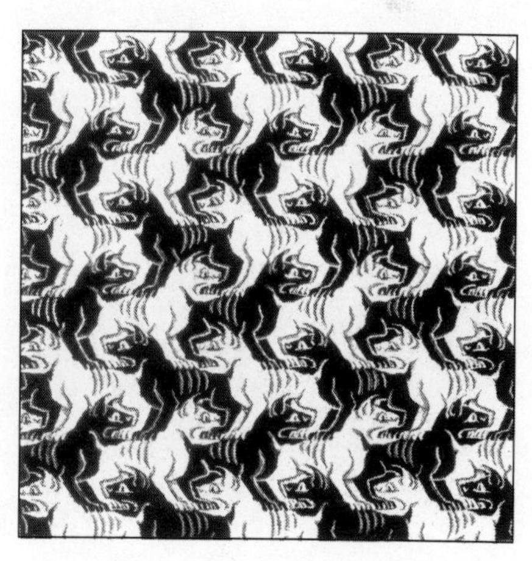

Figura 16

– DOIS –

ETNEM AD SOHLO SOA AIRTEMIS

Entre todos os sentidos, a visão é de longe o veículo mais importante para a percepção. Entretanto, os olhos são apenas os dispositivos ópticos; percepção exige a participação do cérebro. A percepção visual é um conjunto complexo de processos no cérebro, que combinam sensações do mundo externo para produzir uma imagem informativa. Nosso ambiente produz muitos mais sinais do que podemos possivelmente analisar. Conseqüentemente, a percepção envolve esquadrinhar a riqueza de dados e selecionar os aspectos mais úteis. Enxadristas humanos não examinam mentalmente cada movimento possível no tabuleiro quando ponderam sobre a jogada seguinte. Concentram-se naqueles poucos movimentos que parecem os mais interessantes quando considerados contra a linha de referência das informações acumuladas — aquela coisa que chamamos memória. No filme de Woody Allen *O escorpião de Jade*, Dan Aykroyd faz o papel do chefe de uma empresa de seguros. Em uma cena, ele diz a um de seus investigadores, C. W. Briggs (representado por Woody Allen): "Existe uma palavra para as pessoas que acham que todo mundo está conspirando contra elas." Ao que Woody Allen responde: "É, perceptivo!" Na realidade, é claro, a paranóia é uma distorção da percepção.

À primeira vista, a percepção visual precisa realizar uma tarefa impossível. Precisa transformar as unidades de energia luminosa (denominadas *fótons*) que incidem nos receptores no fundo do olho em imagens mentais de objetos. Como veremos em breve, a simetria fornece um importante auxílio para atingir essa meta.

Antes, contudo, devemos entender quais tipos de dificuldades teremos de vencer. A astronomia pode ajudar a ilustrar um dos muitos obstáculos envolvidos nesse processo — especificamente, a percepção de distância. A Figura 17 mostra uma foto tirada com o Telescópio Espacial Hubble,[1] perscrutando através do halo esférico de estrelas que cercam a galáxia Andrômeda (conhecida como M31 pelos astrônomos). Uma galáxia é uma vasta extensão de algumas centenas de bilhões de estrelas como o Sol. A M31, a uma distância de cerca de 2,5 milhões de anos-luz, é uma das vizinhas mais próximas de nossa própria galáxia Via Láctea. (Um ano-luz corresponde a cerca de nove trilhões e 450 bilhões de quilômetros.) A foto da Figura 17 contém cerca de dez mil estrelas em M31 e aproximadamente uma centena de outras galáxias que são vistas ao fundo (algumas das quais aparecem como objetos estendidos e vagos, indistintos). Aqui, contudo, surge o problema. De simplesmente olhar a foto, não há como saber que as estrelas estão no nosso próprio quintal, falando relativamente (a uma distância de 2,5 milhões de anos-luz), enquanto algumas das galáxias estão a mais de dez *bilhões* de anos-luz! Do mesmo jeito, quando olhamos fixamente o mundo ao nosso redor, o olho reconhece somente a direção do raio de luz no qual um fóton viajou. Já que a imagem é projetada em uma superfície bidimensional (a retina), sem alguma informação adicional, o cérebro não tem a menor idéia de qual a distância até o ponto em que o fóton foi originado. No caso de uma estrela relativamente próxima, os astrônomos resolvem o problema de determinação da distância utilizando um método conhecido como *paralaxe trigonométrica.* Eles olham a estrela de dois pontos diferentes ao longo da órbita da Terra ao redor do Sol (Figura 18). Durante o curso de um ano, a estrela próxima parece se desviar para a frente e para trás contra as estrelas bem distantes (fixas) no fundo. Medindo-se o ângulo associado a esse desvio aparente, conhecendo o diâmetro da órbita terrestre e utilizando a simples trigonometria do colegial, é possível calcular a distância até a estrela.

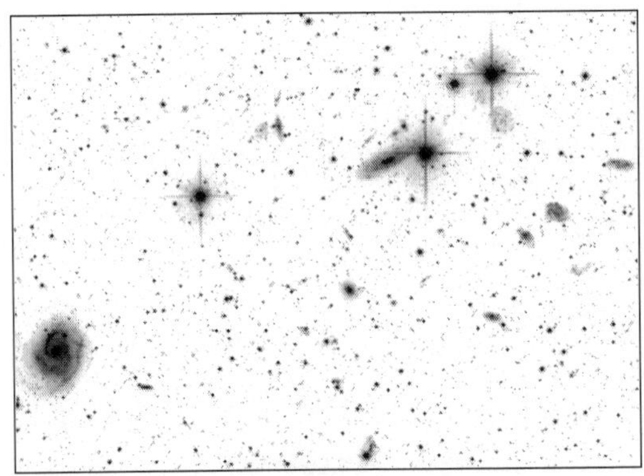

Figura 17

Os seres humanos usam os dois olhos precisamente da mesma maneira para produzir a percepção espacial. Você pode descobrir esse mecanismo, conhecido como *visão estereoscópica*,[2] com o experimento simples a seguir. Estique o braço, erga um dos dedos e olhe o dedo contra algum fundo. Se você fechar alternadamente os olhos direito e esquerdo, o dedo parecerá se desviar para cá e para lá em relação aos objetos em segundo plano. Aproxime o dedo dos olhos e você perceberá que aumenta o salto entre as duas posições. Tal desvio aparente (paralaxe) ocorre porque os dois olhos vêem o dedo de dois lugares diferentes. Já que a paralaxe depende da distância do objeto, pela medição do ângulo entre as posições aparentes e conhecendo a separação entre os olhos, o cérebro "trigonometriza" a distância até o objeto. Se você se familiarizar com a perda relativa da percepção de profundidade associada a fechar um dos olhos, é possível que imagine que o papel dos dois olhos na visão estereoscópica é conheci-

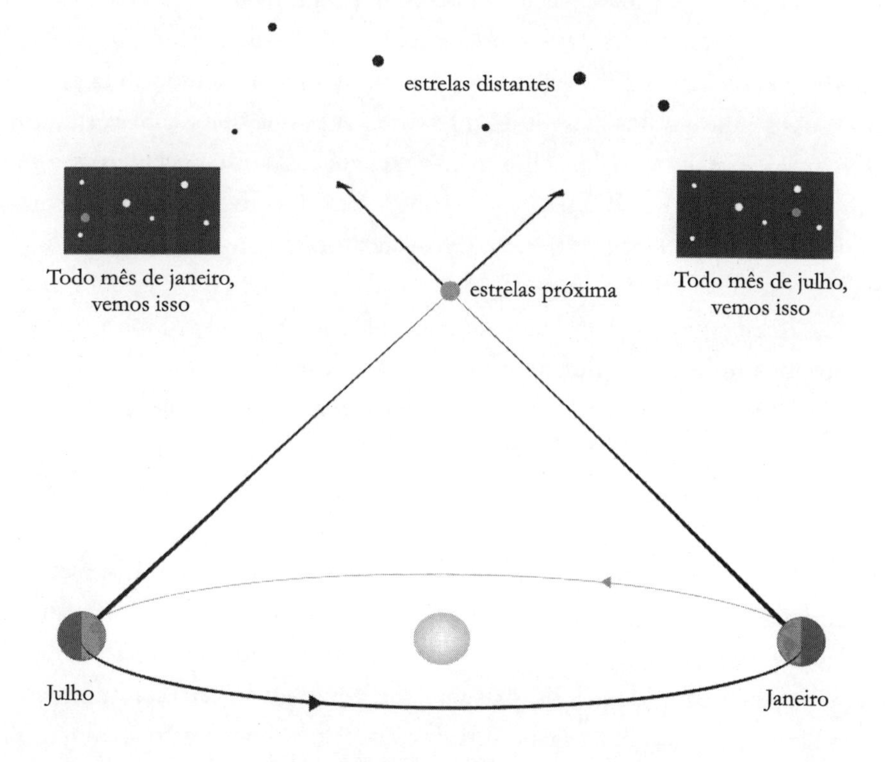

Figura 18

do desde a Antigüidade. Surpreendentemente, o conceito de visão estereoscópica passou inteiramente despercebido por alguns dos maiores pesquisadores de perspectiva. Matemáticos como Euclides, na Grécia Antiga, os arquitetos renascentistas Brunelleschi e Alberti, os pintores Piero della Francesca, Paolo Ucello e Albrecht Dürer e até o grande Isaac Newton presumiam que os dois olhos eram uma mera manifestação da simetria bilateral, sem nenhuma outra função especial. O primeiro a perceber que os dois olhos podem oferecer algo que um único olho não pode foi o homem renascentista por excelência — Leonardo da Vinci (1452-1519). Leonardo notou que quando olhamos um objeto com os dois olhos, o olho direito consegue capturar parte do espaço por trás do objeto à sua direita, enquanto o esquerdo vê em torno do objeto à sua esquerda. Leonardo então concluiu que "o objeto(...) visto com os dois olhos torna-se como que transparente(...) mas isto não pode acontecer quando um objeto(...) é visto por um único olho." Apesar dessa presciência, por restringir a atenção apenas às esferas, Leonardo perdeu a oportunidade de descobrir que, não apenas no segundo plano, mas também no próprio objeto, os dois olhos capturavam duas visões diferentes. A pessoa que estabeleceu a importância de ver com os dois olhos para a percepção da distância foi o astrônomo alemão Johannes Kepler (1571-1630). Em dois livros surpreendentes, *Astronomiae Pars Optica* (A parte óptica da astronomia), publicado em 1604, e *Dioptrice* (Dióptrica, a parte da óptica que trata da refração), publicado em 1611,[3] Kepler deu uma detalhada descrição da óptica do olho, explicou a operação dos monóculos e desenvolveu uma teoria da visão estereoscópica. De alguma forma, contudo, o trabalho de Kepler passou relativamente despercebido e até mesmo Charles Wheatstone, que redescobriu o mecanismo da percepção de profundidade em 1838, parece não ter tomado conhecimento dele.

Charles Wheatstone (1802-75)[4] nasceu em uma família musical e suas primeiras investigações envolveram som, vibrações de diversos dispositivos, como cordas e tubos, e instrumentos musicais. Em 1822, ele montou uma demonstração na oficina do pai em Pall Mall, em Londres, que oferecia música não apenas para os ouvidos, mas também aos olhos. Esta "Lira Encantada" era suspensa por um fio delgado que passava pelo teto até um cômodo acima e era conectado às tábuas de ressonância de um piano, uma harpa e uma cítara. Enquanto Wheatstone tocava os instrumentos no cômodo de cima, a Lira

Encantada parecia tocar sozinha. Um experimentalista de grande imaginação, Wheatstone inventou a concertina (um instrumento musical semelhante a um pequeno acordeão) e foi pai do telégrafo elétrico na Grã-Bretanha.

Wheatstone começou os experimentos em visão estereoscópica em 1832 e apresentou sua teoria em um artigo publicado em 21 de junho de 1838. O título do artigo era "Contribuições para a fisiologia da visão. Parte primeira. Sobre alguns fenômenos notáveis até agora não observados da visão binocular". O primeiro parágrafo descreve a essência da descoberta — que a incongruência das imagens nas duas retinas e o subseqüente processamento mental produzem uma percepção espacial. Nas palavras de Wheatstone:

> Quando um objeto é visto a uma distância tão grande que os eixos ópticos dos dois olhos estão razoavelmente paralelos quando voltados em sua direção, as projeções perspectivas do objeto, vistas por cada olho separadamente, são semelhantes e a aparência aos dois olhos é precisamente igual a quando o objeto é visto apenas pelo outro olho(...) Mas tal similaridade não mais existe quando o objeto está tão perto dos olhos que, para vê-lo, os eixos ópticos precisam convergir; sob essas condições, uma projeção perspectiva diferente dele é vista por cada olho(...) O fato pode ser facilmente verificado, bastando colocar qualquer figura de três dimensões, o esboço de um cubo por exemplo, a uma distância moderada diante dos olhos e, mantendo ao mesmo tempo a cabeça perfeitamente imóvel, vê-la sucessivamente com cada olho enquanto o outro é fechado.

Fiz um esforço considerável para descrever a descoberta dos processos envolvidos na percepção de algo elementar como a profundidade espacial pois esta narrativa ajuda a exemplificar os imensos obstáculos associados ao desenvolvimento de uma noção abrangente de percepção. As teorias da percepção humana podem ocupar, e de fato ocuparam, volumes inteiros. Aqui, irei me concentrar unicamente na função da simetria nesse processo.

O papel da simetria na percepção foi lançado no centro do palco pela escola de pensamento conhecida como *psicologia gestaltista.*[5] Os psicólogos Max Wertheimer, Kurt Koffka e Ivo Kohler, que iniciaram essa doutrina, montaram um influente laboratório de pesquisa em psicologia na Universidade de

Frankfurt em 1912. Um dos problemas cruciais que os psicólogos gestaltistas se propuseram a abordar foi o da organização perceptual — como os pequenos pedaços de informação recebidos pelos sentidos são organizados em estruturas perceptuais maiores. Como sabemos quais segmentos se pertencem reciprocamente para formar um objeto? Como separamos os objetos um do outro e como distinguimos entre objeto e segundo plano? A "lei" central da organização perceptual da psicologia gestaltista é conhecida como princípio de Prägnanz (ou pregnância), geralmente citada como a lei da "boa forma" (*Prägnanz* significa "concisão" em alemão). A lei declara: "Das várias organizações geometricamente possíveis, aquela que é vista é a que possui a forma melhor, mais simples e mais estável." Para os psicólogos gestaltistas, portanto, a simetria foi um dos elementos centrais que contribuíram significativamente para a "boa qualidade" da figura. Um arranjo de quatro pontos como o da Figura 19 será interpretado como um quadrado porque a "boa qualidade" do quadrado de ser uma forma simétrica, fechada e estável é maior que aquela, digamos, de um arranjo de um triângulo mais um ponto extra. Embora os psicólogos gestaltistas nunca tenham conseguido formular uma teoria precisa da percepção da forma, teóricos posteriores, como o psicólogo holandês Emanuel Leeuwenberg e os americanos Wendell Garner e Stephen Palmer, desenvolveram os princípios básicos desta. Garner e Palmer em particular reconheceram o papel das simetrias de vários tipos (como a simetria sob rotações e reflexões) para a "boa qualidade" da figura.[6]

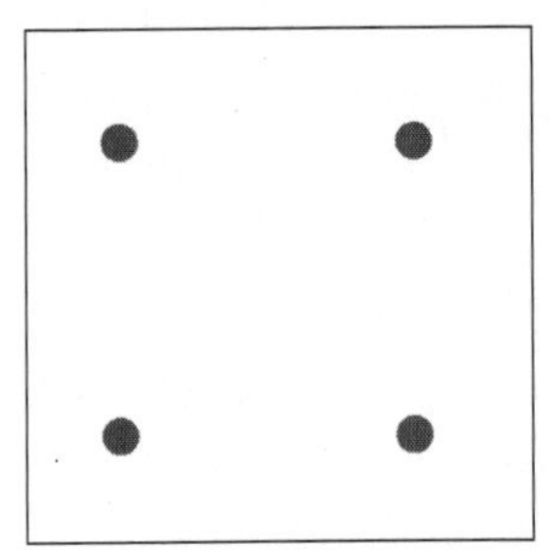

Figura 19

Leeuwenberg e colaboradores desenvolveram uma teoria da representação da forma geralmente conhecida como a *teoria da informação estrutural*.[7] Os dois conceitos fundamentais desta teoria são *códigos* e *cargas informativas*. Códigos são descrições perceptuais simples capazes de gerar uma figura observada. Por exemplo, para descrever um retângulo,

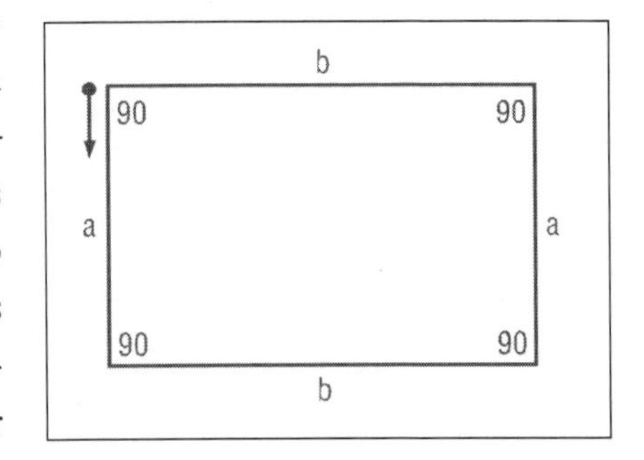

Figura 20

podemos começar do canto superior esquerdo e fornecer o segmento que precisa ser desenhado (Figura 20), seguido do ajuste angular que precisa ser realizado depois disso. Fornecemos, então, o comprimento seguinte, novamente seguido do ajuste angular. O código final para desenhar o retângulo tomaria a forma *a* 90 *b* 90 *a* 90 *b* 90. Você percebe, contudo, que, já que as mesmas instruções são repetidas duas vezes, podemos simplificar este código escrevendo 2*(*a* 90 *b* 90).

A carga informativa mede a complexidade do código mais simples que ainda consegue realizar a tarefa. Em geral, você pode computar a carga informativa pela simples contagem do número de parâmetros no código (como *a*, *b* e 90 no exemplo anterior). A idéia central da teoria da informação estrutural é que a "boa qualidade" da figura é maior quanto menor a carga informativa. Figuras simétricas contêm uma carga informativa menor e, portanto, são superiores na escala de "boa qualidade". Para o código do retângulo que acabamos de ver, por exemplo, a carga informativa é 4: o número de iterações (2); os dois comprimentos (*a*, *b*); e o ângulo (90). Para uma figura quadrilátera arbitrária, por outro lado, a carga informativa seria 8 (quatro comprimentos e quatro ângulos).

Outros dois elementos importantes nos princípios gestaltistas de organização são *proximidade* e *similaridade*. A "lei" da proximidade expressa o fato de que, em geral, as formas que estão bem próximas entre si são mentalmente agrupadas juntas. Na Figura 21a, percebemos colunas porque os espaçamentos verticais dos pontos são menores que os horizontais. A recíproca é verdadeira na Figura 21b, resultando na percepção de linhas. Quando os espaçamentos são iguais (como na Figura 21*c*), ficamos com uma impressão ambígua.

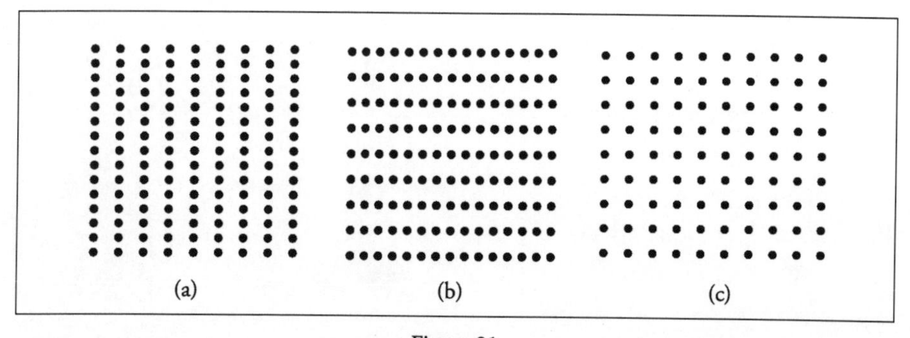

Figura 21

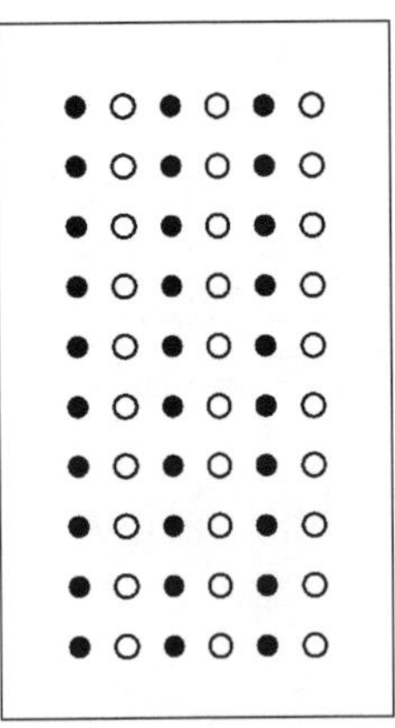

Figura 22

Formas semelhantes também tendem a ser agrupadas em associação, e a similaridade pode às vezes ser um elemento organizacional mais poderoso que a proximidade. Se todos os círculos da Figura 22 fossem escuros, veríamos linhas por causa apenas de sua proximidade; ainda assim, na figura tendemos a perceber colunas por causa da similaridade dos círculos pretos.

A simetria desempenha um papel importante no reconhecimento da similaridade porque representa um *invariante* verdadeiro — uma imunidade contra mudanças. Conseqüentemente, a simetria é uma característica particularmente útil para que o sistema perceptual determine se os padrões observados são realmente semelhantes ou diferentes.

Outro princípio gestaltista é a *boa continuidade* — percebemos o símbolo *X* como duas linhas que se cruzam entre si, não como um *v* no sentido vertical correto e um *v* de ponta-cabeça conectados em um vértice. *Destino comum* é também uma base para o agrupamento. Tendemos a juntar as coisas que estão se movendo à mesma velocidade, na mesma direção. O profeta bíblico Amós já estava plenamente ciente de tal princípio quando perguntou: "Caminharão juntos dois homens, a menos que tenham feito um acordo?"[8]

O psicólogo Stephen Palmer, da Universidade da Califórnia em Berkeley, e seus colaboradores acrescentaram aos princípios de organização aqueles da *região comum, conectividade e sincronia.*[9] A Figura 23 demonstra esses princípios. Região comum se refere ao fato de que os elementos são agrupados juntos quando estão incluídos em uma região do espaço (23a). Conectividade significa que percebemos como unidades os elementos que parecem estar fisicamente conectados (23b). Finalmente, sincronia reflete o fato de que eventos visuais simultâneos são percebidos como associados (23c).

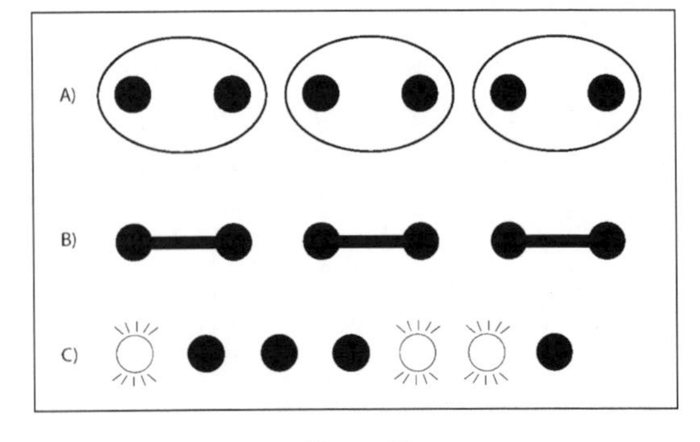

Figura 23

A simetria, e em particular a simetria bilateral, é também um dos elementos centrais na segregação figura-fundo — a habilidade de ver objetos como figuras que se destacam do pano de fundo. Dê uma rápida olhada na Figura 24, à esquerda e à direita, e decida qual das cores é a figura e qual é o fundo. Áreas bilateralmente simétricas tendem a ser percebidas como figuras contra fundos assimétricos. Conseqüentemente, à esquerda da Figura 24, somos inclinados a identificar as áreas pretas como figuras, ao passo que, à direita, as brancas são as figuras. Orientações verticais e horizontais são mais propensas a serem vistas como figuras que quaisquer outras orientações. Finalmente, áreas menores cercadas por maiores tendem a ser identificadas como figuras, como o são as formas significativas ou familiares.

Figura 24

Você provavelmente percebeu que as "leis" originais da gestalt não eram mais que *heurísticas* — princípios de melhor conjectura que possam funcionar a maior parte do tempo, mas não necessariamente todas as vezes. Eles preferiram usar conceitos vagamente definidos, como "boa qualidade" ou "similaridade". Podemos especular por que tais princípios funcionam de fato. A resposta é: provavelmente representam uma combinação de aprendizado e evolução. Como disse certa vez Oscar Wilde, "experiência é o nome que todo mundo dá aos seus erros".[10] Os homens têm "praticado" a percepção por gerações e, através de seu interminável número de encontros perceptuais, aprenderam o que esperar. Apesar de suas deficiências, os princípios originais da gestalt foram úteis porque forneceram uma resposta rápida. Quando você quer encontrar suas chaves, você vai antes aos dois lugares onde normalmente as deixa e só depois que isso não dá certo é que embarca em uma busca sistemática pela casa.

Geralmente, as teorias psicológicas recentes e os resultados experimentais confirmam o importante papel da simetria na percepção.[11] Muitos experimentos mostram que a simetria bilateral em torno de um eixo vertical é a mais fácil de reconhecer (ou seja, é reconhecida mais rapidamente) e é explorada como uma propriedade diagnóstica para o julgamento de "igual-diferente". Basicamente, a simetria é uma propriedade que prende o olho nos primeiros estágios do processo da visão. A simetria é também útil para discriminar organismos vivos (inclusive predadores potenciais) das coisas inanimadas e na seleção de parceiros desejáveis (voltarei a esses tópicos no capítulo 8). Outros experimentos demonstraram que figuras simétricas são mais facilmente reproduzidas que as assimétricas. Em um estudo interessante, as psicólogas Jennifer Freyd e Barbara Tversky,[12] da Universidade de Stanford, constataram que, na primeira etapa, os indivíduos determinaram rapidamente se uma simetria global estava presente ou ausente. Em seguida, se tivessem tido a impressão de que a forma possuía uma simetria global, alguns indivíduos distorciam mentalmente a imagem e presumiam (às vezes incorretamente) que ela tinha simetria também nos detalhes.

Uma sugestão intrigante de que a preferência por vários tipos de simetrias pode ser uma característica aprendida vem dos experimentos conduzidos pelo psicólogo Ioannis Paraskevopoulos,[13] da Universidade de Illinois. Suas cobaias foram 76 crianças do ensino fundamental. Paraskevopoulos constatou que a simetria dupla (reflexão vertical e horizontal) era preferida aos 6 anos de idade, a simetria bilateral (somente reflexão vertical) aos 7 anos e a simetria horizontal (reflexão horizontal) aos 11 anos.

Alguns dos estudos recentes mais animadores são aqueles que tentam empregar métodos de diagnóstico por imagem por ressonância magnética[14] para mapear as áreas no cérebro que reagem à simetria. O psicólogo Christopher W. Tyler, do Instituto Smith-Kettlewell de Pesquisa dos Olhos, de San Francisco, apresentou a indivíduos um sortimento de padrões com simetria por translação e reflexão. Ele constatou que esses estímulos produziam a ativação de uma região do lobo occipital, cuja função é desconhecida. Surpreendentemente, observou-se bem pouca ou nenhuma ativação nas outras áreas com funções visuais conhecidas. Tyler concluiu que essa região especializada provavelmente codifica a presença de simetria no campo visual.

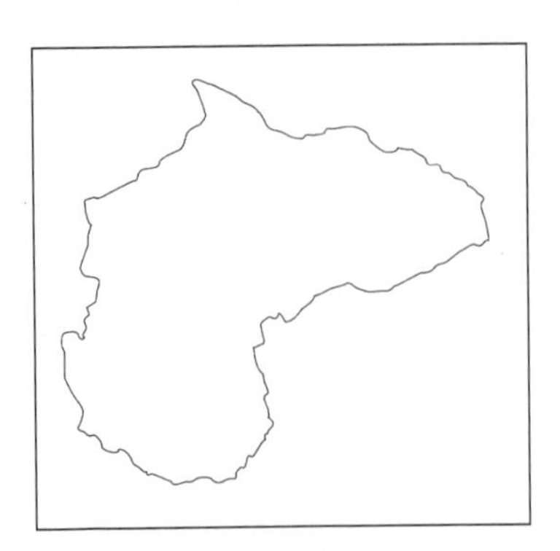

Figura 25

A inter-relação entre simetria e orientação é também fascinante.[15] Figuras simétricas não se alteram quando sofrem rotação, reflexão ou translação de determinadas maneiras. Muitas formas, contudo, não são simétricas com respeito a nenhuma transformação (exceto a identidade, que deixa a forma intocada) e como as percebemos é indiscutivelmente afetado, por exemplo, por sua orientação. Dê uma rápida olhada, por exemplo, na Figura 25. Você a reconheceu como o mapa da África? Ou, sem virar o livro de ponta-cabeça, você reconhece a pessoa da Figura 26?

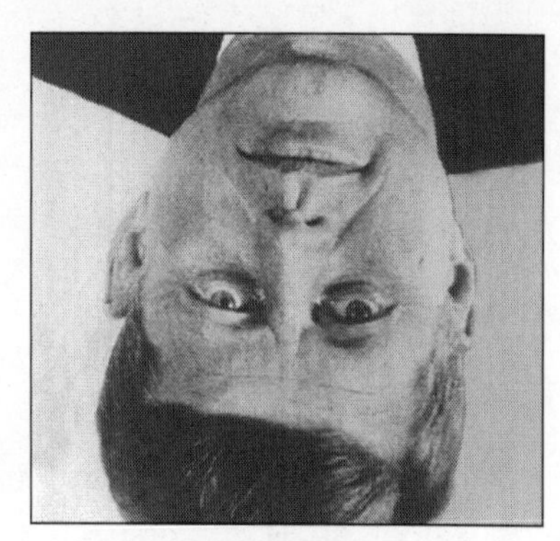

Figura 26

Mesmo a percepção de simetria pode ser complicada. Uma forma pode ser simétrica por reflexão em torno de algum eixo, como na Figura 27a, mas, a menos que você a gire como na Figura 27b, de maneira que o eixo da simetria seja vertical, você pode não perceber a simetria. O cientista cognitivo Irvin Rock, da Universidade Rutgers, e colaboradores conduziram uma série de experimentos idealizados para testar a dependência da percepção da forma sobre a orientação. Em particular, eles queriam testar se a percepção de simetria bilateral depende de o eixo da simetria ser verdadeiramente vertical na imagem retiniana ou se ele apenas é percebido como vertical. Os pesquisadores utilizaram uma forma como a mostrada na Figura 28a como seu modelo padrão. Esta forma é simétrica tanto por reflexão vertical quanto horizontal. Pediu-se aos indivíduos que indicassem quais das duas figuras, 28b ou 28c, eles achavam ser mais parecida com a 28a. Repare que a Figura 28b foi ligeiramente alterada de maneira a não ser simétrica em torno de um eixo vertical, mas ainda preservar a simetria em torno do eixo horizontal. O inverso foi feito para a Figura 28c. Quando os indivíduos observaram as figuras com suas cabeças para cima, a maioria escolheu a Figura 28c. Isso era de esperar; o físico e filósofo morávio-austríaco Ernst Mach (1838-1916)[16] tinha notado já em 1914 que as pessoas percebem que as figuras são simétricas principalmente como um resultado da simetria de reflexão em torno de um eixo vertical. Aqui, contudo, veio uma surpresa. Quando os

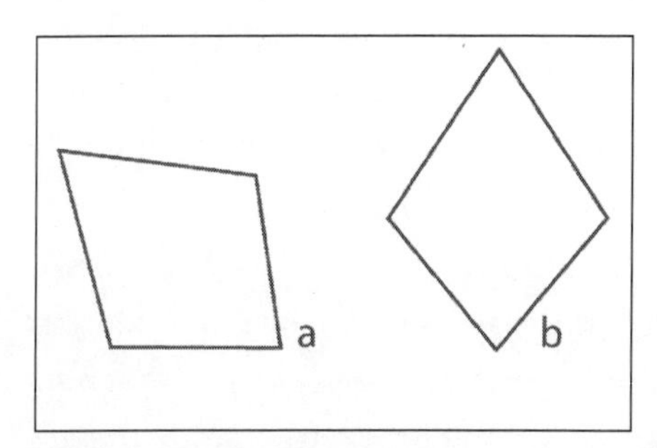

Figura 27

Figura 28

observadores eram inclinados em 45 graus, eles ainda selecionavam a Figura 28c como a mais parecida com a Figura 28a, apesar do fato de, nessa orientação, nem a 28b nem a 28c preservaram a simetria vertical na imagem retiniana. Deste e de outros experimentos, Rock concluiu que "para uma figura inédita, há pouca mudança na aparência quando apenas a orientação de sua imagem retiniana é alterada". Rock descobriu que o que realmente importava não é tanto a orientação real da figura em seu ambiente, mas o fato de normalmente atribuirmos às figuras as direções acima, abaixo, esquerda e direita. Tais atribuições dependem tipicamente de outros indícios visuais, como a direção da gravidade ou do referencial (sistema de referência) do ambiente. Figuras desorientadas com respeito às direções atribuídas não são facilmente reconhecidas. Curiosamente, Rock constatou que o efeito da forma percebida é mínimo quando a única alteração realizada é a reversão esquerda-direita. Os resultados também confirmam a importância primordial da simetria bilateral na percepção. Rock de fato admitiu, contudo, que algumas formas, como palavras em escrita cursiva ou retratos, tornam-se muito difíceis de reconhecer mesmo quando é alterada apenas a orientação da imagem retiniana.

Embora a simetria atue na maioria dos casos para facilitar a percepção, um tipo de simetria pode realmente seduzir os olhos e levá-los a uma interpretação equivocada daquilo que vêem. O físico escocês David Brewster (1781-1868), que também inventou o caleidoscópio em 1816,[17] notou algo de estranho quando olhava fixamente para um papel de parede com padrões repetitivos com simetria translacional. A grande produção da Morris and Company e de seus contemporâneos garantiu a ubiqüidade de tais padrões durante a era vitoriana. Para o seu assombro, Brewster descobriu que alguns desses desenhos literalmente "saltavam" da parede e se tornavam ilusões tridimensionais, atualmente conhecidas como *ilusões de papel de parede* ou *de escada rolante*, porque tanto os papéis de parede como as escadas rolantes têm padrões repetitivos. É possível que você já tenha familiaridade com este fenômeno através dos vários livros e pôsteres de Olho Mágico. O fascínio por esses *auto-estereogramas* gerados por computador — padrões que mergulham na tridimensionalidade quando olhados fixamente com os olhos vesgos — virou mania no início dos anos 1990.[18] A Figura 29 demonstra o surpreendente efeito. Se você olhar fixamente para ela por cerca de um minuto como se fosse focalizar seu olhar sobre uma imagem atrás da página, os surfistas irão se materializar miraculosamente como entidades tridimensionais. Por motivos ainda não inteiramente claros, algumas pessoas não conseguem perceber as ilusões criadas por auto-estereogramas. Portanto, se, subitamente, a Figura 29 não ganhar profundidade para você, não se desespere; você pertence a um clube exclusivo. A idéia por trás das ilusões do Olho Mágico originou-se de pesquisas de percepção de profundidade do psicólogo húngaro-americano Bella Julesz, em 1959.

Figura 29

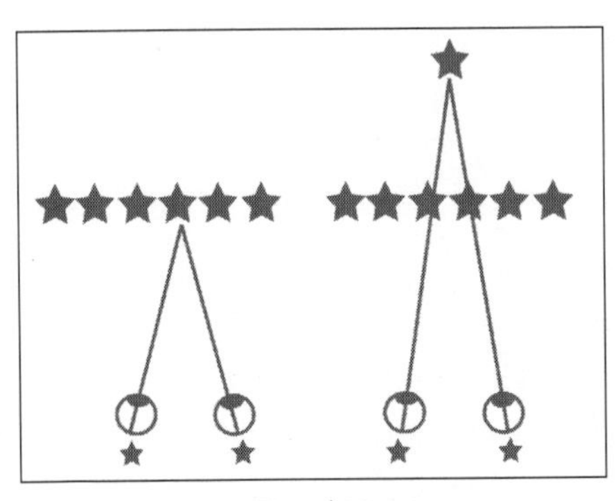

Figura 30

O colaborador de Julesz, o psicólogo Christopher Tyler, do Instituto Smith-Kettlewell de Pesquisa dos Olhos, descobriu em 1979 que conseguia usar uma técnica de impressão em *offset* para gerar estereogramas de imagens isoladas. A explicação básica para a mágica dos padrões repetitivos é bem simples. Com cada olho fixado em um membro diferente de um par adjacente do padrão repetitivo, o cérebro percebe erroneamente os dois objetos como um único a uma distância diferente (Figura 30). A razão da "falha" do cérebro é, obviamente, o fato de os motivos repetitivos criarem imagens idênticas nas duas retinas, dando a impressão de que um único objeto está em foco.

Quando o padrão repetitivo tem um espaçamento bem pequeno e consiste em motivos de alto-contraste, ele pode induzir uma ilusão bem poderosa de movimento. A artista op britânica Bridget Riley deslumbrou muitos observadores com tais padrões alucinatórios na sua pintura *Queda* (Figura 31).

Com a exceção das permutações e do princípio de exclusão de Pauli, todas as simetrias descritas até agora foram simetrias de formas, contornos e configurações. Eram simetrias de objetos no espaço, impostas pela disposição de sistemas específicos e percebidos através dos sentidos. Podemos ver que uma catedral tem simetria bilateral, que o desenho de um papel de parede tem simetria translacional e que um círculo tem simetria rotacional. As simetrias subjacentes às leis fundamentais da natureza são parentes próximas das simetrias acima, mas, em vez de se concentrar na forma externa ou figura,

Figura 31

elas se concentram na questão: que operações podem ser realizadas no mundo que nos cerca que deixariam inalteradas as leis que descrevem todos os fenômenos observados?

AS REGRAS DO JOGO

Quais são as leis da natureza? O biólogo Thomas Henry Huxley (1825-95),[19] o defensor mais apaixonado da teoria da evolução e seleção natural de Darwin, ofereceu a seguinte explicação:

> O tabuleiro de xadrez é o mundo, as peças são os fenômenos do universo, as regras do jogo são o que chamamos de leis da Natureza. O jogador do outro lado está oculto para nós. Sabemos que seu jogo é sempre imparcial, justo e paciente. Mas também sabemos, à nossa custa, que ele nunca deixa passar um erro nem dá a menor margem para a ignorância.

Pelos padrões modernos, falta ambição a essa definição dada pelo homem que foi apelidado de "buldogue de Darwin". Os físicos de hoje gostariam que as leis da natureza não apenas fossem as regras do jogo, como também explicassem até a existência e as propriedades do tabuleiro de xadrez e das próprias peças!

Não foi senão no século XVII que os homens chegaram a sonhar com a possibilidade de existir um corpo de leis que explicasse tudo. Galileu Galilei (1564-1642), René Descartes (1596-1650) e, em particular, Isaac Newton (1642-1727) demonstraram pela primeira vez que um punhado de leis (como as leis do movimento e da gravidade) era capaz de explicar um grande número de fenômenos, desde as maçãs que caem e as ondas da praia até o movimento dos planetas.

Outros seguiram seus passos gigantescos. Em 1873, o físico escocês James Clerk Maxwell (1831-79) publicou seu *Tratado sobre eletricidade e magnetismo* — uma obra monumental que unifica todos os fenômenos elétricos, magnéticos e luminosos sob a égide de apenas quatro equações matemáticas. Apoiando-se nos resultados experimentais do físico inglês Michael Faraday (1791-1867), Maxwell foi capaz de mostrar que, assim como a força que segura os planetas em suas órbitas e aquela que mantém os objetos na superfície da Terra são de fato exatamente a mesma, a eletricidade e o magnetismo são simplesmente manifestações diferentes de uma única essência física. O século XX testemunhou o nascimento não de uma, mas de duas grandes revoluções científicas. Primeiro, as teorias especial e geral da relatividade de Einstein mudaram para sempre o significado de espaço e tempo. Estes dois últimos conceitos tornaram-se inextricavelmente ligados na entidade agora conhecida como *espaço-tempo*. A relatividade geral também afirmou que a gravidade não é uma força misteriosa que age a distância, mas simplesmente uma manifestação do espaço-tempo sendo dobrado pela matéria, como uma folha de borracha vergando sob o peso de uma bala de canhão. Tudo o que se move por esse espaço dobrado — como os planetas em seus cursos — desloca-se não ao longo de linhas retas, mas em trajetórias curvas. Segundo, em uma outra frente, toda a esperança de um mundo inteiramente determinístico foi despedaçada com a introdução da *mecânica quântica*. Na mecânica newtoniana, e mesmo na relatividade geral, se de alguma forma fosse possível saber qual a posição de cada partícula isolada no universo em um dado momento, e a que velocidade e em que direção estava se movendo naquele instante, seria possível predizer sem ambigüidade o futuro do universo e também conhecer toda a narrativa da história cósmica precedente. As únicas limitações estariam associadas com circunstâncias raras nas quais a relatividade geral desmorona, como no caso dos objetos colapsados conhecidos como buracos negros. A mecânica quântica mudou tudo isso. Nem mesmo a posição e a velocidade de uma única partícula podem ser determinadas com precisão. As únicas coisas determinísticas no universo são as probabilidades dos vários desfechos, mas não os desfechos em si. Embora por motivos bem diferentes, o universo é um pouco como o clima — o melhor que podemos fazer é prever a probabilidade de que choverá amanhã, não se realmente choverá ou não. Deus joga dados, sim.

A cada passo em direção às revoluções da relatividade e da mecânica quântica, o papel da simetria nas leis da natureza[20] tornou-se cada vez mais compreendido e valorizado. Os físicos não mais se satisfazem com a descoberta de explicações para fenômenos individuais. Pelo contrário, estão agora mais do que nunca convencidos de que a natureza tem um desenho fundamental no qual a simetria é o ingrediente crucial. Uma simetria das leis implica que quando observamos fenômenos naturais de diferentes pontos de visão, descobrimos que os fenômenos são governados por precisamente as mesmas leis da natureza. Por exemplo, se realizarmos experimentos em Nova York, Tóquio ou na borda do outro lado da Via Láctea, as leis da natureza que explicam os resultados desses experimentos tomarão a mesma forma. Note que a simetria das leis não implica que os resultados dos próprios experimentos permanecerão necessariamente inalterados. A força da gravidade na Lua é diferente daquela na Terra e, conseqüentemente, os astronautas foram vistos saltando na Lua a alturas bem maiores do que o fariam na Terra. Entretanto, a dependência da força da atração gravitacional em relação à massa e ao raio da Lua é igual à dependência da gravidade da Terra em relação à sua própria massa e raio. Essa simetria das leis — a imunidade a mudanças quando deslocada de um lugar para outro — é a simetria translacional. Sem essa simetria por translação, teria sido virtualmente impossível entender o universo. A principal razão de podermos interpretar com relativa facilidade as observações de galáxias a uma distância de dez bilhões de anos-luz é que constatamos que os átomos de hidrogênio de lá obedecem precisamente às mesmas leis da mecânica quântica que obedecem na Terra.

As leis da natureza também são simétricas sob rotação. A física não tem direção preferencial no espaço — descobrimos as mesmas leis independentemente de realizarmos o experimento de pé na vertical, ligeiramente inclinados em qualquer direção ou se medimos as direções com respeito a acima, a abaixo, ao norte ou ao sudoeste. Isto é menos intuitivo do que poderíamos imaginar. Lembremos que, para criaturas que evoluíram na superfície da Terra, há uma nítida distinção entre em cima e embaixo. Aristóteles e seus seguidores achavam que os objetos caíam para baixo porque é o lugar natural para as coisas pesadas. Newton, é claro, deixou claro que acima e abaixo nos parecem diferentes não porque as leis da física dependem dessas direções, mas porque acontece que sentimos a atração gravitacional dessa massa relativamente grande que chamamos Terra debaixo dos nossos pés. É uma mudança do ambiente, não das leis. De certa maneira, temos sorte — as simetrias por translação e rotação garantem que, independentemente de onde estejamos no espaço ou de como estejamos orientados, descobriremos as mesmas leis.

Figura 32

Um exemplo simples pode ajudar a esclarecer melhor a diferença entre as simetrias de formas e de leis. Os gregos antigos achavam que as órbitas dos planetas deveriam ser circulares porque tal forma é simétrica sob rotações de quaisquer ângulos. Ao contrário disso, a simetria por rotação da lei da gravitação de Newton implica que as órbitas podem ter qualquer orientação no espaço (Figura 32). As órbitas não têm de ser circulares; podem ser e, de fato são, elípticas.

Existem outras simetrias, mais esotéricas, que deixam as leis da natureza invariantes, e voltaremos a algumas delas e suas importantes implicações no capítulo 7. O ponto central que devemos sempre ter em mente, contudo, é que a simetria é uma das ferramentas mais importantes para decifrar o desenho da natureza.

Até agora, nosso rápido levantamento das simetrias, seja de objetos ou das leis naturais, foi como o de turistas em um país estrangeiro. Pudemos admirar a paisagem, mas para ganhar um conhecimento mais profundo da cultura, precisamos aprender a falar a língua. Portanto, está na hora de um curso intensivo de idioma.

A MÃE DE TODAS AS SIMETRIAS

Mesmo o breve vislumbre do mundo das simetrias que tivemos até agora deixa bem claro que a simetria situa-se exatamente na interseção de ciência, arte e psicologia da percepção. A simetria representa os núcleos teimosos das formas, leis e objetos matemáticos que permanecem inalterados sob transformações. A linguagem que descreve as simetrias precisa identificar esses núcleos invariantes, mesmo quando se encontram dissimulados sob diferentes disfarces disciplinares.

A linguagem do mundo financeiro, por exemplo, é a linguagem das operações aritméticas. Se quisermos comparar em um relance o poder econômico de duas empresas, não é necessário ler volumes inteiros de prosa; bastará uma comparação de alguns números centrais. Quando Isaac Newton formulou as célebres leis do movimento, ele também desenvolveu a linguagem do cálculo, para ser capaz de expressá-las e manipulá-las. Poder-se-ia argumentar que uma das proezas da arte abstrata e não-objetiva do século XX foi a transformação da cor em uma linguagem de significado e emoção. Alguns pintores abandonaram quase inteiramente o uso da forma e outros elementos, em favor da comunicação exclusivamente por cor.

Para explorar os labirintos da simetria, matemáticos, cientistas e artistas iluminam o caminho com a linguagem da *teoria de grupos.*[21] Assim como alguns clubes exclusivos, um grupo matemático é caracterizado por membros que têm de obedecer a determinadas regras. Um conjunto matemático é qualquer coleção de entidades, independentemente de serem os componentes de um avião desmontado, as letras do alfabeto hebreu ou uma bizarra coleção formada pela orelha de van Gogh, o coelho da Páscoa, todos os jornais albaneses e o clima em Marte. Um *grupo,* por outro lado, é um conjunto que precisa obedecer a determinadas regras com respeito a alguma operação. Por exemplo, um dos grupos mais familiares é composto de todos os números inteiros (positivos, negativos e zero; isto é,... –4, –3, –2, –1, 0, 1, 2, 3, 4,...) em conjunção com a simples operação aritmética da adição.

As propriedades que definem um grupo são:

1. *Fechamento.* O resultado da combinação de dois membros quaisquer pela operação deve ser ele próprio um membro. No grupo de inteiros, a soma de quaisquer dois inteiros é também um inteiro (por exemplo, 3 + 5 = 8).
2. *Associatividade.* A operação deve ser associativa — ao combinar (pela operação) três membros ordenados, você pode combinar quaisquer dois deles antes (desde que sejam consecutivos) e o resultado será o mesmo, não sendo afetado pelo modo como são colocados entre parênteses. A adição, por exemplo, é associativa: (5 + 7) + 13 = 25 e 5 + (7 + 13) = 25, onde os parênteses, "sinais de pontuação" da matemática, indicam qual o par que você soma antes.

3. *Elemento neutro.* O grupo precisa conter um elemento neutro tal que, quando combinado com qualquer membro, deixa o membro inalterado. No grupo de inteiros, o elemento neutro é o número zero. Por exemplo, $0 + 3 = 3 + 0 = 3$.
4. *Inverso.* Para todo membro do grupo, deve existir um inverso. Quando um membro é combinado com seu inverso, ele fornece o elemento neutro. Para os inteiros, o inverso de qualquer número é o número de mesmo valor absoluto, mas com o sinal oposto: por exemplo, o inverso de 4 é –4 e o inverso de –4 é 4; $4 + (-4) = 0$ e $(-4) + 4 = 0$.

O fato de esta definição simples poder levar a uma teoria que abrange e unifica todas as simetrias do nosso mundo continua a fascinar até os matemáticos. Como colocou certa vez o grande geômetra britânico Henry Frederick Baker (1866-1956): "Que riqueza, que grandeza de pensamento pode brotar de tão frágeis começos." A teoria de grupos foi denominada pelo conhecido erudito em matemática James R. Newman "a suprema arte da abstração matemática". Seu incrível poder deriva da flexibilidade intelectual proporcionada por sua definição. Como veremos adiante no livro, os membros de um grupo podem ser qualquer coisa, desde as simetrias das partículas elementares do universo ou dos diferentes embaralhamentos de cartas até as simetrias do triângulo equilátero. A operação entre os membros pode ser tão banal quanto a adição aritmética (como no exemplo anterior) ou mais complicada, como "seguido de", para a operação de duas transformações de simetria (como no caso de rotação por um ângulo, seguida de rotação por outro ângulo).

A teoria de grupos explica o que acontece quando várias transformações, como rotação e reflexão, são aplicadas sucessivamente a um dado objeto, ou quando uma determinada operação (como a adição) mistura diferentes objetos (como números). Esse tipo de análise expõe as estruturas mais fundamentais da matemática. Conseqüentemente, quando analistas do mercado de valores ou físicos de partículas elementares deparam com algo que aparenta dificuldades insuperáveis no reconhecimento de padrões, eles podem ocasionalmente usar o formalismo da teoria de grupos para atravessar a fronteira até outras disciplinas e tomar emprestadas ferramentas lá desenvolvidas para problemas semelhantes.

Para ter uma vaga idéia da relação entre a teoria de grupos e as simetrias, comecemos com o simples caso das simetrias da figura humana. Os seres humanos permanecem quase inalterados sob apenas duas transformações de simetria. Uma é a identidade, que deixa tudo como é, sendo, portanto, uma simetria precisa. A segunda é reflexão em torno de um plano vertical — a simetria bilateral (aproximada). Vamos usar o símbolo I para denotar a operação da transformação identidade e o símbolo r para denotar a reflexão. O conjunto de todas as transformações de simetria da forma humana consiste, portanto, em apenas dois membros: I e r. O que acontece se aplicarmos essas transformações sucessivamente? Uma reflexão seguida da identidade não é diferente de realizar somente uma reflexão. Simbolicamente, podemos expressar da seguinte maneira: $I \circ r = r$, onde o símbolo $\circ$ denota "seguido de". Note que a ordem é sempre tal que o primeiro símbolo à direita é a primeira transformação a ser aplicada, e a outra se segue. Logo, $a \circ b \circ c$ significa que c foi aplicado primeiro, seguido de b e depois de a.

A aplicação de duas reflexões sucessivamente resulta na figura humana de volta ao original, já que a primeira reflexão permuta esquerda e direita e a segunda volta a permutá-las. A aplicação de r seguida de r é, portanto, o mesmo que aplicar a identidade I: $r \circ r = I$.

Podemos agora tentar construir algo como uma tabela de multiplicação para as duas simetrias, onde a entrada na linha I e coluna r é $I \circ r$ e assim por diante. A palavra *multiplicação* é usada aqui genericamente para representar a operação entre as transformações (neste caso, "seguido de").

$\circ$	I	r
I	I	r
r	r	I

A tabela de multiplicação revela uma verdade importante: *O conjunto de todas as transformações de simetria da figura humana é um grupo!* Vamos conferir se todas as propriedades definidoras de um grupo são de fato satisfeitas:

1. *Fechamento.* A tabela de multiplicação demonstra que a combinação de duas transformações de simetria quaisquer pela operação "seguido de" é também uma transformação de simetria. Quando se pensa a respeito, isso não é nenhuma surpresa. Já que qualquer uma das duas transformações deixa a figura inalterada, o mesmo acontece com a aplicação combinada.
2. *Associatividade.* Essa propriedade é claramente satisfeita porque é verdadeira para três transformações quaisquer deste tipo combinadas por "seguido de". De fato, quando aplicamos, digamos, $I \circ r \circ r$, não faz absolutamente nenhuma diferença onde colocamos os parênteses.
3. *Elemento neutro.* A identidade é uma transformação de simetria.
4. *Inverso.* A tabela de multiplicação mostra que cada uma das transformações de identidade e de reflexão serve como seu próprio inverso — aplicar qualquer uma delas duas vezes fornece a identidade, que é o elemento neutro: $I \circ I = I$ e $r \circ r = I$.

O grupo de simetrias do corpo humano contém apenas dois elementos, mas a associação que descobrimos entre simetrias e grupos é poderosa. Para escolher um exemplo ligeiramente mais fértil, examine a forma das três pernas correndo na Figura 33. Trata-se do símbolo da ilha de Man, no mar da Irlanda.

A forma tem precisamente três transformações de simetria: (1) rotação por 120 graus em torno do centro; (2) rotação por 240 graus; (3) a identidade (ou rotação por 360 graus). Note que a figura não é simétrica por reflexão de qualquer espécie, porque as reflexões fazem os pés apontarem para a direção errada. Podemos denotar por a a rotação por 120 graus, por b a rotação por 240 graus e por I a identidade e examinar novamente o que acontece quando combinamos as transformações de simetria através da operação "seguido de" (denotada pelo símbolo $\circ$). Se girarmos em 120

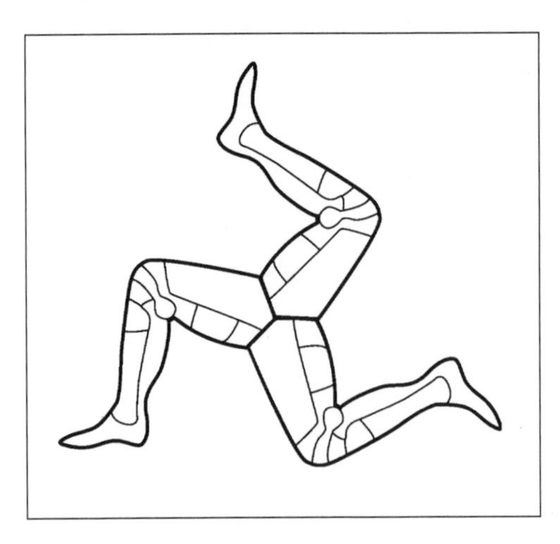

Figura 33

graus e novamente em 120 graus, obteremos uma rotação de 240 graus; implicando que $a \circ a = b$. Da mesma forma, se girarmos duas vezes em 240 graus, o resultado será igual àquele que teríamos se girássemos em 120 graus, porque 480 graus consiste em uma revolução completa (360 graus = a identidade) *mais* 120 graus. Portanto, temos que $b \circ b = a$. Finalmente, a rotação de 120 graus seguida de uma rotação de 240 graus (ou o contrário) resulta em uma rotação de 360 graus, ou identidade: $b \circ a = a \circ b = I$. Estamos agora em condições de completar a "tabela de multiplicação":

$\circ$	I	a	b
I	I	a	b
a	a	b	I
b	b	I	a

Descobrimos que o conjunto de transformações de simetria das três pernas correndo também forma um grupo. A tabela demonstra fechamento e as transformações a e b são os inversos uma da outra — aplicar uma depois da outra leva as coisas de volta à maneira como eram, à identidade.

Você pode começar a se dar conta de que os grupos aparecerão onde quer que existam simetrias. De fato, *a coleção de todas as transformações de simetria de qualquer sistema sempre forma um grupo.* Isso é fácil de entender. Se A é uma transformação de simetria, isto é, sua aplicação deixa o sistema inalterado, e B é outra transformação de simetria, então indubitavelmente também $A \circ B$ (B seguido de A) é uma transformação de simetria. Além disso, toda transformação tem um inverso, devolvendo as coisas ao estado original. Como veremos neste livro inteiro, os poderes unificadores da teoria de grupos são tão colossais que o historiador da matemática Eric Temple Bell (1883-1960) certa vez comentou: "Onde quer que os grupos tenham se revelado ou puderam ser introduzidos, do caos comparativo cristalizou-se a simplicidade".[22]

Ao contrário da maioria das descobertas matemáticas, contudo, ninguém estava procurando uma teoria de grupos ou mesmo uma teoria de simetrias quando o conceito foi descoberto. Muito pelo contrário; a teoria de grupos apareceu meio que pelo dom do acaso, surgindo de uma busca milenar por uma solução para uma equação algébrica. Condizente com sua descrição como um conceito que cristalizou simplicidade a partir do caos, a própria teoria de grupos nasceu de um dos episódios mais tumultuados na história da matemática. Quase quatro mil anos de curiosidade e luta intelectual, temperadas com intriga, tormentos e perseguição, culminaram na criação da teoria no século XIX. Essa história extraordinária, narrada nos três capítulos a seguir, começou com o amanhecer da matemática às margens dos rios Nilo e Eufrates.

– TRÊS –

NUNCA SE ESQUEÇAM DISSO QUANDO ESTIVEREM ÀS VOLTAS COM AS SUAS EQUAÇÕES

Em uma palestra intitulada "Ciência e Felicidade"[1] apresentada no Instituto de Tecnologia da Califórnia em 16 de fevereiro de 1931, Albert Einstein comentou: "A preocupação com o próprio homem e seu destino deve ser sempre o principal objetivo de todos os empreendimentos tecnológicos(...) para que as criações de nossa mente sejam uma bênção, e não uma maldição, para a humanidade. Nunca se esqueçam disso quando estiverem às voltas com os seus diagramas e equações." Mesmo o próprio Einstein não poderia ter imaginado o quanto essa advertência se tornaria profética menos de uma década depois, durante os dias dramáticos da Segunda Guerra Mundial e os horrores do Holocausto. A história das equações matemáticas realmente começou, contudo, unicamente com o benefício da humanidade em mente. Os primeiros solucionadores de equações não tentaram nada além de abordar as necessidades específicas do dia-a-dia.

"US" E "AHA"

Em algum momento no quarto milênio a.C., nasceram as primeiras comunidades urbanas sumérias na Mesopotâmia, a terra entre os rios Tigre e Eufrates. Quase meio milhão de tábuas cuneiformes e outros artefatos arqueológicos descobertos na área contam a história de uma sociedade com uma agricultura organizada, uma arquitetura impressionante e uma história política e cultural vibrante. Naquela época, assim como hoje, essa terra fértil era propensa a invasões de muitas direções, resultando em mudanças freqüentes das populações governantes. Alguns séculos depois de serem conquistados pelo rei acádio Sargão I (*c.* 2276-2221 a.C.), os amoritas semíticos assumiram o controle da terra da Suméria e estabeleceram a capital na cidade comercial da Babilônia. Conseqüentemente, a cultura de toda a região entre aproximadamente 2000 e 600 a.C. é convencionalmente referida como "babilônica". A sociedade babilônica em rápida evolução exigiu registros imensos de suprimentos e distribuição de mercadorias. Ferramentas de cálculo também eram necessárias para as transações comerciais, para os projetos agrícolas, que envolviam partição de lotes, e para a produção de testamentos. Para esse fim, os babilônios desenvolveram a mais sofisticada matemática daquela época. Os textos de inúmeras tábuas cuneiformes demonstram que os babilônios não apenas dominavam diferentes manipulações aritméticas, mas literalmente anteciparam uma álgebra mais avançada. Aqui, irei me concentrar apenas na emergência das "equações", já que esta é a parte mais relevante para a história da teoria de grupos. O motivo de ter colocado a palavra *equações* entre aspas é que os babilônios não usaram, de fato, o conceito de equações algébricas da mesma maneira que fazemos hoje.[2] É mais exato dizer que eles enunciavam os problemas e os resolviam retoricamente, em uma linguagem do discurso costumeiro. Em outras palavras, um problema depois do outro foi resolvido por instruções verbais precisas, mas nunca foi identificado nenhum padrão ou fórmula como um procedimento geral.

Não há muita dúvida de que tais problemas matemáticos surgiram pela primeira vez no contexto da necessidade da sociedade de repartir lotes de terra. As palavras usadas para as quantidades desconhecidas que uma pessoa precisava para resolver eram *us* (comprimento), *sag* (largura) e *asa* (área), mesmo quando não havia nenhuma mensuração envolvida.

As equações mais simples que podem ser formuladas são aquelas chamadas de lineares (representadas por linhas retas quando colocadas em um gráfico). Na notação moderna, essas equações são do tipo $2x + 3 = 7$, onde x representa a incógnita. Resolver uma equação significa encontrar um valor de x para o qual a equação é verdadeira (no exemplo acima, a solução é $x = 2$, já que $2 \times 2 + 3 = 7$). Várias tábuas contêm problemas que precisam ser resolvidos com equações lineares.

Às vezes, para encontrar a resposta, era necessário achar o valor de duas incógnitas. Por exemplo, em um dos problemas, os valores da largura e do comprimento são necessários se um quarto da largura mais o comprimento forem iguais a 7 mãos (unidade de comprimento) e o comprimento mais a largura for igual a 10 mãos. Usando a álgebra que aprendemos na escola, se denotarmos o comprimento por x e a largura por y, o problema se traduz num sistema de duas equações lineares: $\frac{1}{4}\ y + x = 7$, $x + y = 10$. O escriba babilônio anota corretamente que um comprimento de 6 mãos (ou 30 dedos, a mão sendo igual a 5 dedos) e uma largura de 4 mãos (20 dedos) satisfazem as duas equações (no apêndice 2, apresento ao leitor interessado um breve lembrete de como se resolvem tais sistemas de equações).

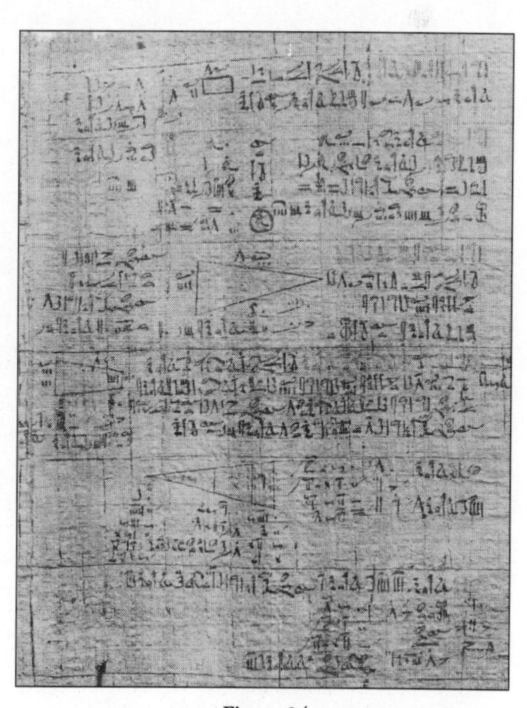

Figura 34

As equações lineares se destacaram mais proeminentemente na matemática do Antigo Egito. Aparentemente, os babilônios as consideravam elementares demais para merecer uma documentação detalhada. Muito do nosso conhecimento da matemática egípcia vem do fascinante Papiro de Ahmes.[3] Esse grande papiro (cerca de cinco metros e meio de comprimento) está atualmente no Museu Britânico (exceto por alguns fragmentos, inesperadamente descobertos em uma coleção de artigos médicos que estão no Museu de Brooklyn). O papiro foi comprado pelo egiptólogo escocês Alexander Henry Rhind em 1858, sendo freqüentemente chamado de Papiro de Rhind (Figura 34). De acordo com o próprio testemunho do escriba de Ahmes, ele copiou o papiro por volta de 1659 a.C. de um documento original que tinha sido escrito duzentos anos antes (durante o reinado do faraó Amenemés III, da 12ª Dinastia). O papiro, descrito pelo cientista britânico D'Arcy Thompson como "um dos monumentos antigos de aprendizado", contém 87 problemas. Estes são precedidos por uma tabela de "receitas" para divisões e uma introdução. A introdução descreve o documento com uma certa grandiloqüência como "A porta de entrada para o conhecimento de todas as coisas existentes e todos os segredos obscuros". Os problemas que Ahmes apresenta e resolve, por outro lado, tratam basicamente de questões práticas, desde a partição correta de pães até a inclinação das pirâmides. A incógnita é chamada *aha*, que significa "pilha". Por exemplo, o problema 26 pede o valor de *aha* se aha e seu quarto são somados e se tornam 15. Na notação moderna, formularíamos a equação $x + \frac{1}{4}x = 15$, para a qual a resposta é, como Ahmes descobre corretamente, $x = 12$.

Nem todos os problemas matemáticos no Papiro de Ahmnes abordam as questões urgentes da época. Alguns foram claramente introduzidos como exercícios para estudantes e pelo menos um foi escolhido puramente por seu encanto. Diz o Problema 79: "Casas 7, Gatos 49, Camundongos 343, Espelta 2.401, *Hekats* 16.807, Total 19.607."[4] Evidentemente, um bem-humorado Ahmes descreve aqui um enigma, no qual em cada uma das sete casas havia sete gatos, cada um dos quais comeu sete camundongos, cada um dos quais teria comido sete espigas de trigo, cada uma das quais teria produzido sete *hekats* (medidas) de grão. A incógnita pedida para o problema é o total que, sendo a soma de todas as casas, gatos, camundongos, espeltas e *hekats*, não tem nenhum valor prático. Muitos especularam que esse antigo quebra-cabeça se metamorfoseou com o passar dos séculos em outros dois quebra-cabeças conhecidos. Em 1202, o famoso matemático italiano Leonardo de Pisa (apelidado Fibonacci; viveu por volta de 1170-1240) publicou um livro intitulado *Liber abaci* (*Livro do ábaco*). Nele, propõe um problema que diz que "sete velhas estão viajando para Roma e cada uma tem sete mulas. Em cada mula, há sete sacos, em cada saco, há sete pães, em cada pão, há sete facas, e cada faca tem sete bainhas. Encontre o total de todos eles".

Meio milênio depois disto, na coleção *Mamãe Gansa*[5] de histórias infantis em versos do século XVIII, encontramos:

Quando me dirigia para St. Ives,
Encontrei um homem com sete esposas.
Cada esposa tinha sete sacos,
Cada saco tinha sete gatos,
Cada gato tinha sete gatinhos;
Gatinhos, gatos, sacos e esposas,
Quantos estavam indo para St. Ives?

Teriam sido estes versos verdadeiramente inspirados pelo Papiro de Ahmes de mais de três mil anos antes? Difícil de acreditar. Repare, incidentalmente, que, dependendo da interpretação, a resposta correta ao quebra-cabeça dos versos é um (o narrador; todos os outros estavam *vindo* de St. Ives) ou nenhum (o narrador não pertence ao grupo de "gatinhos, gatos, sacos e esposas"). Séries geométricas desse tipo, nas quais cada número sucessivo é aumentado pelo mesmo multiplicador, sempre fascinaram as pessoas. Além disso, qualidades espirituais foram associadas ao número sete, tanto na tradição oriental como na ocidental (por exemplo, sete dias da semana, sete deuses da sorte no Japão, sete pecados mortais). Os três quebra-cabeças poderiam ter sido, portanto, criações independentes de três cérebros imaginativos, separados por séculos.

O conhecimento de como resolver equações lineares não era exclusivo do Oriente Médio. A impressionante coleção chinesa *Nove capítulos da arte matemática* (*Jiu zhang suan shu*)[6] foi formada em algum momento entre 206 a.C. e 221 d.C. e se baseou em uma coleção mais antiga ainda. No capítulo 8 de *Nove capítulos*, encontramos problemas que envolvem não menos de três equações lineares com três incógnitas, todas resolvidas brilhantemente.

O nível seguinte acima, em termos de complexidade das equações algébricas, é representado pelas *equações quadráticas*. A complicação extra é introduzida pelo fato de, em tais equações, a incógnita, x, aparecer elevada ao quadrado, como em $3x^2 + x = 4$. Embora para um novato isso possa não parecer uma mudança dramática, as equações quadráticas são realmente mais difíceis de resolver do que as lineares. Por incrível que possa parecer, o tópico das equações em geral e das equações quadráticas em particular tornou-se tema de um acalorado debate no parlamento britânico em 2003. Em um brilhante discurso sobre currículo escolar, o parlamentar Tony McWalter explicou:

> Por que uma pessoa deveria se incomodar com os *x*s e *y*s em um sistema de equações? Uma resposta é esta: porque se a pessoa não fizer um esforço para ver o que esses *x*s e *y*s ocultam, ela não poderá ter qualquer compreensão real da ciência(...) Por que uma pessoa deveria tentar entender equações quadráticas e os princípios que estão por trás de sua resolução? Sem dúvida alguma, porque elas são a base de sustentação da ciência moderna, assim como os métodos de fundição de minérios dos romanos foram a chave para a construção de sua cultura.[7]

Entretanto, você pode se perguntar: quem foram os primeiros a deparar com a necessidade de formular e resolver essas equações?

OS PROTETORES DO PÚBLICO

No código judaico de lei civil e canônica — o Talmude — encontramos a narrativa de um príncipe a quem tinha sido imposta uma imensa multa. Ele tinha de encher um celeiro de 40 por 40 com trigo. O homem aflito foi até o rabino Huna (*c*. 212-97 d.C.), chefe da Academia de Sura na Babilônia, em busca de conselho. O sábio lhe disse: "Convença-os a receber de você [duas prestações:] agora, uma superfície de 20 por 20 e depois de algum tempo outra prestação de 20 por 20 e você lucrará a metade".[8] Naturalmente, a área de um quadro com um lado de 40 unidades é 40 × 40 = 1.600 unidades quadradas, enquanto a área combinada de dois quadrados 20 × 20 tem apenas 800 unidades quadradas. O rabino Huna tira proveito aqui de um erro comum nos tempos antigos — a noção de que a área de uma figura depende inteiramente de seu perímetro. O historiador grego Políbio (*c*. 207-125 a.C.),[9] por exemplo, nos conta que muitas pessoas de seu tempo se recusavam a acreditar que Esparta, com uma parede circundante de 48 estádios, poderia ter o dobro da capacidade de Megalópolis, com um perímetro de 50 estádios. A Figura 35 apresenta uma

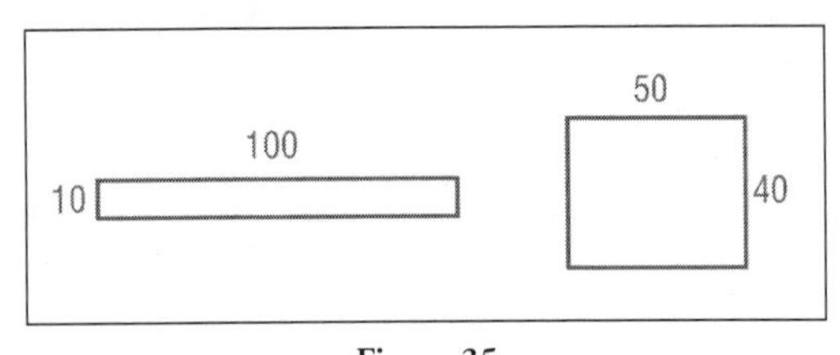

Figura 35

demonstração simples de como uma figura com um perímetro menor pode ter uma área maior. O retângulo alongado tem um perímetro de $2 \times (100 + 10) = 220$ unidades e uma área de $100 \times 10 = 1.000$ unidades quadradas. O retângulo menor tem um perímetro menor, $2 \times (50 + 40) = 180$ unidades e, ainda assim, tem o dobro da área, $50 \times 40 = 2.000$ unidades quadradas. O matemático grego Proclo (410-85) notou que, mesmo no século V, membros de certas comunidades ainda costumavam trapacear seus colegas cidadãos, dando-lhes terras de maior perímetro, mas menor área, em comparação com as que eles tinham escolhido para si. Somando insulto a ofensa, esses patifes usavam o esquema para ganhar reputação pela generosidade.

Examinemos por um momento o que está envolvido na resolução da confusão perímetro-área. Suponhamos que temos um retângulo com um perímetro de 18 unidades. Se denotarmos seu comprimento por x e sua largura por y, então $x + y = 9$ (já que o perímetro é composto de duas vezes o comprimento e duas vezes a largura). Suponhamos, ainda, que a área é dada como 20 unidades quadradas. Isso quer dizer que $xy = 20$ (a área é o produto do comprimento e largura). Temos, portanto, o sistema de duas equações com duas incógnitas:

$$x + y = 9$$
$$xy = 20$$

Uma maneira direta de resolver este problema seria isolar a incógnita y da primeira equação (subtraindo x de ambos os lados), $y = 9 - x$ e substituir y por esta expressão na segunda equação: $x(9 - x) = 20$. Se agora desdobrarmos a multiplicação, no lado esquerdo, obteremos a equação quadrática $9x - x^2 = 20$. Muitos problemas babilônicos que levam a equações quadráticas têm basicamente essa forma geral. Por exemplo, o problema 2 na tábua 13901 do Museu Britânico diz: "Subtraí o lado da área de meu quadrado. 870."[10] Isso corresponde à equação quadrática $x^2 - x = 870$. Uma das especulações é, portanto, que as equações quadráticas vieram à luz como uma tentativa dos matemáticos babilônios meticulosos de proteger o público contra manipuladores e astutos ladrões de terras. Como esses matemáticos descobriram a solução para a equação quadrática continua um mistério, já que, embora os babilônios sempre explicassem em grande detalhe os passos do procedimento que leva a uma solução, eles nunca nos contaram como derivaram tal procedimento.

Os antigos egípcios só conseguiam manusear as mais simples das equações quadráticas, do tipo $x^2 = 4$, mas não equações "mistas" que incluíssem tanto x^2 como x. Qual a solução de $x^2 = 4$? É a raiz quadrada de 4, denotada como $\sqrt{4}$. Uma resposta óbvia é 2, já que $2 \times 2 = 4$. Isso era tudo com que os egípcios se importavam, já que o número deveria representar quantidades como comprimento ou pães, tinha que ser positivo. Entretanto, a equação $x^2 = 4$ de fato admite uma segunda solução menos óbvia: –2. Quando um número negativo é multiplicado por um segundo número negativo, o resultado é um número positivo. Em outras palavras, $(-2) \times (-2) = 4$ e, portanto, a equação $x^2 = 4$ tem duas soluções: $x = 2$ e $x = -2$. Essa é a primeira indicação de que as equações quadráticas podem ter duas soluções diferentes, não apenas uma. Embora os babilônios soubessem resolver equações quadráticas mistas, eles ainda estavam interessados apenas nas soluções positivas, já que as incógnitas tipicamente representavam comprimentos. Eles também evitavam aqueles casos nos quais duas soluções positivas pudessem ser encontradas, já que tais casos devem terlhes parecido absurdos ilógicos.

Apesar de suas soberbas aptidões matemáticas, os primeiros matemáticos gregos se concentraram principalmente na geometria e lógica e deram atenção relativamente pequena à álgebra. A clara percepção de forma e número como dois aspectos de uma mesma matemática teve de esperar pelas mentes matemáticas brilhantes do século XVII. O grande Euclides de Alexandria, cuja obra monumental *Os elementos* (publicada por volta de 300 a.C.) assentou os fundamentos da geometria, aborda as equações quadráticas apenas obliquamente. Ele resolve as equações geometricamente, com a formulação de métodos para encontrar comprimentos, que são, de fato, soluções para equações quadráticas. Séculos depois, os matemáticos árabes iriam ampliar ainda mais esse tipo de álgebra geométrica.[11]

OS PAIS DA ÁLGEBRA

A grande escola grega de Alexandria produziu muitos matemáticos notáveis durante duas eras de ouro. Apesar de muitos altos e baixos, a cidade de Alexandria, sua escola (conhecida como o Museu) e a biblioteca associada, com a reputação de guardar cerca de setecentos mil livros (muitos confiscados de turistas mal-aventurados), resistiram por quase setecentos anos. Um dos pensadores mais originais da escola alexandrina foi Diofanto, um homem às vezes chamado de o "pai da álgebra".[12] Detalhes da vida de Diofanto estão a tal ponto ocultos na obscuridade que sequer sabemos com certeza em que século ele viveu, exceto que deve ter sido depois de cerca de 150 a.C. (já que ele cita o matemático Hipsicles, que viveu por volta de 180 a.C. a 120 a.C.) e antes de cerca de 270 d.C. (já que ele é mencionado por Anatólio, bispo de Laodicéia, que assumiu o cargo por volta dessa época). Em geral, supõe-se que Diofanto teria prosperado por volta de 250 d.C., embora não possa ser descartada a possibilidade de que tenha vivido um século antes. Temos conhecimento da obra engenhosa de Diofanto primordialmente através de seu grande tratado, *Arithmetica*, que continha originalmente 13 livros. Somente seis livros em grego sobreviveram ao ataque dos muçulmanos à biblioteca alexandrina no século sétimo. Uma tradução árabe daquilo que podem ser outros quatro livros (atribuídos ao matemático do século IX Qusta Ibn Luqa) foi milagrosamente descoberta em 1969.

Apesar do honroso título de "pai da álgebra", a maior parte de *Arithmetica* trata, na verdade, dos problemas da teoria dos números. Ainda assim, Diofanto certamente representa um estágio crucial na evolução da álgebra, intermediário entre o estilo puramente retórico dos babilônios e as formas simbólicas das equações (por exemplo, $2x^2 + x = 3$) que usamos hoje. O matemático e astrônomo alemão Johannes Regiomontanus não conseguiu conter sua admiração por *Arithmetica* em 1463: "Nesses velhos livros, a própria flor de toda a aritmética encontra-se oculta, a *ars rei et census* [arte da "coisa" e enumeração; referindo-se a equações com incógnitas e aritmética] que hoje chamamos pelo nome árabe de álgebra."[13] Diofanto mostrou uma incrível criatividade e aptidão nas suas soluções de muitos problemas. Contudo, ele considerou apenas as respostas positivas e, mesmo entre elas, apenas aquelas que pudessem ser expressas ou com números inteiros (tais como 1, 2, 3,...) ou com frações (tais como 2/3, 4/9, 5/13; coletivamente, os números inteiros e as frações são conhecidos como *números racionais*). Como exemplo da engenhosidade de Diofanto, consideremos o problema 28 do primeiro livro: "Encontre dois números tais que sua soma e a soma de seus quadrados sejam números dados."[14] Sem dúvida, este é um problema com duas incógnitas (os dois números). Contudo, Diofanto consegue, por um truque brilhante, reduzir o número de incógnitas de dois para um e obter uma equação simples. (Para o leitor interessado, apresento a solução de Diofanto no apêndice 3.) A *Arithmetica* deixa bem claro que Diofanto sabia como resolver equações quadráticas dos três tipos: $ax^2 + bx = c$ (onde a, b, c são números positivos dados, como em $2x^2 + 3x = 14$); $ax^2 = bx + c$; e $ax^2 + c = bx$. Foram esses precisamente os tipos de equações revisitados pelos matemáticos árabes mais de cinco séculos depois.

Diofanto é hoje mais conhecido por uma classe especial de equações que leva o seu nome — equações diofantinas — e também por causa de seu epitáfio bem fora do comum. As equações diofantinas são verdadeiramente bizarras no sentido de, à primeira vista, parecerem admitir qualquer número como solução. Considere, por exemplo, a equação: $29x + 4 = 8y$. Para que valores de x e y a igualdade é verdadeira? Se escolhermos, digamos, $y = 5$, obteremos $x = 36/29$. Se escolhermos $y = 1$, obteremos $x = 4/29$ e assim por diante. Podemos escolher para y uma infinidade de valores e, para qualquer deles, encontraremos um x correspondente que satisfaz a equação. O que torna as equações diofantinas especiais é que estamos supostamente procurando apenas soluções para x e y que sejam, ambas, números inteiros (como 1, 2, 3,...). Isso limita imediatamente as possíveis soluções e as torna bem mais difíceis de encontrar. Você consegue descobrir uma solução para a equação diofantina acima? (Se não conseguir, apresento-a no apêndice 4.)

A mais famosa equação diofantina da história é aquela conhecida como o último teorema de Fermat, a célebre afirmação de Pierre de Fermat (1601-55)[15] de que não existem soluções com números inteiros para a equação $x^n + y^n = z^n$, onde n seja qualquer número maior que 2. Quando $n = 2$, existem muitas soluções (de fato, um número infinito). Por exemplo, $3^2 + 4^2 = 5^2$ $(9 + 16 = 25)$; ou $12^2 + 5^2 = 13^2$ $(144 + 25 = 169)$. Milagrosamente, quando vamos de $n = 2$ para $n = 3$, não existem números inteiros x, y, z que satisfaçam $x^3 + y^3 = z^3$ e o mesmo é verdadeiro para qualquer outro valor de n maior que 2. É bem próprio que tenha sido na margem do segundo livro da *Arithmetica* de Diofanto, que Fermat estava lendo avidamente, que ele escreveu sua extraordinária afirmativa — afirmativa esta que levou não menos de 356 anos para ser demonstrada.

Uma coleção do século VI conhecida como *A antologia grega* contém cerca de seis mil epigramas. Um deles supostamente nos dá um parco registro da vida de Diofanto:

> Deus concedeu que ele fosse um menino durante a sexta parte de sua vida e, somando uma duodécima parte a isto, vestiu suas faces com penugem; Ele iluminou-o com a luz do matrimônio depois de uma sétima parte e, cinco anos depois do casamento, concedeu-lhe um filho. Ai! infeliz filho tardio; depois de chegar à medida da metade da vida do pai, o frio Destino o levou. Depois de consolar sua dor com esta ciência dos números por quatro anos, terminou sua vida.

O próprio Diofanto provavelmente teria se sentido um pouco ofendido com o fato de sua história de vida ter sido reduzida a uma mera equação linear, do tipo que realmente nunca lhe interessou. Se a descrição for correta, ele viveu até os 84 anos.

Reconhecendo que os matemáticos babilônios, gregos e, em particular, hindus do século VII já sabiam como resolver equações quadráticas de vários tipos, não deveria nos surpreender que a solução de tais equações seja hoje considerada parte da álgebra elementar. A forma mais geral de uma equação quadrática é: $ax^2 + bx + c = 0$, onde a, b, c podem ser quaisquer números dados (a não pode ser zero ou a equação não é quadrática). A verdadeira questão é se existe alguma receita ou fórmula universal confiável que forneça soluções sempre. Você pode ter pelo menos uma tênue memória da álgebra de segundo grau de que tal fórmula de fato existe. É a seguinte:

$$\frac{-b \pm \sqrt{b^2 - 4ac}}{2a}$$

Apesar da aparência um tanto desconcertante, essa é uma fórmula realmente simples que, quando os valores dados dos números *a*, *b*, *c* são nela substituídos, fornece imediatamente os valores de *x* para os quais a equação é verdadeira. Por exemplo, suponhamos que precisamos resolver a equação: $x^2 - 6x + 8 = 0$, onde $a = 1$, $b = -6$, $c = 8$. Tudo que precisamos fazer é colocar esses valores de *a*, *b* e *c* na fórmula acima e encontramos as duas soluções possíveis: $x = 2$ ou $x = 4$ (o símbolo ± significa que escolhemos o mais para obter uma das soluções e o menos para obter a outra).

Depois do declínio e queda da escola alexandrina, parece que os matemáticos europeus entraram em hibernação por quase um milênio. O bastão de manter viva a matemática e, de fato, a ciência em geral foi passado para a Índia e o mundo árabe. Conseqüentemente, o caminho de Diofanto até a solução moderna da equação quadrática passa por matemáticos não-europeus. O matemático e astrônomo indiano Brahmagupta (598-670)[16] conseguiu resolver algumas equações diofantinas impressionantes, bem como equações quadráticas que, pela primeira vez, envolviam números negativos. Ele se referia a tais números como "débitos", percebendo que os números negativos aparecem mais freqüentemente em transações monetárias. No mesmo espírito, ele chamou os números positivos de "fortunas". As regras para a multiplicação ou divisão de números positivos e negativos foram, portanto, enunciadas como: "O produto ou razão de dois débitos é uma fortuna; o produto ou a razão de um débito e uma fortuna é um débito."

O homem que literalmente deu nome à álgebra foi Mohammad ibn Musa al-Khwarizmi (*c.* 780-850; a Figura 36 mostra como ele foi retratado em um selo soviético).[17] O livro que ele compôs em Bagdá — *Kitab al-jabr wa al-muqabalah* (*O livro condensado sobre restauração e balanceamento*) — tornou-se sinônimo de teoria das equações durante séculos. De uma das palavras do título deste livro (*al-jabr*) origina a palavra "álgebra". Mesmo a palavra "algoritmo", hoje usada para

Figura 36

descrever qualquer método especial para a resolução de um problema por meio de uma sucessão de etapas procedimentais, vem de uma corruptela do nome de al-Khwarizmi. Embora o livro de al-Khwarizmi não tenha sido particularmente revolucionário em termos de conteúdo, foi o primeiro a expor sistematicamente as soluções das equações quadráticas. A palavra *al-jabr*, que significa "restauração" ou "execução", referia-se a mover termos negativos de um dos lados da equação para o outro, como na transformação de $x^2 = 40x - 4x^2$ (pela adição de $4x^2$ em ambos os lados) em $5x^2 = 40x$. Tão imensa foi a influência do livro de al-Khwarizmi que mesmo oito séculos depois, na magistral paródia do romance popular de cavalaria *Don Quixote de la Mancha*, constatamos que a pessoa que conserta os ossos quebrados ou deslocados é chamada "algebrista" por causa de seu trabalho de restauração.

O primeiro livro a incluir a solução completa da equação quadrática mais geral surgiu na Europa somente no século XII. O autor foi o eclético matemático judeu-espanhol Abraham bar Hiyya Ha-nasi (1070-1136; "Ha-nasi" significa "o líder").[18] Como se para nos lembrar das origens iniciais das equações quadráticas, o livro foi intitulado: *Hibbur ha-meshihah ve-ha-tishboret* (*Tratado sobre medição e cálculo*). Abraham bar Hiyya explica:

> Aquele que deseja corretamente aprender os modos de medir e dividir áreas, deve necessariamente entender em todas as minúcias os teoremas gerais da geometria e aritmética, nos quais(...) repousa o ensino da quantificação(...) Se tiver dominado inteiramente essas idéias, ele(...) nunca se desviará da verdade.

Isso encerrou uma longa era durante a qual os matemáticos árabes agiam como os guardiões confiáveis da matemática. O progresso durante os três mil anos que se seguiram ao período Babilônio Antigo foi apenas incremental. Com o tremendo despertar intelectual do Renascimento, contudo, o centro de gravidade estava prestes a se mudar para o norte da Itália, com outros países da Europa Ocidental seguindo logo depois. Os humanistas descobriram as obras da Grécia Antiga e estimularam um processo de aprofundamento em todo o conhecimento acumulado dos gregos, inclusive a matemática. Já que a cópia de manuscritos tornou-se uma importante indústria (de acordo com um relato, o influente banqueiro florentino Cosimo de Medici empregou 45 escrivães), era de se prever a invenção da impressão com tipos móveis, com a conseqüente proliferação do conhecimento científico.

Não havia nada na história relativamente tranqüila e bem plácida da equação quadrática que indicasse que o estágio seguinte da solução de equações iria ser particularmente dramático. Isso foi, contudo, apenas a calmaria antes da tempestade. O capítulo seguinte estava prestes a começar.

AS CÚBICAS

Da mesma maneira que os problemas que tratam das áreas resultam em equações quadráticas (porque um comprimento é multiplicado pelo outro, produzindo um comprimento ao quadrado), o cálculo de volumes de sólidos como o cubo (onde se multiplica o comprimento pela largura e pela altura) leva a *equações cúbicas*. A equação cúbica mais geral tem a forma $ax^3 + bx^2 + cx + d = 0$, onde a, b, c, d são números dados (a precisa ser diferente de zero). O objetivo de todos os aspirantes a solucionadores de equação era claro: encontrar uma fórmula, semelhante à da equação quadrática, que, com a substituição de a, b, c, d, fornecesse as soluções desejadas. Os antigos babilônios de fato geraram algumas tabelas que lhes permitiram solucionar algumas cúbicas bem específicas, e o poeta-matemático persa Omar Khayyam[19] apresentou uma solução geométrica para mais algumas no século XII. Entretanto, a solução para a equação cúbica geral desafiou os matemáticos até o século XVI. E não foi por falta de tentativas. Três algebristas florentinos famosos, Maestro Benedetto[20] no século XV e seus dois predecessores do século XIV, Maestro Biaggio e Antonio Mazzinghi, tinham trabalhado arduamente para entender as equações e suas soluções. Seus esforços, contudo, se revelaram insuficientes para as cúbicas. O matemático do século XIV Maestro Dardi,[21] de Pisa, também apresentou soluções engenhosas para não menos que 198 tipos diferentes de equações — mas não para a cúbica geral. Mesmo o famoso pintor renascentista Piero della Francesca, que era também um matemático talentoso, deu sua contribuição para as tentativas de encontrar uma solução. Apesar desses e outros valentes esforços, a resposta continuou evasiva. Não admira que o matemático e escritor Luca Pacioli (1445-1517)[22] tenha concluído seu influente livro de 1494

Summa de arithmetica, geometria, proportioni et proportionalità (*O conhecimento reunido de aritmética, geometria, proporção e proporcionalidade*), em um tom derrotista. "Para as equações cúbicas e quárticas [que envolvem x^4]", disse ele, "não foi possível até agora formar regras gerais." A boa-nova era que a obra enciclopédica de seiscentas páginas de Pacioli foi escrita na acessível língua italiana. Conseqüentemente, o livro promoveu os estudos algébricos mesmo entre aqueles não versados em latim. Naquele ponto, o pragmatismo abriu espaço para a ambição. Ninguém estava procurando uma solução para as cúbicas para alguma finalidade prática. Resolver a equação cúbica tinha se transformado em um desafio intelectual que merecia a consideração das melhores mentes matemáticas. Surge um modesto herói — um matemático da Bolonha chamado Scipione dal Ferro (1465-1526)[23] que, sem perceber, torna-se parte de um drama que se desenrola.

Scipione dal Ferro era filho de um fabricante de papel, Floriano, e sua esposa, Filippa. No século que testemunhou a invenção da impressão, a produção de papel tornou-se uma profissão desejável. Pouco se conhece sobre a juventude de Scipione ou que o motivou a estudar matemática. Ele provavelmente concluiu seus estudos na Universidade de Bolonha. Essa prestigiosa instituição, a mais antiga universidade ainda em funcionamento hoje (a Figura 37 mostra um corredor espetacular do prédio mais antigo, que atualmente abriga uma biblioteca), foi fundada em 1088 e, por volta do século XV, tinha conquistado a reputação de ser uma das melhores da Europa. A matemática (além da geometria básica de Euclides) tinha se tornado parte do currículo regular na Bolonha em fins do século XIV e, em 1450, o papa Nicolau V adicionou ao quadro docente quatro cargos em matemática. Em 1496, dal Ferro tornou-se um dos cinco co-titulares da cátedra de matemática da universidade e, exceto por uma curta licença que ele passou em Veneza, continuou no cargo para o resto da vida. Embora várias

Figura 37

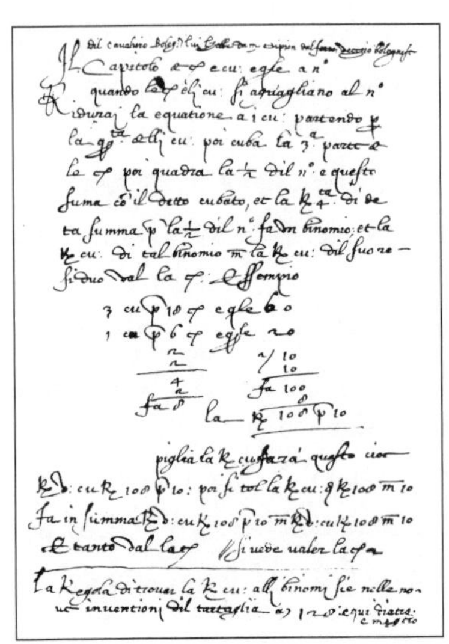

Figura 38

fontes o descrevam como um grande algebrista, nenhum texto original de seu trabalho, seja na forma de manuscrito original ou impressa, sobreviveu. Uma coleção de anotações de palestras da Universidade da Bolonha[24] datada de 1554-68 pode incluir uma cópia de alguns escritos de dal Ferro (Figura 38). A passagem é encabeçada por "Do cavaleiro Bolognetti, que o obteve do mestre bolonhês de tempos passados, Scipion dal Ferro". Scipione provavelmente conheceu Luca Pacioli em 1501, quando o último estava dando conferências em Bolonha. Pacioli não foi exatamente uma usina matemática, mas foi um grande comunicador do conhecimento matemático. Frustrado com sua incapacidade de resolver a equação cúbica, Pacioli pode ter convencido o próprio Scipione, que tinha uma enorme destreza na manipulação de expressões que envolviam raízes cúbicas e quadradas, a tentar. Por volta de 1515, os esforços de dal Ferro finalmente geraram frutos. Ele promoveu um importante avanço matemático ao conseguir resolver a equação cúbica da forma $ax^3 + bx = c$. Na linguagem matemática do século XVI, tais equações eram descritas como "incógnitas e cubos iguais a números". Embora não fosse a mais geral, essa forma abriu a porta para as descobertas que se seguiriam. Scipione dal Ferro não se apressou em publicar o resultado preliminar. Manter em segredo as descobertas matemáticas era bem comum até o século XVIII (que diferença com a caça aos artigos científicos de hoje!). Mesmo assim, ele de fato divulgou a solução ao seu discípulo e genro, Annibale della Nave, e a pelo menos mais um discípulo, o veneziano Antonio Maria Fiore. Também expôs seu método em um manuscrito que passou a pertencer ao genro depois da morte de Scipione.

A Bolonha do século XVI passou por uma onda de interesse em matemática. Matemáticos e outros estudiosos às vezes participavam de discussões públicas e debates orais que atraíam grandes multidões. Na platéia estavam não apenas os funcionários da universidade e juízes nomeados, mas também alunos, partidários dos competidores e espectadores que compareciam pela diversão e pela oportunidade de aposta. Muitas vezes, os próprios debatedores apostavam quantias consideráveis de dinheiro na sua vitória. De acordo com a descrição de um historiador de matemática do século XIX, os matemáticos estavam interessados em tais confrontações de inteligências porque de seus resultados

> dependiam não apenas sua reputação na cidade ou na universidade, mas também o contrato de estabilidade do cargo e aumento de salário. Os debates aconteciam em praças públicas, igrejas e nas cortes mantidas por nobres e príncipes, que consideravam uma honra contar em seu séquito com estudiosos qualificados não apenas em fazer previsões astrológicas, mas também em fazer debates sobre problemas matemáticos difíceis e raros.[25]

Antonio Maria Fiore, que foi apresentado ao segredo da solução de dal Ferro, foi um matemático medíocre. Com a morte de dal Ferro, ele também não publicou a solução imediatamente, apesar de tratá-la como se lhe pertencesse para ser explorada. Pelo contrário, decidiu esperar pelo momento certo — um momento que lhe permitisse ganhar fama. Em uma sociedade em que a renovação do contrato de trabalho com a universidade dependia basicamente do sucesso em debates, a posse de uma arma secreta poderia significar a diferença entre sobrevivência e morte. A oportunidade finalmente se apresentou em 1535 e Fiore desafiou o matemático Niccolò Tartaglia[26] a uma competição pública de resolução de problemas. Quem era este Tartaglia e por que Fiore o escolheu de uma longa lista de candidatos potenciais como seu oponente?

Figura 39

Niccolò Tartaglia (Figura 39) nasceu em Bréscia em 1499 ou 1500. Seu sobrenome original era provavelmente Fontana, mas foi apelidado Tartaglia (que significa "o gago") por causa de um corte de sabre na boca que ele tinha recebido aos 12 anos de um soldado francês. O garoto foi deixado para morrer na catedral em que buscou refúgio e recuperou lentamente a saúde graças aos cuidados da mãe. Quando adulto, sempre usou uma barba para esconder as cicatrizes desfigurantes. Tartaglia veio de uma família muito pobre. O pai Michele, um mensageiro postal, morreu quando Niccolò estava com cerca de seis anos, deixando a viúva e filhos em uma miséria de cortar o coração. Tartaglia teve de interromper os estudos de leitura e escrita do alfabeto ao chegar à letra *k* porque a família ficou sem dinheiro para pagar o tutor. Em um retrospecto posterior, Tartaglia descreveu como concluiu os estudos: "Nunca voltei a ter um tutor, mas continuei a estudar por conta própria os trabalhos de homens mortos, acompanhado apenas pela filha da pobreza que responde pelo nome de invenção." Apesar das circunstâncias mal-aventuradas, Tartaglia provou ser um matemático talentoso. Mudou-se finalmente para Veneza em 1534 como professor de matemática, depois de ter passado algum tempo em Verona. Em sua biografia matemática, Tartaglia declara que, em 1530, conseguiu depois de considerável esforço resolver a equação cúbica $x^3 + 3x^2 = 5$. O desafio foi proposto a ele por um colega bresciense, Zuanne de Tonini da Coi. Rumores da declaração de Tartaglia[27] de que tinha sido capaz de resolver as cúbicas devem ter chegado aos ouvidos de Antonio Maria Fiore, mas este recebeu a informação com ceticismo, achando que Tartaglia estava blefando. Confiante na sua capacidade de derrotar Tartaglia por causa de seu conhecimento secreto da solução de dal Ferro, Fiore lançou o desafio. Pouco depois, Fiore e Tartaglia chegaram a um acordo sobre as condições precisas da competição. Cada lado iria propor trinta problemas para que o oponente resolvesse. Os problemas deveriam ser então lacrados e depositados com o tabelião Mestre Per Iacomo di Zambelli. Os dois competidores fixaram um prazo de quarenta a cinqüenta dias para que cada um tentasse resolver os problemas, uma vez que os lacres fossem abertos. Eles combinaram que aquele que resolvesse mais problemas seria considerado o ganhador e, além das honras, receberia uma boa recompensa sugerida para cada problema (de acordo com algumas fontes, o perdedor deveria pagar a conta de um banquete para o ganhador e trinta de seus amigos). Ocorreu que Fiore tinha, de fato, uma única flecha para o seu arco — todos os problemas que ele propôs eram da forma para a qual ele conhecia a solução de dal Ferro, $ax^3 + bx = c$.

A lista de Tartaglia, por outro lado, continha trinta problemas diversos, cada qual de um tipo diferente, em suas palavras, "para mostrar que eu tinha pouca consideração por ele e não tinha nenhum motivo para temê-lo".

A data da competição foi marcada para 12 de fevereiro de 1535. Vários dignitários da universidade e alguns da alta sociedade intelectual veneziana devem ter comparecido. Enquanto os problemas estavam sendo apresentados aos dois adversários, aconteceu algo totalmente inesperado. Para o assombro dos espectadores, Tartaglia esfacelou inteiramente todos os problemas lançados a ele no espaço de duas horas! Fiore não conseguiu resolver um único dos problemas de Tartaglia. Em um relato dos eventos cerca de vinte anos depois, Tartaglia lembrou:

> A razão de eu ter sido capaz de resolver seus trinta [problemas] em tão curto espaço de tempo é que todos os trinta diziam respeito ao trabalho que envolve a álgebra das incógnitas e cubos iguais a números [equações da forma $ax^3 + bx = c$]. [Ele fez isso] na crença de que eu seria incapaz de resolver qualquer um deles porque Fra Luca [Pacioli] afirma em seu tratado que é impossível resolver tais problemas por qualquer regra geral. Entretanto, pela obra do acaso, apenas oito dias antes da data fixada para retirar do tabelião os dois conjuntos de trinta problemas lacrados, eu tinha descoberto a regra geral para tais expressões.

De fato, um dia depois de descobrir a solução para $ax^3 + bx = c$, Tartaglia também descobriu a solução para $ax + b = x^3$. Já que também sabia como resolver $x^3 + ax^2 = b$ (o desafio proposto a ele por da Coi), Tartaglia tornou-se literalmente da noite para o dia o especialista mundial na solução das equações cúbicas. Ainda assim, ele rejeitou a sugestão de da Coi de publicar sua solução imediatamente, explicando que pretendia escrever um livro sobre o assunto. As fórmulas que Tartaglia descobriu eram tão complicadas que ele achou difícil lembrar suas próprias regras para os três casos. Como um auxílio para memorizá-las, ele compôs alguns versos que começavam com:

Nos casos onde o cubo e a incógnita
Juntos equivalem a algum número inteiro, conhecido:
Encontre antes os dois números que diferem desse montante;
Seu produto, então, como é consensual(...)

Os versos completos e a fórmula de Tartaglia são apresentados no apêndice 5.

Tartaglia não era mais um anônimo professor de matemática — era uma celebridade matemática. Mas na Itália renascentista, nenhuma história, nem mesmo uma história de matemática, vem sem momentos operísticos.

A TRAMA SE ADENSA

A notícia da competição entre Tartaglia e Fiore se espalhou rapidamente por toda a Itália e chegou aos ouvidos de uma das figuras mais brilhantes e controversas do século XVI — o físico, matemático, astrólogo, jogador e filósofo Girolamo [Jerônimo] Cardano (1501-76; Figura 40).[28]

Mesmo comparada à de vários gênios pitorescos do Renascimento, a vida de Cardano rapidamente prende a imaginação. Era filho ilegítimo do advogado milanês Fazio Cardano e da viúva bem mais jovem Chiara Micheri. Em sua autobiografia posterior, *De vita propria liber* (*O livro da minha vida*), Cardano se delicia em descrever em grande e desnecessário detalhe os problemas médicos de que sofreu quando jovem, inclusive sua impotência sexual entre os 21 e 31 anos de idade. Estimulado por seu pai culto, que assessorou Leonardo da Vinci em geometria em várias ocasiões, Girolamo estudou matemática, os clássicos e medicina nas universidades de Pavia e Pádua. Durante seus dias de estudante, o jogo tornou-se sua principal fonte de sustento financeiro. Ele jogava cartas, dados e xadrez, transformando em lucro o seu conhecimento da teoria das probabilidades. Mais tarde na vida, ele transformaria o vício em jogo em um livro interessante: *Liber de ludo aleae* (*O livro dos jogos de azar*), o primeiro livro sobre o cálculo de probabilidades. Tendo uma voz muito alta e uma atitude rude, Cardano conseguiu afastar muitos de seus professores e, ao final de seus estudos, a primeira votação secreta negou-lhe o doutorado em medicina com o esmagador resultado de 47 a 9. Somente depois de mais duas rodadas de votações é que ele finalmente obteve o grau. Embora as primeiras tentativas de Cardano de obter um cargo de médico em Milão tenham fracassado, sua sorte logo mudou de forma drástica. Em 1534, ele foi nomeado, através da influência de conhecidos do pai, palestrante de matemática na Fundação Piatti. Simultaneamente, iniciou o exercício clandestino da medicina, em que foi extremamente eficiente. Seu sucesso, contudo, não lhe conquistou o apoio do Colégio de Médicos de Milão. Em 1536, Cardano decidiu tornar pública a sua briga com o colégio e publicou um livro perversamente agressivo intitulado *De malo recentiorum medicorum medendi usu libellus* (*Sobre as más práticas da medicina em uso comum*). Em particular, Cardano ridicularizava as maneiras grandiloqüentes dos médicos de seu tempo: "As coisas que mais reputação dão a um médico hoje em dia são suas maneiras, criados, carruagem, roupas, esperteza e astúcia, todos exibidos de uma maneira artificial e insípida; aprendizado e experiência parecem não servir para nada." Por incrível que pareça, a ofensiva de Cardano não apenas lhe conseguiu um cargo de médico, como também o tornaria, em meados do século, um dos médicos mais conhecidos da Europa, perdendo apenas para o legendário anatomista André Vesálio.

Figura 40

Cardano parece ter prosperado na controvérsia e competição, que podem ter se originado de sua paixão pelo jogo. Certa vez, ele comentou: "Mesmo que o jogo fosse inteiramente maléfico, ainda assim, por conta do enorme número de pessoas que jogam, pareceria que o jogo é um mal natural. Por essa mesma razão, ele deveria ser discutido por um médico como uma das doenças incuráveis."[29] Com uma inteligência viva e uma língua afiada, Cardano ganhou muitas discussões, tanto quando estudante como quando intelectual maduro. Não admira, então, que a notícia da competição Tartaglia-Fiore tenha incendiado sua curiosidade. Na época, ele estava concluindo seu segundo livro de matemática, *Practica arithmeticae generalis et mensurandi singularis* (*A prática da aritmética e mensuração simples*), e achou bem atraente a idéia de incluir no livro a solução das cúbicas. Nos anos seguintes, Cardano deve ter tentado em vão descobrir sozinho a solução. Tendo fracassado, decidiu enviar o livreiro Zuan Antonio da Bassano até Tartaglia para convencê-lo a revelar a fórmula. Mais tarde, Tartaglia descreveu sua própria resposta em termos que não davam margem a dúvidas: "Diga a Sua Excelência que ele deve me perdoar, que quando eu publicar minha invenção, será em minha própria obra e não na de outros, de maneira que Sua Excelência deve me considerar escusado." Depois de algumas trocas de cartas razoavelmente longas e bem virulentas, nas quais Tartaglia rechaçou todas as ofertas de Cardano, ele finalmente foi seduzido a aceitar um convite para visitar Cardano em Milão. A isca que conseguiu a façanha foi uma promessa de Cardano de apresentar Tartaglia ao vice-rei e comandante-em-chefe espanhol em Milão, Alfonso d'Avalos. Tartaglia tinha escrito um livro sobre artilharia e um contato assim poderia lhe garantir uma boa renda.

Em Milão, Cardano sujeitou Tartaglia a uma pesada dose de sedutora hospitalidade, ainda tentando arrancar dele a solução. Mas os lábios de Tartaglia se mantiveram selados, pelo menos por algum tempo. Ele até rejeitou uma proposta para que Cardano incluísse um capítulo especial no livro que anunciaria Tartaglia como o descobridor da solução.

Infelizmente, deste ponto em diante, nossas informações sobre os eventos subseqüentes dependem quase exclusivamente do testemunho nada objetivo de Tartaglia. De acordo com Tartaglia, ele finalmente concordou em divulgar o segredo a Cardano, mas somente depois que o último fez o seguinte juramento solene: "Juro a você pelo Sagrado Evangelho e por meu credo de cavalheiro, não apenas nunca publicar suas descobertas, se me forem reveladas por você, mas também prometo e penhoro minha fé como cristão verdadeiro de as colocar em escritas cifradas para que, depois de minha morte, ninguém seja capaz de as compreender." Esta importante conversa aconteceu em 25 de março de 1539. Ludovico Ferrari, então um jovem secretário da família de Cardano, conta uma história bem diferente. De acordo com Ferrari, Cardano não prestou nenhum juramento de sigilo. Ferrari afirmou ter estado presente na conversa e disse que Tartaglia revelou o segredo simplesmente em troca da hospitalidade de Cardano. Entretanto, como veremos em breve, a própria objetividade de Ferrari é, no mínimo, tão questionável quanto a de Tartaglia. Permanece o fato, contudo, de que a *Practica arithmeticae generalis* foi publicada em maio de 1539 sem a solução de Tartaglia.

Ludovico Ferrari (1522-65)[30] ocupa o palco central como o personagem seguinte neste drama tragicômico. Ele chegou pela primeira vez à casa de Cardano vindo de Bolonha aos 14 anos. Cardano logo reconheceu os talentos excepcionais do jovem e assumiu inteira responsabilidade por sua educação. A irritabilidade de Ferrari, contudo, era comparável à sua sagacidade. Em uma briga, aos 17 anos, perdeu os dedos da mão direita. Assim que Cardano tomou conhecimento da solução de Tartaglia, ele teve êxito não apenas de fornecer uma prova para ela, mas também começou a trabalhar nas equações cúbicas mais gerais. Lembremos que Tartaglia realmente saiu-se bem somente na resolução de formas particulares das cúbicas, como $x^3 + ax = b$ ou $x^3 = ax + b$. A percepção de que esses são apenas os casos especiais da equação geral $ax^3 + bx^2 + cx + d = 0$ ainda não tinha penetrado nos matemáticos do século XVI. Mais exatamente, eles trataram separadamente cada uma das 13 diferentes formas das equações cúbicas. Ao mesmo tempo, com o incentivo de Cardano, o brilhante Ferrari conseguiu em 1540 encontrar uma bela solução para a *equação quártica*, como $x^4 + 6x^2 + 36 = 60x$. Agora, o mestre e seu discípulo estavam realmente em uma maré de sorte. Rumores de que dal Ferro tinha deixado sua fórmula original com o genro chegaram até Cardano. Em 1543, Cardano e Ferrari fizeram uma viagem especial até Bolonha para se encontrar com Anibale della Nave, a quem tinha sido confiado o artigo original de Scipione dal Ferro. Lá, eles puderam confirmar em primeira mão que dal Ferro tinha de fato, vinte anos antes, descoberto a mesma solução que a de Tartaglia. Mesmo que Cardano tivesse verdadeiramente feito um juramento a Tartaglia, isto foi provavelmente tudo que ele sentia que precisava para libertá-lo da obrigação. Afinal, o juramento formal foi não revelar a fórmula de Tartaglia, não a de dal Ferro. Em 1545, Cardano publicou o livro que, segundo muitos matemáticos, marca o início da álgebra moderna — *Artis magnae sive de regulis algebraicis liber unus* (*A grande arte ou as regras da álgebra, Livro um*), geralmente conhecido como *Ars magna* (*A grande arte*; a Figura 41 mostra o frontispício do livro). Neste livro, Cardano explora em grande detalhe as equações cúbicas e

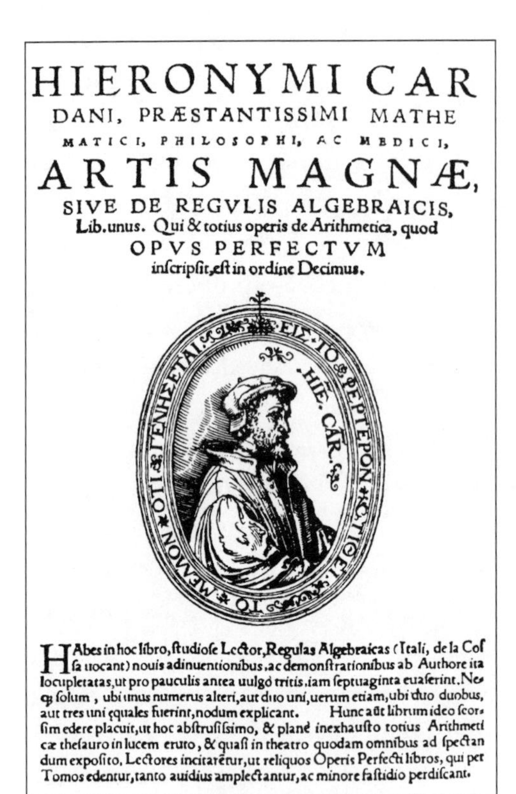

HIERONYMI CAR
DANI, PRÆSTANTISSIMI MATHE
MATICI, PHILOSOPHI, AC MEDICI,
ARTIS MAGNÆ,
SIVE DE REGVLIS ALGEBRAICIS,
Lib.unus. Qui & totius operis de Arithmetica, quod
OPVS PERFECTVM
inſcripſit,eſt in ordine Decimus.

HAbes in hoc libro, ſtudioſe Lector, Regulas Algebraicas (Itali, de la Coſ ſa uocant) nouis adinuentionibus, ac demonſtrationibus ab Authore ita locupletatas, ut pro pauculis antea uulgò tritis, iam ſeptuaginta euaſerint. Neq; ſolum, ubi unus numerus alteri, aut duo uni, uerum etiam, ubi duo duobus, aut tres uni æquales fuerint, nodum explicant. Hunc aũt librum ideo ſeorſim edere placuit, ut hoc abſtruſiſſimo, & planè inexhauſto totius Arithmeticæ theſauro in lucem eruto, & quaſi in theatro quodam omnibus ad ſpectandum expoſito, Lectores incitarẽtur, ut reliquos Operis Perfecti libros, qui per Tomos edentur, tanto auidius amplectantur, ac minore faſtidio perdiſcant.

Figura 41

quárticas e suas soluções. Ele demonstra pela primeira vez que as soluções podem ser negativas, irracionais e, alguns casos, podem até envolver raízes quadradas de números negativos — quantidades às quais ele se refere como "sofísticas" — que seriam batizadas como "números imaginários" no século XVII. O tipógrafo Johannes Petreius de Nürnberg publicou a primeira edição do *Ars magna* e ela se propagou pela Europa, ganhando aclamação imediata. Um dos matemáticos foi, desnecessário dizer, menos respeitoso. A fúria de Tartaglia foi inimaginável. Em menos de um ano, ele publicou um livro, *Quesiti et inventioni diverse* (*Novos problemas e invenções*), no qual acusou diretamente Cardano de perjúrio. Apresentando o que seria supostamente um relato textual de todas as comunicações entre eles (mesmo aquelas que tinham ocorrido sete anos antes), Tartaglia usou um linguajar bem ofensivo contra Cardano. Sua justificativa: "Realmente não sei de maior infâmia que quebrar um juramento." Mas teria sido Cardano um plagiador matemático? Pela ética científica convencional, certamente não. O segundo parágrafo do capítulo de abertura de *Ars magna* declara:

> Em nosso próprio tempo, Scipione dal Ferro de Bolonha resolveu o caso do cubo e da primeira potência igual a uma constante, uma proeza bem elegante e admirável. Já que esta arte ultrapassa toda a astúcia humana e a lucidez do talento mortal e já que é um talento verdadeiramente celestial e um teste bem claro da capacidade das mentes dos homens, quem quer que se dedique a esta arte acreditará que não existe nada que não seja capaz de entender. Em emula-

> ção a ele, meu amigo Niccolò Tartaglia de Bréscia, não querendo ser superado, resolveu o mesmo caso quando entrou em uma competição com seu [de Scipione] pupilo, Antonio Maria Fiore, e, comovido pelas minhas muitas súplicas, deu-a a mim. Pois eu tinha sido iludido pelas palavras de Luca Pacioli, que negou que qualquer regra mais geral que a sua própria pudesse ser descoberta. Em que pesem as muitas coisas que já descobri, como é bem sabido, eu tinha me desesperado e não tinha tentado estudar em maior profundidade. Depois, porém, tendo recebido a solução de Tartaglia e procurando pela demonstração dela, vim a compreender que havia muitíssimas outras coisas que ainda poderiam ser conseguidas. Seguindo este pensamento e mais confiante, descobri estas outras, em parte sozinho e em parte através de Ludovico Ferrari, meu ex-aluno.

No capítulo XI ("Sobre o cubo e a primeira potência igual ao número"), Cardano repete rapidamente o mesmo crédito:

> Scipio Ferro de Bolonha, quase trinta anos atrás, descobriu esta regra e a entregou a Antonio Maria Fiore de Veneza, cuja competição com Niccolò Tartaglia de Bréscia deu a Niccolò a oportunidade de descobri-la. Ele [Tartaglia] a deu a mim em resposta às minhas súplicas, embora recusando mostrar a demonstração. Armado com esta ajuda, procurei sua demonstração de [várias] formas. Isto foi bem difícil. Segue a minha versão dela.

Tartaglia não foi nem um pouco apaziguado pelo reconhecimento que Cardano lhe concedeu. De fato, a batalha das ofensas não apenas esquentou, mas se transformou em um feio espetáculo de insultos representado com grande ferocidade diante de todo o público italiano. Embora o próprio Cardano tenha ficado longe dos atos de hostilidade, seu mal-humorado colaborador, Ludovico Ferrari, assumiu rapidamente e de bom grado o papel de gladiador intelectual para defender seu (nas suas palavras) "criador". Em resposta ao livro de Tartaglia, Ferrari lançou um *cartello* — uma carta de desafio — que ele distribuiu a 53 intelectuais e dignitários de toda a Itália. Ferrari adotou um estilo maldosamente degradante: "Quando se lê sua tolice, tem-se a impressão de estar-se lendo os gracejos de Piovano Arlotto [um padre que viveu no século XV, conhecido por suas pegadinhas]." Ele então prossegue desdenhosamente e acusa o próprio Tartaglia de plágio: "Entre os mais de mil erros em seu livro, percebo primeiro que, na seção oito, você fornece um resultado de Giordano [referindo-se ao matemático alemão do século XIII Jordanus Nemorarius, também conhecido como Jordanus de Nemore] como de sua própria autoria, sem mencioná-lo e isso constitui roubo." O primeiro *cartello* foi enviado em 10 de fevereiro de 1547. Tartaglia o recebeu no dia 13 e levou apenas seis dias para um contra-ataque. Primeiro, ele se queixou do fato de o próprio Cardano não se dar ao trabalho de responder:

> Volto a adverti-lo caso o mencionado Signor Girolamo Cardano não tiver a intenção de escrever para mim, reconhecendo sabiamente que estava errado, então ele não tem motivo de queixa contra mim(...) Você deve pelo menos garantir que o Signor Cardano também assine com as próprias mãos o seu cartel na qualidade de seu associado nesta contenda.

Em resposta ao convite de Ferrari para um debate público em matemática, Tartaglia declarou que disputaria de bom grado com o próprio Cardano. Indubitavelmente, Tartaglia não via nenhum motivo para entrar em uma competição com um jovem sem nenhuma distinção particular, onde mesmo uma vitória não significaria muito, e ele preferia batalhar com Cardano, cuja reputação no continente estava em ascensão espetacular. Cardano, contudo, encontrava-se em um estágio da vida em que estava ansioso para promover um temperamento mais equilibrado (ele defendia que os estudiosos adotassem um estilo de vida de "leitura de histórias de amor") e permaneceu em silêncio.

Entre 10 de fevereiro de 1547 e 24 de julho de 1548, Tartaglia e Ferrari trocaram não menos que 12 *cartelli* (seis desafios e seis respostas), todas elas divulgadas a toda a alta sociedade intelectual. Apesar do estilo geralmente desdenhoso, os *cartelli* também servem como uma interessante documentação do conhecimento de dois dos mais importantes matemáticos do Renascimento. As contínuas tentativas de Tartaglia de arrastar Cardano para a disputa fracassaram miseravelmente. Em 1548, foi oferecido a Tartaglia o posto de palestrante em geometria em sua cidade natal, Bréscia. Devido à grande atenção pública recebida por sua troca de farpas com Ferrari, contudo, a nomeação para o cargo foi provavelmente oferecida na condição de ele derrotar Ferrari em uma contenda pública. Conseqüentemente, Tartaglia foi forçado, relutantemente, a comprometer-se com um debate. Os tópicos do debate, definidos de comum acordo, foram 62 problemas propostos pelos dois adversários (31 por cada um) — aqueles apresentados nos *cartelli*. A maioria dos problemas era de matemática, mas, no espírito do Renascimento, havia também questões de outras áreas, como arquitetura, astronomia, geografia e óptica.

O debate ocorreu em 10 de agosto de 1548, em uma igreja situada no jardim dos Frati Zoccolanti, em Milão. Todos os milaneses importantes compareceram, inclusive o governador, Don Ferrante di Gonzaga, que deveria ser o árbitro supremo. Ferrari compareceu com uma grande comitiva de partidários, enquanto Tartaglia pode ter sido acompanhado apenas pelo próprio irmão. Cardano fez questão de permanecer fora da cidade durante o debate. Infelizmente, não existe nenhum registro oficial do próprio debate nem do veredicto final. Em dois livros posteriores, Tartaglia apresenta relatos bem confusos dos acontecimentos. Em particular, ele responsabiliza a platéia pela interferência ruidosa e por impedi-lo de apresentar seus argumentos na íntegra. Os fatos sem adornos, contudo, pintam um quadro bem diferente. Tartaglia abandonou a competição antes de sua conclusão, imediatamente depois do fim do primeiro dia. Também sabemos que foi negado a Tartaglia seu salário depois de um ano de palestras em seu cargo em Bréscia e ele foi obrigado a voltar ao seu modesto emprego de professor em Veneza. Todos os sinais apontam, portanto, que Tartaglia teria sofrido uma angustiante e humilhante derrota em Milão. Cardano também menciona sucintamente em seus escritos que Ferrari foi um antagonista mais que à altura de Tartaglia.

Quanto ao triunfante Ludovico Ferrari, sua carreira subiu como foguete. Depois da vitória, as ofertas de empregos começaram a chegar em abundância. Ferrari até declinou da oportunidade de ser tutor do filho do imperador pela nomeação mais lucrativa como assessor tributário do governador de Milão. Sua vida, contudo, iria terminar inesperadamente, oferecendo o ato final a este drama.

Em seu retorno a Bolonha em algum momento depois de 1556, Ferrari estava acompanhado por sua irmã Madalena, uma viúva pobre. Embora não exista nenhuma prova direta de que ela o teria envenenado em 1565, o comportamento subseqüente dela e as circunstâncias seguintes levantam uma grave suspeita. Madalena casou-se duas semanas depois da morte de Ferrari e transferiu ao marido todo o dinheiro e propriedade que herdara do irmão. Quando Cardano foi a Bolonha para recuperar alguns de seus próprios livros e anotações, ele nada encontrou. O marido de Madalena tomou posse de tudo, aparentemente com a intenção de publicar parte do material no nome de seu filho de um casamento anterior.

A história das soluções das equações cúbicas e quárticas[31] levanta questões interessantes fora do domínio da matemática. Esta narrativa seria incompleta sem alguma reflexão sobre as questões de propriedade intelectual e direitos de propriedade sobre informações científicas. Durante a amarga troca de farpas Tartaglia-Ferrari, Ferrari afirmou que, na verdade, Cardano havia prestado um serviço a Tartaglia por resgatar a fórmula dele do esquecimento e plantando-a em um "jardim fértil" — a *Ars magna.* Mas isso era verdade? Ou Tartaglia estava certo ao replicar que, sem sua fórmula, o jardim de Cardano teria permanecido um campo obscuro tomado por ervas daninhas? Não há dúvida alguma que, do ponto de vista de Tartaglia, Cardano era o demônio. Não apenas tinha quebrado um juramento, mas, ao fazê-lo, tinha negado a Tartaglia o reconhecimento e fama que o último considerava seus por direito. Nenhuma linha de crédito no livro de Cardano poderia ter curado esta ferida. Permaneceu o fato de que, daquele ponto em diante, todas as referências eram para a "fórmula de Cardano" e ao seu livro. Pior ainda, já que Cardano acrescentou muitas soluções e demonstrações de sua própria lavra a todas as formas das equações cúbicas e quárticas, a natureza revolucionária da fórmula de Tartaglia ficou perdida na confusão.

Mas e quanto ao ponto de vista de Cardano? Juramento solene ou não, certamente ele se sentiu no direito de, no mínimo, publicar seu próprio trabalho seminal sobre o assunto. O ponto de vista de Cardano é ainda mais compreensível uma vez que percebemos (como ele o fez) que Tartaglia não foi o descobridor original da fórmula — foi Scipione dal Ferro. Que direito tinha Tartaglia de suprimir a publicação de uma fórmula que o próprio dal Ferro tinha deixado para a posteridade? A alegação de Tartaglia de que ele próprio estava prestes a publicar um livro sobre a nova álgebra também não se sustenta. De fato, apesar da vantagem substancial que Tartaglia teve sobre Cardano, ele se distraiu com a dedicação a outros projetos e o livro sobre a nova álgebra nunca decolou.

Dois exemplos atuais das práticas científicas comuns referentes à publicação de descobertas podem ajudar a mostrar que a questão da propriedade das descobertas não é simples. Os astrônomos propõem anualmente observações a serem realizadas pelo Telescópio Espacial Hubble. Depois de um processo bem detalhado de avaliação das propostas pelas juntas de especialistas, somente uma de cada sete propostas, aproximadamente, é realmente selecionada para as observações a serem executadas. Os dados coligidos são disponibilizados ao proponente alguns dias depois que ocorre a observação. Depois disso, existe um período de propriedade de um ano, durante o qual somente o proponente tem acesso aos dados. O proponente pode usar este tempo para analisar os dados e publicar os resultados. Depois de um ano, os dados se tornam públicos para todos os astrônomos do mundo utilizarem. Esse processo foi determinado em primeiro lugar e antes de mais nada em reconhecimento ao fato de que as descobertas científicas (particularmente aquelas feitas com o financiamento dos contribuintes) pertencem à comunidade em geral e não deveriam ser tratadas como propriedade particular. Segundo, os procedimentos foram elaborados para desencorajar os procrastinadores científicos de ficar meramente mantendo ocultos os dados importantes.

Ao mesmo tempo, as empresas privadas que lidam, digamos, com modelos matemáticos do comportamento do mercado de ações são extremamente reservadas sobre suas descobertas, mas não mais, talvez, que alguns *chefs* sobre suas receitas secretas.

De um ponto de vista puramente científico, faria mais sentido referir-se à fórmula da resolução das cúbicas como a "fórmula de dal Ferro", já que, sem dúvida alguma, foi ele o primeiro a descobri-la. Este não é o primeiro nem será o último caso, contudo, em que o nome dado às inovações científicas não é em homenagem ao verdadeiro descobridor. A atitude de Tartaglia com relação à propriedade intelectual parece um tanto hipócrita quando se consideram as suas próprias práticas. Por exemplo, Tartaglia produziu uma tradução de algumas das obras de Arquimedes com seu próprio nome quando, de fato, ele meramente publicou uma tradução latina do século XIII de autoria do estudioso flamengo Guilherme de Moerbeke. Da mesma forma, ele apresentou uma solução para a mecânica de um corpo pesado sobre um plano inclinado, sem dar crédito ao criador dessa solução, o matemático alemão Jordanus de Nemore.

Toda a seqüência de eventos com dal Ferro-Tartaglia-Cardano-Ferrari continua um dos incidentes mais controvertidos da história da matemática. Não é de admirar que muitos historiadores da ciência tenham gostado de se aprofundar nele. Do ponto de vista do presente livro, o importante é que, quando as cortinas desse drama se fecharam, os matemáticos sabiam como resolver equações cúbicas e quárticas, mesmo ainda não existindo uma teoria geral das equações. Cardano nunca negou sua boa sorte. Em *O livro da minha vida*, ele escreve:

> Embora a felicidade sugira um estado bem contrário à minha natureza, posso dizer sinceramente que, de tempos em tempos, tive o privilégio de alcançar e compartilhar certa medida de felicidade. Se, de fato, existe algo de bom na vida com que possamos adornar o palco desta comédia, não fui privado de tais dádivas.

Dado o papel que a solução de equações iria desempenhar séculos mais tarde na formulação da teoria de grupos como a linguagem "oficial" da simetria na natureza e nas artes, o fato histórico a seguir se sobressai como uma divertida curiosidade. Cardano publicou horóscopos de uma centena de homens proeminentes de seu século.[32] Somente um deles, o pintor alemão Albrecht Dürer, era um artista.

Para concluir minha narrativa, devo acrescentar uma nota pessoal. No verão de 2003, decidi que tinha de encontrar o local de nascimento do verdadeiro herói da equação cúbica — Scipione dal Ferro. Depois de algum esforço, descobri o lugar. Hoje, está localizado na esquina da via Guerrazzi com a via S. Petronio Vecchio, em Bolonha. Uma placa no muro lateral, bem fácil de passar despercebida, marca a casa como o local de nascimento de dal Ferro (Figura 42). Toquei a campainha de entrada de alguns apartamentos aleatoriamente e uma senhora idosa surgiu na janela de um apartamento do terceiro andar. Expliquei a ela no meu patético italiano que estava pesquisando a vida de Scipione dal Ferro. Ela pediu que eu esperasse pois o marido desceria para me atender. O cavalheiro agradável me explicou em uma mistura irregular de italiano e inglês que não havia mais nada no prédio que indicasse o fato de que o homem responsável por um dos grandes avanços na álgebra tivesse morado lá. Ambos olhamos fixa e silenciosamente para a placa por alguns minutos e então nos separamos.

Figura 42

Depois do brilhante trabalho de dal Ferro-Cardano-Ferrari, era bem natural acreditar que a *equação quíntica*, da forma $ax^5 + bx^4 + cx^3 + dx^2 + ex + f = 0$, também poderia ser resolvida por uma fórmula. De fato, com a confiança conquistada com a *Ars magna*, a expectativa era de que a solução estava logo ali na esquina e estimulou algumas das mentes matemáticas mais argutas a ir à caça deste tesouro.

CONTARÁ A PLENOS PULMÕES TEU MAIOR FRACASSO

O escritor satírico Jonathan Swift (1667-1745), mais conhecido pelas *Viagens de Gulliver*, escreveu em 1727 um divertido poema intitulado "O mobiliário da mente de uma mulher". São estes alguns versos:

Para uma conversa bem conduzida,
Ela chama espirituoso o ser rude;
E, colocando gracejos entre insultos,
Contará a plenos pulmões teu maior fracasso.

A história da busca de uma solução em fórmula para a equação quíntica nos 250 anos seguintes a Cardano é a de um enorme fracasso. Começou com outro bolonhês, Rafael Bombelli (1526-72).[33] Por uma coincidência histórica, Bombelli nasceu precisamente no ano em que dal Ferro morreu. Tendo estudado com grande admiração a *Ars magna*, Bombelli achou que a exposição de Cardano não tinha sido suficientemente clara e fechada; nas palavras de Bombelli: "Naquilo que ele disse, era obscuro." Conseqüentemente, ele passou duas décadas escrevendo um livro influente chamado *L'algebra*. Ao contrário dos outros matemáticos italianos, Bombelli não era um professor universitário, e sim um engenheiro hidráulico. A maior contribuição original de Bombelli foi ele ter-se dado conta de que não é possível evitar a necessidade de lidar com raízes quadradas de números negativos. Isso realmente exigiu um salto mental. Afinal de contas, qual é a raiz quadrada de –1? Sem dúvida, nenhum número comum (real) multiplicado por si mesmo fornece –1, já que mesmo a multiplicação de um número negativo por si mesmo fornece um resultado positivo. Ainda assim, a solução para a equação cúbica (veja o apêndice 5) às vezes produzia a raiz quadrada de um número negativo como uma etapa intermediária, mesmo quando a solução final era um número real. Cardano, que ficava perplexo com tais números "sofísticos", concluiu que eram "tão sutis que não tinham nenhuma serventia" e, quando precisava calcular com eles, dizia que o fazia com o intuito de "repelir a tortura mental". Bombelli, por outro lado, teve a incrível perspicácia de entender que esses novos números, que ele chamava de "mais de menos", eram um veículo necessário que seria capaz de preencher a lacuna entre a equação cúbica (que era expressa em números reais) e as soluções finais (que também eram números reais). Em outras palavras, embora tanto o início como o fim envolvam números reais, a solução tinha de atravessar o novo mundo dos números "imaginários". A raiz quadrada de –1 foi denotada por i em 1777, pelo grande matemático suíço Leonhard Euler. Os números nas novas perspectivas reveladas pelo trabalho de Bombelli são agora denominados *números complexos* — são a soma de números reais (todos os números usuais) e números imaginários (que envolvem raízes quadradas de números negativos).

Havia também uma importante lição histórica a ser aprendida aqui. O estudo das equações tinha proporcionado aos matemáticos um primeiro vislumbre de novos tipos de números diversas vezes durante toda a história. Havia os números negativos, como –1 e –2; os números irracionais, como $\sqrt{2}$, que não podiam ser expressos como frações; e, através do trabalho de Bombelli, até os números imaginários, como $\sqrt{-1}$. Quem saberia que concepções poderiam emergir da solução da quíntica?

Nos séculos que seguiram, o desvendamento do enigma da quíntica tornou-se um dos desafios mais intrigantes da matemática. Infelizmente, as soluções descobertas por dal Ferro e Ferrari (para as cúbicas e as quárticas, respectivamente) não ofereciam muita ajuda. Representavam truques brilhantes, mas *ad hoc*, e não estudos metódicos que poderiam ser estendidos às equações de graus superiores. Precisava-se desesperadamente de uma teoria mais abrangente das equações em geral, e não experimentos com casos isolados. Para usar uma metáfora médica, a matemática tinha de passar do tratamento dos sintomas para a compreensão das causas e efeitos colaterais associados.

O advogado francês François Viète (1540-1603)[34] e o astrônomo inglês Thomas Harriot (1560-1621) deram passos na direção certa. Eles introduziram melhorias tanto na notação usada para descrever equações algébricas (que eram extremamente penosas na obra de Cardano) como nos métodos da própria resolução. Viète foi também a pessoa responsável pela palavra *coeficientes*, usada para definir os números que descrevem uma equação (por exemplo, a, b, c em $ax^2 + bx + c = 0$). Embora não fosse matemático por profissão, Viète veio em uma dada ocasião ao resgate da honra de toda a sociedade matemática francesa. Em 1593, no fim do prefácio de seu livro *Ideae mathematicae*, o matemático belga Adriaan van Roomen (1561-1615) desafiou todos os matemáticos de seu tempo a decifrar um problema que envolvia não menos que a resolução de uma intimidante equação de grau 45 (veja o apêndice 6). O embaixador da Holanda em Paris estava tão encantado que comentou em tom de gracejo ao rei Henrique IV que não havia nenhum matemático francês que conseguisse resolver o problema. O constrangido rei apelou a Viète[35] em busca de ajuda e ficou agradavelmente surpreso quando o último foi capaz (diz a lenda) de descobrir as soluções positivas em poucos minutos, ao descobrir que uma relação trigonométrica estava na base do problema. De fato, Viète fez muito mais — demonstrou que a equação tem 23 soluções positivas e 22 negativas.

A primeira tentativa séria, mas infelizmente fracassada, de encontrar uma solução da quíntica foi feita pelo escocês James Gregory (1638-75).[36] Gregory é conhecido principalmente por um telescópio refletor (o telescópio gregoriano) inventado por ele. Durante o ano anterior à sua morte (com apenas 36 anos de idade), ele tinha começado a duvidar que uma fórmula para a quíntica pudesse realmente ser encontrada. Mesmo assim, ele de fato descobriu relações entre as soluções de diversas equações e seus coeficientes. O passo seguinte foi dado pelo conde alemão Ehrenfried Walther von Tschirnhaus (1651-1708).[37] Homem de muitas realizações, da cristaleria à álgebra, Tschirnhaus trabalhou meticulosamente em um método interessante que, durante algum tempo, deu esperança de que havia luz no fim do túnel. A idéia básica era simples. Se fosse possível de alguma forma reduzir a equação quíntica a equações de menor grau (como a quártica ou cúbica), então seria possível usar as soluções conhecidas dessas equações. Em particular, Tschirnhaus conseguiu, através de algumas substituições inteligentes, se livrar dos termos x^4 e x^3 na quíntica. Infelizmente, ainda havia um importante obstáculo no método de Tschirnhaus, que foi logo percebido pelo matemático Gottfried Wilhelm Leibniz (1646-1716) e, depois de muito esforço nessa direção, Tschirnhaus reconheceu a derrota.

O século XVIII trouxe um renovado interesse e uma vigorosa série de ataques contra o problema. O francês Étienne Bézout (1730-83),[38] que publicou vários trabalhos sobre a teoria das equações algébricas, adotou métodos um pouco semelhantes aos de Tschirnhaus, mas, novamente, sem nenhum efeito. Nesse ponto, entrou na corrida o mais prolífico matemático de todos os tempos.

Leonhard Euler (Figura 43)[39] foi tão produtivo que é necessário um volume inteiro meramente para reproduzir a lista de suas publicações. O conjunto de obras publicadas em matemática e física matemática de Euler constitui cerca de um terço de todo o trabalho publicado nessas áreas durante os últimos três quartos do século XVIII. Euler conjecturou que a solução da quíntica poderia ser expressa em termos de cerca de quatro quantidades e concluiu em um tom esperançoso: "Poderíamos suspeitar que a eliminação, se feita meticulosamente, pudesse talvez levar a uma equação de grau 4." Em outras palavras, ele também acreditava com otimismo que o problema poderia ser reduzido àquele que já tinha sido resolvido. Essa filosofia geral é característica dos avanços em matemática. Segundo uma velha piada, perguntam a um físico e a um matemático o que fariam se precisassem passar a ferro suas calças, mas, embora estivessem de posse de um ferro, a tomada elétrica estivesse no aposento adjacente. Os dois respondem que levariam o ferro até o segundo cômodo e o ligariam lá. Depois, perguntam o que eles fariam se já estivessem no cômodo no qual a tomada está

Figura 43

localizada. O físico responde que ligaria o ferro de passar diretamente na tomada. O matemático, por outro lado, diz que levaria o ferro para o cômodo sem a tomada, já que, posto desta forma, o problema já fora resolvido.

Apesar do otimismo, Euler não conseguiu revolver a quíntica geral. Ele conseguiu mostrar, contudo, que algumas quínticas especiais, como as $x^5 - 5px^3 + 5p^2x - q = 0$ (onde p e q são números dados), eram solucionáveis por uma fórmula. Isso deixou a porta aberta para futuros empreendimentos potenciais. O seguinte da fila foi o sueco Erland Samuel Bring (1736-98).[40] Professor de história na Universidade de Lund por profissão, o passatempo predileto de Bring era a matemática. E que melhor enigma a resolver que a quíntica? Bring deu o que pareceu ser um enorme passo rumo a uma solução. Ele descobriu uma transformação matemática que poderia reduzir a quíntica geral ($ax^5 + bx^4 + cx^3 + dx^2 + ex + f = 0$) à forma bem mais simples $x^5 + px + q = 0$. Infelizmente, não apenas essa forma mais curta e aparentemente mais tratável ainda apresenta um obstáculo insuperável, mas a transformação de Bring passou inteiramente despercebida e acabou sendo redescoberta independentemente pelo matemático inglês George Birch Jerrard no século XIX.

Outros três empreendimentos, de matemáticos trabalhando quase simultaneamente em três diferentes países, também não tiveram sucesso em produzir uma solução. Ainda assim, os trabalhos profundos desses matemáticos introduziram uma nova e excitante idéia na busca. Em particular, eles mostraram que as propriedades das permutações das supostas soluções das equações poderiam ter algo a ver com as equações serem ou não solucionáveis por uma fórmula. Já que este foi historicamente o primeiro ponto de conexão entre as soluções das equações e o conceito de simetria, quero dar uma breve explicação do princípio básico. Examinemos, por exemplo, a equação quadrática $ax^2 + bx + c = 0$ (onde a, b, c são números conhecidos). É fácil mostrar que, se as duas soluções da equação (dadas pela fórmula da página 77) são denotadas por x_1 e x_2, então tanto a soma das soluções, $x_1 + x_2$ quanto seu produto x_1x_2, podem ser expressos em termos dos coeficientes da equação, a, b, c (veja o apêndice 7). De fato, $x_1 + x_2 = -b/a$ e $x_1x_2 = c/a$. Em outras palavras, na equação $x^2 - 9x + 20 = 0$, a soma das duas soluções é igual a 9 e seu produto é igual a 20. A própria fórmula das soluções da página 77 pode ser expressa (apêndice 7) como uma combinação de $(x_1 + x_2)$ e x_1x_2:

$$\frac{1}{2}\left[(x_1+x_2)\pm\sqrt{(x_1+x_2)^2-4x_1x_2}\right].$$

O ponto importante a notar aqui é que esta expressão é simétrica sob o intercâmbio das duas soluções x_1 e x_2 — a fórmula permanece inalterada quando x_1 e x_2 são transpostos. A questão levantada pelo francês Alexandre-Théophile Vandermonde (1735-96)[41] e pelo inglês Edward Waring (1736-98) foi se a solução para a quíntica e, de fato, para equações de qualquer grau, não poderia ser representada por uma expressão simétrica semelhante. Isso poderia, em princípio, levar a uma fórmula para as soluções. A idéia foi captada pela pessoa que Napoleão Bonaparte considerava "a soberba pirâmide das ciências matemáticas" — Joseph-Louis Lagrange (1736-1813).

Lagrange (Figura 44) nasceu em Turim (hoje Itália),[42] mas sua família era em parte de ascendência francesa pelo lado paterno e ele se considerava "mais" francês que italiano. O pai, que era originalmente abastado, conseguiu esbanjar toda a fortuna da família em especulações, deixando o filho sem herança. Mais tarde na vida, Lagrange descreveu essa catástrofe econômica como a melhor coisa que já tinha lhe acontecido: "Tivesse herdado uma fortuna, eu provavelmente não teria me associado com a matemática."

Em seu tratado excepcional (publicado em Berlim) *Reflexões sobre a resolução das equações algébricas*, Lagrange primeiro revisou com grande cuidado as contribuições de Bézout, Tschirnhaus e Euler. Mostrou em seguida que todos os subterfúgios através dos quais as soluções tinham sido obtidas para as equações lineares, quadráticas, cúbicas e quárticas poderiam ser substituídos por um procedimento uniforme. Aqui, contudo, surgiu uma detestável surpresa. Para os graus 2, 3 e 4, as equações tinham sido resolvidas pela redução da equação a uma de grau menor que aquela em discussão (isto é, reduzindo a quártica para uma cúbica e assim por diante). Quando precisamente o mesmo processo foi tentado na quíntica, aconteceu algo inesperado. A equação resultante, em vez de uma quártica, acabou sendo uma de grau 6! O método que tinha funcionado admiravelmente bem para os graus 2, 3 e 4 fracassou inteiramente na quíntica. Decepcionado, Lagrange concluiu que "é, portanto, improvável que tais métodos levem à solução da quíntica — um dos problemas mais célebres e importantes da álgebra".

Figura 44

Como uma maneira de sair do impasse, Lagrange introduziu uma discussão mais geral das permutações. Lembremos que permutações são as operações que produzem diferentes arranjos dos objetos, como as transformações de *ABC* em *BAC* ou *CBA*. Lagrange fez a importante descoberta de que as propriedades das equações e sua resolubilidade dependem de certas simetrias das soluções sob permutações.

Mesmo as novas concepções de Lagrange, por mais revolucionárias que fossem, se revelaram insuficientes para uma solução da quíntica. Continuando otimista por achar que sua análise geraria o avanço decisivo, ele escreveu que "esperamos voltar a esta questão em outra ocasião e estamos ora satisfeitos em ter oferecido os fundamentos de uma teoria que nos parece nova e geral". Quis a história que Lagrange nunca retornasse à quíntica. Dois dias antes de sua morte, ele resumiu assim a sua vida: "Minha carreira chegou ao fim; adquiri uma modesta reputação na matemática. Não odiei ninguém, nem fui hostilizado por ninguém; é bom chegar ao fim."

Havia outro problema algébrico que estava sendo debatido nos círculos matemáticos mais ou menos ao mesmo tempo e que tinha implicações para as tentativas de resolver a quíntica. A pergunta era: teriam todas as equações (de qualquer ordem) pelo menos uma solução? Por exemplo, como sabemos se existe qualquer valor de x para o qual a equação $x^4 + 3x^3 - 2x^2 + 19x + 253 = 0$ é verdadeira? Ainda mais criticamente, se tivermos uma equação de grau n (onde n pode ser qualquer número inteiro 1, 2, 3, 4,...) e admitirmos que as soluções sejam reais ou números complexos (envolvendo $i = \sqrt{-1}$, quantas soluções existirão? Já sabemos a resposta no caso da equação quadrática — existem sempre precisamente duas soluções. Mas e quanto a $n = 5$ ou $n = 17$? Embora muitos matemáticos, inclusive Leibniz, Euler e Lagrange, tenham tentado dar uma resposta, a afirmação definitiva foi deixada ao contador suíço Jean-Robert Argand (1768-1822) e ao homem reconhecido como o "príncipe dos matemáticos" — Johann Carl Friedrich Gauss (1777-1855; Figura 45).

Figura 45

A genialidade de Gauss foi reconhecida já aos 7 anos de idade,[43] quando ele conseguiu somar os números inteiros de 1 a 100 instantaneamente em sua cabeça, simplesmente por perceber que a soma consiste em cinqüenta pares de números, cada qual totalizando 101.* Na dissertação de doutorado em 1799, Gauss deu a primeira prova daquilo que se tornou conhecido como o *teorema fundamental da álgebra* — a afirmativa de que toda equação de grau *n* tem precisamente *n* soluções (que podem ser números reais ou complexos). A primeira demonstração de Gauss tinha algumas lacunas lógicas, mas ele acabaria fornecendo outras três demonstrações durante a vida, todas rigorosas. A demonstração de Argand, publicada em 1814, foi de fato a primeira correta.[44]

O teorema fundamental demonstrou inequivocamente que a equação quíntica geral deve ter cinco soluções. Mas poderiam ser elas encontradas por uma fórmula? No mesmo ano em que Gauss publicou a primeira demonstração do teorema fundamental, ele também expressou ceticismo sobre uma solução por fórmula para a quíntica: "Depois que o trabalho árduo de muitos geômetras deixou poucas esperanças de algum dia chegar à resolução da equação geral por meios algébricos, parece cada vez mais provável que esta resolução seja impossível e contraditória."[45] Ele então acrescentou uma nota intrigante: "Talvez não seja tão difícil de demonstrar, com todo o rigor, a impossibilidade para o quinto grau." Gauss nunca mais publicou outra palavra sobre o tópico.

As repetidas frustrações dos caçadores da quíntica por mais de dois séculos levaram o historiador de matemática francês Jean Étienne Montucla (1725-99) a utilizar metáforas militares na descrição do ataque à quíntica: "As muralhas são erguidas por todos os lados, mas, recolhido em seu último reduto, o problema defende-se desesperadamente. Quem será o afortunado gênio que irá liderar o ataque contra ele ou forçá-lo a capitular?"[46]

*Os pares em questão são: 1 + 100, 2 + 99, 3 + 98... (*N. da R.T.*)

Por outra coincidência histórica, as séries finais e conclusivas das ofensivas contra a quíntica estavam prestes a começar no ano em que Montucla morreu. Como no caso da cúbica e da quártica, essa fase começou com outro italiano.

Paolo Ruffini (1765-1822; Figura 46)[47] nasceu em Valentano, Itália. Era filho de Basilio Ruffini, um médico, e Maria Francesca Ippoliti. A família mudou-se para Reggio, perto de Modena, durante a adolescência de Ruffini e foi em Modena que ele estudou matemática, medicina, literatura e filosofia, graduando-se em 1788. Extraordinariamente versátil, Ruffini começou exercendo a medicina e ensinando matemática ao mesmo tempo. No alvorecer da Revolução Francesa, esses tempos eram extremamente incertos. O exército francês, sob o comando de Napoleão Bonaparte, apoderou-se de uma cidade italiana depois da outra, capturando Modena em 1796. Ruffini foi inicialmente nomeado um representante do Subconselho da República Cisalpina criada por Napoleão e acabou perdendo o cargo docente ao se recusar a jurar lealdade à nova república. Curiosamente, foi durante este período de convulsão social que Ruffini realizou seu trabalho mais importante. Ele declarou ter demonstrado que a equação quíntica geral não pode ser resolvida por uma fórmula que envolva apenas as operações simples de adição, subtração, multiplicação, divisão e extração de raízes.

Temos de fazer uma pausa por um momento para apreciar a magnitude da alegação de Ruffini. A fórmula para as soluções da equação quadrática era essencialmente conhecida desde os tempos babilônicos. A fórmula para as soluções da cúbica foi descoberta por dal Ferro, Tartaglia e Cardano. Ferrari propôs as soluções para a quártica. Todas essas foram expressas por simples operações aritméticas e a extração de raízes. Vieram, então, dois séculos e meio de expectativas frustradas, durante os quais alguns dos matemáticos mais brilhantes tentaram em vão encontrar tal fórmula para a quíntica. Agora Ruffini estava afirmando que era capaz de demonstrar que a equação quíntica não poderia ser resolvida por uma

Figura 46

fórmula desse tipo, não importando o quanto fosse tentado. Isso representou uma revolução dramática no pensamento sobre as equações. Os matemáticos estavam cada vez mais acostumados ao fato de que algumas equações são bem difíceis de resolver, mas, aqui, a demonstração de Ruffini supostamente provava que, no caso da quíntica, o esforço estava condenado desde o início.

Ruffini publicou sua demonstração em um tratado de dois volumes intitulado *Teoria generale delle equazioni* (*Teoria geral das equações*), em 1799. Entretanto, a demonstração era extremamente complexa e o raciocínio tortuoso tornou difícil segui-la pelas 516 páginas do livro. Não é surpreendente que a reação do mundo matemático tenha sido de ceticismo e suspeição, na melhor das hipóteses. Ruffini enviou um exemplar da *Teoria* a Lagrange por volta de 1801, mas não recebeu resposta. Ainda não desencorajado, enviou um segundo exemplar, comentando:

> Por causa da incerteza de que o senhor possa ter recebido meu livro, envio-lhe um outro exemplar. Se cometi erros em minha demonstração ou se tiver dito qualquer coisa que eu acreditava inédita e que realmente não o é e, finalmente, se eu tiver escrito um livro inútil, rogo-lhe que me aponte sinceramente.

Lagrange tampouco respondeu a essa carta. Ruffini tentou uma última vez em 1802, começando com um elogio para o trabalho de Lagrange:

> Ninguém tem mais direito(...) de receber o livro que tomei a liberdade de lhe enviar(...) Ao escrevê-lo, tinha em mente, acima de tudo, oferecer uma demonstração da impossibilidade de resolver equações de grau maior que 4.

Ainda sem resposta.

Frustrado pela recepção dada ao seu trabalho, Ruffini tentou publicar demonstrações mais rigorosas e um pouco menos abstrusas em 1803 e 1806. Discutiu também a demonstração com os colegas matemáticos Gian Francesco Malfatti (que publicou um tratado sobre a quíntica em 1771) e Pietro Paoli. Essas últimas conversas levaram a uma versão final da demonstração que foi publicada em 1813, em um artigo intitulado "Reflexões sobre a solução das equações algébricas gerais". Infelizmente, mesmo essa demonstração supostamente mais transparente não ganhou as manchetes na comunidade matemática.

Em um relatório ao rei intitulado "Relato histórico sobre o progresso das ciências matemáticas desde 1709", o matemático e astrônomo francês Jean-Baptiste Joseph Delambre (1749-1822) fez de fato uma rápida menção ao trabalho de Ruffini. Ele, contudo, usou uma linguagem bem vacilante: "Ruffini propõe ter demonstrado que é impossível."[48] O exasperado Ruffini protestou sem demora: "Não apenas propus demonstrar, como realmente demonstrei." Mesmo esta troca de palavras não resultou em uma aceitação geral da demonstração de Ruffini por seus contemporâneos e sucessores. Pior ainda, Delambre explicou a Ruffini que era um caso perdido esperar uma resposta definitiva porque "qualquer que seja a decisão a que seus *referees** [matemáticos Lagrange, Lacroix e Legendre] viessem a chegar [no tocante à validade da demonstração], eles teriam de trabalhar consideravelmente seja para motivar a aprovação deles ou para refutar a sua demonstração". De alguns comentários que o velho Lagrange fez ao cientista e farmacêutico Gaultier de Claubry, podemos deduzir que, embora tivesse ficado de um modo geral impressionado com o trabalho de Ruffini, ele não estava muito inclinado intelectualmente a aceitar um conceito tão revolucionário assim sobre a impossibilidade de resolver a quíntica por uma fórmula. Conseqüentemente, Lagrange nunca fez quaisquer declarações públicas referentes à demonstração de Ruffini.

Em desespero, Ruffini enviou sua demonstração à Royal Society de Londres. Ele recebeu uma resposta cortês afirmando que, embora alguns membros que tinham lido o trabalho o tivessem considerado satisfatório, não era política da sociedade publicar aprovações oficiais das demonstrações. O único matemático eminente que deu crédito ao resultado de Ruffini foi Augustin-Louis Cauchy (1789-1857). A produtividade de Cauchy era tão prodigiosa (ele publicou o assombroso número de 789 artigos matemáticos) que, em um dado momento, teve de fundar sua própria revista. Em uma carta recebida cerca de seis meses antes da morte de Ruffini, Cauchy, geralmente discreto com elogios, escreve:

*Um artigo científico em matemática, antes de ser publicado, passa pelo crivo de outros pesquisadores denominados *referees*. (*N. da R.T.*)

> Sua monografia sobre a resolução geral das equações é um trabalho que sempre me pareceu digno da atenção dos matemáticos e que, no meu entender, demonstra inteiramente a insolubilidade da equação geral de grau maior que 4(...) Acrescento, ainda, que seu trabalho sobre a insolubilidade é precisamente o título de uma palestra que proferi a vários membros da academia.[49]

Mesmo com o reconhecimento de Cauchy, a demonstração de Ruffini não se tornou amplamente conhecida nem aceita. A maioria dos matemáticos ainda achava os argumentos dele tão intrincados que foram incapazes de averiguar sua solidez.

Mas Ruffini realmente demonstrou que a quíntica não pode ser resolvida por uma fórmula que envolva operações simples? Vendo as coisas depois do fato, podemos dizer que ele não demonstrou exatamente. Ainda havia um buraco significativo na demonstração, onde Ruffini fez uma suposição, sem perceber que era necessário demonstrar tal suposição. Pelo contrário, ele se satisfez em observar que qualquer outra suposição levaria a uma situação mais complicada, de maneira que "podemos abandoná-la inteiramente". A imperfeição, contudo, nada tira da originalidade de sua descoberta. De fato, nenhum dos contemporâneos de Ruffini identificou a lacuna em sua demonstração. Ruffini foi a pessoa responsável por uma mudança revolucionária na abordagem das equações. Em lugar de tentar resolver a quíntica, o esforço logo se transformaria em tentativas para demonstrar que ela não pode ser resolvida.

Quando, hoje, chegamos a avaliar o trabalho de Ruffini, percebemos que ele realmente fez muito mais que meramente modificar as idéias sobre a equação quíntica. Ele levou as relações entre as soluções da cúbica e da quártica e determinadas permutações um passo adiante. Isso marcou o início da transição da álgebra tradicional, que lida apenas com números, para as raízes da teoria de grupos, que envolve operações entre elementos de quaisquer espécies. Lembremos que membros de grupos podem ser qualquer coisa, desde números inteiros até as simetrias do corpo humano. O nascimento da álgebra abstrata estava no horizonte.

Ruffini sempre foi excessivamente consciencioso. Certa vez, recusou uma cátedra de matemática em Pádua porque não quis desamparar todas as famílias que ele estava tratando como médico. Infinitamente dedicado aos pacientes, Ruffini contraiu uma grave febre tifóide durante a epidemia de 1817-18. Ele usou essa experiência traumática para escrever *Monografia sobre o tifo contagioso.* Embora extremamente enfraquecido, continuou a visitar os pacientes e não abandonou sua pesquisa matemática. Em abril de 1822, caiu vítima de pericardite crônica e faleceu no mês seguinte. Estranhamente, depois de sua morte, seu trabalho foi quase inteiramente esquecido e, com a exceção de Cauchy, os matemáticos que vieram depois dele tiveram essencialmente que redescobrir suas idéias.

Foi nesse cenário que surgiram dois jovens, talvez as figuras mais trágicas da história da ciência. O norueguês Niels Henrik Abel e o francês Évariste Galois estavam prestes a mudar o curso da álgebra para sempre. As histórias de vida desses dois indivíduos notáveis são tão comoventes que me sinto compelido a descrevê-las em mais detalhe nos próximos dois capítulos.

– QUATRO –

O MATEMÁTICO ACOMETIDO PELA POBREZA

São estas as primeiras linhas do célebre romance *Love story (Uma história de amor)* de Erich Segal: "O que se pode dizer sobre uma jovem de 25 anos que morreu? Que era bonita e inteligente, que amava Mozart e Bach. E os Beatles e a mim." É bem fácil parafrasear este triste resumo para Évariste Galois (1811-32) e Niels Henrik Abel (1802-29). Para Galois, provavelmente seria algo como: "O que se pode dizer sobre um jovem de 20 anos que morreu? Que era um romântico e um gênio, que amava a matemática. E sucumbiu a um mal-entendido e à autodestruição." Ou, para Abel: "O que se pode dizer sobre um jovem de 26 anos que morreu? Que era tímido e um gênio, que amava a matemática e o teatro. E foi condenado à morte pela pobreza." O matemático sueco Gösta Mittag-Leffler (1846-1927) descreveu as façanhas matemáticas de Abel com as palavras "os melhores trabalhos de Abel são poemas verdadeiramente líricos de sublime beleza... elevados muito acima do lugar-comum da vida e emanando mais diretamente da própria alma do que qualquer poeta, no sentido comum da palavra, conseguiria produzir".[1] O grande matemático austríaco Emil Artin (1898-1962) escreveu sobre Galois que "desde minha juventude matemática, tenho estado sob o encantamento da teoria clássica de Galois. Este feitiço me forçou a voltar seguidas vezes a ela".[2] De fato, a genialidade de Abel e Galois só poderia ser comparada a uma supernova — uma estrela em explosão que, durante um breve período, brilha mais que todos os bilhões de estrelas da galáxia que a abriga.

ABEL — OS PRIMEIROS ANOS

Niels Henrik Abel nasceu em 5 de agosto de 1802. Era o segundo filho de um pastor luterano, Serren Georg Abel, e Anne Marie Simonsen, filha de um mercador marítimo (a Figura 47 mostra as silhuetas dos pais de Niels Henrik). Alguns anos depois de seu nascimento, a mãe contou que ela tinha dado à luz prematuramente em três meses e que o recém-nascido mostrou sinais de vida somente depois de ser lavado em vinho tinto. A improvável combinação de um pai de uma longa linhagem de homens do clero e uma mulher incrivelmente bela conhecida por sua paixão pelos prazeres mundanos não prometia um casamento bem-sucedido. Antes que Niels Henrik completasse 2 anos, o pai assumiu um posto no vilarejo de Gjerstad, substituindo o próprio pai no cargo de ministro. A Noruega, que fazia parte da Dinamarca durante esses anos, estava constantemente sob a sombra da guerra, inicialmente por mar, com a frota inglesa, e depois por terra com a Suécia. Os resultados do bloqueio das rotas marítimas da Noruega pelos navios de guerra britânicos foram devastadores. Todas as exportações de madeira foram paralisadas em meados de 1808 e o comércio de grãos da Dinamarca tinha se tornado tão perigoso que também foi reduzido a um fiapo. A fome e a inanição se espalharam pela Noruega em 1809. O pastor Abel mal conseguia combater a fome de sua própria paróquia, convencendo as pessoas de Gjerstad a comer carne de cavalo, antes um tabu.

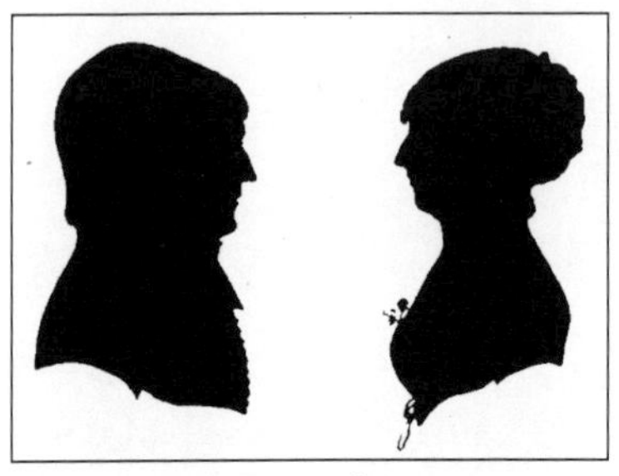

Figura 47

Niels Henrik teve o pai como professor, no presbitério, até os 13 anos. O pastor não assumiu levianamente a responsabilidade por esse ensino inicial. Ele tinha de fato preparado um livro didático manuscrito, com o qual catequizou os filhos. O livro incluía gramática, geografia, história e matemática. Surpreendentemente, a primeira página no tópico da adição aritmética (Figura 48) contém um erro fulgurante: 1 + 0 = 0! Felizmente, o mundo da matemática não perdeu uma de suas estrelas mais brilhantes por causa dessa informação errada logo no início. Em 1815, Niels Henrik foi enviado à Escola da Catedral, em Cristiânia (a Oslo de hoje). A vida familiar em deterioração,

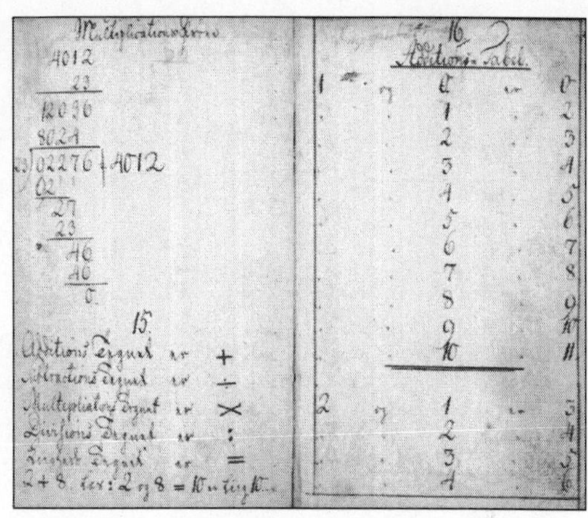

Figura 48

em uma casa em que ambos os pais estavam se entregando cada vez mais ao alcoolismo e a mãe era sem dúvida bem liberal com os favores sexuais, provavelmente apressou a partida do garoto. O pai escreveu: "Que Deus o proteja! Mas é sem angústia que o envio para este mundo depravado."

Niels Henrik entrou na Escola da Catedral em um ponto bem baixo da história dessa instituição. A abertura da Universidade de Cristiânia poucos anos antes tinha roubado da Escola da Catedral todos os seus melhores professores, deixando para trás principalmente aqueles sem qualificação. O professor de matemática, em particular, um tal de Hans Peter Bader, era um homem bruto insensível, que aterrorizava as crianças e freqüentemente moía os alunos de pancadas. No início, as notas de Niels Henrik eram satisfatórias, mesmo tendo demonstrado pouco interesse nos dias longos e monótonos na escola. Ele tendia a cair em depressão quando não estava na companhia dos amigos e, posteriormente, fez um diagnóstico correto sobre si mesmo: "Acontece que sou constituído de tal forma que não posso absolutamente, ou pelo menos apenas com uma extrema dificuldade, ficar sozinho. Fico, então, bem melancólico e sem vontade de trabalhar." Então, assim como nos anos finais, sua grande fuga do fardo dos inevitáveis afazeres da vida era o teatro. Lá, ele conseguia se perder nas vidas dos personagens fictícios, em vez de ter que lutar com os problemas para a solução dos quais ele nunca teve a chance de receber uma orientação correta. Niels Henrik era tímido e inseguro e suas relações com o sexo oposto permaneceram bem limitadas, não apenas durante seus dias de estudante, mas, de fato, até sua morte. Em fins de 1816, o desempenho de Niels Henrik na escola estava em uma curva descendente e, depois de ter sido surrado várias vezes por Bader, ele teve de se afastar por um curto período. Suas notas tinham caído tanto que, em 1817, ele pôde passar de ano apenas provisoriamente. Em novembro de 1817, contudo, um evento fatídico na Escola da Catedral iria se tornar um momento decisivo na vida de Abel. Em 16 de novembro, um aluno, Henrik Stoltenberg, caiu enfermo com uma febre nervosa acompanhada de tifo. Ele morreu uma semana depois. Oito dos colegas de classe de Stoltenberg assinaram declarações que davam a conhecer que o odiado professor de matemática Bader não apenas tinha batido violentamente no aluno com seus punhos, mas tinha continuado a chutá-lo mesmo depois que o pobre Stoltenberg estava caído ao chão desamparado. Embora o castigo como causa de morte nunca tenha sido confirmado pelo perito médico, Bader foi demitido.

Como professor-substituto, a escola contratou Bernt Michael Holmboe (1795-1850), ele próprio graduado na Escola da Catedral, que era apenas sete anos mais velho que Abel. Holmboe introduziu um novo programa que começava com exercícios para que os alunos entendessem profundamente os símbolos matemáticos. Não levou muito tempo até que ele descobrisse que o sonho de todo professor de matemática tinha se tornado realidade em sua classe — ele tinha um gênio em suas mãos. Depois de passar voando pelo currículo regular, Abel começou, com o incentivo entusiasmado e inspirador de Holmboe, a mergulhar nos trabalhos originais dos grandes matemáticos Euler, Newton, Laplace, Gauss e, em particular, Lagrange. Holmboe não conseguiu reprimir sua admiração. Na ficha de registro de 1819 de Abel, ele exclamou sem se intimidar: "Um notável gênio matemático." No ano seguinte, ele foi ainda mais longe. A avaliação de Holmboe para todas as disciplinas escolares era: "Com a mais incrível genialidade, ele une o insaciável interesse e o ardor pela matemática, de tal maneira que, é bem provável que, se viver, se tornará um dos grandes matemáticos." Embaixo da última fase, foram riscadas algumas palavras, que ainda podem ser lidas como "o maior matemático do mundo". Aparentemente, o conselho escolar insistiu com Holmboe que moderasse seu elogio. As palavras "se viver" acabaram se tornando tragicamente proféticas.

UM GÊNIO LUTADOR

Durante o último ano na escola, Abel fez a primeira tentativa de desenvolver seu potencial — e que incrível empreendimento foi esse. Com a audácia descarada que caracteriza apenas os jovens em sua primeira aventura em um território desconhecido, Abel tentou nada menos que resolver a equação quíntica. Aqui estava um problema matemático com o qual os melhores matemáticos da Europa tinham lutado por quase três séculos e, agora, um garoto do colegial estava afirmando que o tinha resolvido. Abel mostrou sua solução a Holmboe, que não encontrou nada de errado. Não tendo a confiança de um matemático experiente, contudo, Holmboe apresentou a solução aos dois matemáticos da Universidade de Cristiânia, Christopher Hansteen e Søren Rasmussen. Eles também não encontraram nenhum erro na solução. Percebendo a magnitude da descoberta, Hansteen decidiu encaminhar o trabalho ao principal matemático escandinavo da época — Ferdinand Degen de Copenhague — para publicação na Academia Dinamarquesa.

Degen era uma pessoa pragmática que preferia errar pelo lado da cautela. Apesar de não ter encontrado nenhuma falha na solução de Abel, ele pediu a Abel que lhe enviasse "uma dedução mais detalhada de seu resultado e também uma ilustração numérica" do método — por exemplo, uma solução para a equação $x^5 + 2x^4 + 3x^2 - 4x + 5 = 0$. Afinal, as chances *a priori* de que um discípulo da Escola da Catedral resolvesse um dos problemas mais célebres da matemática não eram muito altas. Enquanto tentava produzir exemplos específicos, Abel descobriu, para seu grande desgosto, que a solução estava de fato incorreta. Longe de sinalizar o fim de sua busca, contudo, esse revés temporário estava para levar Abel a um avanço monumental. Degen, de qualquer maneira, ficou suficientemente impressionado para oferecer a Abel um pequeno conselho. Para Degen, o estudo das equações parecia ser um "tema estéril". Ele sugeriu que, em vez disso, Abel concentrasse os esforços no novo campo das integrais elípticas (tipos especiais de entidades matemáticas no cálculo, assim chamadas porque podem ser usadas para calcular o comprimento de arco de uma elipse). Lá, disse Degen, "um investigador sério com a abordagem correta(...) poderia descobrir um Estreito de Magalhães levando a amplas extensões de um imenso oceano analítico".

Embora o gênio matemático de Abel estivesse começando a brilhar, os céus estavam se escurecendo na frente familiar. Os anos 1818-20 iriam se tornar exaustivamente angustiantes para Abel. Seu pai, o pastor, conseguiu ser eleito para o Storting (parlamento) em 10 de dezembro de 1817, mas este evento aparentemente prestigioso se transformou em um desastre total. A princípio, o parlamentar recém-eleito e bem enérgico propôs alguns projetos de lei bem-sucedidos em educação. Em particular, ele foi atuante na criação de uma escola veterinária. Entretanto, devido talvez a um julgamento comprometido pela bebida em excesso e um insaciável desejo de autopromoção, ele foi levado a cometer o equivalente a um suicídio político. Durante uma sessão calamitosa, em 2 de abril de 1818, ele inesperadamente acusou dois representantes de encarcerar injustamente um ex-guarda de uma fundição. As acusações se revelaram totalmente infundadas, marcando assim o início da queda do pastor Abel. O furor político e público que irrompeu levou a ameaças de *impeachment*. Foi dado a Søren Georg Abel uma última chance de pedido de desculpas, que ele teimosamente recusou. No outono de 1818, o pastor em desgraça e desiludido voltou a Gjerstad. Ele se mostrou cada vez mais inclinado a afogar seus problemas no álcool, o que apenas provocou uma rápida deterioração da saúde. Quando morreu em 1820, ninguém em Gjerstad expressou muito pesar. Dizem que a viúva de moral fraca teria recebido consolo no leito, com um serviçal cujos préstimos iam além dos afazeres domésticos.

Anne Marie e os cinco irmãos de Niels Henrik foram deixados com uma minúscula pensão que estava bem longe de ser suficiente até para sustentar suas próprias necessidades. A questão do dinheiro para permitir que Abel concluísse seus estudos não pôde sequer ser levantada, quanto mais resolvida. Por circunstâncias miraculosas, Abel conseguiu, ainda assim, entrar na universidade em 1821. Em um ambiente em que o contato pessoal entre alunos e professores era geralmente desencorajado e os professores adotavam uma atitude distante e reservada, não menos de três professores se ofereceram voluntariamente a sustentar Abel com seus próprios e um tanto parcos recursos. Essa generosidade persistiu até 1824, quando Abel finalmente recebeu um salário do qual viver. Durante seus primeiros anos na universidade, Abel tornou-se um convidado freqüente e bem-vindo na casa do professor Christopher Hansteen e foi em um periódico iniciado por Hansteen que Abel publicou seu primeiro artigo sobre matemática, em 1823. Não foi exatamente um artigo de fazer a terra estremecer (nem foi este, ou o segundo artigo de Abel, compreensível para a maioria dos leitores da revista). A terceira publicação de Abel, contudo, "Solução de um par de proposições por meio de integrais definidas", abordou aquilo que bem mais tarde iria se tornar a base matemática da radiologia moderna (pela qual o físico Allan Cormack e o engenheiro elétrico Godfrey Hounsfield receberam o prêmio Nobel de Medicina de 1979).

Enquanto isso, os professores Hansteen e Rasmussen continuaram procurando incansavelmente meios de sustentar o trabalho de Abel e, em particular, permitir que ele viajasse para o exterior para expandir os horizontes. Quando um desses pedidos ao Colégio Acadêmico tinha desaparecido completamente dentro da burocracia da universidade, Rasmussen deu a Abel uma doação pessoal de 100 *speciedaler* para que pudesse viajar à Dinamarca para conhecer Degen e outros matemáticos dinamarqueses. Contra todas as expectativas, portanto, Abel passou as férias de verão de 1823 em Copenhague. Lá, ele descobriu que "os homens de ciência pensam que a Noruega é pura barbárie" e fez de tudo ao seu alcance "para convencê-los do contrário". A viagem a Copenhague teve outro desfecho inesperado — Abel conheceu a futura noiva, Christine (apelidada "Crelly") Kemp. O primeiro encontro entre os dois ocorreu em uma festa na casa do tio de Abel. Abel convidou Christine a dançar, mas, para o constrangimento de ambos, a orquestra começou a tocar o que era, então, a nova sensação — a valsa — que nenhum dos dois conhecia. Desconcertados, eles se olharam fixamente por alguns minutos e, então, deixaram em silêncio a pista de dança. Todo o relacionamento de Abel com Crelly tem um quê de mistério. Depois de passar o Natal com ela em 1824, Abel chocou os amigos da universidade com o anúncio de que estava noivo e iria se casar. Aparentemente, Abel nunca participou verbal ou fisicamente de quaisquer experiências eróticas que eram bem típicas da vida estudantil da capital. O noivado em uma idade bem jovem gerou um muro de proteção que lhe permitiu evitar a necessidade de quaisquer outras explicações quando surgia o tema das mulheres. Niels Henrik não chegou a se casar com Christine. Naquela época, era impensável que alguém se casasse antes que tivesse os meios para sustentar uma família. Infelizmente, Abel nunca chegou a tal situação. Cinco anos depois do noivado, em seu leito de morte, assoberbado de culpa e responsabilidade, Abel pediria ao seu bom amigo Baltazar Mathias Keilhau que cuidasse de Crelly. "Ela não é bonita", ouviram-no dizer, "tem sardas e cabelos ruivos, mas é um ser humano esplêndido." Keilhau, que até aquele momento sequer tinha visto Crelly, de fato casou-se com Christine em 1830 e os dois passaram o resto de suas vidas juntos.

A QUÍNTICA

Desde sua fracassada tentativa de solucionar a quíntica por uma fórmula, o assunto não abandonou a mente de Abel. Embora não tivesse de forma alguma ignorado o conselho de Degen de embarcar em estudos pioneiros nas outras duas áreas da matemática, a obsessão pela quíntica persistiu. Ao voltar de Copenhague, decidiu, portanto, revisitar este tópico com novos olhos. Em vez de atacar novamente o problema com a meta de encontrar uma solução, ele estava agora determinado a mostrar que não existia uma solução por fórmula. Lembremos que foi isso precisamente que Ruffini tinha alegado ter demonstrado em uma série de trabalhos no período de 1799 a 1813, sem perceber que sua "demonstração" continha um grave furo. Já que o trabalho de Ruffini não tinha sido muito divulgado, Abel não tinha conhecimento dele em 1823. Depois de alguns meses de um intenso trabalho, o estudante de 21 anos de idade da remota Noruega pôs fim a uma busca que já durava séculos. Ele conseguiu demonstrar de uma maneira rigorosa e inequívoca que é impossível encontrar uma solução da equação quíntica que possa ser expressa como uma simples fórmula dos coeficientes que envolva somente as quatro operações aritméticas e a extração de raízes.

Quero esclarecer em poucas palavras o que significa a demonstração de Abel e, igualmente importante, o que ela não significa. Abel demonstrou que, no caso da equação quíntica geral e de equações de graus maiores, não se pode repetir o que tinha sido conseguido para as equações quadráticas, cúbicas e quárticas. Em outras palavras, simplesmente não existe uma solução para a quíntica na forma de uma fórmula algébrica que envolva apenas os coeficientes. Toda a labuta empreendida por uma infinidade de matemáticos brilhantes não representou nada além de um esforço extenuante e interminável. A prova de Abel não implica que as equações quínticas não possam ser resolvidas. A equação quíntica $x^5 - 243 = 0$, por exemplo, tem a solução óbvia $x = 3$, porque $3^5 = 243$. Além do mais, mesmo a equação quíntica geral pode ser resolvida, seja numericamente com o uso de computadores, ou pela introdução de ferramentas matemáticas mais avançadas, como as funções elípticas. O que Abel descobriu foi uma deficiência fundamental da álgebra básica quando se trata da domesticação da quíntica. As operações familiares de adição, subtração, multiplicação e a extração de raízes simplesmente atingem o limite de sua utilidade quando enfrentam a quíntica. Foi uma percepção monumental na história da matemática.

Ela mudou toda a abordagem das equações, de meras tentativas de encontrar soluções à necessidade de demonstrar se soluções de certos tipos de fato existem.

A demonstração de Abel é demasiado técnica para ser reproduzida em detalhe em um texto para leigos.[3] Encaminho os leitores com uma maior inclinação para matemática a uma exposição clara no livro *Abel's Proof*, de Peter Pesic. Aqui, quero apenas comentar que a demonstração se baseou na ferramenta lógica conhecida como *reductio ad absurdum*. A idéia por trás de tal método é que uma proposição é provada pela demonstração da falsidade de sua contradição. Em outras palavras, Abel partiu da premissa de que a quíntica é solúvel e mostrou que esta premissa leva a uma contradição lógica.

Abel não era alheio ao significado de sua descoberta. Ao contrário de seus artigos anteriores, que foram escritos no inacessível norueguês, ele escreveu a demonstração da irresolubilidade da quíntica em francês, na esperança de atrair a atenção dos matemáticos mais importantes de sua época. Ele também decidiu usar a demonstração como seu "cartão de visita", imaginando que "seria a melhor apresentação que eu poderia ter". Assim sendo, ele pagou o tipógrafo Grøndahl de seu próprio bolso (provavelmente abrindo mão de um bom número de refeições) para produzir o artigo na forma de folheto. Para economizar nos gastos de impressão, contudo, ele resumiu o artigo "*Mémoire sur les équations algébriques où l'on démontre l'impossibilité de la résolution de l'equation générale du cinquième degré*" ("Ensaio sobre equações algébricas em que se demonstra a impossibilidade de resolver a equação geral de quinto grau") a apenas seis páginas. Essa parcimônia se revelou custosa em outros sentidos. A versão extremamente abreviada, quase telegráfica, era tão obscura para a maioria dos matemáticos que, mesmo tendo Abel enviado cópias do folheto a seus amigos em Copenhague e ao grande Carl Friedrich Gauss, o artigo recebeu pouca atenção. Aparentemente, Gauss sequer se deu ao trabalho de abrir o folheto de Abel — depois de sua morte, o artigo foi encontrado, não-cortado, entre seus documentos. Uma das maiores obras-primas da literatura matemática não teve leitores.

Por volta dessa época, os anjos da guarda de Abel, os professores Hansteen e Rasmussen, concluíram que para que ele realizasse todo o seu potencial, já não era mais sensato que continuassem a patrociná-lo com os seus próprios e parcos meios. Conseqüentemente, em 1824, eles requereram ao governo norueguês uma verba de viagem para Abel. A justificativa oferecida no pedido incomum foi que, para este talento extraordinário, "uma estadia no exterior naqueles lugares onde estão os matemáticos mais notáveis seria uma excelente contribuição para o seu aprendizado científico e acadêmico". Depois dos atrasos burocráticos de praxe, o departamento financeiro aprovou uma modesta bolsa de estudos para Abel, que foi uma façanha verdadeiramente impressionante dada a terrível situação financeira do país naquela época. A aprovação, contudo, introduziu duas importantes modificações à solicitação original. Em primeiro lugar, Abel seria obrigado a permanecer na Noruega por mais 18 meses para "ampliar seus conhecimentos científicos e acadêmicos, particularmente, talvez, no aperfeiçoamento das línguas eruditas" para se preparar para a viagem. Segundo, e que acabou se tornando mais importante, não seria destinado nenhum dinheiro para patrocinar Abel em seu retorno para casa. Esta última omissão acabaria tendo conseqüências devastadoras.

UMA EXPERIÊNCIA EUROPÉIA

Em setembro de 1825, Abel finalmente recebeu as despedidas de Crelly, que era então governanta dos filhos de uma família na pequena cidade de Son, próxima de Cristiânia, e partiu para o Continente acompanhado de três amigos. Dois deles mais tarde se tornariam geólogos e o terceiro, um veterinário. Originalmente, por conselho de Hansteen, Abel planejava passar seu tempo em Paris, depois de uma breve permanência em Copenhague. Entretanto, quando os amigos decidiram ir a Berlim, o horror de ficar sozinho em Paris convenceu Abel a fazer um desvio por Berlim. Nesse caso particular, o medo mortal de isolamento de Abel produziu um desfecho feliz. Em Berlim, ele conheceu um influente engenheiro civil que tinha uma enorme paixão por matemática e se tornaria o maior admirador, amigo paternal e benfeitor de Abel. No princípio, August Leopold Crelle (1780-1855) não tinha muita certeza de qual seria o propósito da visita do jovem norueguês, que mal falava alemão. Em uma carta a Hansteen, Abel descreveu o evento:

> Passou-se um tempo considerável antes que eu conseguisse esclarecer a ele qual era a finalidade da minha visita e tudo parecia estar caminhando para um melancólico fim quando ele me perguntou o que eu já tinha lido em matemática. Enchi-me de coragem e mencionei os trabalhos de alguns dos matemáticos mais importantes. Ele tornou-se então muito gentil e, ao que me pareceu, realmente feliz. Começou uma longa conversa comigo sobre os vários problemas difíceis que ainda não estavam resolvidos. Quando chegamos à solução da equação quíntica e contei-lhe que tinha demonstrado a impossibilidade de fornecer uma solução algébrica geral, ele não acreditou e disse que a contestaria. Dei-lhe, então, uma cópia, mas ele disse que não enxergava o motivo de várias de minhas conclusões. Outros tinham dito o mesmo e, conseqüentemente, fiz uma revisão dela.

Depois desse encontro, Crelle criou uma revista matemática, geralmente conhecida como *Crelle's Journal* [Revista de Crelle] (o nome oficial era *Journal for Pure and Applied Mathematics*), que se tornou a publicação matemática alemã mais importante do século XIX. O primeiro volume do *Crelle's Journal* foi publicado em 1826 e incluiu o número impressionante de seis artigos de Abel (escritos em francês e traduzidos por Crelle). Um desses artigos era uma exposição mais detalhada e elaborada da demonstração da irresolubilidade da quíntica por uma fórmula simples. Aparentemente, Abel ainda não tinha tomado conhecimento da demonstração de Ruffini no início de 1826, mas provavelmente a descobriu por volta do verão daquele ano, via um resumo das idéias de Ruffini por um autor anônimo. Em um manuscrito datado de 1828 que foi publicado postumamente, Abel comenta: "O primeiro e, se não me engano, o único antes de mim que tentou demonstrar a impossibilidade da resolução das equações algébricas é o geômetra Ruffini. Mas sua monografia é tão complicada que é difícil julgar a validade do raciocínio. Parece-me que seu raciocínio nem sempre é satisfatório."

Em meio a essas impressionantes proezas científicas, a cruel realidade de sua situação financeira continuou a atormentar Abel. Com seus recursos extremamente modestos, ele também estava sustentando parcialmente os irmãos. Em uma carta à Sra. Hansteen, ele escreveu:

> Deus a abençoe por não se esquecer de meu irmão [referindo-se ao seu problemático irmão Peder]. Estou muito preocupado imaginando que as coisas podem estar correndo mal para ele. Se ele precisar de mais dinheiro do que já recebeu, gostaria de lhe pedir que desse a ele mais um pouco ainda. Quando os 50 *daler* tiverem sido inteiramente gastos, tomarei providências para que a senhora receba mais.

Um evento mais grave estava prestes a projetar uma sombra escura sobre as expectativas e perspectivas futuras de Abel. O professor Rasmussen decidiu que não era mais possível fazer malabarismos para compatibilizar as responsabilidades docentes e os deveres públicos e demitiu-se da universidade para assumir um emprego no Banco da Noruega. Isso abria o que parecia uma oportunidade de ouro para Abel, uma com que sempre sonhara — um emprego na universidade. Havia, contudo, dois candidatos potenciais para o cargo: Holmboe, o ex-professor de Abel, e o jovem Niels Henrik. Quando a notícia sobre a vaga chegou até os jovens viajantes em Berlim, um deles, Christian Peter Boeck (ele próprio um aspirante a veterinário), escreveu sem demora a Hansteen:

> Meu primo Johan Collett me escreve sobre o cargo de Rasmussen no banco. O que acontecerá com o cargo dele? Há alguma esperança de Abel consegui-lo ao voltar ou estaria, talvez, Holmboe à sua frente? Por mais razoável que o último possa ser em determinados aspectos, não parece exatamente justo, já que, supostamente, Abel é mais graduado que Holmboe.

A carta foi escrita em 25 de outubro de 1825. A faculdade se reuniu em 16 de dezembro para discutir e aprovar a recomendação para o novo cargo. A recomendação foi que Holmboe preenchesse a vaga. O principal motivo alegado para preferir Holmboe a Abel foi que o último "não consegue se ajustar aos jovens alunos e compreendê-los com a mesma facilidade que um professor mais experiente e, portanto, não seria capaz de apresentar tão proveitosamente as partes elementares da matemática, que é o objeto mais importante do cargo acima mencionado". Esse tipo de tensão entre talento em ensino e aptidão para pesquisa como qualificações para um cargo não é incomum. De fato, posso testemunhar por experiência própria (tendo trabalhado em uma infinidade de comitês de pesquisa) que discussões dessa espécie continuam a caracterizar as nomeações até os dias de hoje. No caso particular, contudo, com um dos candidatos estando muitíssimo acima do outro, não há nenhuma dúvida de que uma faculdade de pouca visão tinha cometido um erro grave. Não inteiramente inconsciente de sua problemática decisão, a faculdade norueguesa concluiu: "Consideramos um dever também enfatizar o quanto é importante para a ciência em geral e para a nossa universidade em particular que o aluno Abel não seja perdido de vista."

Mesmo com as esperanças pulverizadas e com a percepção de seu futuro incerto começando a penetrar no espírito, o generoso Abel esforçou-se ao máximo para manter intacta sua amizade com Holmboe. Em uma calorosa carta a Holmboe, escreveu: "Entre as novidades, ele me contou que você, meu amigo, foi recomendado para ser o professor a ocupar o lugar de Rasmussen. Receba os meus mais sinceros parabéns e tenha a certeza de que nenhum dos seus amigos se sente tão satisfeito com isso como eu. Acredite, muitas vezes desejei uma mudança em sua situação." A camaradagem entre Abel e Holmboe de fato resistiu a esse teste e eles continuaram amigos devotos pelo resto da vida de Abel. O desapontado Abel, contudo, realmente se sentiu compelido a informar Crelly de que seus planos de casamento teriam de ser adiados.

Apesar dessas problemáticas circunstâncias, aquele inverno em Berlim acabou se tornando uma das épocas mais felizes de Abel. Ele foi extremamente produtivo, contribuindo com artigos fundamentais em cálculo integral e sobre a teoria das somas de várias séries infinitas. Os jovens cientistas não perdiam nenhuma oportunidade de ir ao teatro — a paixão de Abel — e os alunos eram ocasionalmente convidados a bailes ou organizavam suas próprias festas. Estes últimos eventos, que eram bem barulhentos, às vezes irritavam o famoso filósofo Georg Hegel (1770-1831), que acontecia de viver na mesma casa. Certa vez, ouviram-no se referir aos ruidosos vizinhos como "ursos russos".

Com a aproximação da primavera, Abel começou a fazer planos de viagem que o levariam ao seu destino original — Paris. Entretanto, o pensamento de ficar separado de seus amigos foi novamente tão dissuasivo que acabou viajando antes com Keilhau a Freiberg e, então, com outros dois amigos através de Dresden, Boêmia, Viena, norte da Itália e Suíça, chegando a Paris somente em julho de 1826.

PARIS

Qualquer um que chega a Paris durante o mês de julho ou agosto sabe como é. Como Abel logo descobriu, todo mundo estava de férias e longe da capital. Mesmo assim, Paris era indiscutivelmente a capital matemática do mundo e Abel esperou ansiosamente pela oportunidade de se encontrar com os gigantes da matemática que reverenciava. Afinal, os trabalhos de Cauchy, Laplace e Legendre formavam o grosso da leitura de cabeceira de Abel. Em sua primeira carta a Hansteen de Paris, ele exclamou com exuberância: "Finalmente cheguei ao foco de todos os meus desejos matemáticos, em Paris." Mal sabia Abel que a visita de Paris causaria apenas decepções e desilusões.

Abel ficou hospedado com a família Cotte, na rua Ste. Marguerite, 41, ao lado do famoso bairro St. Germain-des-Prés.[4] Pela soma um tanto ultrajante de 120 francos por mês, ele teve um quarto "extremamente simples", roupas lavadas e duas refeições por dia. O senhorio, que era um "velhaco diletante em matemática" de acordo com Abel, levou-o à sua primeira tentativa de conhecer o famoso matemático Adrien-Marie Legendre (1752-1833). Infelizmente, este estava subindo na carruagem exatamente quando Abel chegou e o contato entre os dois ficou limitado a alguns cumprimentos educados. Poucos anos depois, Legendre viria a se arrepender de não ter conversado mais com Abel enquanto o jovem matemático ainda estava em Paris. (Eles tiveram, de fato, um diálogo bem produtivo em 1829, mas o presente encontro foi em 1826 e o idoso Legendre não tinha a menor idéia de quem era Abel.)

Durante seus poucos meses em Paris, Abel trabalhou incessantemente naquilo que iria se transformar em um verdadeiro *tour de force*, agora conhecido como o teorema de Abel. Esse teorema, embora não esteja diretamente relacionado com a quíntica nem com a teoria de grupos, teve um papel tão importante na vida de Abel que nenhuma biografia dele seria completa sem ele. O teorema tratava de uma classe especial de funções conhecidas como funções transcendentes e generalizou vastamente uma relação anteriormente obtida por Euler. Não seria exagero dizer que o teorema de Abel deu literalmente novas perspectivas ao mundo da matemática. A clareza e a simplicidade intrínseca da demonstração de Abel foram equiparadas às estátuas clássicas do escultor grego Fídias. A originalidade de Abel foi revelada, em particular, por sua habilidade de virar os problemas pelo avesso. Quero dar um exemplo não-matemático desse tipo de lógica invertida.

Imaginemos que alguém afirme que um dos motivos pelos quais as armas de fogo são muito comuns nas cidades do interior é que o número de homicídios é bem elevado — as pessoas adquirem armas para se proteger. Poderíamos, contudo, virar o problema de cabeça para baixo e afirmar que um dos motivos para os homicídios freqüentes é a disponibilidade irrestrita de armas. Em matemática, examinemos, por exemplo, a relação $x = \sqrt[3]{y}$ (lida como "*x* é igual à raiz cúbica de *y*"). Isto implica que para calcular o *x*, precisamos extrair a raiz cúbica de *y*, como em $2 = \sqrt[3]{8}$. Entretanto, a relação invertida $y = x^3$ é precisamente equivalente à anterior (por exemplo, $8 = 2^3$), mas a maioria das pessoas concordaria que o cálculo do cubo é muito mais fácil e mais cômodo que manusear raízes cúbicas. Foi esse precisamente o tipo de percepção que Abel ofereceu em seu teorema, percepção que escapou a Legendre em quase quarenta anos de trabalho.

O artigo de Abel acabou se tornando um dos seus mais longos (ocupa 67 páginas de suas obras completas). Esse tratado notável, intitulado "*Mémoire sur une propriété générale d'une classe très étendue des fonctions transcendantes*" (Ensaio sobre uma propriedade geral de uma classe bem extensa de funções transcendentes), incluiu a teoria e também suas aplicações. Quando estava concluído, Abel mal conseguiu conter o entusiasmo. Ele submeteu o artigo com enorme ansiedade à Academia Francesa de Ciências em 30 de outubro de 1826. Aqui estava o trabalho, pensou ele, que seria seu passaporte para o reconhecimento. Abel estava de fato presente na sessão no Instituto Francês quando o artigo foi apresentado. Ele ouviu com um enorme senso de realização quando o secretário da academia, o físico matemático Joseph Fourier (1768-1830), leu a introdução do trabalho. Cauchy e Legendre foram imediatamente indicados como *referees* e Cauchy ficou encarregado de comunicar um relatório à academia.

Abel passou os dois meses seguintes em Paris, esperando ansiosamente pelo veredicto. Ele se sentiu cada vez mais sozinho, abatido e ansioso: "Embora eu esteja no lugar mais turbulento e animado do continente", escreveu a Holmboe, "sinto como se estivesse em um deserto. Não conheço praticamente ninguém." Em parte, talvez, por causa de seu próprio humor melancólico quando não estava rodeado pelos amigos, ele achava difícil se comunicar:

> No geral, não gosto dos franceses nem dos alemães; os franceses são extremamente reservados com os estrangeiros. É muito difícil ter uma ligação mais próxima com eles e não ouso ter esperança de consegui-lo. Todo mundo trabalha para si próprio sem se preocupar com os outros. Todos querem ensinar e ninguém quer aprender. Reina supremo o mais absoluto egotismo.

Como sempre, o teatro continuou sendo a principal fonte de divertimento e alegria de Abel: "Não sei de prazer maior que assistir a uma peça de Molière na qual Mademoiselle Mars [a mais famosa atriz da época, Anne-Françoise-Hippolyte Boutet, conhecida como Mars] trabalhe. Estou bem entusiasmado", escreveu. As outras "atrações" da Paris do século XIX o deixavam indiferente:

> Ocasionalmente, visito o Palais Royal [Figura 49], que os franceses chamam de *lieu de perdition* [um antro do vício]. Lá, você vê *des femmes de bonne volonté* [mulheres de "boa vontade"] em número considerável e elas não são de forma alguma inoportunas. A única coisa que se ouve é: "*Voulez-vous monter avec moi? Mon petit ami, petit michant.*" [Quer subir comigo? Meu amiguinho, meu menininho mau.] Sendo um homem comprometido, nunca dei ouvidos a elas e deixo o Palais Royal sem a menor tentação.

Figura 49

Um compatriota que Abel realmente conheceu em Paris foi o pintor Johan Gørbitz. Gørbitz estava trabalhando no ateliê do famoso pintor histórico Jean-Antoine Gros e vivia em Paris desde 1809. Gørbitz produziu durante aquele inverno o único retrato autêntico de Abel pintado durante toda a sua vida (Figura 50). O retrato descreve um homem jovem e bonito de traços delicados. Embora a mãe de Abel fosse uma mulher de grande beleza, nenhum dos contemporâneos de Abel faz qualquer menção sobre ele ser particularmente bem-apessoado. O retrato lisonjeiro pode, portanto, representar uma tendência de embelezamento dos pintores da época.

Figura 50

Talvez o melhor vislumbre das complexas engrenagens da mente criativamente errante de Abel possa ser compilado das páginas de seu caderno de notas de Paris. Entre fórmulas de várias integrais e expressões envolvendo números complexos, encontramos uma excêntrica coleção de garatujas e vários fragmentos de frases que pulam incessantemente de um fluxo de pensamento para o seguinte. A página mostrada na Figura 51, por exemplo, contém (sem nenhuma ordem particular) os seguintes excertos de frases: solução completa para as equações em que o(...) maldito(...) maldito, meu ∞ [sinal de infinito]"; "Pai nosso que estais no Céu, dai-me meu pão e cerveja. Escutai ao menos desta vez", referindo-se, talvez, à sua situação financeira que se deteriorava rapidamente; "Venha a mim em nome de Deus"; "Minha amiga, minha amada"; "Diga-me, minha querida Eliza(...) ouça(...) ouça", referindo-se à sua amada irmã Elizabeth, a quem enviou um presente de Paris, ou a algum encontro sexual implicado pelo linguajar da última frase abaixo; "Suleiman, o Segundo", referindo-se ao sultão otomano do século XVII — Abel leu muito sobre a história européia antes de sua viagem; "Venha a mim, meu amigo"; "agora, desta vez meu"; "soluções para equações algébricas"; "Venha a mim em toda a sua lascívia".

Abel estava extremamente otimista com o artigo que tinha submetido à academia e estava inteiramente convencido de que um relatório laudatório estava para chegar. Afinal de contas, ele conjecturou que com certeza aqueles grandes matemáticos reconheceriam o valor do trabalho. O que ele não percebeu, contudo, foi o fato de que dois matemáticos escolhidos como avaliadores eram, por diferentes motivos, inteiramente inadequados para a tarefa. Legendre estava com 74 anos na época e não tinha a paciência para passar pelo volumo-

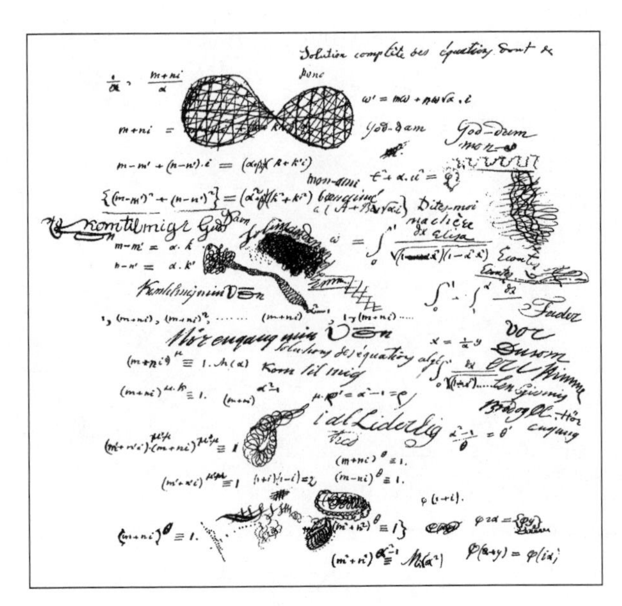

Figura 51

so manuscrito que era (em suas próprias palavras) "quase ilegível(...) escrito em tinta bem rala, as letras mal formadas". Cauchy, por outro lado, estava no auge de sua fase egotista, ou nas palavras do historiador da matemática Eric Temple Bell, "tão ocupado pondo seus próprios ovos e cacarejando sobre eles que não teve tempo para examinar o verdadeiro ovo de Roca que o modesto Abel tinha depositado em seu ninho". O resultado final dessas circunstâncias infelizes foi que Legendre não poderia ser incomodado e Cauchy perdeu a monografia em algum lugar entre pilhas de documentos e se esqueceu dela. Imaginem só: uma genuína *chef-d'oeuvre* — tão inspiradora, talvez, quanto a pintura *Impressão: Nascer do Sol* de Claude Monet para o desenvolvimento do impressionismo — extraviada e perdida. Somente dois anos depois Legendre tomaria conhecimento do conteúdo do manuscrito por uma correspondência com Abel, que estava então de volta à Noruega.

Outra pessoa que em 1829 se familiarizou com o artigo de Abel foi o grande matemático alemão Carl Gustav Jacob Jacobi (1804-51). Ele escreveu com evidente entusiasmo a Legendre em 14 de março de 1829:

> Que descoberta de Herr Abel, esta generalização da integral de Euler! Alguém alguma vez já viu algo assim? Mas como é possível que esta descoberta, talvez

> a mais importante de nosso século, não tenha recebido a sua atenção e a de seus colegas depois de ter sido comunicada à Academia há mais de dois anos?

Foi em resposta à indagação em tom de perplexidade que Legendre deu a fraca desculpa sobre o artigo ser "quase ilegível".

Abel passou mais dois meses em Paris, com recursos cada vez menores, um humor cada vez mais deprimido e a saúde em deterioração. Ele conheceu apenas duas novas pessoas dignas de nota. Uma delas foi o matemático Johann Dirichlet (1805-59) que, embora mais jovem que Abel, já tinha se tornado conhecido por demonstrar (com Legendre) o Último Teorema de Fermat para o caso $n = 5$. Isto é, ele demonstrou que não existem números inteiros x, y, z tais que $x^5 + y^5 = z^5$. A outra foi Jacques Frédéric Saigey, editor da revista de revisão de matemática e astronomia *Ferrusac's Bulletin*, para o qual Abel escreveu alguns artigos, basicamente resumindo os seus artigos do *Crelle's Journal*.

O que Abel imaginou ser um maçante resfriado começou a incomodá-lo e ele deve ter consultado alguns médicos. Dois anos depois, em seu leito de morte, ele exclamaria: "Aí está, você pode ver que não era verdade o que disseram em Paris — certamente não tenho consumpção." Disso podemos concluir que o diagnóstico dos médicos franceses era alarmante — tuberculose. Recusando-se na época a admitir seu problema médico, mesmo com suas esperanças despedaçadas e seus fundos secando, Abel decidiu partir de Paris em 26 de dezembro rumo a Berlim.

Pouco depois de sua chegada a Berlim, ele adoeceu. Eram provavelmente os primeiros sinais de sua saúde em rápida deterioração. Crelle fez o melhor que pôde para ajudar Abel financeiramente e Abel também recebeu um empréstimo de Holmboe. Milagrosamente, nem suas preocupações econômicas nem o agravamento de sua saúde impediram que Abel concluísse sua mais extensa publicação — a "Pesquisa sobre Funções Elípticas" ocupa 125 páginas de suas *Obras completas*. O tratado apresentou uma grande generalização das familiares funções trigonométricas (por exemplo, seno, cosseno) e teve ramificações importantes até na teoria dos números. Crelle tentou convencer Abel a continuar em Berlim até que ele conseguisse garantir um cargo para ele lá.

Abel, contudo, estava cansado e com uma dolorosa saudade de casa. Em 20 de maio de 1827, fortemente endividado e sem perspectivas de obter um cargo, voltou a Cristiânia.

A VOLTA PARA CASA

A situação em Cristiânia em 1827 confirmou os piores temores de Abel. Lembremos que as condições de sua bolsa de estudo foram tais que não tinham sido tomadas quaisquer providências para patrociná-lo na Noruega. Depois que o Departamento de Finanças indeferiu o requerimento de uma extensão da bolsa de estudos, a universidade conseguiu oferecer um pequeno salário com o qual ele pudesse viver (não antes que o Departamento de Finanças se reservasse o direito de deduzir esse prêmio dos futuros ganhos de Abel). Mesmo com essa ajuda de custo, Abel não teve outra alternativa senão dar aulas particulares para meninos, apenas para conseguir viver dentro do orçamento. Crelly, sua noiva, aceitou um novo emprego de governanta com a família Smith, que possuía fundições em Froland, no sul da Noruega.

O início de 1828 trouxe consigo uma melhora financeira significativa. O professor Hansteen conseguiu uma grande subvenção para o estudo do campo magnético da Terra, que tornou então possível que Abel se tornasse seu substituto temporário tanto na universidade como na academia militar. Ao mesmo tempo, Abel subitamente se viu envolvido em uma corrida científica para publicar, de um tipo que nunca tinha vivido antes. Setembro de 1827 testemunhou o aparecimento não de um, mas de dois artigos sobre funções elípticas. Um foi a primeira parte do enorme tratado de Abel "Pesquisa sobre Funções Elípticas" e o outro foi um artigo anunciando resultados relacionados do jovem matemático alemão Jacob Jacobi. Para não perder a prioridade, Abel lançou-se a uma corrida frenética para publicar a segunda parte do seu manuscrito, ao qual acrescentou uma nota que mostrava como os resultados de Jacobi poderiam ser obtidos de seus próprios. Mais importante da perspectiva do presente livro, ele parou de trabalhar naquilo que deveria ser sua resposta definitiva à pergunta de quais equações podem ser resolvidas por uma fórmula. Isso deixou a porta aberta para que outro jovem gênio — Évariste Galois — fornecesse a resposta e, no processo, introduzisse a teoria de grupos.

O reconhecimento da genialidade de Abel agora estava se espalhando por toda a Europa. Legendre, que começou a se corresponder com Abel e com Jacobi sobre a teoria das funções elípticas, declarou que "por esses trabalhos, vocês dois [Abel e Jacobi] serão colocados na categoria dos melhores analistas de nosso tempo". Além da fama em matemática, a realidade da precária situação econômica de Abel começou a chegar aos ouvidos de alguns matemáticos europeus, especialmente através dos esforços do incansável Crelle. Em um gesto de apoio sem precedentes, quatro eminentes membros da Academia Francesa de Ciências escreveram ao rei Carlos XIV da Noruega e Suécia e pediram insistentemente que ele tratasse de criar um cargo proporcional aos talentos de Abel. O esforço não surtiu nenhum efeito.

Abel passou o verão de 1828 em Froland com Crelly e a família Smith. Esse era um lugar onde, em suas palavras, ele se sentia "entre todos os anjos". Hanna Smith, uma das filhas, então com 20 anos, descreveu mais tarde em suas memórias que Abel era geralmente animado e divertido. Ela oferece uma comovente descrição de como ele costumava se sentar com os artigos de matemática, cercado pelas senhoras da casa, escrevendo os novos manuscritos nos papéis mais finos para economizar nos custos postais.

As desastrosas condições impostas pelo soldo alocado a Abel dois anos antes voltaram a persegui-lo. O ministro das finanças insistiu para que o colégio "cuidasse para que o adiantamento supracitado, em prestações pertinentes, fosse deduzido do salário do Sr. Abel". Embora a universidade se recusasse a seguir essas instruções ultrajantes, as finanças de Abel estavam se afundando mais rápido que um bloco de chumbo. Ele concluiu uma de suas notas à Sra. Hansteen naquele verão com "De sua criatura mui acometida pela pobreza" e outra nota com "Sou tão pobre como um rato de igreja(...) De seu destruído".

No outono de 1828, Abel estava de volta a Cristiânia, preparando-se para o início do ano escolar. Durante algumas semanas em setembro, ele estava tão enfermo que precisou ficar confinado ao leito. Mesmo assim, em meados de dezembro, durante um inverno particularmente frio, ele ignorou os conselhos da irmã e partiu novamente para Froland para passar o Natal com a noiva. Ele adoeceu pouco depois do Natal, começando a tossir até à exaustão. Apesar de seu estado debilitado, conseguiu produzir um resumo bem curto do seu tratado de Paris (que ele temia que tivesse sido permanentemente perdido), que enviou ao *Crelle's Journal*. Em 9 de janeiro, quando ficou evidente que Abel estava tossindo sangue, o médico foi chamado. O médico hesitou em usar as temíveis palavras "tuberculose" ou "mal da consumpção", que eram efetivamente uma sentença de morte, e deu o diagnóstico de pneumonia para a doença de Abel. Os poucos meses seguintes se transformaram em um horrível pesadelo para todos os envolvidos. Crelly e duas das filhas mais velhas da família Smith se revezaram em sua cabeceira dia e noite. Durante as dolorosas noites insones, ouviriam Abel praguejar contra a medicina por não ter feito um progresso suficiente para conseguir ajudá-lo. Os dias eram um pouco melhores. Abel repetia várias vezes que o matemático Jacob Jacobi era a pessoa que melhor poderia compreender o valor do seu trabalho. Algumas vezes, Abel se desmoronava em autopiedade e se queixava amargamente da pobreza que tinha sido sua companhia mais constante. À medida que o inverno avançava, a voz de Abel tornava-se cada vez mais rouca dia a dia, até o ponto em que suas palavras tornaram-se praticamente ininteligíveis para as pessoas ao seu redor. Quando abril chegou, seu estado estava piorando visivelmente. Depois de uma noite de martírios em 5 de abril, o jovem gênio norueguês faleceu em 6 de abril, às 4 horas da tarde, com Crelly e uma das irmãs Smith à sua cabeceira. Tinha 26 anos de idade. A desconsolada Crelly escreveu à Sra. Hansteen em 11 de abril: "Meu Abel está morto! Perdi tudo que tinha na Terra! Não me sobrou nada, nada!"

Em 8 de abril, ainda sem saber da morte de Abel, Crelle lhe escreveu de Berlim, em júbilo arrebatado: "Agora, meu querido e precioso amigo, posso lhe dar uma boa notícia. O Ministério da Educação decidiu convocá-lo a Berlim e lhe dar um emprego lá."

Abel foi enterrado em Froland em 13 de abril de 1829, um dia depois de uma violenta tempestade de neve. Os amigos pagaram pela lápide. Em seu obituário, Crelle escreveu:

> Toda a obra de Abel foi moldada por um excepcional brilho e força de pensamento(...) as dificuldades parecem desaparecer diante do ímpeto vitorioso de sua genialidade. Mas não foi apenas seu enorme talento que(...) tornou sua perda infinitamente lamentável. Ele se distinguiu igualmente pela pureza e nobreza de caráter e pela excepcional modéstia que fizeram sua pessoa ser tão excepcionalmente admirada quanto o foi sua genialidade.

Em 28 de junho de 1830, a Academia Francesa de Ciências anunciou que o Grande Prêmio por realizações matemáticas seria concedido conjuntamente a Abel e a Jacobi.

Mas qual foi o destino da monografia de Abel, de Paris? Depois da troca de correspondência entre Jacobi e Legendre e de uma intervenção do cônsul norueguês em Paris, Cauchy finalmente conseguiu encontrar o manuscrito em 1830. Levaria outros 11 anos para que ele chegasse ao prelo. Finalmente, quase como uma cômica conclusão a essa saga de descaso, o manuscrito voltou a desaparecer durante o processo de impressão para acabar voltando à superfície em Florença, em 1952.

Em 2002, o governo norueguês criou um fundo de US$ 22 milhões para conceder o prêmio Abel de Matemática.[5] Este prêmio é apresentado ao estilo do Nobel pelo rei da Noruega. O primeiro prêmio, no valor de US$ 816.000, foi concedido em 3 de junho de 2003 ao famoso matemático francês Jean-Pierre Serre; o segundo prêmio foi concedido em 15 de maio de 2004 conjuntamente a outros dois matemáticos notáveis — *sir* Michael Francis Atiyah, da Universidade de Edimburgo, e Isadore M. Singer, do MIT. O prêmio finalmente chamou atenção do público em geral para o nome do matemático que demonstrou que uma determinada equação não pode ser resolvida por uma fórmula. Ironicamente, o trabalho brilhante do mais pobre dos matemáticos é celebrado com um enorme prêmio monetário.

Houve um único encontro que nunca aconteceu durante aquele triste outono de 1826 em Paris. Sem que Abel soubesse, um jovem matemático francês que vivia a uma distância de apenas poucos quilômetros estava começando a ficar obcecado exatamente com os mesmos problemas que tinham intrigado o jovem norueguês. Poderia a quíntica ser resolvida por uma fórmula? Ou em termos mais gerais ainda, quais equações podem ser resolvidas por uma fórmula? Évariste Galois só tinha 15 anos quando Abel esteve em Paris, mas já estava devorando livros de matemática como se fossem histórias de aventura. Infelizmente, nunca saberemos de que maneira um encontro entre esses dois desventurados indivíduos poderia ter mudado suas vidas. Uma coisa é certa: se fosse concebível existir uma história ainda mais trágica que a de Abel, seria a de Galois.

– CINCO –

O MATEMÁTICO ROMÂNTICO

Na manhã de 30 de maio de 1832, um único tiro disparado a 25 passos atingiu Évariste Galois na barriga. Embora mortalmente ferido, Galois não morreu na hora. Permaneceu deitado no chão até que um bom samaritano anônimo — talvez um ex-oficial do exército, talvez um camponês — o apanhasse e o levasse ao Hospital Cochin de Paris. No dia seguinte, com o irmão mais novo Alfred ao seu lado, Galois morreu de peritonite. Suas últimas palavras conhecidas foram: "Não chore, preciso de toda a minha coragem para morrer aos 20."

Foi o fim cruel da vida de um dos mais visionários de todos os matemáticos — a improvável combinação de um gênio como Mozart e um romântico como Lord Byron, tudo envolto em um conto que rivaliza em seu infortúnio com o de Romeu e Julieta.

GALOIS — OS PRIMEIROS ANOS

Évariste Galois nasceu na noite de 25 de outubro de 1811[1] e recebeu o nome em homenagem ao santo celebrado em 26 de outubro (a Figura 52 mostra a certidão de nascimento e o apêndice 8 fornece a árvore genealógica ampliada). O pai, Nicolas-Gabriel Galois (Figura 53), era um homem instruído, que administrava à época uma escola para meninos de boa reputação em Bourg-la-Reine (hoje um subúrbio de Paris) — um cargo que herdou do avô de Évariste.

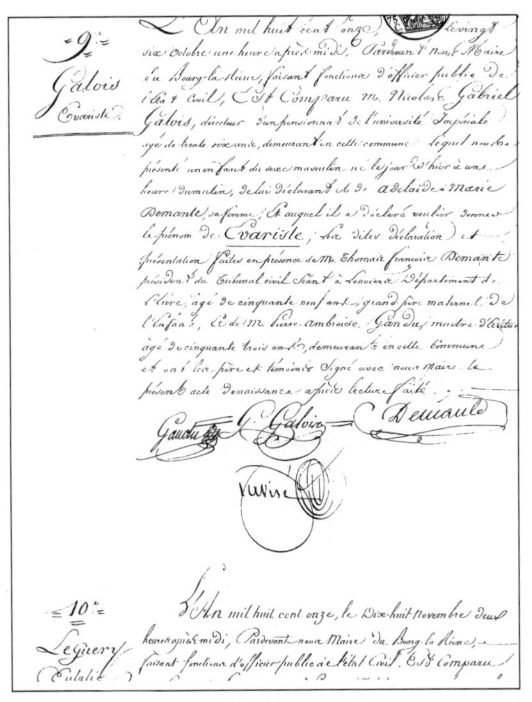

9

Galois Évariste

L'An mil huit cent onze, le vingt six Octobre une heure après midi, Pardevant nous Maire du Bourg-la-Reine, faisant fonctions d'officier public de l'état civil, Est comparu M. Nicolas Gabriel Galois, directeur d'un pensionnat de l'université Impériale âgé de trente six ans, demeurant en cette commune lequel nous a présenté un enfant du sexe masculin né le jour d'hier à une heure du matin, de lui déclarant et de Adélaïde Marie Demante, sa femme, Et auquel il a déclaré vouloir donner le prénom de Évariste; les dites déclaration et présentation faites en présence de M. Thomas François Demante président du Tribunal civil séant à Louviers Département de l'Eure, âgé de cinquante neuf ans, grand père maternel de l'Enfant, et de M. Pierre Ambroise Gandu, maître d'écriture âgé de cinquante trois ans, demeurant en cette commune et ont les père et témoins signé avec nous Maire le présent acte de naissance après lecture faite.

Gaudu G. Galois Demante

10

Legüery (Eulalie)

L'An mil huit cent onze, le Dix-huit Novembre deux heures après midi, Pardevant nous Maire du Bourg-la-Reine, faisant fonctions d'officier public de l'état Civil, Est Comparu

Figura 52

Nas horas vagas, Nicolas-Gabriel compunha versos espirituosos e peças divertidas, que faziam dele um convidado popular em festas de família da época. A mãe de Évariste, Adéläide Marie Demante, filha de um jurisconsulto da Faculdade de Direito de Paris, era bem versada em estudos clássicos. A família Demante vivia do outro lado da rua, quase exatamente em frente ao número 54 da Grand Rue — a casa de Galois (a Figura 54 mostra a casa de Galois).

Em meio à era napoleônica, Nicolas-Gabriel era um súdito leal do imperador. O irmão foi mais adiante, tornando-se oficial da Guarda Imperial. Os tempos pós-revolucionários, contudo, foram extraordinariamente turbulentos e, depois de sua colossal derrota na Rússia, Napoleão foi forçado a abdicar em 1814 a favor do rei Luís XVIII de Bourbon. As práticas megalomaníacas deste, acompanhadas de uma gradual recuperação do poder da igreja, foram suficientes para reacender o movimento liberal, com Nicolas-Gabriel como um eloqüente proponente. Navegando na onda de insatisfação pública, Napoleão aproveitou a oportunidade de voltar ao poder em março de 1815, para voltar a cair cem dias depois, dessa vez para sempre. Ainda assim, durante o breve

Figura 53

retorno de Napoleão, Nicolas-Gabriel foi nomeado prefeito de Bourg-la-Reine, cargo que continuou a manter mesmo depois que Napoleão conheceu sua Waterloo (a Figura 55 mostra o equivalente de um passaporte de Nicolas-Gabriel). As freqüentes mudanças de poder e a natureza camaleônica do clima político ajudaram a polarizar a sociedade francesa em dois campos bem distintos. À esquerda estavam os liberais e os republicanos, em grande parte inspirados pelos ideais radicais da Revolução Francesa. À direita estavam os "legitimistas" ou "ultras" (abreviação de ultramonarquistas), cujo estado-modelo era uma monarquia dominada pela igreja.

Assim como Abel, Évariste recebeu seus primeiros estudos em casa. Adéläide Marie ofereceu aos filhos uma sólida formação nos clássicos e estudos religiosos, embora também insuflando neles idéias liberais. Mesmo depois do décimo aniversário do garoto, a mãe de Évariste arrependeu-se da intenção original de enviá-lo a uma escola em Reims e decidiu mantê-lo em casa por outros dois anos.

Em outubro de 1823, Évariste finalmente deixou o lar, para o internato parisiense Lycée Louis-le-Grand.[2] Essa prestigiosa instituição existia desde o século XVI e contava, entre seus ilustres graduados, com pessoas como o revolucionário Robespierre e, mais tarde, o romancista Victor Hugo. Antes da matrícula de Galois, a escola teve a distinção de ter continuado aberta mesmo durante os tempos tumultuados da Revolução Francesa. Apesar da excelência acadêmica, a escola estava instalada em um edifício que parecia uma prisão e precisava desespe-

Figura 54

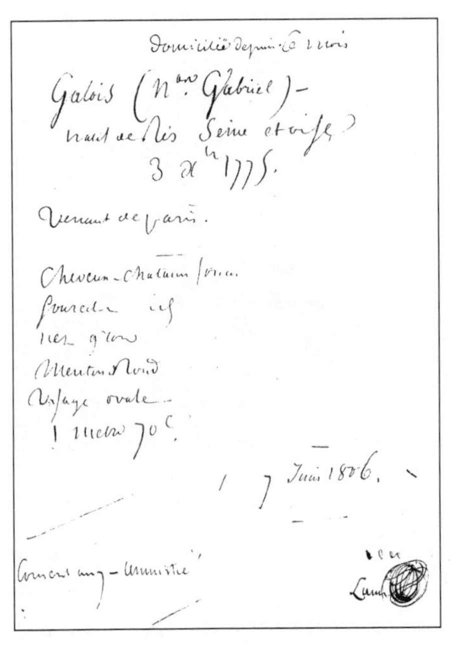

Figura 55

radamente de uma reforma. O corpo discente fornecia uma excelente representação de todo o espectro político da sociedade francesa da época, que era uma receita garantida para agitação. Rebelião, discórdias entre estudantes e tumultos eram a norma no Louis-le-Grand. A desobediência era fermentada pela disciplina mais rígida que a militar imposta aos alunos. O espartano programa diário, que começava às 5h30 e terminava pontualmente às 20h30, era meticulosamente estruturado e deixava sobrar bem pouco tempo para recreação. O silêncio era imposto mesmo durante as refeições, que eram extremamente escassas. O desjejum, por exemplo, consistia em pão seco e água.

Nas salas de aula, os alunos sentavam-se aos pares nos degraus, com a iluminação fornecida por velas, uma para cada dupla. A visão de ratos atravessando o chão da sala de aula durante as lições era tão comum que não atraía nenhuma atenção. O menor desvio das rotinas obrigatórias — mesmo uma mera recusa de comida durante as refeições — resultava em confinamento solitário em uma das doze celas especiais. De um modo geral, a transição da atmosfera pacífica e feliz em casa para o meio violento e confinado da escola deve ter sido bem chocante para Galois.

Évariste chegou ao liceu pouco depois que o conservador Nicolas Berthot foi nomeado diretor da escola. Os alunos suspeitavam que essa nomeação fosse apenas o primeiro o passo em uma tentativa da direita de arrastar a escola de volta às suas raízes jesuíticas. Para expressar sua insatisfação, eles se recusaram a cantar no culto da capela e ignoraram os brindes costumeiros ao rei Luís XVIII e outros dignitários em um banquete na escola em 28 de janeiro de 1824. A reação foi rápida e severa — 117 alunos foram imediatamente expulsos. Galois, que estava então apenas em seu primeiro período, não participou, mas, sem dúvida alguma, foi emocionalmente afetado.

Apesar das condições humilhantes e da disciplina desumanamente rigorosa, os primeiros dois anos de Évariste no Louis-le-Grand foram caracterizados por consideráveis sucessos. Por ter aprendido com a mãe os clássicos, ele logo se destacou em latim e na tradução do grego. No exame geral, ele também recebeu o prêmio de matemática. Mesmo assim, o melancólico ambiente cobrou seu preço. O inverno úmido de 1825-26 trouxe uma dolorosa dor de ouvido que persistiu por vários meses, o que não ajudou a melhorar o humor geralmente abatido de Galois. A separação de seu pai, com quem costumava se divertir com a troca de dísticos espirituosos, foi particularmente difícil para o garoto. Conseqüentemente, seu desempenho escolar começou a se deteriorar.

Fora dos muros da escola, os eventos estavam progredindo rapidamente. Luís XVIII morreu em setembro de 1824 e foi sucedido pelo irmão, que assumiu o título de rei Carlos X. A transição foi marcada por um drástico crescimento na influência do clero e dos ultras da extrema direita. A condenação pelos dubiamente definidos "crimes contra a religião" agora poderia implicar pena de morte.

O NASCIMENTO DE UM MATEMÁTICO

O outono de 1826 testemunhou o primeiro revés humilhante de Galois. Aconteceu no curso de retórica. Embora os esforços diligentes, apesar de sem entusiasmo, de Galois na matéria fossem geralmente valorizados pelo professor, o novo diretor ultraconservador da escola, Pierre-Laurent Laborie, tinha idéias bem diferentes. Em sua rígida opinião, Galois era jovem demais para esse curso avançado, que exigia um "julgamento que vem apenas com a maturidade". Em janeiro, portanto, Galois foi forçado, para a sua consternação e a de seu pai, a repetir as aulas do terceiro ano. Frases como "original e bizarro" e "bom, mas singular" começaram a aparecer no boletim escolar para descrever sua personalidade. A desagradável experiência com retórica, contudo, acabou se revelando uma bênção disfarçada — Galois descobriu a matemática. A Figura 56 mostra um retrato de Galois por volta desta época, desenhado por um colega de classe.

Figura 56

O novo professor de matemática preparatória, o Sr. Hippolyte Vernier, decidiu introduzir um novo livro para o estudo de geometria. Eram os *Elementos de Geometria* de Legendre, publicado pela primeira vez em 1794 e que tinha rapidamente se tornado o livro preferido por toda a Europa. Esse texto, agora clássico, rompeu a tradição euclidiana um tanto tediosa da geometria do colegial. Diz a lenda que um Galois ávido por matemática devorou o livro inteiro de Legendre, que originalmente se destinava a um curso de dois anos inteiros, em apenas dois dias. Embora seja impossível confirmar a validade dessa história (provavelmente exagerada), não resta nenhuma dúvida de que, por volta do outono de 1827, Galois tinha perdido todo o interesse em qualquer outro assunto e se apaixonado pela matemática. O professor de retórica, que inicialmente confundiu a indiferença de Galois nas aulas e descreveu o seu desempenho pouco inspirado dizendo que "não há nada em seu trabalho, exceto fantasias estranhas e negligência", concluiu corretamente depois do segundo período que "ele está enfeitiçado pela matemática. Acho que seria melhor para ele se os pais permitissem que ele não estudasse nada além disso". O terceiro trimestre apenas confirmou o veredicto: "Dominado por sua paixão pela matemática, ele descuidou inteiramente de tudo o mais."

Galois estava de fato enfeitiçado. Deixou de lado os livros didáticos convencionais e foi diretamente para os artigos originais de pesquisa. Pulando de um artigo de matemática profissional para o seguinte da mesma forma como hoje um jovem comum faria com os sucessivos livros das histórias de Harry Potter, ele depois mergulhou inteiramente nas monografias de Lagrange, *Resolução das equações algébricas* e *Teoria das funções analíticas*. Essa experiência liberadora conduziu a um objetivo ambicioso. Desconhecendo totalmente o trabalho de Ruffini e de Abel, Galois tentou resolver a quíntica em dois meses. E exatamente como o jovem norueguês antes dele, também imaginou no início que tinha encontrado a fórmula, apenas para mais tarde se decepcionar, quando descobriu um erro em sua solução. A Figura 57 mostra uma nota de rodapé editorial posterior fazendo referência ao fato de que o erro de Abel (de achar que tinha resolvido a quíntica) tinha sido repetido por Galois e que "não é a única analogia surpreendente entre o geômetra norueguês que morreu de fome e o geômetra francês condenado a viver ou morrer(...) atrás das grades de uma prisão".[3] Como no caso de Abel, o pequeno revés apenas impeliu Galois no curso de coisas maiores referentes à resolubilidade das equações algébricas.

Obstáculos mais sérios iriam ainda se apresentar, alguns criados pelo próprio Galois. Como corretamente diagnosticado pelo Sr. Vernier, apesar de sua genialidade e imaginação criativa, Galois nunca foi capaz de estudar metodicamente e trabalhar sistematicamente. Bastante avançado em alguns assuntos, não tinha as noções básicas mais fundamentais em outros. Inconsciente de suas próprias deficiências e não dando ouvidos aos conselhos de Vernier, Galois tentou ousadamente em junho de 1828 passar pelo exame de admissão na legendária Escola Politécnica um ano mais cedo. A Escola Politécnica tinha sido fundada em 1794 como a principal escola para a qualificação de engenheiros e cientistas. Lagrange, Legendre, Laplace e outros cientistas famosos fizeram parte, em uma época ou outra, do quadro docente dessa instituição. A escola era também conhecida por sua atmosfera liberal. Tivesse Galois sido aprovado no exame, a Politécnica teria sido o perfeito campo de gestação para seu gênio desenfreado. Dada a preparação inadequada, contudo, Galois foi reprovado no exame, como esperado. A expectativa malograda pode ter sido a semente da sensação de perseguição que mais tarde cresceu até atingir dimensões claramente paranóicas.

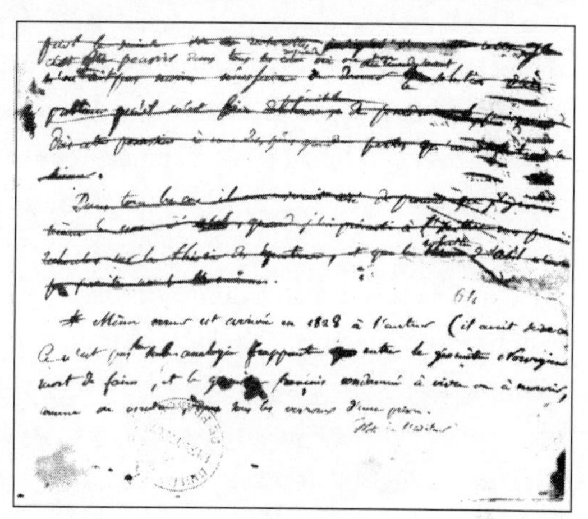

Figura 57

Forçado a continuar no liceu, Galois matriculou-se no curso de matemática especial de Louis-Paul-Émile Richard (1795-1849). Richard foi para Galois o que Holmboe tinha sido para Abel — um professor e defensor que inspirava e motivava.[4] O próprio Richard não era um matemático brilhante, mas era bem versado nos desenvolvimentos mais recentes da matemática. Ele imediatamente reconheceu as aptidões excepcionais de Galois e o estimulou a se dedicar a pesquisas originais, declarando entusiasticamente que "este aluno é sensivelmente superior a todos os seus colegas de escola". Ele também observou que "este aluno estuda apenas matemática superior". Assim como a mãe e a irmã de Picasso, plenamente cientes do seu talento notável, conservaram todos os desenhos feitos na infância, Richard guardou 12 cadernos de notas dos trabalhos de classe de Galois. O destino final desses documentos acabou sendo a biblioteca da Academia de Ciências. Outro matemático a quem Galois conheceu por volta da mesma época foi Jacques-François Sturm (1803-55). Sturm iria mais tarde se tornar um dos poucos a reconhecer imediatamente que as idéias de Galois eram diamantes em estado bruto.

Em 1829, Galois publicou seu primeiro artigo de matemática, um texto relativamente menos importante que tratava de objetos matemáticos conhecidos como *frações contínuas*. O trabalho tinha aplicações para as equações quadráticas e foi publicado no periódico *Annales de mathématiques pures et appliquées*. Incidentalmente, Abel morreu cinco dias depois da publicação do primeiro artigo de Galois. Para Galois, essa primeira incursão na pesquisa matemática logo se transformou em uma explosão de novas idéias. O jovem de 17 anos estava prestes a revolucionar a álgebra. Embora Abel tivesse mostrado sem nenhuma ambigüidade que a quíntica geral não pode ser resolvida por uma fórmula que envolva apenas as operações aritméticas e a extração de raízes, sua morte prematura realmente deixou em aberto a questão muito maior: como se determina se qualquer *dada* equação (quíntica ou de ordem superior) é solúvel por uma fórmula ou não? Lembremos que muitas equações particulares ainda eram solúveis. Em princípio, a demonstração de Abel ainda admitia a possibilidade de que toda equação específica tivesse sua própria solução por fórmula.

Para responder a questão da resolubilidade, Galois teve não apenas de introduzir o conceito fundamental de grupo, mas também formular um ramo inteiramente novo da álgebra hoje conhecido como teoria de Galois. Como ponto de partida, Galois retomou a teoria das equações no ponto onde Lagrange a tinha deixado. Ele se aprofundou nas relações entre as eventuais soluções de uma equação (como a relação $x_1x_4 = 1$ entre duas das quatro soluções x_1, x_2, x_3, x_4 da equação de grau 4: $x^4 + x^3 + x^2 + x + 1 = 0$) e as permutações dessas soluções que deixam as relações inalteradas (veja um exemplo nas notas).[5] Foi aqui, contudo, onde sua genialidade realmente decolou. Galois conseguiu associar com cada equação uma espécie de "código genético" dessa equação — o *grupo de Galois* da equação — e demonstrar que as propriedades do grupo de Galois determinam se a equação é solúvel ou não por uma fórmula. Simetria tornou-se o conceito central e o grupo de Galois era uma medida direta das propriedades de simetria de uma equação. Descreverei a essência da brilhante demonstração de Galois no capítulo 6. Richard ficou tão impressionado com as idéias de Galois que sugeriu que o jovem gênio deveria ser admitido na Escola Politécnica sem um exame de admissão. Para dar a Galois uma chance de realizar essa meta ambiciosa, ele o estimulou a colocar sua teoria na forma de duas monografias, que o próprio Richard estava preparado a levar ao grande Cauchy para apresentação na Academia de Ciências. As monografias foram de fato submetidas em 25 de maio e 1º de junho de 1829, com uma rápida apresentação de Cauchy e confiadas ao julgamento de Cauchy, Joseph Fourier (o secretário da academia) e os físicos matemáticos Claude Navier e Denis Poisson.

Mais de seis meses depois do requerimento, em 18 de janeiro de 1830, Cauchy escreveu a seguinte carta de desculpas à academia:

> Eu deveria apresentar hoje à Academia, primeiro, um relatório sobre o trabalho do jovem Galois e, segundo, uma monografia sobre a determinação analítica das raízes primitivas em que mostro como é possível reduzir tal determinação à solução de equações numéricas cujas raízes são todas inteiros positivos. Encontro-me em casa indisposto. Lamento não poder estar presente à sessão de hoje e gostaria que eu fosse escalado para a próxima sessão para os dois temas mencionados.[6]

Contudo, na ocasião em que ocorreu a sessão seguinte, em 25 de janeiro, as tendências egotistas de Cauchy aparentemente voltaram a predominar e ele acabou apresentando somente a sua própria monografia, nunca mais voltando a mencionar o trabalho de Galois. Este não foi o fim dos infortúnios associados a estes manuscritos. Em junho de 1829, a Academia de Ciências anunciou a criação de um novo Grande Prêmio de Matemática. Cansado de esperar pelo veredicto de Cauchy e tendo tomado conhecimento através do *Ferrusac's Bulletin* do trabalho de Abel sobre a teoria das equações, Galois decidiu voltar a submeter o seu trabalho à apreciação, com algumas modificações, para concorrer ao prêmio. (Não encontro nenhuma evidência direta que apóie a especulação de que Cauchy o teria encorajado a se candidatar ao prêmio, apesar de algumas evidências indiretas posteriores sugerirem que Cauchy teria ficado impressionado com o trabalho.) Esse trabalho de Galois ("Sobre as condições para uma equação ser solúvel por radicais" — as quatro operações aritméticas e a extração de raízes) tem sido considerada, desde então, uma das obras-primas mais inspiradas da história da matemática. O trabalho foi inscrito em fevereiro de 1830, pouco antes do prazo final de 1º de março. A comissão julgadora era formada pelos matemáticos Legendre, Poisson, Lacroix e Poinsot. Por motivos não inteiramente claros, o secretário da academia, Fourier, levou o manuscrito para casa. Ele morreu em 16 de maio e o manuscrito nunca foi recuperado entre seus documentos. Conseqüentemente, sem que Galois soubesse de nada, seu trabalho inscrito nunca foi sequer considerado para o prêmio. O prêmio foi finalmente concedido a Abel (póstuma e justificadamente, dados os outros inscritos) e Jacobi. Dá para imaginar a fúria de Galois quando soube finalmente que seu próprio manuscrito fora extraviado. O jovem paranóico estava agora convencido de que todas as forças da mediocridade tinham se unido para lhe negar um merecido renome.

O DESASTRE ATINGE DUAS VEZES

Se junho de 1829 foi um mês relativamente feliz para Galois, com seu importante manuscrito tendo sido submetido à academia, julho foi um dos piores. A coroação de Carlos X em 1824 tinha resultado em um aumento significativo do poder da igreja e dos ultras. Em Bourg-la-Reine, um novo padre juntou forças com outros administradores de direita em uma tentativa de rebaixar o liberal Nicolas-Gabriel Galois do cargo de prefeito. Esse jovem padre forjou a assinatura do prefeito em alguns dísticos estúpidos e epigramas desprezíveis. Aparentemente incapaz de enfrentar o escândalo vil que tinha entrado em erupção, o delicado Nicolas-Gabriel cometeu suicídio por asfixia por gás. A tragédia ocorreu em 2 de julho no apartamento de Nicolas-Gabriel em Paris, na rua Saint Jean-de-Beauvais, a uma curta distância da escola de Évariste. O jovem arrasado ainda teve de suportar uma outra experiência emocionalmente penosa — durante o funeral irrompeu um tumulto em protesto contra a tentativa do mal-intencionado padre de participar do culto. A Figura 58 mostra a placa comemorativa para o prefeito Nicolas-Gabriel Galois que ainda hoje existe na parede da prefeitura de Bourg-la-Reine.

É difícil pensar em uma época pior para Évariste fazer seu segundo exame de admissão na Escola Politécnica. Contudo, como quis o destino, o exame ocorreu apenas um mês depois do funeral, na segunda-feira, 3 de agosto, com Galois ainda de luto.[7] Na história da matemática, esse exame infame tornou-se quase sinônimo do questionamento de Galileu pela Inquisição. Comparados a Galois, os dois examinadores, Charles Louis Dinet e Lefebure de Fourcy, nas palavras do historiador E. T. Bell, "não eram dignos de apontar seus lápis". Mesmo com o próprio Dinet tendo sido ex-aluno da Politécnica e tendo sido o professor que preparou o grande Cauchy para seu exame de admissão, os dois matemáticos são basicamente lembrados hoje por uma única coisa — por terem reprovado um dos maiores gênios matemáticos de todos os tempos. O nome de Galois não figura na lista de Dinet dos 21 candidatos que ele considerou admissíveis.

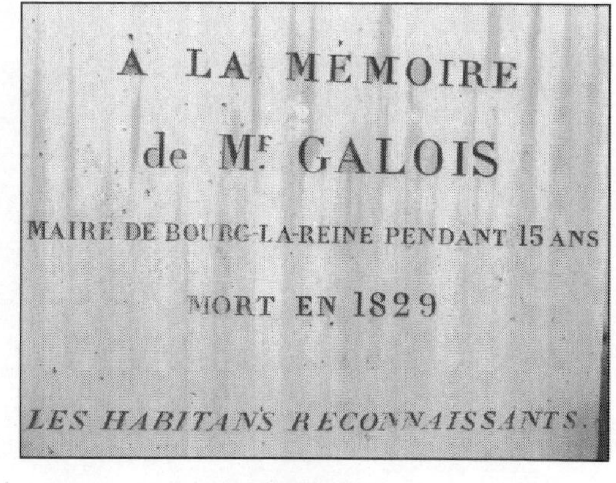

Figura 58

Não sabemos com certeza o que aconteceu no exame. Especula-se que a tendência de Galois de fazer cálculos principalmente de cabeça e de colocar por escrito apenas os resultados finais no quadro-negro deixou uma má impressão no exame oral em que ele deveria mostrar todas as suas deliberações. Dinet, em particular, tinha a reputação de propor questões relativamente simples, mas também de ser totalmente inflexível quando se tratava das respostas.

A paciência de Galois, que nunca foi exemplar, deve ter sido levada até o limite pelos eventos que cercaram a morte do pai. De acordo com uma versão, quando lhe pediram que descrevesse em linhas gerais a teoria dos logaritmos aritméticos, Galois informou Dinet com arrogância, porém corretamente (veja as notas), que não existiam logaritmos *aritméticos*.[8] Diz a lenda que, em sua frustração com a incapacidade dos examinadores de entender seus métodos não-ortodoxos, ele jogou o apagador do quadro-negro em um deles; embora provavelmente falsa, essa história não é fora de propósito — pelo menos de acordo com o matemático Joseph Bertrand (1822-1900). Sem dúvida, a reprovação no exame deixou Évariste profundamente amargurado e apenas intensificou sua sensação de perseguição. Duas décadas depois, Olry Terquem, o editor do *New Annals of Mathematics*, diria que "um candidato de inteligência superior se perde com um examinador de inteligência inferior". Uma nota biográfica publicada em 1848 no *Magasin pittoresque* também concluiu que "Por não possuir o que se conhece como 'experiência de quadro-negro', por não ter se preocupado em resolver claramente na frente de uma grande platéia aquelas questões de detalhes(...) Galois não foi admitido". Já que duas tentativas de admissão eram o máximo permitido, Galois foi forçado a ingressar na menos prestigiosa Escola Preparatória (mais tarde chamada Escola Normal). Houve ainda, contudo, um "pequeno" empecilho. Para ser aceito, Galois teve de obter um bacharelado (o equivalente ao diploma de ensino médio) em artes e ciências e ser aprovado em um exame oral. Seu total menosprezo por qualquer coisa que não fosse matemática tornou difícil a aprovação nesses exames, para dizer o mínimo. Até o examinador de física, Jean Claude Peclet, escreveu surpreso: "Ele não sabe absolutamente nada(...) Disseram-me que ele é bom em matemática. É uma grande surpresa." Mesmo assim, com base principalmente nos seus resultados em matemática, Galois foi aceito no início de 1830 no curso de ciências. A Figura 59 mostra as primeiras páginas de dois dos exames de Galois — matemática (no exame geral de 1828) e física (em seu último exame geral em 1829).

Nem tudo foi sombrio na vida de Galois. O ano de 1830 viu três de seus artigos — dois sobre equações e um sobre a teoria dos números — publicados no importante *Ferrusac's Bulletin*. O primeiro artigo foi o precursor da revo-

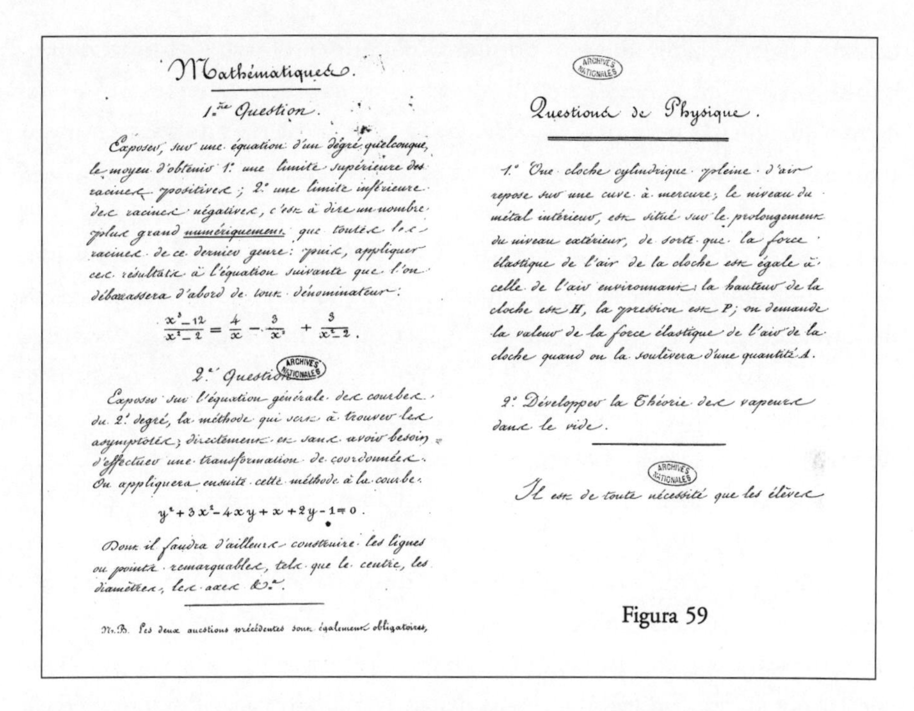

Mathématiques.

1.re Question.

Exposer, sur une équation d'un degré quelconque, le moyen d'obtenir 1.° une limite supérieure des racines positives; 2.° une limite inférieure des racines négatives, c'est à dire un nombre plus grand numériquement que toutes les racines de ce dernier genre: puis, appliquer ces résultats à l'équation suivante que l'on débarrassera d'abord de tout dénominateur:

$$\frac{x^3-12}{x^2-2} = \frac{4}{x} - \frac{3}{x^2} + \frac{3}{x^2-2}.$$

2.e Question.

Exposer sur l'équation générale des courbes du 2.e degré, la méthode qui sert à trouver les asymptotes; directement et sans avoir besoin d'effectuer une transformation de coordonnées. On appliquera ensuite cette méthode à la courbe.

$$y^2+3x^2-4xy+x+2y-1=0.$$

Dont il faudra d'ailleurs construire les lignes ou points remarquables, tels que le centre, les diamètres, les axes &c.a.

N.B. Les deux questions précédentes sont également obligatoires,

Questions de Physique.

1.° Une cloche cylindrique pleine d'air repose sur une cuve à mercure; le niveau du métal intérieur, est situé sur le prolongement du niveau extérieur, de sorte que la force élastique de l'air de la cloche est égale à celle de l'air environnant: la hauteur de la cloche est H, la pression est P; on demande la valeur de la force élastique de l'air de la cloche quand on la soulèvera d'une quantité A.

2.° Développer la Théorie des vapeurs dans le vide.

Il est de toute nécessité que les élèves

Figura 59

lucionária teoria das equações de Galois. O aparecimento de seu nome impresso ao lado de matemáticos mais importantes da época deve ter-lhe dado alguma satisfação. Na edição de junho, em particular, dois artigos de Galois margeavam um artigo de Cauchy. No mesmo ano, Galois também conheceu Auguste Chevalier, que iria se tornar seu melhor amigo. Auguste e seu irmão Michel apresentaram Galois às novas idéias socialistas, inspiradas por uma filosofia religioso-igualitária conhecida como sansimonismo (em homenagem ao nobre conde de Saint-Simon). Os conceitos socioeconômicos dessa ideologia se baseavam primordialmente na eliminação total das desigualdades sociais. Dada a personalidade passional de Galois, o crescente envolvimento na atividade política tempestuosa não prenunciava nada além de problemas.

LIBERDADE, IGUALDADE, FRATERNIDADE

Desde sua coroação em 1824, Carlos X tinha incitado uma forte oposição. Os oponentes dos Bourbon e seu governo dominado pelos ultras caíam em dois campos — os republicanos e os orleanistas. O primeiro partido, formado principalmente por estudantes e trabalhadores, expressava suas opiniões de inspiração revolucionária no jornal *La Tribune*. O último queria substituir Carlos X por Luís Filipe, duque de Orléans, e tinha o *Le National* como sua principal voz. Nas eleições de julho de 1830, a oposição registrou uma vitória esmagadora de 274 assentos contra os 143 do governo. Confrontado com a abdicação, Carlos X tentou um golpe de Estado, promulgando em 26 de julho uma infame série de decretos.[9] No primeiro, ele declarou: "A liberdade de imprensa está suspensa(...) nenhum jornal ou panfleto(...) pode ser publicado em Paris, ou nos distritos administrativos." Os outros decretos anularam os resultados das eleições e definiram as datas das novas. Os decretos foram acompanhados por uma advertência do chefe de polícia, destinada aos locais públicos que permitiam a leitura de jornais proibidos. Isso foi mais do que os parisienses de inclinação rebelde podiam tolerar. Em 26 de julho, um artigo do orleanista Louis-Adolphe Thiers convocou com todas as letras uma rebelião do povo. Os protestos nas ruas começaram nas primeiras horas da tarde. Em cada esquina, viam-se pessoas carregando peças de mobiliário. Em três dias, mais de cinco mil barricadas foram erguidas e houve erupção de intensas lutas acompanhadas do soar dos sinos de todas as igrejas de Paris. Os alunos da Escola Politécnica estavam fazendo história durante aqueles "*Trois Glorieuses*" ("Três Gloriosos Dias") quando se encarregaram das lutas no Quartier Latin e arredores. A fibra e a energia explosiva dos *Trois Glorieuses* foram magnificamente capturadas na pintura *Liberdade Guiando o Povo* (Figura 60), de Eugène Delacroix (1798-1863).[10] Na multidão, atrás da Liberdade, é possível identificar o chapéu típico de um aluno da Politécnica.

Enquanto esses fatídicos eventos estavam se desenrolando, para sua intolerável frustração, Galois e os colegas da Escola Normal foram obrigados a ouvir os sons da revolução atrás das grades de suas janelas e portas. O diretor da escola, M. Guigniault, decidiu usar de todos os meios, inclusive uma ameaça de convocar os soldados, para impedir que os alunos participassem da rebelião. Na noite do dia 28, Galois não conseguiu mais suportar. Em desespero, tentou várias vezes sem sucesso escalar o muro externo. Ferido e derrotado, teve de aceitar o fato de que tinha ficado de fora da revolução.

Quando a fumaça baixou, havia quase quatro mil pessoas mortas. Como uma solução conciliatória entre os ultras e os republicanos, o duque d'Orléans

Figura 60

entrou em Paris em 30 de julho e foi coroado em 9 de agosto, assumindo o título supostamente conciliatório de Luís Filipe I, rei da França. O rei Carlos X partiu para o exílio e Cauchy, sempre um leal Bourbon, também partiu da França, como tutor do neto de Carlos. Guigniault, o diretor sempre oportunista da Escola Normal, apressou-se a oferecer os préstimos de seus alunos ao novo governo provisório. O desprezo de Galois pelo diretor hipócrita não conhecia limites e ele estava determinado a aproveitar a primeira oportunidade para denunciar sua dissimulada duplicidade. Naquele verão em Bourg-la-Reine, a família de Galois descobriu, para seu assombro, que o outrora frágil e reservado Évariste tinha se transformado em um revolucionário apaixonado pronto para se sacrificar pelos ideais republicanos. No outono seguinte, ao retornar para a escola, ele se juntou à ala militante do partido republicano conhecida como a Société des Amis du Peuple (Sociedade dos Amigos do Povo). Durante o mesmo período, fez amizade com outros jovens republicanos que estavam destinados a se tornar grandes líderes políticos: o biólogo François-Vincent Raspail (1794-1878), o estudante de direito Louis Auguste Blanqui (1805-81), que depois passaria mais de 36 anos na prisão, e o ativista republicano ativo Napoleão Lebon (1807- depois de 1856). A sociedade tinha a reputação de não hesitar em usar meios agressivos e até violentos para atingir suas metas. Depois da prisão de seu líder, Jean-Louis

Hubert, a sociedade tornou-se uma associação secreta clandestina, com Raspail como presidente.

Na Escola Normal, as relações estremecidas entre o diretor e Galois progrediam rapidamente para uma confrontação. Galois continuou reivindicando coisas (como um uniforme semelhante ao da Escola Politécnica; treinamento militar para os alunos) que ele devia saber que Guigniault sequer estaria preparado para considerar. Ao mesmo tempo, a política declarada de Guigniault de que "bons alunos não devem se meter em política" era algo que, sem dúvida alguma, Galois não poderia engolir. Finalmente, quando Guigniault publicou uma carta em 2 de dezembro atacando um professor liberal do Louis-le-Grand em um dos dois jornais estudantis, a réplica foi rápida e ácida. O jornal *La gazette des écoles* publicou a seguinte carta de um "aluno da Escola Normal":

> A carta que M. Guigniault inseriu no *Lycée* de ontem, por ocasião de um dos artigos de seu jornal, pareceu-me vergonhosa. Imaginei que os senhores estariam interessados em qualquer tentativa de desmascarar esse homem.
>
> Aqui estão fatos para os quais 46 alunos podem testemunhar.
>
> Na manhã de 28 de julho, já que muitos dos alunos da Escola Normal desejavam participar do levante, M. Guigniault lhes disse, duas vezes, que poderia convocar a polícia para restaurar a ordem. A polícia em 28 de julho!
>
> No mesmo dia, M. Guigniault nos disse, com seu habitual pedantismo: "Foram mortas muitas pessoas valentes de ambos os lados. Se eu fosse um soldado, não saberia que decisão tomar. Deveria eu sacrificar a liberdade ou a legitimidade?"
>
> É este o homem que colocou uma enorme roseta tricolor no chapéu no dia seguinte. São estes os nossos liberais doutrinários!
>
> Gostaria também de lhes informar, senhores, que os alunos da Escola Normal, inspirados por um espírito nobre e patriótico, recentemente se apresentaram a M. Guigniault para informá-lo de que tinham a intenção de enviar uma petição ao Ministério da Educação com um pedido de armas e que desejavam participar do treinamento militar, para estarem aptos a defender seu território, se necessário.
>
> Foi esta a resposta de M. Guigniault. É tão liberal quanto a resposta de 28 de julho:

"A solicitação a mim endereçada faria com que parecêssemos ridículos; é uma imitação do que foi feito nas instituições de nível superior: veio de baixo. Devo destacar que, quando a mesma solicitação chegou ao Ministro destas instituições de ensino superior, somente dois membros do Conselho Real votaram a favor e eles eram precisamente aqueles no Conselho que não estavam entre os liberais. O Ministro aceitou porque temeu a turbulência e o espírito apaixonado dos estudantes, que pareciam ameaçar arruinar inteiramente a Universidade e a Escola Politécnica." Acredito que, de certa forma, M. Guigniault está certo ao se defender dessa maneira da acusação de preconceito contra a nova Escola Normal. Para ele, nada é mais belo do que a antiga Escola Normal, que tinha tudo.

Pedimos recentemente um uniforme, que nos foi negado; não era usado na velha escola. Na velha escola, o curso durava três anos. Contudo, quando a nova escola foi instalada e foi reconhecido que o terceiro ano era inútil, M. Guigniault trouxe-o de volta.

Em breve, seguindo as regras da velha Escola Normal, teremos permissão para sair apenas uma vez por mês e teremos de voltar até às 17 horas. É maravilhoso pertencer ao sistema educacional que gerou homens como Cousin [referindo-se a Victor Cousin, um filósofo e membro conservador do Conselho da Educação] e Guigniault!

Tudo que ele faz revela uma visão intolerante e um conservadorismo arraigado.

Senhores, espero que estes detalhes os interessem e que dêem a eles o uso que considerarem adequado, para o benefício de seu respeitável jornal.

Os editores do jornal acrescentaram que tinham intencionalmente removido a assinatura da carta.

Galois não confirmou nem negou ser seu autor, mesmo sendo essa a suspeita geral. Para Guigniault, contudo, foi evidência suficiente para expulsar Galois, a quem ele considerava um aluno problemático. Na carta de explicação ao ministro da educação, Guigniault afirmou que tinha "uma confissão completa" de Galois e que, em geral, ele tinha até aquele ponto "tolerado o comportamento fora do convencional, a preguiça e a personalidade muito difícil".

Os alunos da Escola Normal demonstraram pouco apoio a Galois. Os alunos de artes até enviaram uma carta tomando partido do diretor, temendo pelo futuro de suas carreiras e provavelmente incitados por Guigniault. Ainda assim, de uma descrição publicada em *La gazette*, sabemos que pelo menos um aluno mostrou alguma coragem:

> Acabamos de tomar conhecimento de que o diretor da Escola Normal fez a cada um [dos alunos] individualmente a seguinte pergunta: "Você é o autor da carta à *Gazette des écoles*?" Os primeiros quatro responderam negativamente, enquanto o quinto respondeu: "Senhor, não acho que possa responder esta pergunta porque ajudaria a trair um de meus colegas." M. Guigniault ficou extremamente irritado com esta nova e orgulhosa resposta.

As discussões ásperas em torno da expulsão de Galois continuaram por três semanas. Cartas a favor de Galois intercaladas por aquelas que apoiavam Guigniault tornaram-se uma matéria freqüente nas páginas dos jornais. Galois terminou seu último apelo aos alunos em 30 de dezembro, escrevendo: "Não peço nada para mim mesmo, mas falo por sua honra e de acordo com a sua consciência."

Em 2 de janeiro de 1831, a *Gazette des écoles* publicou um artigo de Galois intitulado "Sobre o ensino de ciências, os professores, os trabalhos, os examinadores". Foi um manifesto impressionante exigindo uma reforma completa no ensino das ciências. A maioria das queixas de Galois pareceria relevante ainda hoje:

> Até quando os pobres jovens serão obrigados a ouvir ou a repetir o dia inteiro? Quando lhes será concedido algum tempo para refletir sobre esse acúmulo de conhecimento, para ser capaz de coordenar [encontrar um padrão em] essa infinidade de proposições, nestes cálculos sem relação?(...) Os alunos estão menos interessados em aprender e mais interessados em passar nos exames.

Aludindo provavelmente às suas próprias experiências dolorosas com os examinadores, Galois lamentou:

> Por que os examinadores não propõem aos candidatos perguntas formuladas de uma outra maneira que não ludibriosa? Parece que eles temem ser compreendidos por aqueles a quem estão interrogando: qual é a origem desse deplorável hábito de complicar as perguntas com dificuldades artificiais?

Infelizmente, apesar de suas objeções legítimas ao sistema escolar de sua época, quando as circunstâncias forçaram Galois a abrir sua própria "escola", ela tampouco se revelaria um grande sucesso.

UMA VIDA TURBULENTA

Fora da escola e livre para se dedicar aos seus sonhos liberais, Galois alistou-se na artilharia da guarda nacional. A organização, embora tivesse orgulho de possuir seu próprio uniforme distinto, era mais como uma milícia. Galois continuou a vestir o mesmo uniforme ainda depois que a artilharia tinha sido dispersada e a guarda nacional reorganizada de maneira a incluir apenas o populacho que pagava impostos, categoria à qual ele não pertencia. Não ser estudante, contudo, teve seu preço — Galois agora não tinha meios de se sustentar. Para conseguir viver dentro do orçamento, decidiu dar aulas de matemática, e um livreiro amigo permitiu que ele usasse para esse fim uma sala da livraria na Rue de la Sorbonne, nº 5. Galois colocou um anúncio na *Gazette des écoles* informando que daria um curso de álgebra destinado àqueles alunos que "sentindo o quanto o estudo de álgebra é incompleto nos colégios, gostariam de se aprofundar nessa ciência". Não era uma boa receita para ganhar dinheiro. Inicialmente, algumas dezenas dos amigos republicanos de Galois compareceram por cortesia, mas eles rapidamente desistiram do curso extremamente avançado. As atividades políticas de Galois também não ajudavam, já que ocupavam cada vez mais do seu tempo. As ambições docentes de Galois foram, portanto, reduzidas a aulas particulares de nível elementar.

No campo das pesquisas, aconteceu um evento promissor no início de 1831, que acabou se transformando em decepção. Pediram a Galois que voltasse a submeter sua monografia à academia. A nova versão de "As condições para a resolubilidade das equações por radicais" foi introduzida em 17 de janeiro e, desta vez, os matemáticos Denis Poisson (1781-1840) e Sylvestre Lacroix (1765-1843) ficaram encarregados de analisá-la. Mais de dois meses tinham se passado, contudo, sem nenhuma palavra da academia. O frustrado Galois deu vazão ao desgosto, enviando uma carta inquisitiva ao presidente em 31 de março de 1831, acrescentando sarcasticamente: "Senhor, eu ficaria grato se o senhor pudesse acalmar minhas preocupações, convidando o Sr. Lacroix e o Sr. Poisson a anunciar se eles também perderam minha monografia [como o fez Fourier], ou se pretendem fazer um relatório sobre ela para a Academia." Mesmo essa carta provocativa não produziu nenhuma resposta.

Enquanto isso, os eventos políticos estavam começando a ter um enorme impacto na vida de Galois. A famosa matemática Sophie Germain (1776-1831),[11] a primeira mulher a ter quebrado a barreira de gênero e entrado no velho clube do Bolinha, caracterizou a atitude geral dele na época como a de alguém com o "hábito de insulto". Ela acrescentou um triste comentário: "Dizem que ele ficará inteiramente louco e temo que isso seja verdade."[12] Em abril, 19 artilheiros da guarda nacional, que se recusaram a se desarmar quando sua unidade tinha sido dispersada, foram levados a julgamento. Um deles foi Pescheux d'Herbinvillet, a quem retornaremos em relação à morte de Galois. Para o deleite dos republicanos, todos foram absolvidos em 16 de abril em um julgamento amplamente divulgado conhecido como o "julgamento dos 19". A Sociedade dos Amigos do Povo organizou um grande banquete no restaurante Aux Vendanges de Bourgogne para comemorar o evento. Duzentos ativistas republicanos compareceram em 9 de maio, inclusive o famoso escritor Alexandre Dumas (1802-70), o biólogo e político Raspail, Galois e muitos outros. Nas palavras de Dumas, "seria difícil encontrar em toda a Paris duzentos convidados mais hostis ao governo que aqueles".[13] Quando o champanhe começou a fluir ao final da refeição, muitos brindes foram propostos: às revoluções de 1789 e de 1793, a Robespierre e muitos outros. Um dos brindes intelectualmente mais articulados foi proposto por Dumas, que declarou: "Bebo à arte! Que possam a pena e o pincel contribuir tanto quanto a arma e a espada para a renovação social à qual dedicamos nossas vidas e pela qual estamos preparados para morrer." A uma certa altura, Galois, que estava sentado na extremidade de uma das mesas, levantou-se em um pulo e propôs um brinde. Segurando na mesma mão uma taça de vinho e um canivete aberto, ele gritou: "A Luís Filipe!" O evento foi mais tarde descrito com algum detalhe nas memórias de Dumas:

> Subitamente, em meio a uma conversa particular que estava tendo com a pessoa à minha esquerda, o nome de Luís Filipe, seguido por cinco ou seis asso-

bios, chegou aos meus ouvidos. Virei para olhar por toda a volta. Uma das cenas mais animadas estava acontecendo a uma distância de 15 ou vinte assentos de mim.

Um jovem, segurando na mesma mão uma taça erguida e um punhal, estava tentando se fazer ouvir. Era Évariste Galois, depois morto em um duelo por Pescheux d'Herbinville, um jovem encantador que produzia cartuchos de papel de seda que ele amarrava com fitas cor-de-rosa.

Évariste Galois mal tinha 23 ou 24 na época. Era um dos republicanos mais ardorosos. O barulho era tanto que a própria causa para aquilo tinha se tornado incompreensível.

Tudo que pude perceber foi que houve uma ameaça e que o nome de Luís Filipe tinha sido pronunciado; o punhal deixava a intenção bem clara.

Isso ultrapassou os limites das minhas opiniões republicanas. Cedi à pressão do meu vizinho da esquerda que, sendo um dos comediantes do rei, não se importou em se expor ao perigo e pulamos juntos do peitoril da janela para o jardim.

Fui para casa um pouco preocupado. Estava claro que o episódio teria suas conseqüências. De fato, dois ou três dias depois, Évariste Galois foi preso.

Há algumas imprecisões irritantes na descrição de Dumas (por exemplo, no tocante à idade de Galois) e voltarei à questão da identidade do homem que matou Galois mais tarde, mas os fatos básicos estão indubitavelmente corretos. A *Gazette de écoles*, que tinha apoiado Galois durante as ressentidas discussões com Guigniault, publicou sua própria versão do acontecimento em sua edição de 12 de maio: "Muitos brindes foram propostos; parece que um incendiário, que dizem que era um estudante, levantou-se da mesa, tirou do bolso um punhal e brandindo no ar começou a dizer: 'É assim que farei um juramento a Luís Filipe'." O gesto de Galois de brandir a arma foi interpretado como uma ameaça contra a vida do rei. Ele foi preso no dia seguinte na casa da mãe, mantido em detenção preventiva na prisão de Sainte-Pélagie e levado a julgamento em 15 de junho de 1831.

Os procedimentos legais foram iniciados com uma série de perguntas de rotina pelo juiz-presidente,[14] que basicamente quis que Galois descrevesse os eventos no banquete. Então, aconteceu o inesperado. Perguntou-se ao prisioneiro: "O senhor tirou uma faca(...) e pronunciou 'A Luís Filipe'?" Para a surpresa de todos, Galois respondeu: "Eu tinha uma faca que tinha usado para cortar a carne da refeição. Eu a agitei ao dizer: 'A Luís-Filipe, *se ele nos trair*'. As últimas palavras foram ouvidas apenas pelas pessoas imediatamente vizinhas a mim, por causa de todos os assobios que tinham começado(...) pelas pessoas que entenderam que minhas palavras seriam um brinde à boa saúde de Luís Filipe." Tomado de surpresa, o juiz inquiriu se Galois realmente temia que havia perigo de o rei abandonar seus deveres e trair sua nação. Évariste respondeu: "Todas as ações do rei, embora ainda não tenham revelado má-fé, permitem-nos duvidar de sua boa-fé." A troca de palavras entre o juiz e Galois continuou por algum tempo. Testemunhas foram convocadas, tanto pela acusação como pela defesa. A questão sobre se a reunião era particular ou pública tornou-se um ponto central. No último caso, o brinde ambíguo de Galois poderia ser interpretado como uma provocação com intenção de incitar violência contra o rei. Os próprios comentários finais de Galois foram abreviados pelo juiz-presidente, que percebeu sensatamente que o jovem de sangue quente poderia provocar sua própria ruína com comentários descuidados e inflamados. Depois de deliberações que duraram apenas meia hora, Galois foi absolvido. Conta a lenda que, assim que o veredicto foi lido, Galois calmamente pegou sua faca da mesa de provas do tribunal e deixou a sala em silêncio. Já que a transcrição mostra que durante o julgamento o próprio Galois afirmou que tinha perdido a faca depois de sair do restaurante, a lenda não pode ser substanciada. De uma maneira ou outra, o jovem temperamental de 19 anos se viu livre, novamente nas ruas.

Em 15 de junho, no mesmo dia que começou o julgamento de Galois, o jornal *Le globe* decidiu tornar pública a história da frustrante experiência de Galois com a academia. Um artigo muito provavelmente escrito por um dos irmãos Chevalier, amigos de Galois, começava descrevendo a genialidade de Galois e o fato de que ele tinha descoberto independentemente as propriedades das funções elípticas (que tinha tornado Abel famoso). O texto então relatava as inacreditáveis adversidades de Galois com a elite da matemática. Em particular, o artigo narrava os infortúnios da monografia de Galois sobre a resolubilidade das equações:

> Ano passado, antes de 1º de março, o Sr. Galois enviou uma monografia ao secretariado do Instituto da França sobre a resolubilidade das equações algé-

> bricas, com a qual concorria para o Grande Prêmio de Matemática. Ela superou certas dificuldades que mesmo o próprio Lagrange não tinha resolvido. O Sr. Cauchy tinha concedido o maior elogio ao autor sobre o assunto. Mas que importância isso teve? A monografia foi extraviada, o prêmio foi concedido [a Abel e Jacobi], sem que o jovem sábio pudesse participar da competição. Em resposta a uma carta de Galois à Academia, queixando-se do tratamento negligente ao seu trabalho, tudo o que o Sr. Cuvier pôde escrever foi: "A questão é bem simples. A monografia foi perdida com a morte do Sr. Fourier, a quem tinha sido confiada a tarefa de examiná-la." Agora, a monografia foi reescrita e novamente apresentada ao Instituto. O Sr. Poisson, que deve avaliá-la, ainda não realizou tal dever e o resultado é que há mais de cinco meses o infeliz autor espera por uma palavra gentil da Academia.

Curiosamente, supondo que o próprio Galois tenha fornecido aos Chevalier o conteúdo do artigo, ficamos sabendo que Cauchy de fato expressou que gostou do trabalho de Galois, mesmo não tendo transmitido o mesmo entusiasmo à academia. Talvez em resposta às críticas públicas do descaso da academia, Poisson e Lacroix finalmente apresentaram seu veredicto sobre o trabalho de Galois. O relatório é datado de 4 de julho de 1831 e foi apresentado na sessão de 11 de julho da academia. Foi uma bomba — não aprovaram as proposições de Galois. Em um relatório frio que demonstra claramente que Poisson e Lacroix não compreenderam ou, no mínimo, estavam predispostos contra as inovadoras idéias teóricas de grupo de Galois, os relatores escrevem evasivamente:

> Fizemos todos os esforços possíveis para entender a tese do Sr. Galois [das condições em que uma equação é solúvel por uma fórmula]. O raciocínio não é suficientemente claro, nem suficiente desenvolvido para que sejamos capazes de julgar sua exatidão e não estamos em posição que nos permita emitir uma opinião neste relatório. O autor declara que a proposição que forma o tópico especial de sua monografia faz parte de uma teoria geral que poderia levar a muitas outras aplicações. Freqüentemente, acontece de diferentes partes de uma teoria elucidarem uma outra e serem mais fáceis de compreender coletivamente, e não quando consideradas isoladamente. Devemos portanto aguardar que o autor publique o trabalho em sua totalidade para formar uma opinião definitiva; mas no estado em que se encontra a parte submetida à Academia, não podemos lhes recomendar que dêem a sua aprovação.[15]

A academia acatou as conclusões desse relatório negativo. Mesmo quando aceito o fato de que a clareza nunca foi o ponto mais forte de Galois e que as explicações dadas deixaram um pouco a desejar, não existe outra escapatória senão a conclusão de que um dos avanços revolucionários mais criativos da história da álgebra ainda teria de esperar a aceitação de um público conservador. Basicamente, as idéias de Galois caíram vítimas do fato de que não eram o que Poisson e Lacroix esperavam. Eles imaginaram que iriam encontrar no manuscrito um critério simples baseado nos coeficientes que lhes informaria de imediato se qualquer dada equação é ou não capaz de ser resolvida por uma fórmula. Em lugar disso, encontraram todo um novo conceito — a teoria de grupos — e as condições baseadas em soluções supostas da equação. Era simplesmente inovador demais para ser aceito em 1831.

PRESO

O julgamento da academia representou um grande golpe para Galois. Mesmo assim, convencido da correção de suas proposições, Galois acrescentou sob uma das anotações críticas de Poisson no manuscrito as palavras: "Que julgue o leitor" (a Figura 61 mostra a página). Amargurado com a ciência e politicamente revoltado, sua relação com a mãe também se tornou desagradavelmente tensa. Deixou então a casa da família e alugou um quarto na Rue des Bernardins, 16 (Figura 62).

Os problemas nunca chegam em fila indiana, mas aos batalhões. O Dia da Bastilha (14 de julho) se aproximava e os republicanos estavam fazendo planos para uma grande manifestação. Em particular, queriam organizar uma cerimônia provocativa para comemorar o plantio, cerca de quarenta anos antes, de uma árvore simbólica da liberdade na Praça da Bastilha. A polícia tomou medidas preventivas e prendeu muitos ativistas conhecidos durante a noite entre 13 e 14 de julho. Galois conseguiu escapar da prisão ou por não estar na "lista negra" da polícia ou por não ter dormido em seu quarto. Por volta do meio-dia de 14 de julho, contudo, um grupo de cerca de seiscentas pessoas lideradas por Galois e seu amigo Ernest Duchatelet,[16] um aluno da Escola de Arquivologia Paleográfica, começou a cruzar a Pont Neuf. Évariste vestia o

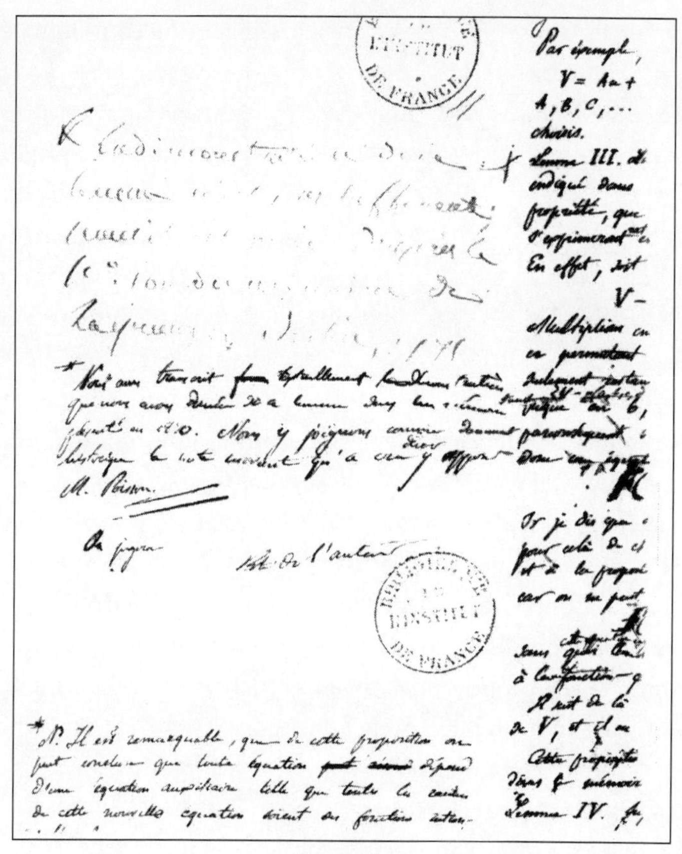

Figura 61

uniforme da guarda nacional (então ilegal) e estava armado até os dentes (levava algumas pistolas, um rifle carregado e uma faca). Estando preparada para possíveis reuniões subversivas, a polícia interveio agilmente. Galois e Duchatelet foram presos na ponte, como foram outros líderes republicanos em outros lugares. Para piorar as coisas, Duchatelet desenhou uma pêra simbolizando a cabeça do rei na parede de sua cela (a Figura 63 mostra uma caricatura atribuída ao pintor Honoré Daumier com a metamorfose Luís Filipe em pêra). A cabeça foi desenhada perto de uma guilhotina e acompanhada de uma proclamação popular entre os republicanos da época: "Filipe carregará a cabeça ao teu altar, ó Liberdade." O julgamento de Galois e Duchatelet começou em 23 de outubro de 1831. Já que a acusação de vestir um uniforme ilegal seria difícil de ser negada, ficou bem claro que Galois seria condenado (portar armas

Figura 62

era muito comum na época). O que causou um certo choque foi a sentença irracionalmente severa de seis meses de prisão. Duchatelet, cuja reputação de arruaceiro era provavelmente menor, foi sentenciado a apenas três meses de encarceramento. (Não descobri evidências de nenhuma espécie que apoiassem uma especulação de que a sentença de Duchatelet tinha sido reduzida em troca da concordância em colaborar com a polícia.) Galois apelou, mas a sentença foi confirmada em 3 de dezembro. Os dois foram enviados à prisão de Saint-Pélagie (Figura 64) do Quinto Distrito de Paris, não longe do Jardin des Plantes (o jardim botânico). Entre outros republicanos presos, o biólogo Raspail, ele próprio um proeminente líder dos Amigos do Povo, foi particularmente provocativo durante seu próprio julgamento em janeiro de 1832. Ele foi longe a ponto de declarar que o rei, que traiu seu próprio povo, "deveria ser enterrado vivo sob as ruínas das Tulherias". Desnecessário dizer, a declaração não lhe angariou muita simpatia com os juízes e ele foi sentenciado a 15 meses em Saint-Pélagie.

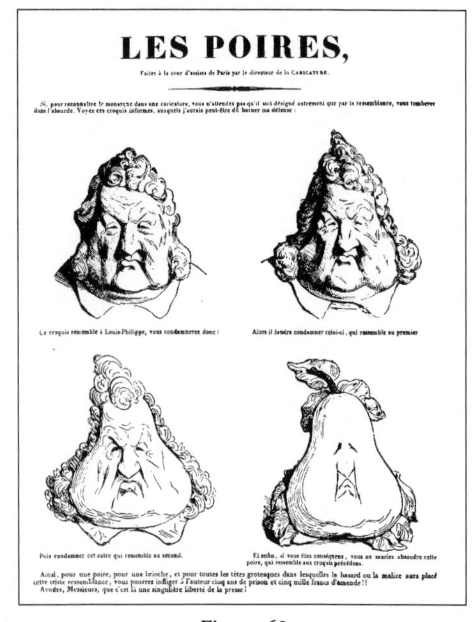

Figura 63

Saint-Pélagie era o tipo de prisão que se esperaria na Paris daquele período. Um grande muro cercava todo o complexo e os edifícios que continham as celas cercavam três pátios interiores. Os prisioneiros eram alojados de acordo com a categoria dos crimes, com os prisioneiros políticos ocupando uma das seções laterais. É bem provável que Galois, que pertencia à classe mais

Figura 64

baixa financeiramente falando, se visse alojado em um dos dormitórios de sessenta leitos. Aqueles que tivessem recursos poderiam pagar e até conseguir celas privadas, com a comida trazida dos restaurantes locais. A maioria das informações sobre as condições miseráveis de Galois na prisão vem dos escritos de três pessoas que cuidaram do jovem: seu colega de prisão Raspail, cujas *Cartas nas prisões de Paris*[17] foram publicadas oito anos depois; o poeta Gérard de Nerval (1808-55), que foi preso em fevereiro de 1832 e até escreveu um poema sobre a prisão; e a dedicada irmã de Galois, Nathalie-Théodore, que visitava o irmão com a máxima freqüência que conseguia e se esforçou ao máximo para nutrir seu corpo e sua alma. Dois incidentes dramáticos descritos nas memórias de Raspail são particularmente dignos de nota. Em 29 de julho, quando os prisioneiros estavam em seu terceiro dia de comemoração dos "Três Gloriosos Dias", um tiro disparado da Rue du Puits de l'Ermite em frente à prisão feriu um dos prisioneiros da cela de Galois. Na reunião resultante de uma delegação de prisioneiros com o diretor-chefe do presídio, Galois, que era membro da delegação, aparentemente acusou um dos guardas da prisão de ser o atirador e, além disso, insultou o diretor do presídio. Conseqüentemente, foi jogado à masmorra, provocando uma violenta reação dos prisioneiros. Raspail cita um prisioneiro conversando com o diretor: "Este jovem Galois não levanta a voz, como o senhor bem sabe; permanece frio como sua matemática quando conversa com o senhor." Os outros prisioneiros expressaram sua concordância: "Galois na masmorra! Oh, os bastardos! Eles têm um rancor contra o nosso pequeno estudioso." Depois dessa exclamação de apoio, os prisioneiros assumiram o controle da prisão e a ordem foi restaurada no dia seguinte. Por medo de outros tumultos, Galois foi solto da masmorra.

Raspail também dá uma descrição bem vaga, mas perturbadora, de uma tentativa de suicídio de Galois. Aparentemente o jovem Évariste, que não estava acostumado a beber muito, era freqüentemente provocado por seus colegas prisioneiros a beber até ficar letárgico. "Você é um bebedor de água, meu jovem", falavam eles em tom de gozação, "Ô Zanetto [o apelido dado a Galois pelos prisioneiros]! Esqueça o partido dos republicanos e volte para a sua matemática." Em uma dessas ocasiões, o jovem embriagado revelou a Raspail o sofrimento que sentia desde a morte do pai: "Perdi meu pai e ninguém nunca o substituiu." Ele depois acrescentou uma afirmação que se revelaria glacialmente profética: "Morrerei em um duelo por causa de alguma coquete de classe baixa." Quando Raspail e alguns outros prisioneiros tentaram colocá-lo em uma cama, um Galois embriagado e cego gritou: "Você me despreza, você que é meu amigo! Você tem razão, mas eu que cometi tal crime devo me matar!" Somente a rápida intervenção dos prisioneiros impediu que Galois realizasse sua intenção mortal.

A descrição de Nerval de seus últimos minutos na prisão é igualmente comovente: "Eram cinco horas. Um dos internos me levou até o portão e me beijou, prometeu vir me ver assim que saísse da prisão. Ainda tinha dois ou três meses a cumprir. Era o desafortunado Galois, a quem não voltei a ver, já que foi morto em um duelo na manhã seguinte em que ganhou sua liberdade."[18]

Entretanto, a irmã de Galois, Nathalie-Théodore, descreve o quadro mais desolador do estado físico e mental do irmão. Depois de uma visita penosa, ela escreve angustiada em seu diário: "Suportar mais cinco meses sem uma brisa de ar fresco! Essa perspectiva é bem ruim e temo que a saúde dele vá sofrer muito. Ele já está muito cansado. Não se permite ser distraído por nenhum pensamento, assumiu uma postura sombria que faz com que envelheça antes do tempo. Os olhos estão ocos como se ele tivesse cinqüenta anos de idade."

Quando não estava embriagado, Galois passava a maioria dos dias da prisão andando incessantemente pelo pátio, geralmente reflexivo. As noites eram devotadas a reuniões republicanas ruidosas e cerimônias patrióticas em torno da bandeira tricolor. Ainda assim, Galois encontrou tempo para escrever um longo prefácio (a Figura 65 mostra a primeira página) às suas extraordinárias monografias matemáticas. Era, na realidade, uma dura acusação a toda a elite científica e seus costumes. O prefácio começa ridicularizando a hierarquia dos cientistas e as atrozes restrições impostas pela necessidade de apoio.

> Em primeiro lugar, você perceberá que a segunda página desta obra não está carregada de sobrenomes, nomes de batismo, títulos, honras e o elogio a algum príncipe sovina cuja carteira se abriria à visão de uma fonte de bajulação, ameaçando fechar quando a fonte do bajulador estivesse seca. Nem verá em letras com o triplo da altura da sua cabeça, uma homenagem respeitosamente prestada a alguma personalidade de alta patente em ciência, ou a algum patrono sábio, uma coisa considerada indispensável (eu estava para dizer inevitável) para qualquer um que queira escrever aos vinte.[19]

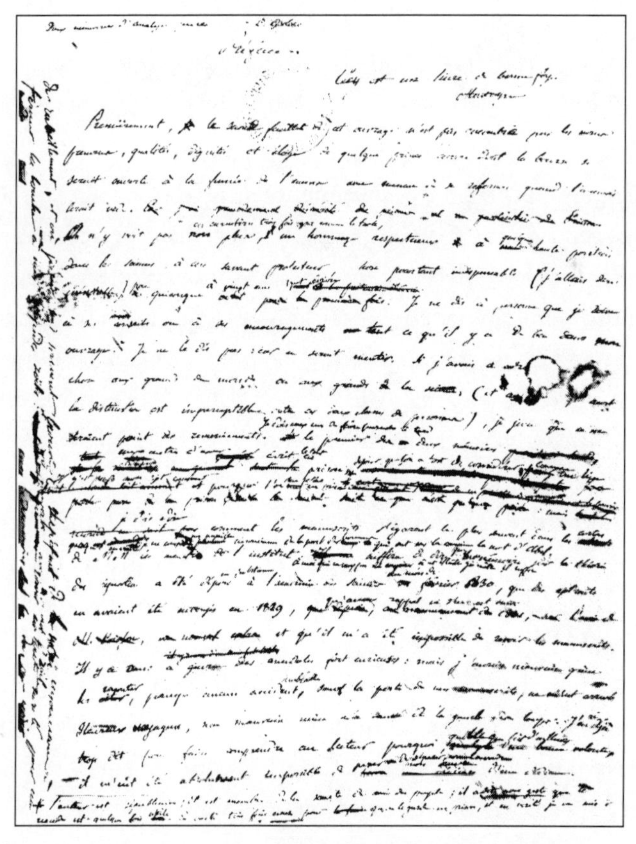

Figura 65

Se a palavra "príncipe" fosse substituída por "órgão financiador", os argumentos de Galois continuariam tão atuais hoje como eram 170 anos atrás. Como me disse certa vez um proeminente cientista: "Entre redigir propostas para pedido de bolsas descrevendo o que *pretendo* fazer e redigir relatórios sobre o que *fiz*, realmente não sobra tempo para *fazer* nada!"

O prefácio de Galois termina com um tom de esperança, talvez de desdém: "Quando a competição — isto é, o egoísmo — não mais governar a ciência, quando as pessoas se associarem umas com as outras para estudar e não para enviar pacotes lacrados às Academias, elas ficarão ansiosas para publicar mesmo os pequenos resultados, desde que sejam novos, e ao mesmo tempo acrescentar: 'Não sei o resto'."

UM ROMÂNTICO APAIXONADO

Na primavera de 1832, uma devastadora epidemia de cólera varreu toda a Europa. Paris, em particular, foi duramente atingida. A água contaminada do rio Sena provocou a morte de aproximadamente cem pessoas por dia. Talvez em parte por causa da saúde frágil, porém mais provavelmente porque era uma prática comum com prisioneiros políticos, Galois foi transferido em 13 de março[20] de Saint-Pélagie para uma casa de repouso na Rue de Lourcine, 84-86 (mais tarde número 94 na atual Rue Broca),[21] onde foi colocado em liberdade condicional. Na casa, conhecida então como a "casa de saúde" Sieur Faultrier, aconteceu algo dramático: Galois apaixonou-se. Até então, possivelmente por causa da personalidade dominadora da mãe, Galois não tinha tido relações com mulheres. De fato, durante uma das bebedeiras na prisão, ele confidenciou a Raspail: "Não gosto de mulheres e me parece que só poderia amar uma Tarpéia ou uma Graca" (duas lendárias mulheres romanas; Tarpéia entregou sua cidade às sabinas e Graca é Cornélia Graco, mãe/educadora de Tibério e Gaio). O objeto de sua ardente paixão era a jovem Stéphanie Potterin du Motel, que vivia no mesmo edifício da casa de convalescença. O pai, Jean-Paul Louis Auguste Potterin du Motel, era ex-oficial do exército napoleônico, e o irmão, que estava com 16 anos na época, tornou-se depois um médico. Os Potterin du Motel eram amigos íntimos do proprietário da casa de convalescença.

Poucos casos de amor da história tiveram conseqüências mais trágicas.[22] Stéphanie pode ter inicialmente demonstrado algum interesse pelo jovem apaixonado e inteligente, mas não levou muito tempo até rejeitar com frieza os avanços dele. No verso de um de seus documentos já usados, Galois fez cópias de duas das cartas de Stéphanie. Estas infelizmente contêm lacunas nas quais estão faltando palavras e sílabas. É provável que Galois, furioso, tenha rasgado os originais. Mais tarde, ele tentou desesperadamente reconstruir as palavras da amada a partir dos fragmentos, por mais dolorosas que tenham sido suas palavras.

O destino de um dos maiores gênios que já viveram estava prestes a ser selado pelos comentários de cortar o coração de uma "coquete infame" que tinha menos de 17 anos na época. A primeira carta, datada de 14 de maio de 1832, diz:

> Coloquemos um fim nisto, nesse assunto, por favor. Não tenho ânimo o bastante para continuar uma correspondência deste tipo, mas tentarei ter [ânimo] bastante para conversar com o senhor, como costumava fazer antes que qualquer coisa acontecesse. Então é isto, Monsieur, o(...) tem [ou: existem](...) que deve(...) o senhor(...) que ou: para mim e não pensar mais em coisas que não poderiam existir e que nunca teriam existido.

A carta não deixa muita dúvida de que o inexperiente Galois, talvez de sangue quente demais, fez ou disse alguma coisa que ofendeu Stéphanie ou a amedrontou. O tom frio sugere que, para começar, a jovem não estava tão entusiasmada assim. A segunda carta, provavelmente escrita alguns dias depois, foi ainda mais arrasadora. Stéphanie não estava mais sequer interessada em uma mera amizade.

> Segui seu conselho e ponderei sobre(...) o que aconteceu(...), sucedeu entre nós, qualquer que seja o nome que o senhor queira dar a isso. Além do mais, Monsieur, tenha a certeza de que é bem provável que nunca haveria nada mais; o senhor fez suposições erradas e suas lamentações não têm fundamento. Uma verdadeira amizade é rara, existe exceto entre pessoas do mesmo sexo, particularmente(...) amigos(...) gemem no vácuo que(...) a ausência de qualquer sentimento dessa espécie(...) minha confiança(...) mas

> foi fortemente ferida(...) o senhor me viu triste, [o senhor] perguntou [-me] o motivo. Respondi que meus sentimentos tinham sido magoados. Imaginei que o senhor entenderia isso como qualquer pessoa a quem se diz uma palavra dessas(...) uma que não é(...)
>
> A serenidade de meus pensamentos permite-me a liberdade de julgar as pessoas que costumo ver sem muita reflexão; é por essa razão que raramente me arrependo de ter me equivocado sobre elas ou de ter sido influenciada na opinião que faço delas. Discordo com o senhor sobre os sen[timentos](...) mais do que(...) exijo nem(...) agradeço-lhe sinceramente por todos aqueles [sentimentos] pelos quais estava disposto a tomar medidas em relação a mim.

Galois ficou arrasado. Os poderosos efeitos desse caso de amor sobre seu humor e atitude emocional com a vida em geral podem ser julgados a partir de sua carta de 25 de maio ao bom amigo Auguste Chevalier. Na época, Auguste, o irmão Michel e mais três dúzias de sansimonianos tinham estabelecido uma pequena comunidade em Ménilmontant, a leste de Paris. Galois escreve melancolicamente:

> Caro amigo
>
> Há prazer em estar triste quando se tem esperança de consolo. Há felicidade em sofrer quando se tem amigos. Sua carta repleta de graça apostólica me deu um pouco de calma. Mas como posso remover os traços de emoções tão violentas quanto aquelas que senti? Como posso me consolar quando exauri em um mês a maior fonte de felicidade que um homem pode ter? Quando a exauri sem felicidade, sem esperança, quando tenho certeza de que a drenei por toda a vida?

Ele continua com uma descrição cassandriana de sua luta interna angustiante: "Quero duvidar da sua cruel profecia de que não mais farei pesquisas. Mas devo admitir que pode existir alguma verdade nisso; para ser um estudioso, deve-se ser apenas um estudioso. Meu coração se rebela contra minha cabeça. Não acrescento como você o faz: 'É uma lástima'." Ele termina com um lampejo de esperança: "Eu o verei em 1º de junho. Espero que nos vejamos com freqüência durante a primeira quinzena de junho. Deverei partir por volta do dia 15 para Dauphine." Mas o tênue brilho de luz no fim do túnel implicado pelo último parágrafo é rapidamente extinguido pela última frase da nota do *post-scriptum*: "Como pode um mundo que odeio me macular?"

Galois nunca voltaria a ver Auguste.

Chegamos agora à parte mais intrigante da história de Galois — sua morte misteriosa. Quero observar desde o princípio que, do ponto de vista puramente matemático, ou para a história da teoria de grupos e sua aplicação às simetrias, não é importante por que Galois morreu ou quem o matou. Entretanto, meu relato da vida desse notável gênio estaria incompleto sem uma discussão dessas questões. Em particular, existem semelhanças notáveis entre as vidas dos dois personagens principais da saga da equação que não podia ser resolvida — Abel e Galois. Os dois receberam os primeiros ensinamentos de um dos pais e foram inspirados por um professor talentoso. Os dois perderam o pai quando muito jovens e tentaram resolver os mesmos problemas notoriamente difíceis. Mas isso não é tudo. Os dois foram vítimas da mesma elite matemática conservadora (Cauchy em particular), infelizes (por diferentes motivos) em suas vidas amorosas e os dois morreram tragicamente na flor da juventude. Contudo, sabemos praticamente todos os pormenores das circunstâncias que cercaram a morte de Abel, enquanto a morte de Galois está envolta em mistério, controvérsia e especulações. Esta — como expressarei? — falta de simetria realmente me aborreceu. Conseqüentemente, tomei uma decisão consciente de investir o máximo de tempo e de esforço possíveis para investigar cada aspecto da vida de Galois e, em particular, de sua morte. Dei o máximo de mim para verificar absolutamente tudo sem deixar nada de lado, li todos os documentos aos quais consegui ter acesso e visitei a maioria dos lugares relevantes. Só espero que os resultados justifiquem o esforço.

UMA MORTE MISTERIOSA

Os fatos conhecidos referentes às atividades de Galois entre 25 de maio e a fatídica manhã de 30 de maio, quando ele enfrentou o oponente em um duelo com pistolas, são bem poucos.[23] Em 29 de maio, a véspera do duelo, ele escreveu três cartas. Uma foi um pedido de desculpas "a todos os republicanos":

> Rogo aos meus amigos patrióticos que não me censurem por morrer de uma outra forma que não pelo meu país.

> Morro vítima de uma infame coquete e seus dois iludidos. É em uma mísera obra da perfídia que minha vida se extingue. Ah! por que morrer por algo tão pequeno, por algo tão desprezível!
>
> O céu é testemunha de que somente constrangido e forçado é que cedi a uma provocação que tentei evitar por todos os meios. Arrependo-me de ter contado uma perniciosa verdade a homens com tão pequena capacidade de ouvi-la calmamente. No entanto, contei a verdade. Levo comigo para o túmulo uma consciência sem mentiras, imaculada de sangue patriótico.
>
> *Adieu!* O que me manteve vivo foi o bem público. Perdoem aqueles que me matam, agem de boa-fé.

As últimas palavras, que lembram as de Cristo na cruz ("perdoai-os pois eles não sabem o que fazem",[24]), refletem indícios da educação religiosa que recebera da mãe. De qualquer forma, quando interpretadas ao pé da letra juntamente com as cartas de Stéphanie, o quadro que emerge desse bilhete parece bem claro. Por palavras ou atos, Galois ofendeu a jovem e seus dois "iludidos" provocaram um duelo. Galois não tem nenhum ressentimento contra os dois homens que "agem de boa-fé" e só lamenta ter sido inteiramente verdadeiro. Sente-se um elemento de concessão e rendição à autoridade nas palavras de Galois: "Somente constrangido e forçado é que cedi a uma provocação." Voltarei a este ponto importante mais adiante.

A seguir, Galois escreveu uma carta endereçada a dois amigos republicanos, N. L. (quase certamente Napoléon Lebon) e V. D. (quase certamente Vincent Delaunay):

> Meus bons amigos
>
> Fui provocado [a um duelo] por dois patriotas... Minha recusa é impossível.
>
> Rogo seu perdão por não ter informado nenhum de vocês. Mas meus adversários exigiram por minha honra que não informasse nenhum patriota. Sua tarefa é simples: provar que lutei contra minha vontade, isto é, depois de ter exaurido todos os meios de uma solução conciliatória, e dizer se sou capaz de mentir, mesmo em um assunto tão trivial quanto esse em questão.
>
> Lembrem-se de mim, já que o destino não me concedeu uma vida longa o bastante para que meu país se lembre de mim.
>
> Morro seu amigo.

Essa carta depressiva, novamente interpretada ao pé da letra, traz um detalhe importante: os oponentes eram "patriotas", ou seja, republicanos ativistas. O sentimento de Galois de ceder à autoridade é ainda salientado: "Minha recusa é impossível(...) meus adversários exigiram por minha honra que não informasse nenhum patriota(...) lutei contra minha vontade." Galois também enfatiza com veemência sua sinceridade: "dizer se sou capaz de mentir".

A terceira carta, e a mais importante da perspectiva científica,[25] contém o legado matemático de Galois. A carta muito longa, endereçada ao seu devotado amigo Auguste Chevalier, apresenta um resumo conciso do conteúdo da famosa monografia rejeitada por Poisson e Lacroix, bem como outros trabalhos:

> Meu caro amigo
>
> Fiz algumas novas descobertas em análise. A primeira diz respeito à teoria das equações; as outras, às funções integrais.
>
> Na teoria das equações, investiguei sob quais condições as equações são solúveis por radicais [por uma fórmula]: isso me deu a oportunidade de aprofundar a teoria e descrever todas as transformações possíveis em uma equação, mesmo quando não solúvel por radicais.
>
> Tudo isso vale por três monografias.

Galois então descreve em linhas gerais o que hoje se conhece como *teoria de Galois*, acrescentando alguns novos teoremas ao conteúdo do manuscrito original submetido à academia. Mais para o fim, ele observa: "Você sabe, meu caro Auguste, que esses temas não são os únicos que explorei." Depois, dando uma breve descrição de alguns outros tópicos, ele conclui em tom de lamentação: "Não tenho tempo e minhas idéias não estão suficientemente desenvolvidas nesse terreno — que é imenso."

Finalmente, assim como Abel antes dele, ele coloca sua fé no julgamento do matemático alemão Jacobi: "Faça um pedido público a Jacobi ou Gauss que dêem sua opinião não quanto à verdade, mas quanto à importância desses teoremas. Afinal, espero que alguns homens considerem vantajoso decifrar essa confusão. Abraço-o fervorosamente." Só restou uma coisa a ser feita — introduzir um pouco de ordem nos próprios manuscritos. Galois passou rapidamente por seus artigos matemáticos e fez algumas correções e comentários de último minuto. Uma dessas

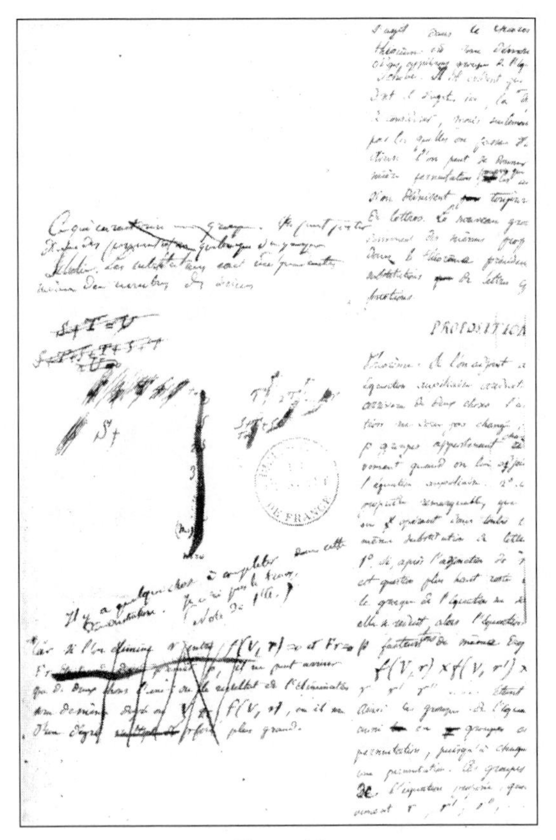

Figura 66

anotações (Figura 66) contém aquela que se tornou sua mais memorável e triste citação: "*Je n'ai pas le temps*" — "Não tenho tempo."

O duelo aconteceu nas primeiras horas da manhã de 30 de maio de 1832, perto da lagoa do Glacier em Gentilly (no atual Décimo Terceiro Distrito de Paris). As circunstâncias precisas do drama são desconhecidas. De acordo com o relatório da autópsia, Galois recebeu um tiro na barriga pela lateral direita. A bala perfurou várias partes do intestino antes de se alojar na nádega esquerda. O que aconteceu a seguir é incerto. As testemunhas abandonaram a cena? Ou teria sido uma delas que levou Galois ao hospital? Os registros do Hospital Cochin mostram que Galois foi levado às 9h30 da manhã (a Figura 67 mostra a entrada de uma das alas do hospital no final do século XIX) e foi designado ao leito número 6 da enfermaria Saint-Denis. De acordo com um testemunho

Figura 67

muito posterior de Gabriel Demante, primo de Galois, teria sido um camponês que passava pelo local que transportou Galois até o hospital, mas uma nota na *Magasin pittoresque*, escrita por Pierre Paul Flaugergues, um ex-colega de classe de Évariste, atribui esse papel samaritano a um "ex-oficial". Alfred, o irmão mais novo de Galois, o único membro da família a ser notificado, correu ao hospital. O cirurgião que o atendeu, Dr. Denis Guerbois, percebeu imediatamente que o fim estava próximo, como também os dois irmãos. Ainda plenamente consciente, Galois recusou os serviços de um padre.[26] De Alfred que chorava, Galois pediu consolo: "Não chore, preciso de toda a minha coragem para morrer aos 20." Évariste Galois faleceu às 10 horas de 31 de maio e a certidão de óbito foi assinada em 1º de junho.[27] A morte passou quase despercebida. O *Bulletin de Paris* de 31 de maio menciona erroneamente: "Morte de Legallois".[28]

O jornal de Lyon *Le Précurseur*, que tinha laços íntimos com os Amigos do Povo, publicou a seguinte matéria na edição de 4 e 5 de junho (Figura 68):

Paris, 1º de junho — Um duelo deplorável ontem privou as ciências exatas de um jovem que inspirou as mais elevadas expectativas, mas cuja fama precoce, contudo, se deve às suas atividades políticas. O jovem Évariste Galois, condenado há um ano por causa de um brinde proposto nas Vendanges de Bourgogne, lutou com um de seus velhos amigos, um jovem como ele mesmo, como ele um membro da Sociedade dos Amigos do Povo e que se sabe que figurou igualmente num julgamento político. Dizem que amor foi a causa do combate. A pistola foi a arma escolhida pelos dois adversários, eles consideraram muito difícil por causa da velha amizade, ter de mirar um no outro e deixaram a decisão ao destino cego. Cada um deles estava armado com uma pistola e à queima-roupa atiraram. Somente uma dessas armas estava carregada. Galois foi perfurado de um lado a outro pela bala de seu adversário; foi transportado ao Hospital Cochin, onde morreu em cerca de duas horas. Estava com 22 anos. L. D., seu adversário, é um pouco mais jovem.

Como em muitos casos em que um evento com o qual estamos realmente familiarizados está sendo noticiado nos jornais, a narrativa está carregada de imprecisões. O duelo ocorreu em 30 de maio, não 31; o tiro não foi "à queima-roupa" de acordo com o relatório da autópsia, mas a uma distância de 25 passos; Galois não morreu em duas horas, mas no dia seguinte; ele não foi "condenado há um ano", mas havia seis meses; não tinha 22, mas apenas 20 anos de idade. Temos, portanto, de aceitar o restante das informações do arti-

— *Un duel déplorable a enlevé hier aux sciences exactes un jeune homme qui donnait les plus hautes espérances, et dont la célébrité précoce, ne rappelle cependant que des souvenirs politiques. Le jeune Évariste Gallois, condamné il y a un an pour des propos tenus au banquet des Vendanges de Bourgogne, s'est battu avec un de ses anciens amis, tout jeune homme comme lui, comme lui membre de la société des Amis du Peuple, et qui avait, pour dernier rapport avec lui, d'avoir figuré également dans un procès politique. On dit que l'amour a été la cause du combat. Le pistolet étant l'arme choisie par les deux adversaires, ils ont trouvé trop dur pour leur ancienne amitié d'avoir à viser l'un sur l'autre, et ils s'en sont remis à l'aveugle décision du sort. A bout portant, chacun d'eux a été armé d'un pistolet, et a fait feu. Une seule de ces armes était chargée. Gallois a été percé d'outre en outre par la balle de son adversaire; on l'a transporté à l'hôpital Cochin, où il est mort au bout de deux heures. Il était âgé de 22 ans. L. D., son adversaire, est un peu plus jeune encore.*

Figura 68

go com um pouco de reserva. Isso é particularmente verdadeiro quando percebemos que a reportagem foi publicada em Lyon, longe da capital. Ainda assim, se fôssemos levar a sério a detalhada descrição do oponente, quem se encaixaria nela? A resposta é fácil: Duchatelet. Ele era de fato um pouco mais jovem que Galois, tinha sido preso com ele na Pont Neuf e tinha sido julgado logo antes dele. Mas o prenome de Duchatelet era Ernest, e o artigo forneceu as iniciais "L. D.".

Existem mais algumas evidências que devemos considerar. Em primeiro lugar, Gabriel Demante, primo de Galois, escreveu ao primeiro biógrafo de Galois, Paul Dupuy, que durante o último encontro de Galois com Stéphanie, Évariste se viu na presença de "um suposto tio e um suposto noivo", cada um dos quais provocou o duelo. O próprio Galois mencionava dois homens (tanto na sua carta "a todos os republicanos" como em sua carta aos amigos). Qualquer tentativa de revelar a verdade deveria, portanto, identificar os dois oponentes, não apenas um.

Segundo, lembremos que o escritor Alexandre Dumas, ao descrever em suas memórias os eventos que cercaram o desastroso brinde de Galois, nomeou Pescheux d'Herbinville como o assassino de Galois. Embora normalmente o "D" não seja considerado a inicial de d'Herbinville, os hábitos e estilo de soletração do século XIX admitiam tais liberdades. Por exemplo, o sobrenome de Stéphanie é às vezes escrito du Motel e, outras vezes, Dumotel. Mesmo o nome de família do lado materno de Évariste mudou de De Mante para Demante (apêndice 8). Pescheux d'Herbinville nunca esteve em um julgamento com Galois, mas esteve no "julgamento dos 19".

Por fim, o chefe de polícia Henri-Joseph Gisquet (1792-1866) escreveu em suas memórias em 1840 que Galois "foi morto por um amigo".[29]

Então, qual a conclusão disto tudo?

TEORIAS DA CONSPIRAÇÃO EM PROFUSÃO

Poucos biógrafos de Galois concluíram que Galois tinha sido morto por inimigos políticos. Alguns deles deixaram que seus complôs cheios de imaginação incluíssem até mais intrigas e supuseram que a "infame coquete" era, de fato, uma prostituta ou uma misteriosa agente policial que agia como provocadora. Isso não surpreende. O próprio Alfred Galois continuou convencido durante toda a vida que o irmão fora vítima da polícia secreta do rei. Mas existe alguma evidência convincente para tais teorias da conspiração? Na verdade, não. A maioria dessas descrições fantasiosas foi criada antes da identificação inequívoca da "coquete infame" como Stéphanie du Motel. A investigação "forense" que revelou a identidade de Stéphanie foi realizada por um detetive improvável — um padre uruguaio. Carlos Alberto Infantozzi, da Universidade de Montevidéu, simplesmente não desistiu. Para começar, ele usou uma lente de aumento e iluminação especial para descobrir o nome e assinatura de Stéphanie por debaixo das rasuras de Galois em alguns de seus manuscritos. Em seguida, esquadrinhou meticulosamente todos os arquivos para descobrir o nome do pai dela, Jean Louis Auguste Potterin du Motel e o endereço da família na casa de convalescença Faultrier. Não há muita dúvida de que Stéphanie não era prostituta nem agente policial. Ela acabou se casando com Oscar Théodore Barrieu, um professor de línguas, em 11 de janeiro de 1840. O pai de Stéphanie não era médico, como inferiram alguns biógrafos a partir de Infantozzi, mas um ex-oficial do exército napoleônico e inspetor do sistema carcerário. Ele já tinha morrido na época em que a filha se casou. O irmão de Stéphanie, Eugene P. Potterin du Motel, acabou realmente se tornando médico, mas tinha apenas 16 anos na época do "caso de amor" de Stéphanie com Galois. O pesquisador Jean-Paul Auffray, que provavelmente realizou a investigação mais extensa dos documentos relacionados a Galois, descobriu um fato interessante. Denis Louis Grégoire Faultrier, em homenagem a quem a casa de convalescença recebeu o nome, tinha sido um ex-capitão da guarda nacional. Depois da morte do pai de Stéphanie, esse amigo íntimo da família Potterin du Motel casou-se com a mãe de Stéphanie. Como logo veremos, isso pode representar uma peça crucial do quebra-cabeça.

Então, você poderia se perguntar, por que Alfred Galois insistia que o irmão foi assassinado pela polícia? É necessário lembrar que Alfred, com 18 anos na época, tinha uma infinita admiração pelo irmão mais velho. Para ele, todo o conceito do irmão genial, valente, embora doentio e de pouca visão, estar envolvido em um duelo deve ter parecido tão injusto que só poderia ter sido jogo sujo. O primeiro biógrafo de Galois, Dupuy, cujo extenso artigo foi publicado em 1896, concluiu na época que em todas as asserções de Alfred (inclusive a alegação inteiramente infundada de que Galois atirou primeiro no ar) "sente-se uma romântica invenção". O físico e escritor Tony Rothman, atualmente na Bryn Mawr College, chegou a uma conclusão semelhante. Depois de um minucioso exame de muitas biografias em 1982 (e trabalho subseqüente), ele concluiu que "os relatos de Bell, Hoyle e Infeld [todos eles biógrafos de Galois] são invenções barrocas, para não dizer bizantinas". Concordo inteiramente.

Existe uma outra teoria da conspiração, contudo, que precisa ser considerada com seriedade. Em uma das mais recentes e extensas biografias de Galois, a matemática e historiadora italiana de matemática Laura Toti Rigatelli propõe que, de fato, o famoso duelo não foi absolutamente um duelo real. Pelo contrário, Toti Rigatelli concluiu que o deprimido e desiludido Galois decidiu se sacrificar pela causa republicana. Os republicanos precisavam de um cadáver para instigar a rebelião e ele ofereceu o seu — o duelo foi inteiramente encenado. A dedução de Toti Rigatelli se baseou em uma pesquisa de amplo alcance e, em particular, no exame dos escritos do chefe de polícia Gisquet e de uma de suas espiãs, Lucien de la Hodde.

Embora a teoria de Toti Rigatelli seja intrigante, pessoalmente não a considero particularmente convincente. Para a história fazer sentido, Toti Rigatelli é forçada a alegar que Galois escreveu suas últimas três cartas apenas para "evitar que qualquer pessoa suspeitasse da verdadeira circunstância de sua morte". Isso não apenas seria totalmente contrário à personalidade de Galois, que sempre se apegou à verdade como ele a via, mas até incoerente com a própria teoria da conspiração. Certamente para instigar uma revolução, uma carta culpando a polícia pela morte dele teria sido bem mais eficaz. Um exame mais detalhado do cenário de Toti Rigatelli revela aquilo que ela considera a mais poderosa evidência para Galois ter se sacrificado, nas palavras dela, sua "insistência na morte certa" nas cartas dele "a todos os republicanos" e a Lebon e Delaunay. Mas o que se pode esperar de cartas de adeus escritas por um romântico apaixonado de 20 anos na noite anterior a um duelo? Além do mais, como argumentarei em breve, há motivos para acreditar que pelo menos um dos oponentes de Galois fosse bem mais experiente com a pistola que o jovem matemático. A expectativa de Galois de morte certa era, portanto, inteiramente compreensível. Quem então matou Galois e por que ele foi morto?

A MORTE DE UM ROMÂNTICO

As evidências acumuladas deixam pouca dúvida quanto à veracidade do duelo. As pistas também indicam que foi um caso clássico de *cherchez la femme*. Seja por algumas palavras descuidadas ou por um comportamento demasiado impetuoso, Galois de alguma forma ofendeu a jovem dama, que imediatamente informou os outros dois homens. Quando esses "iludidos" confrontaram Galois, ele cometeu ainda o erro de se referir a todo o caso como "mísera obra da perfídia" e, assim, somou insulto ao agravo. As conseqüências foram desastrosas. Rápidos em defender a honra de Stéphanie, os dois homens desafiaram Galois a um duelo. Quem eram esses dois homens? Da própria carta de Galois, sabemos que ambos eram "patriotas" republicanos. A linguagem de Galois também sugere fortemente que pelo menos um de seus oponentes exercia algum cargo de autoridade, ao qual Galois se sentiu compelido a ceder. Tanto o pai de Stéphanie, Jean Louis Potterin du Motel, um ex-oficial do Grande Exército de Napoleão, e o proprietário da casa de convalescença, Denis Faultrier, um ex-capitão da guarda nacional, correspondem ao perfil. Observem, contudo, que o último também seria coerente com outra evidência. O primo de Galois descreveu um dos oponentes como um "suposto tio". Faultrier, o amigo íntimo da família que mais tarde se casou com a mãe de Stéphanie, se encaixa na descrição como uma luva. Quanto à identidade do segundo adversário, a situação é um pouco menos clara. Em sua recente e bem pesquisada biografia de Galois, Auffray sugere que os dois homens eram de fato o pai de Stéphanie e Faultrier. Isso ignora o testemunho do primo (quanto a um "suposto noivo") e a descrição no *Le Précurseur*, que acho difícil de aceitar. Embora a matéria no *Le Précurseur* contenha muitas imprecisões, elas são do tipo esperado em tais reportagens. A combinação da descrição de Gabriel Demante de um "suposto noivo", juntamente com a notícia do jornal, parece levar à dedução de um suposto jovem amante. Mas quem?

Ernest Armand Duchatelet, um jovem estudante da Escola de Arquivologia Paleográfica e amigo de Galois, encaixa-se melhor nas descrições. Lembremos que o chefe de polícia Gisquet também testemunhou que Galois "foi morto por um amigo". Tenho de admitir que não consegui encontrar nenhuma prova documentada de Duchatelet ter passado qualquer período na casa de convalescença Faultrier — ele foi libertado da prisão meses antes da transferência de Galois para lá. Entretanto, já que os prisioneiros políticos eram costumeiramente colocados em liberdade condicional em tais "casas de saúde", Duchatelet poderia ter estado lá antes da chegada de Galois. Além do mais, Galois tinha permissão de receber visitas na Faultrier e, de fato, seu amigo Auguste Chevalier foi vê-lo lá. Não seria um exagero supor que Duchatelet também tivesse ido. Finalmente, a relutância dos dois amigos (descrita no jornal) de um apontar a arma para o outro e a decisão deles de carregar apenas uma pistola para deixar a determinação de quem morreria ao destino cego, é inteiramente coerente com suas personalidades (veja também as notas).[30]

Poderia o oponente ter sido Pescheux d'Herbinville? Não é muito provável. Não se encaixa na descrição do jornal; teve poucas oportunidades, se é que teve alguma, de conhecer Stéphanie (por ser de um círculo social bem diferente); e pode até ter sido um homossexual (como insinua a descrição que Dumas faz dele). Então por que diabo Dumas o identificou pelo nome? Não sei, mas sabe-se que Dumas errou em detalhes desse tipo em diversas ocasiões.[31] Não causaria surpresa se ele tivesse confundido um jovem republicano por outro.

Proponho modestamente, portanto, que os dois oponentes de Galois foram Duchatelet e Faultrier.[32] Estaria finalmente resolvido o mistério de quase duzentos anos de quem matou Galois e por quê? Talvez. Embora acredite firmemente que a dupla Faultrier-Duchatelet é coerente com todos os fatos conhecidos, as informações sólidas são tão gravemente escassas que, a menos que venham à tona novas evidências no futuro, muitas incertezas continuarão a existir.

Supondo que minha conclusão sobre a identidade dos dois adversários esteja correta, o quadro que emerge para os eventos do dia do duelo é o seguinte: Na manhã de 30 de maio de 1832, Galois e Duchatelet enfrentaram-se a 25 passos, com Faultrier esperando por sua vez. Por um procedimento ao estilo da roleta-russa, aconteceu de Duchatelet apanhar a arma carregada e atirar em Galois.

O relatório da autópsia revela outros dois pontos interessantes. Primeiro, embora Galois tenha sido atingido de lado, ele não se postou inteiramente de

Figura 69

lado, da maneira que teria minimizado suas chances de ser atingido.[33] Ele não dava valor à vida? Dado seu estado de espírito, isto não é impossível. Afinal, do triste ponto de vista de Galois, sua história de vida poderia ser mais ou menos resumida da seguinte maneira: duas tentativas fracassadas de ingressar na Escola Politécnica; três monografias rejeitadas pela academia; duas prisões; e um coração partido por amor não-correspondido. De fato, pouco antes da morte, Galois se desenhou como Riquê, o topetudo (Figura 69),[34] um anão corcunda da ficção que era muito inteligente e cavalheiresco, mas motivo de zombaria de todos à sua volta. No conto do século XVII, Riquê curou uma jovem de sua estupidez e acabou conquistando o seu amor, tornando-se símbolo de uma transformação do tipo "a Bela e a Fera". Lamentavelmente, Galois foi menos feliz na vida real. Segundo, o relatório da autópsia descreve uma grande contusão na cabeça de Galois que foi provavelmente causada quando ele caiu. Se o golpe o deixou inconsciente e ele foi considerado morto, isso poderia explicar um fato que deixou perplexos muitos dos biógrafos de Galois — a maioria (se não todos) dos presentes ao duelo abandonou o cenário. A identificação potencial de Faultrier como um dos oponentes resolve outro mistério que intrigou muitos pesquisadores — por que nenhuma das testemunhas levou Galois ao hospital? No cenário proposto, Faultrier, o "ex-oficial", poderia ser, de fato, aquele a transportar Galois até Cochin. Um indício de que o pai estava sempre presente na memória de Galois pode ser fornecido pela seguinte curiosidade: no hospital, quando lhe perguntaram qual era o seu endereço, Galois deu Rue Saint-Jean-de-Beauvais, 6, o endereço de Paris em que Nicolas-Gabriel tinha cometido o suicídio.

FAMA PÓSTUMA

O funeral de Galois ocorreu no sábado, 2 de junho. Compareceram ao funeral milhares de amigos, membros dos Amigos do Povo e delegações de estudantes das escolas de direito e de medicina. Os líderes dos Amigos do Povo, Plagniol e Charles Pinel, proferiram discursos de louvor apaixonados. Se os republicanos tiveram quaisquer planos para usar o funeral para provocar um tumulto, eles foram rapidamente dissipados por uma inesperada reviravolta dos eventos. O chefe de polícia Gisquet, que tinha prendido cerca de trinta republicanos como uma medida preventiva na noite anterior, estava mantendo uma rígida vigilância do cortejo. Ele escreve em suas memórias:[35]

> Em 2 de junho, os republicanos acompanharam, em número de dois a três mil, o cortejo fúnebre de Legallois [Galois grafado erroneamente], com a intenção de iniciar as barricadas no momento de sua volta; mas tomaram conhecimento da morte do general Lamarque [um general famoso do exército de Napoleão] e perceberam imediatamente a vantagem que poderiam tirar de tal evento e da multidão que o funeral do general atrairia.[36] Seu plano foi, portanto, modificado: era o ataúde de um general do Império, de um representante patriota, que daria o sinal para a rebelião. O movimento foi, portanto, adiado até o dia 5.

Assim, o destino roubou de Galois até a oportunidade de incitar uma rebelião na morte. O desolado Auguste Chevalier escreveu um breve obituário que foi publicado em setembro de 1832.

Figura 70

Felizmente, os deuses foram mais generosos com o legado matemático de Galois. Dois jovens tenazes, o irmão de Galois, Alfred, e o amigo Auguste Chevalier, tomaram para si a tarefa de garantir que a memória e os artigos matemáticos de Évariste fossem salvos do esquecimento (a Figura 70 mostra um retrato de Galois, feito de memória por Alfred em 1848).[37] Meticulosamente, coletaram cada pedaço de papel, catalogaram todos os manuscritos e entregaram seu precioso tesouro ao matemático Joseph Liouville (1809-82). Este último, tomado de admiração, iniciou seu discurso na Academia de Ciências em 1843 com "Espero despertar o interesse da Academia no anúncio de que, entre os documentos de Évariste Galois, encontrei uma solução, tão exata quanto profunda, deste belo teorema: dada uma equação irredutível de primeiro grau, decidir se é ou não solucionável por radicais". Liouville publicou as memórias em seu periódico em 1846, anunciando ao mundo: "Reconheci a total exatidão do método pelo qual Galois demonstra, em particular, este belo teorema [sobre a resolubilidade das equações]". Em breve viriam outros reconhecimentos. Jacobi, em quem Galois tinha depositado sua confiança, mostrou-se fiel à tarefa. Tendo lido os artigos de Galois no *Liouville's Journal*, ele entrou imediatamente em contato com Alfred em uma tentativa de descobrir mais sobre o trabalho de Galois sobre as funções transcendentais. Em 1856, a teoria de Galois foi introduzida nos cursos avançados de álgebra da França e Alemanha.

A escola que expulsara Galois também teve, finalmente, uma mudança de opinião. Por ocasião das comemorações do centenário, a Escola Normal pediu ao famoso matemático norueguês Sophus Lie (1842-99) que escrevesse um artigo que resumisse o impacto da teoria de Galois sobre a história da matemática. Lie concluiu: "É particularmente característico da matemática que duas das descobertas mais profundas que já foram feitas (o teorema de Abel e a teoria das equações algébricas de Galois) tenham sido o trabalho de dois geômetras dos quais um, Abel, tinha cerca de 24 anos de idade e o outro, Galois, não tinha chegado aos 20."[38] Quando o grande matemático Émile Picard (1856-1941) avaliou em 1897 as façanhas matemáticas do século XIX, ele teve isto a dizer sobre Galois: "Ninguém o supera na originalidade e na profundidade de suas concepções."

A Escola Normal fechou o círculo quando, em 13 de junho de 1909, seu diretor, Jules Tannery, foi a Bourg-la-Reine fazer uma apresentação especial por ocasião da colocação de uma placa comemorativa na casa de Galois (a Figura 71 mostra uma carta de Tannery ao prefeito de Bourg-la-Reine e a Figura 72 mostra a placa na casa original).[39] Mal conseguindo controlar as emoções, Tannery encerrou com um comovente mea-culpa:

> Tenho a honra de fazer um discurso aqui pelo cargo que ocupo na Escola Normal. Agradeço ao senhor, Sr. Prefeito, por permitir que eu peça desculpas ao gênio Galois em nome desta escola, na qual ele ingressou relutantemente,

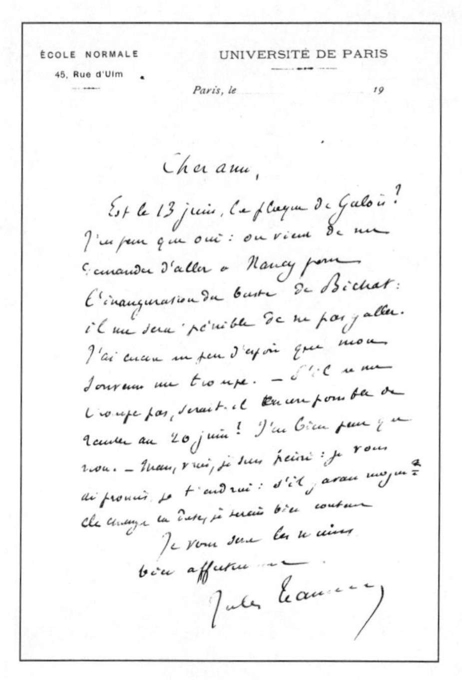

ÉCOLE NORMALE
45, Rue d'Ulm

UNIVERSITÉ DE PARIS

Paris, le 19

Cher ami,

Est-ce le 13 juin, la plaque de Galois? J'ai peur que oui: on vient de me demander d'aller à Nancy pour l'inauguration du buste de Bichat: il me sera pénible de n'y pas aller. J'ai encore un peu d'espoir que mon souvenir me trompe. — S'il ne me trompe pas, serait-il encore possible de remettre au 20 juin? J'ai bien peur que non. — Mais, vrai, je suis peiné: je vous ai promis, je tiendrai: s'il y avait moyen de changer la date, je serais bien content.

Je vous serre les mains bien affectueusement.

Jules Tannery

Figura 71

onde foi mal compreendido, que o expulsou, mas para a qual ele foi, afinal, uma das glórias mais brilhantes.[40]

Figura 72

Essas palavras sinceras ecoaram nos meus ouvidos quando eu estava no cemitério de Bourg-la-Reine, onde as memórias de Nicolas-Gabriel e Évariste Galois são hoje tão inseparáveis (Figura 73) quanto pai e filho foram durante a breve vida de Évariste.

Mas como pôde uma ferramenta, não importa quão engenhosa, inventada para descobrir se certas equações podem ser resolvidas, evoluir e se transformar em uma linguagem que descreve todas as simetrias do mundo? Afinal, quando discutimos simetrias, as equações algébricas não são as primeiras coisas que vêm à mente. O próprio Galois não tinha certeza para onde sua teoria iria levar: "Seria possível entender inteiramente a tese geral que proponho apenas quando alguém que tiver uma aplicação para ela ler meu trabalho cuidadosamente." É precisamente aqui que aparece a mágica unificadora da teoria de grupos — aquela "grandeza de pensamento de tão frágeis começos" que entusiasmava o matemático britânico H. F. Baker. Para apreciar plenamente o incrível poder abrangente do conceito iniciado por Galois, voltaremos agora ao domínio dos grupos e das simetrias.

Figura 73

– SEIS –

GRUPOS

Galois pegou a álgebra e transformou-a de uma maneira nova e surpreendente. Se quiser saber se uma equação é ou não solúvel, você simplesmente tenta resolvê-la, certo? Errado, disse Galois. Tudo o que você precisa fazer é examinar as permutações das soluções desconhecidas. Como podem permutações de soluções que sequer conhecemos nos dizer qualquer coisa sobre resolubilidade? O fato de que as permutações podem fornecer pelo menos algumas novas informações já era há muito sabido no mundo não-matemático. Anagramas — palavras ou frases formadas pelas letras de outras em ordem diferente — fazem justamente isso. Vejamos o nome GALOIS, por exemplo. A admissão de anagramas de duas palavras nos leva a combinações como SAI GOL, GIL SOA, SIGO LÁ, e assim por diante. Quantos arranjos diferentes (desconsiderando significado e acentuação) das letras em GALOIS podemos construir? A resposta não é difícil, mas poderíamos começar com um caso mais simples ainda para descobrir a regra geral. As letras A e B permitem dois arranjos: AB e BA. Três letras, A, B, C, podem formar seis permutações: ABC, ACB, BAC, BCA, CAB, CBA. O padrão que emerge é simples. Com A, B, C, existem três locais onde o A pode ser colocado (primeiro, segundo, terceiro). Para cada uma das três escolhas feitas para A, existem precisamente dois lugares restantes para a letra B (por exemplo, se A é o segundo, B pode ser o primeiro ou o terceiro) e um único lugar resta para o C. O número total de arranjos é, portanto, $3 \times 2 \times 1 = 6$. A mesma lógica se aplica a qualquer número de objetos. Para as seis letras em GALOIS existem, portanto, $6 \times 5 \times 4 \times 3 \times 2 \times 1 = 720$ arranjos diferentes e para qualquer número n de objetos diferentes, existem $n \times (n-1) \times (n-2) \times (n-3)\ldots \times 1$ permutações. Para economizar espaço, o matemático francês Christian Kramp (1760-1826) introduziu a notação $n!$ (*n fatorial*) para denotar este último produto. O número de permutações de n objetos diferentes é, portanto, precisamente $n!$.

Um dos primeiros estudos registrados de permutações ocorre não em um livro de matemática, e sim em um livro de misticismo judaico que data de algum momento entre o terceiro e sexto séculos. O Sêfer Ietsirá (*Livro da Criação*)[1] é um livro curto e enigmático que propõe resolver o mistério da criação com o exame das combinações de letras do alfabeto hebraico. A premissa geral do livro (que é atribuído pela lenda cabalista ao patriarca judeu Abraão) é que diferentes categorias de letras formam blocos fundamentais divinos com os quais todas as coisas podem ser construídas. Nesse espírito, o livro declara: "Duas letras constroem duas palavras, três constroem seis palavras, quatro constroem 24 palavras, cinco constroem 120, seis constroem 720, sete constroem 5.040."

Para ver como a revelação das relações entre diferentes permutações e suas propriedades pode levar a novas concepções mais profundas, examinemos a operação que permuta GALOIS e o transforma em AGLISO.[2] Esta operação é representada por (na notação introduzida no capítulo 2):

$$\begin{pmatrix} G\,A\,L\,O\,I\,S \\ A\,G\,L\,I\,S\,O \end{pmatrix}$$

onde cada letra na linha superior é substituída pela letra diretamente abaixo dela. Especificamente, G é substituído por A, A por G, L permanece igual, O por I, I por *S* e S por O.

O que acontecerá se aplicarmos a mesma operação duas vezes? É fácil de ver que efetuar precisamente a mesma substituição uma segunda vez transforma AGLISO em GALSOI. Imagine agora que, começando com GALOIS, um computador que enlouqueceu repita a mesma operação, digamos, 1.327 vezes. Podemos prever o resultado final? É claro que poderíamos encontrar o resultado pelo jeito difícil, aplicando repetidas vezes a operação, mas isso é extremamente tedioso e certamente propenso a muitos erros. Existe uma maneira mais fácil de encontrar a resposta? Talvez você queira gastar alguns minutos pensando no problema, já que sua decifração revela propriedades interessantes das permutações que estão no espírito da prova de Galois. Em todo caso, darei a solução agora.

No lado da matemática recreativa, as permutações e suas características apareceram com destaque em pelo menos dois quebra-cabeças bem famosos — o quebra-cabeça 14-15 e o cubo de Rubik.

O quebra-cabeça 14-15[3] foi introduzido dos anos 1870 pelo maior criador de quebra-cabeças dos Estados Unidos, Samuel Loyd (1841-1911), e por algum tempo levou o mundo todo à loucura. Na época, Loyd já era o mais destacado autor de problemas de xadrez dos Estados Unidos, bem como um colunista da seção de xadrez em várias revistas. Mesmo antes do célebre quebra-cabeça 14-15, contudo, ele começou a publicar uma grande variedade de outros tipos de enigmas matemáticos.

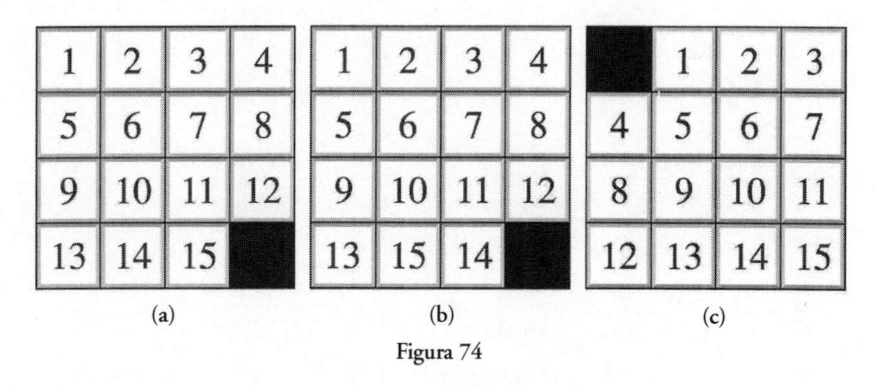

Figura 74

O quebra-cabeça 14-15 consiste em uma grade de 4 × 4 casas numeradas de 1 a 15 (Figura 74a). A finalidade geral era deslizar as casas para cima, para baixo ou para os lados e reorganizá-las na ordem seriada, partindo de qualquer configuração inicial. A versão particular do quebra-cabeça 14-15 que causou toda a comoção foi uma na qual todos os números estavam na ordem regular, com a exceção do 14 e 15, que estavam invertidos (como na Figura 74b). Loyd ofereceu um prêmio de mil dólares para a primeira pessoa que conseguisse apresentar uma série de deslizamentos que levaria à troca apenas do 14 e do 15. O quebra-cabeça criou uma mania sem precedentes e fascinou todo tipo de gente. O filho de Loyd, que mais tarde publicou uma coletânea fascinante dos enigmas do pai (chamado *Cyclopedia of Puzzles*), escreveu na descrição que fez do fascínio universal que "sabe-se de lavradores que abandonaram as enxadas" para lutar contra o obstinado quebra-cabeça. Na verdade, Loyd sabia muito bem que ele não tinha arriscado absolutamente nada ao oferecer o prêmio — ele podia demonstrar que o quebra-cabeça não poderia ser resolvido. Para entender o ponto crucial da demonstração de Loyd, consideremos, por exemplo, a seguinte permutação:

$$\begin{pmatrix} 1 & 2 & 3 & 4 & 5 & 6 & 7 & 8 & 9 & 10 & 11 & 12 & 13 & 14 & 15 \\ 1 & 2 & 3 & 4 & 6 & 7 & 8 & 12 & 5 & 10 & 11 & 15 & 9 & 13 & 14 \end{pmatrix}$$

É fácil descobrir que essa permutação é executável a partir da grade de 1-15 de Loyd, se originalmente disposta em uma ordem seriada (como na Figura 74a). Mesmo sem a grade de Loyd à mão, você pode traçar mentalmente a seguinte seqüência de movimentos (onde cada número representa aquele a ser deslizado até o espaço vazio) — 15, 14, 13, 9, 5, 6, 7, 8, 12, 15 — você descobrirá que ela produz a permutação desejada acima. Vamos contar quantos pares de números nessa permutação estão fora de sua ordem natural. Por exemplo, na ordem natural, o 6 vem depois do 5, mas nesta permutação a ordem do 6 e 5 está invertida. Podemos pegar cada dígito da segunda linha de cada vez e contar o número de reversões:

1	não contribui com nenhuma reversão	0 reversões
2	não contribui com nenhuma reversão	0 reversões
3	não contribui com nenhuma reversão	0 reversões
4	não contribui com nenhuma reversão	0 reversões
6	é seguido de 5	1 reversão
7	é seguido de 5	1 reversão
8	é seguido de 5	1 reversão
12	é seguido de 5, 10, 11, 9	4 reversões
5	não contribui com nenhuma reversão	0 reversões
10	é seguido de 9	1 reversão
11	é seguido de 9	1 reversão
15	é seguido de 9, 13, 14	3 reversões
9	não contribui com nenhuma reversão	0 reversões
13	não contribui com nenhuma reversão	0 reversões
14	não contribui com nenhuma reversão	0 reversões
	Número total de reversões	12

O número total, 12, é par e, portanto, esta permutação particular é chamada de uma *permutação par*. Da mesma forma, quando o número de reversões é ímpar, falamos de uma *permutação ímpar*. Um pequeno experimento irá convencê-lo de que, por desenho, as permutações que podem ser obtidas com o brinquedo Loyd são sempre pares, desde que você comece com a ordem natural e termine deixando vazia a casa do canto inferior direito. Já que a reversão do único par dos números 14 e 15 resulta em uma permutação ímpar (1 inversão), não importa o quanto você tente, nunca conseguirá recuperar a ordem natural. Loyd tinha certeza de que nunca teria de pagar o prêmio oferecido.

Se, de alguma maneira, o quebra-cabeça 14-15 prendeu a sua imaginação e acontecer de você ter nas mãos um brinquedo de Loyd, seria interessante você tentar o seguinte: da configuração inicial com o 14 e 15 invertidos (Figura 74b), você consegue chegar à ordem natural se o quadrado vazio na configuração final estiver no canto superior esquerdo (como na Figura 74c)? A resposta é apresentada no apêndice 9.

Cerca de um século depois do aparecimento do quebra-cabeça de Loyd, o arquiteto húngaro Ernö Rubik apresentou um dispositivo ainda mais sofisticado e extremamente popular. O Cubo de Rubik (Figura 75) consiste em uma matriz 3 × 3 × 3 de cubos menores. As faces dos cubos pequenos são pintadas de cores diferentes e as faces do cubo grande são pivotantes de tal maneira que podem ser giradas em diferentes direções. O objetivo do quebra-cabeça é produzir uma configuração na qual cada face do cubo grande seja composta de uma única cor. Rubik inventou o cubo em 1974[4] e, em 1980, o cubo tornou-se uma sensação internacional. Por cerca de três anos, a mania Rubik varreu o mundo. Das crianças nas escolas até executivos de elegantes escritórios, todo mundo estava tentando resolver o cubo e fazê-lo em tempo cada vez menor. Em homenagem ao inventor,[5] em 5 de junho de 1982 Budapeste foi anfitriã do primeiro campeonato mundial para o mais veloz resolvedor do cubo. Dezenove competições nacionais organizadas antes produziram campeões que foram a Budapeste. O

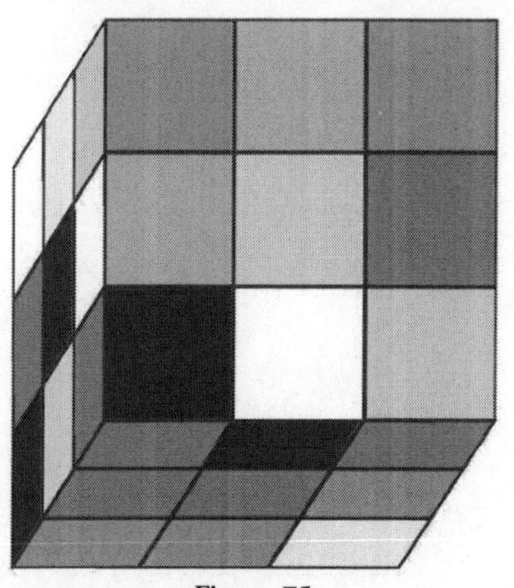

Figura 75

vencedor, Minh Thai, dos Estados Unidos, realizou a tarefa em impressionantes 22,95 segundos, mesmo com os cubos usados na competição sendo novos e, portanto, mais lentos em suas rotações que seus "surrados" homólogos. Tempos ainda menores foram registrados desde então. No momento em que escrevo isto, Jess Bonde, da Dinamarca, registrou o menor tempo conseguido em um campeonato oficial — 16,53 segundos! Mesmo se forem excluídas as inúmeras imitações do Cubo de Rubik, o assombroso número de mais de 200 milhões de cubos foram vendidos até o momento em todo o mundo.

Já que não existem menos de 43.252.003.274.489.856.000 diferentes padrões que o cubo pode exibir, dá para imaginar que ninguém de fato tentou todos eles para resolvê-lo. Pelo contrário, cada movimento do cubo de Rubik pode ser representado como uma permutação de seus vértices. De fato, a solução do quebra-cabeça do cubo[6] pode ser inteiramente escrita na linguagem da teoria de grupos. O matemático David Joyner,[7] da Academia Naval dos Estados Unidos, até esquematizou um curso completo de teoria de grupos em torno do cubo de Rubik e brinquedos matemáticos similares.

Voltando agora ao quebra-cabeça GALOIS-AGLISO apresentado no início deste capítulo, como podemos descobrir qual permutação seria obtida depois de 1.327 aplicações da mesma transformação? Em primeiro lugar, repare que a operação deixa a letra L inalterada, na terceira posição. Segundo, descobrimos que as letras O, I, S são permutadas de tal maneira que o efeito é movê-las "em torno de um círculo" (como na Figura 76). Isso é parecido com a rotina de treino de basquete em que os jogadores formam uma fila e depois de lançar a bola à cesta, cada jogador volta ao fim da fila. Permutações deste tipo são chamadas *permutações cíclicas.* Uma propriedade importante das permutações cíclicas é que elas voltam à ordem original depois de um número fixo de aplicações denominado o *período.* A Figura 76 mostra que a permutação cíclica de O, I, S tem um

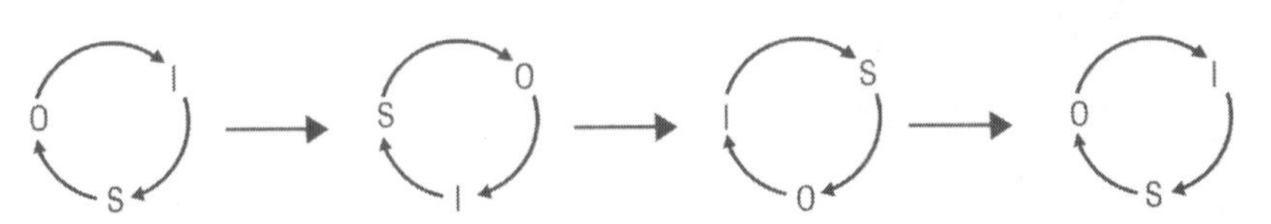

Figura 76

período 3 — a ordem é recuperada depois de três passos. O último ponto a perceber sobre a operação GALOIS-AGLISO é que as letras G e A são transpostas, voltando à ordem original depois de duas operações. Se juntarmos todas essas informações, descobrimos uma maneira fácil de desvendar o problema. Já que O, I, S voltam à sua ordem inicial a cada três passos e G e A a cada dois passos (L permanece inalterado), recuperamos a palavra original GALOIS a cada 3 × 2 = 6 passos (para confirmar isso, você pode repetir as substituições seis vezes). O número 1.327 é igual a 6 × 221 + 1. Isso significa que depois do 1.326º (= 6 × 221) passo, as letras serão GALOIS e, em seguida, o passo extra simplesmente resultará em AGLISO — a palavra final. Há uma lição importante a ser aprendida aqui: *A análise das propriedades da permutação nos permitiu prever com confiança o resultado final sem realmente ter de realizar a experiência.* Foi essa também a filosofia básica por trás da teoria de Galois. Ele descobriu uma maneira engenhosa de determinar se uma equação é solúvel por meio de um exame das propriedades de simetria das permutações de suas soluções.

Assim como dois embaralhamentos consecutivos de um baralho de cartas não produzem nada além de um embaralhamento diferente, a realização de uma única permutação seguida por outra resulta em mais uma terceira permutação. Conseqüentemente, as permutações obedecem automaticamente à exigência do fechamento de grupos. Lembremos que *fechamento* implica que a combinação de dois membros de grupo pela operação do grupo produz um outro membro do grupo. Por exemplo, o conjunto de todos os números positivos (inteiros, frações e números irracionais) forma um grupo sob a operação de multiplicação simples. Em particular, a exigência de fechamento é satisfeita porque o produto de dois números positivos quaisquer é também um número positivo. A identificação de permutações como objetos matemáticos cruciais que merecem ser estudados, portanto, colocou Galois na estrada para a formulação da teoria de grupos.

GRUPOS E PERMUTAÇÕES

Permutações e grupos estão intimamente relacionados. Na verdade o conceito de grupo nasceu do estudo das permutações. Para Galois, esse era apenas o primeiro passo de uma série de invenções e idéias geniais que prepararam o caminho para a sua demonstração brilhante.

Vou apresentar um rápido lembrete da definição precisa de grupo vista no capítulo 2. Um grupo consiste de membros que têm de obedecer quatro regras com respeito à operação de grupo. Como exemplo, tomemos a coleção de todas as deformações possíveis que podem ser realizadas em uma peça de massinha de modelar, com a operação sendo definida como "seguido de". As regras são as seguintes. Primeira, a combinação de dois membros quaisquer pela operação de grupo tem de produzir outro membro (essa propriedade é chamada *fechamento*). Obviamente, uma deformação da massinha de modelar seguida de uma segunda deformação simplesmente gera outra deformação. Segunda, a operação tem de ser associativa, significando que quando três membros ordenados são combinados, o resultado não depende de quais dois consecutivos são combinados antes. Transformações sucessivas, como as deformações da massinha, satisfazem essa regra automaticamente. Terceira, o grupo deve conter um elemento "status quo" ou neutro, que, quando combinado com qualquer outro membro, deixa esse membro inalterado. Para a massinha, a deformação "não fazer nada", que chamaremos de identidade, desempenha o papel. Finalmente, para cada membro do grupo, deve existir um "como você era" ou *elemento inverso*, tal que, quando um membro é combinado com seu inverso, a combinação produz a identidade. Para cada deformação da massinha, existe uma contradeformação que restaura o formato original.

Examinemos agora a coleção de todas as permutações possíveis dos três números 1, 2, 3:

$$\underset{I}{\begin{pmatrix}123\\123\end{pmatrix}} \quad \underset{s_1}{\begin{pmatrix}123\\231\end{pmatrix}} \quad \underset{s_2}{\begin{pmatrix}123\\312\end{pmatrix}} \quad \underset{t_1}{\begin{pmatrix}123\\132\end{pmatrix}} \quad \underset{t_2}{\begin{pmatrix}123\\321\end{pmatrix}} \quad \underset{t_3}{\begin{pmatrix}123\\213\end{pmatrix}}$$

Aqui, para poder fazer referência a elas, rotulei cada uma das diferentes operações. A identidade, que transforma cada número em si mesmo, é denotada por I. Cada uma das operações t_1, t_2 e t_3 *transpõe* ou alterna dois dos números, mantendo o terceiro intacto. As duas operações s_1 e s_2 são, ambas, *permutações cíclicas*, movendo os números ao redor de um círculo.

Observe agora o que acontece quando aplicamos duas operações de permutação sucessivamente. Lembremos que o importante é qual número substitui qual e não a ordem em que são escritos. Tomemos, por exemplo, t_1 seguido de s_1. A operação t_1 transforma 1 em si mesmo e, então, s_1 muda 1 em 2. O resultado líquido é, portanto, a transformação $1 \longrightarrow 2$. Ao mesmo tempo, t_1 substitui 2 por 3 e, então, s_1 substitui 3 por 1, produzindo o resultado final: $2 \longrightarrow 1$. Finalmente, 3 é transformado em 2 pela operação t_1 e, depois, de volta para 3 pela operação s_1. Descobrimos que t_1 seguido de s_1 fornece a permutação:

$$\begin{pmatrix} 123 \\ 213 \end{pmatrix}$$

que é precisamente a operação t_3. Em outras palavras, se o símbolo $\circ$ denota a operação "seguido de", descobrimos que $s_1 \circ t_1 = t_3$ (lembremos que a operação aplicada em primeiro lugar está sempre à direita).

A "tabela de multiplicação" completa para as seis permutações assume a forma:

$\circ$	I	s_1	s_2	t_1	t_2	t_3
I	I	s_1	s_2	t_1	t_2	t_3
s_1	s_1	s_2	I	t_3	t_1	t_2
s_2	s_2	I	s_1	t_2	t_3	t_1
t_1	t_1	t_2	t_3	I	s_1	s_2
t_2	t_2	t_3	t_1	s_2	I	s_1
t_3	t_3	t_1	t_2	s_1	s_2	I

onde a entrada, digamos, na linha s_2 e coluna t_3 fornece o resultado de $s_2 \circ t_3$, que é t_1. À primeira vista, a tabela pode parecer uma confusão, mas uma inspeção mais cuidadosa revela uma verdade importante: *a coleção de todas as permutações dos três objetos forma um grupo.*[8] De fato, essa afirmativa é verdadeira para as permutações de qualquer número de objetos. A tabela demonstra o fechamento (a combinação de duas permutações quaisquer de três objetos fornece outra permutação de três objetos) e também o fato de que toda permutação tem um inverso — que "desfaz" o efeito da primeira. Neste caso, você pode verificar que s_1 e s_2 são inversas uma da outra — a aplicação de uma depois da outra restaura a ordem original ($s_1 \circ s_2 = I$; $s_2 \circ s_1 = I$). Do mesmo jeito, cada uma das operações t_1, t_2, t_3 é sua própria inversa. Isto é, a aplicação de uma delas duas vezes restaura o *status quo* ($t_1 \circ t_1 = I$; $t_2 \circ t_2 = I$; $t_3 \circ t_3 = I$). O grupo de todas as $n!$ permutações de n objetos diferentes é comumente denotado por S_n. O número de membros de um grupo é chamado de *ordem* do grupo. A ordem do grupo de permutações de três objetos, S_3, por exemplo, é 6, porque existem precisamente seis dessas permutações.

Por que deveríamos nos importar se as permutações formam grupos ou não? Não apenas porque, historicamente, foram esses os objetos que deram origem ao conceito de grupo em primeiro lugar, mas também porque esses grupos particulares estão, em um certo sentido, no palco central da teoria de grupos.

Para demonstrar o papel especial dos grupos de permutações, inspecionemos novamente as simetrias do triângulo equilátero. Lembremos que havia seis dessas simetrias que deixavam o triângulo inalterado, correspondendo à identidade, rotação por 120 graus, rotação por 240 graus e reflexão em torno de três eixos (veja a Figura 9, capítulo 1). No capítulo 2, descobrimos que o conjunto de simetrias de qualquer objeto forma um grupo. Já que o grupo de simetrias do triângulo tem precisamente o mesmo número de membros que o grupo de permutações de três objetos — ambos são da ordem 6 —, faz sentido especular se esses dois grupos estariam de alguma forma relacionados. Mas o que realmente faz uma rotação de 120 graus em sentido anti-horário do triângulo (Figura 77)? Simplesmente pega o vértice *A* e o move da posição 1 para a posição 2. Ao mesmo tempo, move o vértice *B* da posição 2 para a posição 3 e o vértice *C* da posição 3 para a posição 1. Em outras palavras, podemos ver essa rotação como nada mais que uma permutação das posições 1, 2, 3 com respeito aos vértices do triângulo em rotação:

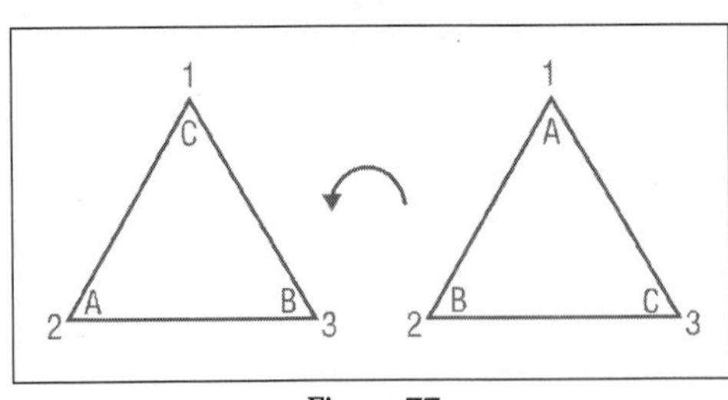

Figura 77

$$\begin{pmatrix} 123 \\ 213 \end{pmatrix}$$

Da mesma forma, cada uma das outras cinco simetrias do triângulo corresponde a uma das outras permutações — *a estrutura dos dois grupos é idêntica!* Isso determina uma ligação íntima inesperada entre simetrias e permutações, através da teoria de grupos. Essa percepção forma a base de um importante teorema demonstrado em 1878 pelo matemático inglês Arthur Cayley (1821-95). Em linguagem simples, o teorema afirma um fato bem impressionante: *Todo grupo é feito no mesmo molde de um grupo de permutações.*[9] Isto é, apesar da imensa latitude que a definição de grupos permite, existe sempre um grupo de permutações que, para todos os fins práticos, é idêntico a qualquer grupo. No jargão da matemática, dois grupos que têm a mesma estrutura ou a mesma "tabela de multiplicação", como o grupo de permutações de três objetos e o grupo de simetrias do triângulo equilátero, são chamados de *isomorfos.* Para dar um outro exemplo, lembremos do capítulo 2 que o grupo de simetrias da figura humana contém dois membros — a identidade e a reflexão em torno de um plano vertical (este último representando uma simetria bilateral). A "tabela de multiplicação" desse grupo sob a operação "seguida de" (onde I e r denotam a identidade e a reflexão, respectivamente) assume a forma (porque a aplicação da reflexão duas vezes restaura a figura original):

$\circ$	I	r
I	I	r
r	r	I

Examinemos agora o grupo simples composto dos dois números 1 e –1, com uma operação de multiplicação comum. A tabela de multiplicação (desta vez literalmente) do grupo é:

×	1	–1
1	1	–1
–1	–1	1

Ao inspecionar as duas tabelas, você descobrirá imediatamente que elas têm exatamente a mesma estrutura assim que você fizer a correspondência $I \leftrightarrow 1$, $r \leftrightarrow -1$. O grupo de simetrias do corpo humano é *isomorfo* a esse grupo de multiplicação de dois membros.

Além do conceito fundamental de grupos de permutações, houve mais uma ferramenta matemática inteligente de que Galois precisou para lhe permitir que embarcasse na demonstração de que a quíntica geral (e qualquer equação de grau superior) não pode ser resolvida por uma fórmula. A idéia era a de *subgrupo*. Assim como algumas divisões dentro de organizações ou partidos políticos que, elas próprias, ocasionalmente se tornam partidos, certos subconjuntos de membros de um grupo podem, por si sós, satisfazer todas as quatros exigências para ser um grupo (fechamento, associatividade, identidade, inverso). Nesse caso, diz-se que o subconjunto forma um subgrupo. Por exemplo, as duas permutações I e t_3 da página 190 formam um subgrupo do grupo de permutações de três objetos S_3, porque $I \circ t_3 = t_3$ e $t_3 \circ t_3 = I$ (veja a tabela na página 191), implicando fechamento e significando que t_3 e I são seus próprios inversos. Se dividirmos a ordem (número de membros) do grupo parental (6 no caso de S_3) pela ordem do subgrupo (2 para o subgrupo acima), obteremos o *fator de composição*. No exemplo acima, o fator de composição é $6 \div 2$ ou 3. O fato de isso ter se revelado um número inteiro não é por acaso. Um teorema importante de Lagrange garante que este será sempre o caso: a ordem de um subgrupo finito sempre divide de forma exata a ordem de seu grupo pai finito. Você jamais descobrirá que um grupo de ordem 12 tem um subgrupo de ordem 5, 7 ou 8; poderá ter subgrupos de ordem 2, 3, 4 ou 6.

Galois estava agora de posse de todas as ferramentas que julgava necessárias para a demonstração, mas ainda era preciso um salto imensamente imaginativo para juntar todos esses elementos e criar um quadro coerente. A história da matemática estava prestes a ser feita.

A BRILHANTE DEMONSTRAÇÃO DE GALOIS

Em um famoso cartum de Sidney Harris, dois cientistas estão ao lado de um quadro-negro coberto de equações. Um deles aponta para a frase "ENTÃO

OCORRE UM MILAGRE", que está escrita entre duas equações complexas e a legenda é a seguinte: "Acho que você deveria ser mais explícito aqui, no segundo passo." O estalo de Galois tem a estatura de um milagre. Na história da ciência, mesmo as grandes descobertas geralmente têm suas origens ligadas a alguma coisa que estava "no ar" na época. São idéias cujo momento chegou. A maioria dos físicos concordaria, por exemplo, que não tivesse Einstein sugerido sua teoria da relatividade especial, da qual emergiu a famosa equação $E = mc^2$, mais cedo ou mais tarde surgiria alguém propondo a mesma idéia. Uma exceção notável, onde não havia quase nada "no ar" — onde a mesma grandiosa visão teria provavelmente se materializado apenas muitíssimo mais tarde —, é a teoria de relatividade geral de Einstein. É a noção de que a força da gravidade reflete meramente a geometria do espaço e do tempo. Corpos de massa imensa dobram o espaço-tempo ao seu redor exatamente como uma bola pesada de boliche faz um trampolim arquear. Em seu movimento ao redor do Sol, os planetas seguem órbitas curvas não por causa de alguma atração insondável, mas por causa dessa dobra. A idéia significou tamanha revolução na percepção do próprio tecido do universo que o famoso físico americano Richard Feynman (1918-88) disse certa vez: "Ainda não consigo entender como ele pensou nisso." Mesmo hoje, noventa anos depois do primeiro artigo sobre a relatividade geral, a intuição de Einstein ainda é surpreendente (voltarei à relatividade geral no capítulo 7).

Muitos matemáticos ficam ainda estupefatos quando pensam em Galois. Joseph Rotman, da Universidade de Illinois, me disse: "A invenção de grupos de Galois foi uma tacada de gênio. Afinal, o grande matemático Abel, que trabalhou no problema da resolubilidade por radicais na mesma época, não propôs a teoria de grupos. Na verdade, somente Cauchy, em sua volta à França nos anos 1840, pareceu reconhecer as proezas de Galois, e os intensos estudos teóricos sobre grupos de Cauchy levaram ao uso da teoria de grupos em outros campos da matemática." O algebrista Peter Neumann, da Universidade de Oxford, acrescentou: "Galois teve uma intuição extraordinária que levou ao conhecimento de grupos por seu próprio valor, mas igualmente extraordinário foi seu entendimento de como poderiam ser usados na teoria das equações — criando, ao final, aquilo que hoje chamamos de teoria de Galois (que, afinal de contas, é a teoria das equações moderna)."

Mas, então, como Galois demonstrou suas proposições criativas? Mesmo apenas a essência da demonstração de Galois é um tanto técnica, mas serve como uma janela tão singular que permite ver sua criatividade inigualável, de modo que sem dúvida alguma vale a pena o esforço necessário para penetrar nela. Seguir os passos lógicos da demonstração é como ter caminhado pelo labirinto da mente de Mozart enquanto ele estava compondo uma de suas sinfonias.

A demonstração contém três ingredientes cruciais,[10] todos marcados por originalidade e imaginação. Galois começou mostrando que toda equação tem seu próprio "perfil de simetria" — um grupo de permutações (agora chamado de grupo de Galois) que representa as propriedades de simetria da equação. Nunca será demais enfatizar a importância desse passo. Antes de Galois, as equações eram sempre classificadas apenas pelo grau: quadráticas, cúbicas, quínticas e assim por diante. Galois descobriu que a simetria era uma característica mais importante. A classificação de equações por seu grau é análoga ao agrupamento de blocos de construção de madeira de uma caixa de brinquedos de acordo com os seus tamanhos. A classificação de Galois por propriedades de simetria é equivalente à percepção de que o formato dos blocos — redondo, quadrado ou triangular — é mais fundamental. Especificamente, o grupo de Galois de uma equação é o maior grupo de permutações de soluções que deixa inalterados os valores de determinadas combinações dessas soluções. Por exemplo, tomemos o grupo de permutações de dois objetos. Esse grupo é composto de dois membros — a identidade e a operação que intercambia os dois objetos. Agora, examinemos a equação quadrática. Podemos denotar suas duas supostas soluções como x_1 e x_2. Indubitavelmente, a combinação que é a soma das duas soluções,[11] $x_1 + x_2$, permanece inalterada sob a operação dos dois membros do grupo de permutações de dois objetos. A identidade deixa x_1 e x_2 intactos e trocar x_1 e x_2 simplesmente transforma $x_1 + x_2$ em $x_2 + x_1$, que tem o mesmo valor. Para equações de grau n, sabemos do teorema fundamental da álgebra de Gauss que elas têm n soluções. O número máximo de permutações possíveis de n soluções é $n!$ e o grupo que contém todas estas permutações é o grupo que chamamos anteriormente de S_n. Galois foi capaz de demonstrar que para qualquer grau n, é sempre possível encontrar equações para as quais o grupo de Galois é realmente o S_n integral. Em outras palavras, ele mostrou que, em qualquer grau, existem equações que possuem a *máxima simetria possível*. Existem equações quínticas, por exemplo, para as quais o grupo de Galois é S_5.

O segundo ingrediente da demonstração de Galois foi mais uma inovação. Já tendo introduzido o conceito de subgrupo, Galois agora deu a esse conceito um ajuste a mais com a definição de *subgrupo normal*. Tomemos, por exemplo, o grupo de seis permutações de três objetos, S_3. É fácil verificar que um subconjunto composto pelas três operações I, s_1, s_2 (veja a página 191) forma um subgrupo de S_3. O fechamento é garantido pelo fato (veja a tabela de multiplicação na página 191) de $s_1 \circ s_1 = s_2$, $s_2 \circ s_2 = s_1$ e s_1 e s_2 ser, cada um, o inverso do outro ($s_1 \circ s_2 = I$). Vamos denotar tal subgrupo de três membros por T. Suponhamos, agora, que tomamos qualquer membro de T, por exemplo, s_1, e o "multiplicamos" à esquerda por um membro do grupo pai S_3, digamos t_1, e à direita pelo inverso do mesmo membro (que acontece de ser também t_1, porque t_1 é seu próprio inverso). Isto é, construímos a seqüência de operações $t_1 \circ s_1 \circ t_1$. Usando a "tabela de multiplicação" da página 191, descobrimos que $s_1 \circ t_1 = t_3$ e que $t_1 \circ t_3 = s_2$. Em outras palavras, $t_1 \circ s_1 \circ t_1 = s_2$ e s_2 é ele próprio um membro do subgrupo T. Se todo membro de um subgrupo satisfaz essa propriedade (que multiplicando-o à esquerda por um membro do grupo pai e à direita pelo inverso fornece um membro do subgrupo), então o subgrupo é denominado *subgrupo normal*. É fácil verificar que T é realmente um subgrupo normal de S_3. De fato, T é o subgrupo normal *máximo* (da maior ordem) de S_3. Em geral, se um grupo realmente tem subgrupos normais (que não o próprio grupo), um deles seria o maior. Por sua vez, esse subgrupo máximo pode ter como descendente seus próprios subgrupos normais. Um destes seria, novamente, o de maior ordem. Dessa maneira, pode ser traçada toda uma genealogia de subgrupos normais máximos. Podemos usar a árvore genealógica de tais subgrupos para criar uma seqüência de *fatores de composição* (ordem do grupo pai dividida pela aquela do subgrupo normal máximo). No caso de S_3 e T, o fator de composição é $6 \div 3 = 2$. O único subgrupo normal que T tem é o grupo mais simples, de fato, trivial — aquele composto apenas pela identidade I. Esse grupo tem ordem 1. Logo, o fator de composição entre T e seu subgrupo normal é $3 \div 1 = 3$. A hierarquia de gerações dos grupos S_3, T e aquele composto apenas por I fornece, portanto, a seqüência de fatores de composição 2, 3.

Em nenhum outro lugar, o gênio de Galois brilhou mais que no terceiro passo de sua demonstração. Aqui, ele colocou em uso todas aquelas criações da sua imaginação. A pergunta que até o grande Abel tinha deixado aberta — o que é necessário para uma equação ser solúvel por uma fórmula? — estava prestes a ser respondida. Galois mostrou que para desfrutar o luxo de uma solução por fórmula, as equações devem ter um grupo de Galois de um tipo bem particular. Especificamente, Galois denominou um grupo *solúvel* se todo e cada um dos fatores de composição gerados por seus subgrupos normais máximos descendentes fosse um número primo (divisível apenas por 1 e por si mesmo). Ele conseguiu, então, justificar inteiramente o uso do nome "solúvel" pela comprovação de que *a condição para uma equação ser solúvel por uma fórmula é que seu grupo de Galois seja solúvel.* Essencialmente, Galois mostrou que, quando o grupo de Galois de uma equação é solúvel, o processo da solução da equação pode ser decomposto em passos mais simples, cada qual envolvendo apenas a solução das equações de menor grau.

Como o teorema é usado na prática? No caso da cúbica geral, por exemplo, a equação é mais simétrica quando seu grupo de Galois é S_3 (o grupo de todas as permutações das três soluções). S_3, contudo, é indiscutivelmente solúvel — como acabemos de ver, os dois fatores de composição 2 e 3 são números primos. Conseqüentemente, a cúbica geral *é* solúvel por uma fórmula, como de fato mostraram dal Ferro, Tartaglia e Cardano. Para a quíntica geral, por outro lado, Galois começou de uma maneira semelhante, demonstrando primeiramente que existem equações para as quais o grupo de Galois é o grupo de permutações de 5 soluções, S_5. Aqui, contudo, entra o remate. Galois demonstrou que S_5 como um grupo não é solúvel (um dos fatores de composição se revelou ser 60, que não é um número primo). A quíntica, portanto, tinha o tipo errado de grupo de Galois. Isso completou a demonstração de que a equação quíntica geral (e, portanto, qualquer equação geral de um grau maior) não é solúvel por uma fórmula. Um dos problemas mais intrigantes da história da matemática foi finalmente dissipado de uma vez por todas. Para realizar essa tarefa hercúlea, contudo, Galois não apenas teve de propor idéias brilhantes, mas também inventar um ramo inteiramente novo da matemática e identificar a simetria como a fonte das propriedades mais essenciais das equações.

A princípio, a palavra definitiva sobre a irresolubilidade da quíntica por uma fórmula pode parecer um resultado decepcionante, mas a que tesouros essa "decepção" levou. A história bíblica do rei Saul vem à mente. Quando os asnos de Cis, pai de Saul, se extraviaram, Cis disse ao filho: "Pegue um dos meninos com você; vá e procure pelos asnos." A busca pelos asnos perdidos levou Saul até o profeta Samuel, que consagrou o jovem a ser o primeiro rei de Israel. A busca de Galois por uma solução para a quíntica produziu a "suprema arte da abstração matemática" — a teoria de grupos.

O JOGO DO NAMORO

Mesmo que não tenha sido inventada com esse grandioso propósito em mente, a teoria de grupos se revelou a linguagem "oficial" de todas as simetrias. O papel proeminente que as permutações desempenham na teoria de grupos pode parecer à primeira vista um pouco surpreendente. Afinal, embora todos nós tenhamos plena consciência das simetrias, as permutações não nos dão a impressão de serem tão conspícuas em nossa vida diária. As permutações realmente aparecem, contudo, mesmo que sub-repticiamente, e às vezes nos lugares mais inesperados.

Consideremos o importantíssimo problema de encontrar um parceiro com quem casar.[12] Indo de um encontro casual ao próximo, todo mundo está procurando por uma verdadeira alma gêmea. Mas como quem procura sabe quando ele ou ela é o tal ou a tal? É possível (como acontece no cinema) que, ao ver essa pessoa em particular, você saiba imediatamente que não existe mais ninguém para você no mundo inteiro? Ou, para usar as palavras de um dos personagens do filme *Escrito nas estrelas* (*Serendipity*), quando você deve parar de procurar a "pessoa certa" e se contentar com "alguém bom o bastante para este exato momento"? Para transformar esse problema vital em outro que seja mais tratável, convém fazer algumas suposições simplificadoras. Suponhamos que uma mulher ou homem medianos conheça durante o período adequado da vida quatro pessoas que seriam consideradas cônjuges potenciais (discutirei situações envolvendo um número diferente de candidatos mais adiante). Suponhamos também que, se o parceiro buscador fosse capaz de examinar todos os quatro candidatos*, ele teria sido capaz de classificá-los do pior (denotado por 1) ao mais adequado (denotado por 4), sem que existam dois que tenham exatamente a mesma nota de classificação. O acaso geralmente não admite o luxo de ver todos os parceiros potenciais de uma só vez. Além disso, a etiqueta social e o decoro normalmente proíbem que se volte a um candidato anteriormente rejeitado. Em vez disso, o fluxo da vida leva homens e mulheres a passarem por uma série de encontros (no sentido de ocasiões em que conhecem uma pessoa) que ocorrem em uma ordem aleatória. Conseqüentemente, para os quatro parceiros potenciais, cada uma das seguintes 4! = 24 permutações da ordem dos encontros tem a mesma probabilidade:

1234	2134	3124	4123
1243	2143	3142	4132
1324	2314	3214	4213
1342	2341	3241	4231
1423	2413	3412	4312
1432	2431	3421	4321

A seqüência 3142, por exemplo, significa conhecer o segundo melhor candidato em primeiro lugar, o pior candidato em segundo, o melhor candidato em terceiro e o segundo pior candidato por último. Esperar que a pessoa certa apareça como o último candidato neste caso certamente não teria produzido o resultado mais desejável. Na verdade, um processo excessivamente demorado pode resultar em retornos cada vez menores. Então, o que os pobres jovens (e não tão jovens) devem fazer? Ou, mais especificamente, como os caçadores de cônjuges podem maximizar as chances de encontrar o melhor parceiro?

A primeira coisa a perceber é que de fato existe uma estratégia geral para abordar precisamente tais problemas (claramente simplificados). Se o número de parceiros potenciais é 4, a idéia é escolher um número, que chamaremos de *k*, entre 1 e 4. Então, depois de ter conhecido e examinado minuciosamente os

*O "parceiro buscador" e "os candidatos" — e termos relacionados — serão usados no masculino apenas para tornar o texto mais fluido sem necessidade de recorrer às formas "o(a) parceiro(s)" e "os(as) candidatos(as)", mas deve-se ter em mente que servem indiferentemente para qualquer um dos sexos. (*N. do T.*)

k – 1 parceiros potenciais, escolher o primeiro que é melhor que todos os anteriormente examinados (ou, se não houver nenhum, escolher o último). Por exemplo, se *k* = 2, a idéia seria examinar cuidadosamente o primeiro candidato (*k* – 1 = 1) e depois escolher o primeiro candidato potencial que é melhor que aquele já testado (lembremos que a suposição é que não se pode voltar a um parceiro potencial anterior). A lógica por trás dessa estratégica é óbvia — por um lado, aproveita integralmente a vantagem da informação que já foi colhida e, por outro, do fato que o futuro é desconhecido. A estratégia geral não informa, contudo, qual valor escolher para *k*. Para decidir isso, temos de descobrir qual valor de *k* oferece a maior probabilidade de escolher o melhor candidato (número 4). Para *k* = 1 (*k* – 1 = 0), por exemplo, o primeiro candidato acaba sendo escolhido. Para essa seleção ser a melhor, o buscador depende das seis permutações na ordem dos encontros em que o 4 aparece antes: 4321, 4312, 4231, 4213, 4132, 4123. Sem dúvida, a probabilidade de acertar uma dessas seis permutações entre as 24 possibilidades existentes é de uma em quatro. Isso é fácil de entender — o parceiro buscador ainda não conheceu nenhum dos candidatos e existe uma chance em quatro de encontrar o melhor no primeiro encontro. O mesmo se aplica para *k* = 4. Neste caso (*k* – 1 = 3), a pessoa está apostando na chance de o quarto e último candidato ser melhor que qualquer um dos três anteriores. Isso corresponde às seis permutações 3214, 3124, 2314, 2134, 1324, 1234, na ordem dos encontros e as chances de acertar esses são, de novo, de uma em quatro. Para *k* = 3 (*k* – 1 = 2), o cônjuge buscador conhece dois dos parceiros potenciais e então escolhe o primeiro que vem em seguida e é melhor que ambos. As permutações que resultarão na melhor escolha (número 4) são, neste caso: 3241, 3214, 3142, 3124, 2341, 2314, 2143, 1342, 1324, 1243. Por exemplo, se a ordem de encontros foi 3241, o buscador conhece antes os candidatos 3 e 2 e então, já que o número 4 é melhor que qualquer um dos outros dois, o número 4 seria o escolhido. Quando a ordem é 3214, o terceiro candidato (número 1) não é melhor que os dois primeiros e, portanto, a busca continua e leva ao número 4. A lista acima (para *k* = 3) mostra que, neste caso, existem dez permutações que produzem a melhor escolha. As chances de sucesso são, portanto, 10 ÷ 24 ou cerca de 42 por cento. Finalmente, para *k* = 2 (*k* – 1 = 1), a escolha é para o primeiro candidato que é melhor que o primeiro conhecido. Você pode verificar que as permutações que resultam em "pescar" o número 4 neste caso são: 3421, 3412, 3241, 3214, 3142, 3124, 2431, 2413, 2143, 1432, 1423. Por exemplo, quando a ordem é 3412, o segundo candidato já é melhor que o primeiro e, portanto, este seria selecionado. Por outro lado, quando a ordem é 3214, o buscador de cônjuge rejeita o segundo e terceiro candidatos por não serem melhores que o primeiro, e precisa aguardar o último parceiro potencial para encontrar aquele é melhor. Já que $k = 2$ produz o resultado desejado em 11 das 24 ocasiões, ou a probabilidade de sucesso de cerca de 46 por cento, esta é a melhor estratégia a adotar. Um cálculo semelhante mostra que $k = 3$ fornecerá as maiores chances se o número de parceiros potenciais for 5, 6, 7 ou 8. Se o número de cônjuges potenciais fosse 9 ou 10, você maximizaria as chances com $k = 4$.

A vida, é claro, é bem mais complicada que esse modelo supersimplificado, particularmente quando se trata de assuntos do coração. A escolha de um parceiro é um assunto muito sério para ser reduzido a um mero exame de permutações. Ainda assim, continua verdadeiro que as permutações podem surgir repentinamente nos lugares menos esperados. Aliás, a estratégia geral descrita acima em linhas gerais poderia ser aplicada a muitas outras circunstâncias (em especial as menos cruciais), desde escolher um carro usado até a escolha de um dentista. Se o número de opções potenciais for muito grande (digamos, maior que 30), demonstra-se matematicamente que a "regra dos 37 por cento" produz as melhores chances de sucesso. Isto é, examinemos 37 por cento dos carros, restaurantes ou médicos potenciais e então escolhamos o primeiro que é melhor que qualquer um que já vimos antes. (Caso os leitores com uma maior inclinação para a matemática se perguntarem de onde veio um número tão estranho assim como 37 por cento, ele é aproximadamente igual a $1 \div e$, onde e é a base dos logaritmos naturais.)

MISTURE BEM

Encontrar o amor da sua vida através da matemática não é o único processo em que as permutações são lançadas nas luzes da ribalta. As loterias geralmente proporcionam tais situações e em nenhum outro lugar tão dramaticamente quanto na loteria da convocação militar na era do Vietnã, em 1970.

Em 26 de novembro de 1969, o presidente americano Richard Nixon assinou uma ordem executiva que instruía o Serviço Militar Obrigatório a estabelecer uma seqüência seletiva aleatória por indução. A ordem estipulava que a loteria iria se basear nas datas de nascimento, mas não fornecia nenhuma instrução específica sobre o método preciso de obter as datas.

Não foi a primeira vez na história em que o sorteio militar deveria se basear em alguma espécie de loteria. A história bíblica do juiz Gedeão[13] é particularmente intrigante. Deus primeiro disse a Gedeão: "A gente que levas contigo é numerosa demais para que eu entregue Madiã em suas mãos. Israel poderia gloriar-se à minha custa, dizendo: 'Minha própria mão me livrou.' Ora, assim sendo, apregoa o seguinte aos ouvidos da gente: 'Que volte para casa todo aquele que for medroso e estiver tremendo.'" Portanto, Gedeão os peneirou; vinte de dois mil voltaram para casa e dez mil permaneceram.

No segundo estágio da "loteria", Deus impôs a Gedeão um segundo critério de seleção. Gedeão recebeu a ordem de levar o seu povo até a água para beber. Ele recebeu então a ordem de escolher somente aqueles trezentos que sorvessem a água, "levando as mãos às bocas", e liberar todos os demais "que se ajoelhassem para beber água" diretamente, "como um cão lambe para beber". É bem claro que a "loteria" de Gedeão estava longe de ser uma seleção aleatória — todas as permutações possíveis do conjunto de candidatos não foram tratadas igualmente. Muitas interpretações foram sugeridas para a escolha peculiar do segundo critério. A mais simples é que o esquema todo foi meramente usado para selecionar um pequeno número de pessoas, para amplificar a impressão da vitória miraculosa. Explicações mais elaboradas relacionam a genuflexão às práticas usadas na adoração de outros deuses ou o uso das mãos (em lugar de beber diretamente do riacho) a uma demonstração de ser atencioso e não ganancioso.

Por estranho que pareça, mesmo tendo sido realizada milhares de anos depois, a loteria da convocação militar de 1970[14] também teve problemas com a randomização.

O procedimento em si era bem simples. Os funcionários colocavam pedacinhos de papel com as 366 datas do ano (inclusive 29 de fevereiro) dentro de cápsulas. Uma por uma, essas cápsulas foram retiradas de um recipiente em 1º de dezembro de 1969. Foi atribuído a todo homem nascido entre 1944 e 1948 um número de convocação militar correspondente à ordem em que sua data de nascimento foi escolhida. Por exemplo, a primeira data tirada foi 14 de setembro e o nº 1 foi atribuído a todos os homens com aquela data de nascimento. O nº 366 foi atribuído aos homens nascidos em 8 de junho (a última cápsula tirada). Evidentemente, cada número sorteado representa uma permutação das 366 datas. Quanto menor o número da convocação militar, maiores as chances de um homem ser realmente convocado. A tabela a seguir mostra a média dos números de loteria por mês obtidos na loteria de 1970.

MÊS	MÉDIA DOS NÚMEROS	MÊS	MÉDIA DOS NÚMEROS
Janeiro	201	Julho	182
Fevereiro	203	Agosto	174
Março	226	Setembro	157
Abril	204	Outubro	183
Maio	208	Novembro	149
Junho	196	Dezembro	122

Não é necessário ser um estatístico qualificado para detectar uma tendência clara nesses números. Embora os números médios para os meses de janeiro a maio permaneçam relativamente constantes, existe um declínio acentuado e quase contínuo nos números correspondentes aos meses de junho a dezembro. Novembro e dezembro, em particular, tiveram números médios consideravelmente menores que aqueles de janeiro a maio. As conseqüências foram perturbadoras — homens nascidos mais tarde no ano tiveram uma probabilidade significativamente maior de serem convocados para uma guerra difícil.

Em uma randomização verdadeira, cada uma das possíveis ordenações das datas tem uma probabilidade igual de uma em 366! (o número de permutações possíveis) e seria de esperar que a média dos números relativos aos diferentes meses fosse aproximadamente igual, por volta de 183 ou 184. Em vez disso, os dados mostram que cada um dos primeiros seis meses teve um número médio acima desse valor, enquanto cada um dos últimos seis meses teve um número médio abaixo desse valor. Os estatísticos conseguiram demonstrar que a probabilidade de um padrão como o exibido na tabela ocorrer em um processo de seleção verdadeiramente aleatório era menor que 1 em 50.000. Como isso aconteceu?

A descrição do procedimento que definiu a loteria fornece algumas pistas importantes:

> Os homens contaram 31 cápsulas e inseriram nelas pedacinhos de papel com as datas de janeiro. As cápsulas de janeiro foram então colocadas em uma grande caixa de madeira quadrada e empurradas para um dos lados com uma divisória de cartolina, deixando parte da caixa vazia. As 29 cápsulas de fevereiro foram depois colocadas na parte vazia da caixa, novamente contadas e então empurradas com a divisória para junto das cápsulas de janeiro. Assim, de acordo com o capitão Pascoe [chefe de informações públicas do Sistema de Serviço Militar Obrigatório], as cápsulas de janeiro e fevereiro foram muito bem misturadas. O mesmo processo foi seguido com cada mês subseqüente, contando as cápsulas e colocando no lado vazio da caixa e depois empurrando-as com a divisória para junto das cápsulas do mês anterior. Logo, as cápsulas de janeiro foram misturadas com as outras cápsulas 11 vezes, as cápsulas de fevereiro 10 vezes, e assim por diante, com as cápsulas de novembro misturadas com as outras apenas duas vezes e as de dezembro apenas uma vez(...) Diante do público, as cápsulas foram despejadas da caixa preta num vaso de 60 centímetros de profundidade. Uma vez nele, as cápsulas não foram misturadas(...) As pessoas que tiravam as cápsulas(...) geralmente apanhavam as que estavam por cima, embora vez por outra enfiassem a mão até o meio ou o fundo do vaso.

Esse detalhado relato deixa pouca dúvida de que foi a mistura insuficiente, resultante da colocação das cápsulas mês a mês, a culpada pelo viés não-aleatório conseqüente. Depois de gerar muitas críticas, o procedimento foi corrigido na loteria da convocação militar de 1971. É inegável que uma perfeita randomização pode ser mais difícil de obter na prática do que seria de suspeitar. Tomemos, por exemplo, o que as pessoas consideraram a coisa mais justa na decisão aleatória entre duas escolhas difíceis — tirar a sorte com a moeda. A probabilidade de ter cara ou coroa é igual, certo? Não exatamente. Um estudo recente[15] dos estatísticos Persi Diaconis e Susan Holmes da Universidade de Stanford e Richard Montgomery da Universidade da Califórnia em Santa Cruz mostra que, por causa de lançamento imperfeito (que às vezes até resulta na moeda sequer girar), uma moeda tem maior probabilidade de cair com a mesma face em que começou. A tendência não é grande — uma moeda cairá da mesma maneira que começou cerca de 51 por cento das vezes — e mostra que mesmo coisas simples assim não podem ser tomadas como certas. Ninguém melhor do que Diaconis para examinar se alguma coisa é ou não aleatória. Ele é o estatístico que demonstrou que o jogador médio de cartas precisa de não menos que sete embaralhamentos para criar uma ordem aleatória em um baralho de cartas. Ele é também conhecido por expor e desmascarar vários fenômenos "psíquicos". As extensas experiências de Diaconis com moedas mostram que você nunca deve tomar uma decisão importante com base no rodopio de uma moeda americana de um centavo pela borda em cima da mesa. Por causa do peso extra no lado da cara, essas moedas de um centavo param como coroa em uma freqüência muito maior que como cara.

Por mais importantes que sejam, contudo, as permutações por si sós estão longe de ser toda a questão quando se trata da teoria de grupos — os grupos levam a terrenos muito mais vastos da abstração. Em particular, se dois problemas aparentemente distintos são caracterizados por grupos isomorfos entre si (têm a mesma estrutura), isso é um indício forte de que os dois problemas podem estar mais intimamente relacionados do que você poderia suspeitar.

A SUPREMA ARTE DA ABSTRAÇÃO

Em um livro intitulado *A história natural do comércio* publicado em 1870, John Yeats escreve que "Nenhum raciocínio abstrato teria nos levado a descobrir as propriedades e usos do ferro". Ele provavelmente estava certo. Contudo, a abstração é precisamente o que deu às estruturas matemáticas sua portabilidade. Elas podem ser levadas de uma disciplina à seguinte e de um ambiente conceitual a outro.

O teorema de Cayley — de que todo grupo, independente de seus membros ou da operação entre eles, é essencialmente uma cópia carbono de (é isomorfo a) um grupo de permutações — definiu o palco para o entendimento de grupos como entidades abstratas. O próprio trabalho de Cayley e desenvolvimentos subseqüentes inovadores dos matemáticos Camille Jordan, Felix Klein, Walter von Dyck e outros, mostraram que é possível começar essencialmente com qualquer grupo e, então, literalmente despi-lo da maioria de seus detalhes até não restar nada senão os pontos essenciais. Esse esqueleto despido é suficiente para capturar a estrutura e todas as propriedades importantes dos grupos. Uma analogia que inevitavelmente vem à mente é aquela com a escola de arte do minimalismo do século XX. Lá, também, a meta dos artistas como Carl Andre, Donald Judd, Robert Morris e outros era focalizar a atenção no mais fundamental e reduzir a forma visual ao seu máximo grau de simplicidade. Essencialmente por desenho, a apreciação da arte minimalista e, de fato, da matemática, sempre foi primordialmente intelectual e, portanto, aprendida, e não intuitiva.

Começando com grupos de permutações (os únicos grupos conhecidos na época), Cayley deu um salto gigantesco e formulou suas primeiras intuições sobre o conceito abstrato de grupo já em 1854. Como no caso de Galois, contudo, suas idéias originais estavam tão à frente de seu tempo que não atraíram nenhuma atenção. Como colocou certa vez o historiador e crítico do ensino de matemática Morris Kline: "A abstração prematura entra em ouvidos moucos, quer pertençam a matemáticos ou alunos."[16] Intelectualmente, portanto, Cayley (Figura 78) poderia ser considerado um dos sucessores mais diretos de Galois. A vida de Cayley,[17] por outro lado, cria um forte contraste com a do romântico e desafortunado francês. Os professores de Arthur Cayley da King's College de Londres reconheceram imediatamente suas extraordinárias aptidões matemáticas. Enquanto ele continuava os estudos em Cambridge, o examinador-chefe da universidade classificou Cayley como "acima do primeiro". O jovem viveu para cumprir as expectativas dos professores; mesmo antes dos 25 anos de idade, Cayley já tinha duas dúzias de artigos de matemática em seu nome. Sua fértil produção global só é rivalizada por Cauchy e Euler. Ao contrário dos violentos altos e baixos (principalmente baixos!) da vida de Galois, a vida de Cayley correu serena e satisfatoriamente. Depois de seus artigos de grande percepção, embora relativamente não notados, de 1854, Cayley voltou a atenção para outros tópicos importantes da matemática, mas voltou espetacularmente aos grupos em 1878. Em uma série de quatro artigos de grande influência, ele conseguiu trazer a teoria de grupos para o próprio centro da investigação matemática. De fato, depois do trabalho de Cayley, levou apenas mais quatro anos para que emergissem as definições abstratas axiomáticas de grupos.

Figura 78

O estudioso de matemática James R. Newman escreve em sua monumental compilação *The World of Mathematics* que "a teoria de grupos é um ramo da matemática no qual se faz alguma coisa para alguma coisa e depois compara-se o resultado com o resultado obtido de se fazer a mesma coisa para alguma outra coisa ou alguma outra coisa para a mesma coisa". Dificilmente essa afirmativa desconcertante poderia ser aprovada como uma definição aceitável em um dicionário, mas, ainda assim, ela captura o nível de abstração que se tornou a marca distintiva da teoria de grupos. Quero usar alguns exemplos não-matemáticos para explicar o conceito.

A mesma piada pode ser reescrita de maneiras diferentes para diferentes contextos e circunstâncias. Um físico que queira expressar um profundo desprezo pela capacidade intelectual de alguém (não que eles costumem fazer isso...) poderia dizer: "Sua mente é tão vazia que não seria atraída nem por um buraco negro." Alguém da geração Internet poderia usar, para o mesmo fim, a imagem "Acho que a URL dele não permite acesso externo". Um consultor fiscal poderia dizer: "Se os cérebros fossem tributados, ele receberia uma restituição", e um químico poderia escolher as palavras "O QI dele é o mesmo da temperatura ambiente". Da mesma forma, o enigma das potências de sete que apareceu, com intervalo de séculos, no Papiro de Ahmes, no livro de Fibonacci e nas histórias infantis de *Mamãe Gansa* (capítulo 3) foi essencialmente igual, mesmo que as palavras usadas tenham sido diferentes. Finalmente, seria possível argumentar que muitas histórias de fadas, como "Branca de Neve" e "Cinderela", são na verdade a mesma história com embalagens diferentes: uma madrasta má tortura uma futura princesa até que um belo príncipe resgata a donzela em apuros. Grupos admitem uma abstração semelhante. Uma estrutura de grupo idêntica pode descrever o que parecem ser conceitos bem díspares. Demonstrarei este poder unificador dos grupos com alguns exemplos relativamente simples.

Comecemos com quatro operações[18] que podem ser realizadas em qualquer calça jeans. X denotará a operação "vire a calça de trás para a frente" (quando você não a estiver usando!). Y significa "vire a calça pelo avesso". Z representa "vire a calça de trás para a frente e pelo avesso" e I denotará a identidade, que significa não fazer nada. A composição das duas operações (denotada por "$\circ$") é simplesmente obtida através de "seguido de". É fácil verificar que essas operações formam um grupo. Em particular, cada uma das operações é seu próprio inverso: $X \circ X = I$ (virar de trás para a frente duas vezes restaura a posição original); $Y \circ Y = I$ (virar pelo avesso duas vezes leva a calça de volta a como estava) e a combinação de duas operações quaisquer fornece a terceira. Por exemplo, $Z \circ Y = X$, já que "virar pelo avesso" seguido de "virar de trás para a frente e pelo avesso" resulta simplesmente em "virar de trás para a frente". A "tabela de multiplicação" do grupo assume, portanto, a forma (lembremos que a entrada correspondendo à linha X e à coluna Y é $X \circ Y$; que significa Y seguido de X):

$\circ$	I	X	Y	Z
I	I	X	Y	Z
X	X	I	Z	Y
Y	Y	Z	I	X
Z	Z	Y	X	I

Consideremos, a seguir, uma operação interessante geralmente denotada pelo símbolo Δ que pode combinar (de uma certa maneira) dois conjuntos quaisquer de objetos. Por exemplo, se o conjunto A for composto de gatos que têm pelo menos algumas manchas pretas na pele e o conjunto B de gatos que têm pelo menos alguma pelagem branca, então $A \Delta B$ fornece o conjunto de gatos que têm manchas pretas ou manchas brancas na pele, mas não ambos. Graficamente, se A e B são representados graficamente por áreas de círculos na Figura 79, então $A \Delta B$ corresponde à área sombreada — Δ junta os conjuntos, excluindo a sobreposição. Tomemos agora quatro conjuntos simples a seguir. O conjunto X tem um único objeto nele: uma galinha. O conjunto Y também contém um único objeto: uma vaca. O conjunto Z é composto por dois objetos: uma vaca e uma galinha. O conjunto I é o conjunto vazio, que não tem nenhum objeto de nenhum tipo dentro dele (a função desse conjunto

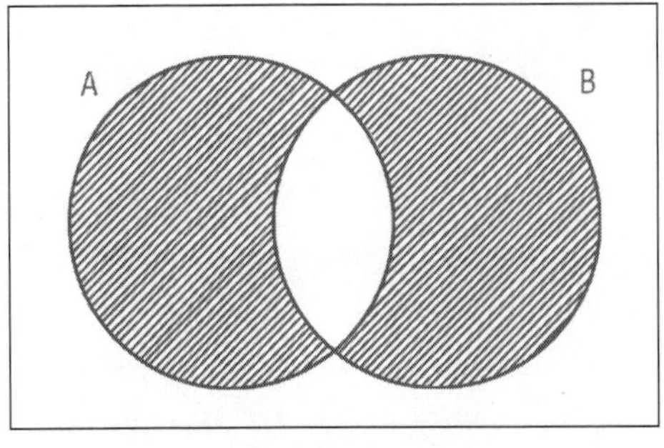

Figura 79

é semelhante ao do papel do zero na adição comum). Agora, vamos usar a operação Δ para combinar dois conjuntos quaisquer desses conjuntos. Por exemplo, $X \Delta Z = Y$, porque o conjunto de objetos que estão em *X* ou *Z*, mas não em ambos é o conjunto que contém uma vaca. Também, $Y \circ I = Y$, porque existe uma vaca em *Y* que claramente não está no conjunto vazio *I*. O conjunto *I*, portanto, desempenha o papel da identidade. Cada um dos conjuntos *X*, *Y*, *Z* é seu próprio inverso, porque o conjunto de objetos que estão em *X* e (ao mesmo tempo) não estão em *X* é claramente vazio: $X \circ X = I$. É fácil de verificar que os conjuntos *X*, *Y*, *Z*, *I* combinados pela operação Δ formam um grupo, cuja tabela é:

Δ	*I*	*X*	*Y*	*Z*
I	*I*	*X*	*Y*	*Z*
X	*X*	*I*	*Z*	*Y*
Y	*Y*	*Z*	*I*	*X*
Z	*Z*	*Y*	*X*	*I*

Mas essa tabela é precisamente a mesma que acabamos de obter para as transformações da calça! Mesmo que tanto os membros do grupo nos dois casos como a operação do grupo sejam inteiramente diferentes, os dois grupos têm uma estrutura idêntica — são isomorfos entre si. Poderia isso ser meramente uma conseqüência do fato de os dois grupos escolhidos serem um pouco peculiares? Para nos convencer de que não é esse o caso, vamos considerar um grupo bem comum de rotações. Para visualizar mais facilmente as transformações que estamos prestes a realizar, conviria você usar alguma caixa retangular com diferentes padrões nas faces, como uma caixa de fósforos ou um livro grosso. Examinemos as quatro operações a seguir (Figura 80):

X — meia-volta em torno do eixo rotulado *x*.
Y — meia-volta em torno do eixo rotulado *y*.
Z — meia-volta em torno do eixo rotulado *z*.
I — a identidade, que deixa a caixa "como está".

Algumas experiências mostrarão que se você realizar, por exemplo, *X* seguido de *Y*, obterá o mesmo resultado se você tiver realizado a operação *Z*. Ao mesmo tempo, se qualquer um de *X*, *Y*, *Z* for realizado duas vezes, a configuração inicial (a identidade) será restaurada. A tabela desse grupo é novamente idêntica às duas tabelas anteriores — este grupo geométrico também é isomorfo ao grupo da calça jeans e o grupo galinha-vaca.

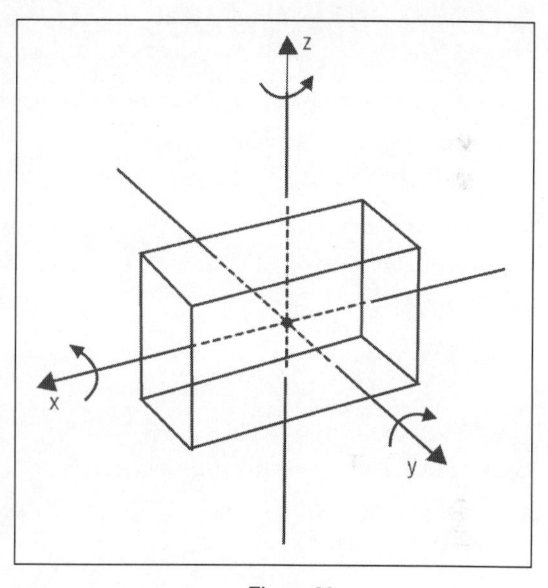

Figura 80

Talvez em nenhum outro lugar a aplicação da teoria de grupos tenha sido mais surpreendente que no campo da antropologia. Um sistema extremamente complexo de casamento por parentesco[19] que foi descoberto entre os kariera, uma tribo de aborígines australianos, deixou os antropólogos desconcertados. Cada kariera pertence a uma de quatro classes ou clãs: banaka, karimera, burung e palyeri. Foi constatado que o casamento e a associação dos descendentes com as classes seguiam regras rígidas:

1. Um banaka só pode se casar com um burung.
2. Um karimera só pode se casar com um palyeri.
3. Os filhos de um homem banaka e uma mulher burung são palyeri.
4. Os filhos de um homem burung e uma mulher banaka são karimera.
5. Os filhos de um homem karimera e uma mulher palyeri são burung.
6. Os filhos de um homem palyeri e uma mulher karimera são banaka.

Desconcertado com esse sistema fora do comum, o famoso antropólogo francês Claude Lévi-Strauss (nascido em 1908) descreveu as regras ao compatriota matemático André Weil (1906-98) nos anos 1940, na esperança de que o último identificasse algum padrão diretor. Weil foi a pessoa perfeita a quem recorrer. Além de suas incríveis aptidões matemáticas, era obcecado por línguas e lingüística. Sua paixão pelo sânscrito e conhecimento de textos antigos, como o épico religioso *Mahabharata*, até lhe conseguiu seu primeiro emprego na Universidade Muçulmana Aligarh, na Índia. Depois de meditar um pouco, Weil realmente conseguiu traduzir todo o esquema kariera em uma linguagem da teoria de grupos. Para reproduzir a explicação de Weil, denotarei as quatro classes da seguinte maneira:

Banaka — A
Karimera — B
Burung — C
Palyeri — D

As regras conjugais (1) e (2) acima — isto é, que um A só pode se casar com um C (e vice-versa) e B só pode se casar com um D — podem ser representadas pela seguinte correspondência "familiar", denotada por "f":

$$f = \begin{pmatrix} \mathrm{ABCD} \\ \mathrm{CDAB} \end{pmatrix}$$

Note que se tal permutação for realizada duas vezes, ela restaurará a ordem original — $f \circ f = I$ (onde I é a identidade; f transforma A em C e C em A e, portanto, a aplicação de f duas vezes transforma A em si mesmo e o mesmo para todas as outras letras). De acordo com as regras de descendentes 3–6, a classe dos filhos pode ser determinada por seus ancestrais paternos (por exemplo, o filho ou a filha de um homem banaka é sempre palyeri) ou pelos maternos (por exemplo, o filho ou filha de uma mulher banaka é sempre karimera). Usando os símbolos para as classes e p e m para as regras paterna e materna, respectivamente, isto pode ser expresso pelas duas permutações:

$$p=\begin{pmatrix}ABCD\\DCBA\end{pmatrix} \qquad m=\begin{pmatrix}ABCD\\BADC\end{pmatrix}$$

Repare, novamente, que $p \circ p = I$ e $m \circ m = I$. Além disto, cada duas das permutações *f*, *p*, *m* operando em sucessão produzem a terceira (por exemplo, $f \circ p = m$). Estamos agora em condições de construir a "tabela de multiplicação" completa para as quatro permutações *I*, *f*, *p* e *m*:

$\circ$	I	f	p	m
I	I	f	p	m
f	f	I	m	p
p	p	m	I	f
m	m	p	f	I

Descobrimos que não somente as regras de casamento por parentesco dos kariera formam um grupo, mas uma inspeção mais detalhada da tabela de multiplicação convencerá que tal grupo é também isomorfo ao grupo calça jeans/galinha-vaca/rotações! De fato, poderíamos pensar que a tabela descreve qualquer grupo abstrato no qual cada um dos três membros *X*, *Y*, *Z* é seu próprio inverso e a combinação de quaisquer dois fornece o terceiro.

Incidentalmente, você poderia se perguntar se as complexas regras de parentesco dos kariera poderiam ser de alguma forma traduzidas em um equivalente da civilização ocidental. Podem. Imagine duas famílias, Silva e Souza. Membros das duas famílias vivem em São Paulo e no Rio de Janeiro. Quatro classes poderiam então ser definidas: membros da família Silva que vivem em São Paulo; membros da família Silva que vivem no Rio de Janeiro; membros da família Souza em São Paulo; membros da família Souza no Rio de Janeiro. As regras poderiam ser formuladas da seguinte maneira: um membro da família Silva só pode se casar com um membro da família Souza (e vice-versa) e um membro paulista só pode se casar com um membro carioca (e vice-versa). Os filhos vivem na residência da mãe, mas adotam o nome da família do pai. Essas regras de parentesco (obviamente inventadas) produzem uma estrutura precisamente igual à dos kariera.

Indubitavelmente, ninguém suspeita que os kariera conhecessem a teoria de grupos. A descrição das regras de casamento dos kariera segundo a teoria de grupos pode nem ter sido inteiramente necessária para a pesquisa antropológica. Ainda assim, esse tipo de análise das regras pode revelar estruturas fundamentais que, do contrário, seriam difíceis de reconhecer ou poderiam até passar inteiramente despercebidas. Desnudar os grupos das diferentes disciplinas até os ossos é análogo, em muitos aspectos, à análise das estruturas de diferentes idiomas. O reconhecimento das interconexões entre, digamos, as línguas indo-européias foi realizado através de um processo semelhante. As extensas análises de Claude Lévi-Strauss[20] na área de antropologia social, como expressas em suas *Estruturas elementares do parentesco*, são, portanto, geralmente reconhecidas como a força motriz por trás do moderno estruturalismo — a busca pelas unidades fundamentais e pelas regras que governam a forma como estas unidades se articulam.

O estruturalismo foi inspirado e derivou seus princípios de organização do trabalho do lingüista francês Ferdinand de Saussure (1857-1913). Saussure abandonou a abordagem tradicional das línguas, que se baseava primordialmente nos estudos históricos e filológicos, em favor de uma análise estrutural. Um estruturalista que examina um avião construído com Legos não se importaria muito se o modelo consegue realmente voar. De fato, de uma maneira bem parecida com um teórico de grupos, o estruturalista reconheceria que existem diferentes tipos de blocos de construção e que essas unidades básicas são conectadas e juntadas de acordo com regras bem específicas. Na linguagem, os elementos poderiam ser os fonemas que formam todos os sons da fala (dos quais existem 31 no inglês) e as regras seriam a gramática de acordo com a qual as palavras podem ser ordenadas. O fato é que com um conjunto razoavelmente limitado de regras gramaticais e um conjunto finito de fonemas ou termos, os seres humanos foram capazes de produzir obras impressionantes como as peças de Shakespeare, a *Divina comédia* de Dante e a *Encyclopaedia Britannica*. Mesmo as crianças que estão apenas começando a andar são capazes de proferir frases inteiras que nunca ninguém expressou antes. O assombroso ritmo com que as crianças são capazes de aprender idiomas e as similaridades tanto do próprio processo de aprendizado quanto dos erros característicos cometidos pelas crianças em todo o mundo, motivaram a idéia de uma gramática universal.[21] Assim como os princípios da teoria dos grupos fundamentam todas as simetrias, a teoria da gramática universal postula que todas as línguas têm princípios fundamentais da gramática que são inatos em todos os seres humanos. Em um certo sentido, a gramática universal não é realmente uma gramática, mas um estado inicial de uma faculdade de linguagem que todos os seres humanos possuem. Note que isto não significa que todas as línguas têm a mesma gramática,[22] somente que existem regras básicas comuns invariantes. Intuições desse tipo, em parte derivadas do estruturalismo, foram aplicadas tanto na teoria lingüística quanto na psicologia cognitiva pelo influente pesquisador do MIT Noam Chomsky. Na Itália, o romancista e filósofo Umberto Eco[23] é também conhecido por suas detalhadas análises estruturalistas na área do significado dos signos (semiótica) em contextos sociais e literários.

Dados os paralelos filosóficos entre a teoria de grupos e a lingüística, não deve ser nenhuma surpresa que mais ou menos na mesma época em que Saussure estava revolucionando a lingüística, o matemático norueguês Axel Thue (1863-1922) estivesse introduzindo o conceito de uma linguagem formal — um conjunto de palavras (ou seqüência de caracteres composta por algum alfabeto) que pode ser descrito por alguma gramática formal (um conjunto de regras precisamente definidas). Um exemplo bem simples de linguagem formal poderia ser uma seqüência de caracteres composta das letras *g* e *l*. A "gramática" poderia ser definida, por exemplo, pelas regras:

1. Comece com *g*.
2. Toda vez que você encontrar a letra *g* em uma palavra, substitua-a por *gl*.
3. Toda vez que você encontrar a letra *l*, substitua-a por *lg*.

Você pode verificar que essa linguagem incluiria palavras como *g*, *gl*, *gllg*, *gllglggl* e assim por diante. As linguagens formais têm um papel importante na ciência da computação e na teoria da complexidade (que trata da complexidade intrínseca das tarefas computacionais). Se as definições de Thue de lingüística formal parecem lembrar os elementos e definições da teoria de grupos, isso não é por acaso. Os dois tópicos estão intimamente relacionados, particularmente através de um problema importante conhecido como o *problema da palavra*: decidir se, pelo uso de substituições permitidas pela gramática, duas palavras dadas quaisquer podem ser transformadas em uma outra.

A que conclusão todos esses exemplos nos levam? Os grupos podem atingir o mesmo nível de abstração que normalmente se associa apenas com números ordinais. Independentemente de falarmos de sete samurais, sete bons anos, sete dias da semana, sete noivas para sete irmãos ou sete políticos (na verdade, não tenho certeza de quem quer falar deles), todos são manifestações da mesma entidade abstrata — o número sete. Da mesma forma, os quatro grupos que acabamos de encontrar (as transformações da calça, os kariera etc.) são todos percepções específicas de um único e mesmo grupo abstrato. De uma maneira casual e feliz, por meio da constituição de um grupo de permutações, as regras dos kariera oferecem mais outra manifestação do teorema de Cayley — existe de fato um grupo de permutações que é idêntico em estrutura aos outros três grupos.

Os matemáticos normalmente se referem a grupos isomorfos entre si como se fossem um único grupo apenas. O grupo particular realizado pela calça jeans e as regras dos kariera é conhecido como *grupo de Klein*, em homenagem ao matemático alemão Felix Christian Klein (1849-1925). Klein foi responsável por um importante avanço na aplicação da teoria de grupos — o reconhecimento de que a geometria, a simetria e a teoria dos grupos estão inevitavelmente ligadas. Na verdade, não meramente ligadas. Klein mostrou que, em muitos aspectos, a geometria é teoria de grupos. Essa afirmação surpreendente significou uma ruptura tão drástica da visão tradicional da geometria que merece uma exposição mais detalhada.

O QUE É GEOMETRIA?

Por volta de 300 a.C., o matemático grego Euclides de Alexandria publicou o que se tornaria o livro de matemática mais vendido de todos os tempos — *Os Elementos*. Nessa obra de 13 volumes, Euclides lançou os fundamentos da geometria euclidiana que aprendemos na escola e, até o século XIX, foi a única geometria conhecida. Euclides tentou construir toda uma teoria da geometria com base em uma lógica bem definida. Conseqüentemente, ele começou com apenas cinco postulados ou *axiomas*, que se supõe que sejam verdadeiros, e buscou demonstrar todas as outras proposições com base nesses postulados por deduções lógicas. Os axiomas são como as regras do jogo, sua "verdade" não deve ser contestada. Você estaria jogando um jogo diferente se quisesse alterar os axiomas. Por exemplo, o primeiro axioma afirma que "uma reta pode ser traçada entre dois pontos quaisquer". A geometria euclidiana descreve proposições que são deduzidas como verdadeiras se este e os outros axiomas forem mantidos. O segundo, terceiro e quarto axiomas são igualmente concisos, mas o quinto é diferente, mais complicado em sua formulação e, conseqüentemente, teve uma história mais conturbada. É provável que mesmo o próprio Euclides não estivesse inteiramente satisfeito com seu quinto axioma, já que tentou evitá-lo o máximo possível — as demonstrações das primeiras 28 proposições d'*Os elementos* não faz uso do quinto axioma. A versão do quinto axioma, conhecida como o *axioma das paralelas*, mais freqüentemente citada hoje recebeu seu nome em homenagem ao matemático escocês John Playfair (1748-1819), mesmo tendo surgido pela primeira vez nos comentários do matemático grego Proclo no século V. Diz seu enunciado: "Dados uma reta e um ponto fora dela, pode-se traçar uma e apenas uma reta pelo ponto que seja paralelo à reta dada." Durante os séculos, vários geômetras insatisfeitos tentaram sem sucesso demonstrar o quinto axioma a partir dos primeiros quatro, em um esforço de formular uma geometria mais econômica. Esses fracassos, entretanto, não foram completos, já que forneceram novas concepções. Em particular, essas tentativas levaram a uma compreensão de que são possíveis muitas outras formulações alternativas do quinto axioma, todas equivalentes entre si. Finalmente, esse caminho sinuoso permitiu o desenvolvimento de novas geometrias não-euclidianas.

O primeiro a ter feito um progresso significativo na direção das geometrias não-euclidianas, embora ele próprio não o tenha percebido, foi o jesuíta Giovanni Girolamo Saccheri (1667-1733).[24] Em um trabalho impressionante para a época, *Euclides ab omni naevo vindicatus* (*Euclides liberto de todos os defeitos*), Saccheri examinou uma intrigante pergunta "e se?" — e se a soma dos ângulos de um triângulo não for igual a 180 graus (como aprendemos na geometria euclidiana), mas for maior ou menor? Seria ainda possível construir uma geometria lógica que fosse coerente? Cerca de um século depois, Legendre retomou onde Saccheri tinha parado e demonstrou em seu famoso livro de geometria (aquele estudado por Galois) que a afirmativa de que a soma dos ângulos é igual a 180 graus é inteiramente equivalente ao quinto postulado de Euclides (isto é, supondo que qualquer um dos dois é verdadeiro, demonstra-se o outro). Nem Saccheri nem Legendre, contudo, compreenderam todas as implicações dessas possibilidades alternativas e acabaram se afundando em contradições incorretas. Ainda assim, esses trabalhos e pesquisas complementares do matemático alsaciano Johann Heinrich Lambert (1728-77) ajudaram a concentrar a atenção no "postulado das paralelas", que em 1767 foi chamado de "o escândalo da geometria elementar" pelo matemático francês Jean d'Alembert. Quatro matemáticos de três países — Gauss, Bolyai, Lobachevsky e Riemann — foram finalmente responsáveis pela formulação correta das primeiras geometrias não-euclidianas. Nestas novas geometrias, o quinto postulado é na verdade substituído[25] por uma de suas negações: "Por um ponto fora de uma reta, ou existe mais de uma reta paralela à reta dada ou não existe nenhuma." Ou, equivalentemente, a soma dos ângulos em um triângulo é menor que 180 graus ou maior que 180 graus.

Não é difícil visualizar como tais geometrias podem ser percebidas. Examine as três superfícies na Figura 81. A geometria euclidiana é a geometria do espaço plano, do tipo que é encontrado no tampo de uma mesa. Nela, as paralelas (que se admite que sejam infinitas) nunca se encontram e os ângulos de qualquer triângulo sempre somam 180 graus. Em uma superfície moldada como uma sela curva, por outro lado, a soma dos ângulos de um triângulo é sempre menor que 180 graus. Na superfície de uma esfera, como na superfície da Terra, a soma dos ângulos de um triângulo é maior que 180 graus (no caso particular mostrado na Figura 81, a soma é na verdade 270 graus). A geometria em forma de sela é hoje conhecida como *geometria hiperbólica*. János Bolyai (1802-60),[26] um jovem matemático húngaro, tinha determinado muitas das características dessa geometria por volta de 1824. Em uma carta ao pai, o matemático Farkas Bolyai, János não conseguiu reprimir sua euforia com a descoberta: "Criei um estranho mundo novo a partir do nada." Em 1831, o exuberante János concluiu uma detalhada descrição de sua nova geometria. Já que o pai estava para publicar um enorme tratado (o *Tentame*) sobre os fundamentos da geometria, álgebra e análise, János preparou seu manuscrito no formato de um apêndice ao livro do pai. Uma carta de Gauss, a quem o trabalho tinha sido enviado para uma avaliação, rapidamente apagou o entusias-

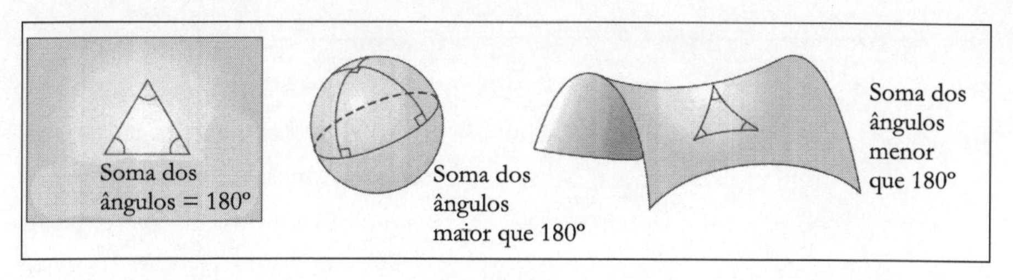

Figura 81

mo de Bolyai. Gauss primeiro expressou a admiração pelas idéias contidas no artigo, mas também ressaltou rapidamente que "todo o conteúdo do trabalho... coincide quase exatamente com minhas próprias reflexões, que ocuparam meus pensamentos nos últimos trinta ou trinta e cinco anos". Embora Gauss, sem dúvida alguma, tenha de fato antecipado sozinho a maioria ou talvez todos os resultados de Bolyai, ele nunca os tinha publicado (aparentemente temendo que a geometria radicalmente nova fosse considerada uma heresia filosófica). Bolyai ficou arrasado quando se deu conta de que não tinha sido o originador da idéia. Ele ficou profundamente amargurado e seu trabalho matemático subseqüente não tem a qualidade imaginativa da geometria hiperbólica.

Sem que Bolyai ou Gauss soubessem, o matemático russo Nikolai Ivanovich Lobachevsky (1792-1856)[27] publicou em 1829 um tratado anunciando a geometria hiperbólica como uma alternativa à geometria euclidiana. Por ter sido publicado no obscuro *Kazan Messenger*, contudo, o trabalho permaneceu quase inteiramente despercebido até que foi publicada uma versão francesa no *Crelle's Journal* em 1837. Em 1868, o italiano Eugenio Beltrami (1835-1900)[28] finalmente colocou a geometria de Bolyai-Lobachevsky em pé de igualdade com a geometria euclidiana.

O brilhante aluno de Gauss, Georg Friedrich Bernhard Riemann (1826-66),[29] discutiu pela primeira vez a *geometria elíptica*, tal como se encontra na sua forma mais simples na superfície de uma esfera, em uma clássica palestra proferida em 10 de junho de 1854. O artigo de Riemann consegue ficar na lista dos dez mais de muitos matemáticos. Uma das diferenças cruciais entre a geometria elíptica e geometria euclidiana é que, na superfície de uma esfera, a menor distância entre dois pontos não é uma linha reta. É, mais precisamente, um segmento de um círculo máximo, cujo centro coincide com o centro da esfera

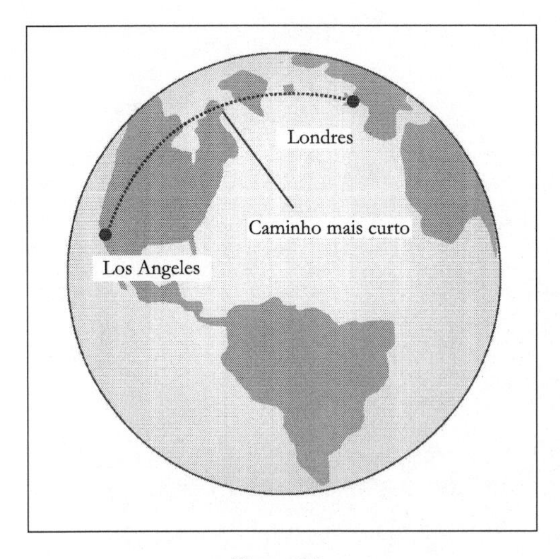

Figura 82

(como é o caso do equador ou meridianos em um globo). Vôos de Los Angeles a Londres tiram vantagem desse fato e não seguem o que pareceria uma linha reta no mapa, e sim um grande círculo que se curva em direção ao norte partindo de Los Angeles (Figura 82). É fácil verificar que dois grandes círculos quaisquer se tocam em dois pontos diametralmente opostos (por exemplo, dois meridianos, que são paralelos na latitude do equador, se encontram nos dois pólos). Conseqüentemente, não existe nenhuma linha paralela nessa geometria. Riemann levou os conceitos não-euclidianos abstratos para bem mais longe e introduziu os espaços curvos em três e até mais dimensões. Em alguns destes, a natureza da geometria poderia mudar de um lugar a outro, sendo elíptica em algumas regiões e hiperbólica em outras. Uma diferença crucial entre o trabalho de Riemann e a pesquisa de todos os seus predecessores (inclusive o grande Gauss) foi uma mudança na perspectiva. Quando Gauss analisou uma superfície bidimensional curva, ele a olhou como alguém que estudaria a superfície de um globo — de um ponto de vista externo, tridimensional. Riemann, por outro lado, examinou a superfície do mesmo globo da perspectiva de um ponto pintado naquela superfície.

As geometrias não-euclidianas podem parecer, à primeira vista, como nada mais que invenções inúteis, porém engenhosas, de mentes matemáticas excessivamente imaginativas. Como veremos no próximo capítulo, contudo, descobriu-se inesperadamente que as soluções das equações de Einstein que descrevem a estrutura do espaço e tempo precisam exatamente das classes de geometrias acima descritas. A perspectiva de Riemann, que nasce do fato de fazer parte do espaço curvo em consideração, está no alicerce da cosmologia moderna — o estudo do universo como um todo. Se você pensar a respeito por um momento, o fato é totalmente estarrecedor. A pergunta "e se?" aparentemente inocente de Saccheri sobre o quinto postulado de Euclides levou a nada menos que a consideração de geometrias que forneceram as ferramentas de que Einstein precisava para explicar o tecido cósmico. Assim como a teoria de grupos de Galois tornou-se a linguagem das simetrias e a geometria não-euclidiana, a linguagem dos cosmologistas, esse tipo de "previsão" dos matemáticos das necessidades dos físicos de gerações posteriores se repetiu muitas vezes em toda a história da ciência.

A generalização e abstração da geometria foi um desenvolvimento muito bem recebido, mas, por volta dos anos 1870, a proliferação de geometrias pareceu estar ficando inteiramente fora de controle. Além de todas as geometrias não-euclidianas acima, existe uma coleção heterogênea de *geometria projetiva* (que trata das propriedades de figuras geométricas em projeção, como quando uma imagem de uma película celulóide é projetada em uma tela de cinema); *geometria conforme* (que trata das transformações do espaço que preservam os ângulos); *geometria diferencial* (o estudo da geometria que usa cálculo); e muitas outras. Se, como acreditavam Platão, "Deus é um geômetra", quais de todas essas geometrias recebem a aprovação divina? Foi nesse ponto que Felix Klein, de 23 anos de idade (a Figura 83 mostra-o em idade posterior), chegou para o resgate com sua abordagem via teoria de grupos. Então, a ordem começou a se cristalizar a partir do caos.

Em uma palestra de grande influência intitulada "Análise Comparativa das Pesquisas Recentes em Geometria",[30] proferida em 1872 na Universidade de Erlangen, Klein inverteu audaciosamente os papéis da simetria e geometrias. Em suas palavras, "Existem transformações do espaço que realmente não alteram as propriedades geométricas das figuras. Por sua natureza, essas propriedades são, de fato, independentes da posição ocupada no espaço pela figura em consideração, de seu tamanho absoluto e de sua orientação". Antes de Klein, os matemáticos pensavam primordialmente em termos de objetos geométricos, como círculos, triângulos ou sólidos. Em vez disso, Klein

Figura 83

sugeriu no seu "programa de Erlangen" que a própria geometria é caracterizada e definida não pelos objetos, mas sim pelo grupo de transformações que a deixa invariante. Tomemos, por exemplo, o grupo de movimentos rígidos — os movimentos que preservam distâncias e ângulos e, conseqüentemente, as formas. Já que esses movimentos são fundamentais para a geometria euclidiana, esta última pode ser definida como a geometria que permanece invariante sob todas as transformações que existem no grupo de movimentos rígidos. Um círculo de um dado raio permanece o mesmo círculo não importando como você o gira. Dois triângulos que se sobrepõem precisamente (e são o assunto de tantos teoremas na geometria euclidiana e uma fonte constante de dor de cabeça para alunos do colegial) permanecem congruentes mesmo que você aplique neles uma translação, rotação ou reflexão. A idéia radical de Klein, contudo, admitiu a existência de uma variedade muito maior de geometrias. Outras transformações, que poderiam torcer ou esticar os objetos, poderiam definir novas geometrias. Em outras palavras, o conceito básico unificador que é a espinha dorsal de toda geometria é o *grupo de simetrias*. Mesmo que cada uma das muitas geometrias possa estar baseada em um grupo diferente de transformações, o projeto fundamental de todas as geometrias é o mesmo. Na geometria projetiva, por exemplo, as distâncias claramente não são invariantes. O modelo capturado em película para o filme *King Kong* original tinha apenas 46 centímetros de altura, bem diferente de sua imagem de 15 metros na tela. A geometria projetiva é, portanto, caracterizada por um grupo de transformações de simetria diferente daquela da geometria euclidiana (conceitos como "hexagonal" ou "elíptico" são preservados na projeção). De acordo com Klein, o que os matemáticos precisam fazer para definir uma geometria é fornecer um grupo de transformações e identificar o conjunto de entidades que permanecem inalteradas sob essas transformações. Estas idéias foram posteriormente expandidas[31] e dotadas de uma profundidade bem maior por dois gigantes da matemática: o teórico de grupos norueguês Sophus Lie (1842-99) e a imponente figura da matemática do fim do século XIX — o francês Henri Poincaré (1854-1912).

Com o inovador programa de Erlangen de Klein, a abstração de Cayley sobre grupos, a tendência para o pensamento estrutural de Lie e a matemática extremamente abrangente de Poincaré, estava começando a ficar claro que a simetria e a teoria de grupos proporcionam a sustentação de boa parte da matemática. Na verdade, para Poincaré, "toda a matemática era uma questão de grupos". Áreas que anteriormente pareciam não ter nenhuma relação umas com as outras, como a teoria das equações algébricas, uma infinidade de geometrias e até a teoria dos números (através dos trabalhos seminais de Euler e Gauss), subitamente se tornaram unificadas por uma única estrutura básica. Embora Klein fosse considerado "um charlatão sem mérito nenhum" por alguns matemáticos arrogantes da Berlim de sua época, ele ainda teve outro ponto positivo em seu repertório. Com um único golpe de mestre na teoria de grupos, ele aliou a álgebra com a geometria e as associou com — acredite se quiser — o trabalho de Galois sobre a quíntica. Não foi, contudo, o espetáculo de um só homem. O prussiano Leopold Kronecker e o francês Charles Hermite prepararam o caminho para essas interligações profundas.

O RETORNO DA QUÍNTICA

Leopold Kronecker (1823-91)[32] foi uma dessas combinações verdadeiramente raras de matemático talentoso e homem de negócios de sucesso. Sua capacidade extraordinária de reconhecer e imediatamente travar relações com pessoas que estavam em ascensão, seja no mundo financeiro ou da matemática, também se revelou útil para a promoção de sua própria carreira. Algumas das principais contribuições matemáticas de Kronecker foram no campo da teoria das funções elípticas (o tópico sobre o qual Abel escreveu seu famoso artigo de 125 páginas) e da teoria dos *números algébricos* (números que são as soluções de certas equações algébricas).

Em 1845, o tio de Kronecker por parte de mãe faleceu. Ele fora um próspero banqueiro e um executivo de empreendimentos agrícolas. A gestão de seus negócios foi colocada nos ombros do jovem matemático, que tinha acabado de ser aprovado no exame oral da tese de doutorado em 14 de agosto daquele ano. Kronecker assumiu a responsabilidade com enorme energia e rigor intransigente. Embora o trabalho difícil o tenha forçado a passar os oitos anos seguintes como homem de negócios, ele não negligenciou sua matemática. Outros em igual situação poderiam ter escolhido um tema mais fácil para ocupar o tempo de lazer, mas Kronecker dedicou seus esforços em adquirir o que foi provavelmente o mais profundo conhecimento da teoria de Galois entre todos os matemáticos de fins dos anos 1840 (lembremos que as monografias de Galois foram publicadas por Liouville em 1846). O resultado foi uma monografia extremamente clara sobre a resolubilidade de equações, publicada em 1853. Na descrição da obra, o historiador de matemática E. T. Bell é generoso nos elogios: "Kronecker apoderou-se do refinado ouro de seus predecessores, trabalhou incansavelmente nele como um joalheiro inspirado, acrescentou jóias de sua própria lavra e criou a partir de uma matéria-prima bruta uma impecável obra de arte com a inconfundível marca de sua individualidade artística." Tendo retornado em tempo integral para a matemática, Kronecker gastou os cinco anos seguintes montando um ataque direto contra a equação quíntica. Como vimos, Abel e Galois demonstraram que a quíntica geral não poderia ser resolvida *por uma fórmula* que envolvesse operações simples sobre os coeficientes, e não que não poderia ser resolvida de maneira nenhuma. Contudo, o método real de solução continuava obscuro. Como costuma acontecer com as descobertas científicas, exatamente quando Kronecker estava tentando desvendar a quíntica, um matemático francês também estava ocupado em fazer precisamente a mesma coisa.

Charles Hermite (1822-1901)[33] era o sexto filho de Ferdinand Hermite e Madeleine Lallemand, que tiveram cinco meninos e duas meninas. Durante a infância de Charles, enquanto prosperavam os negócios de comércio de tecidos da família, esta mudou-se de Dieuze para uma cidade maior, Nancy. Depois de freqüentar uma escola em Nancy, seguida pelo Lycée Henri VI de Paris, Hermite entrou no Louis-le-Grand, cerca de onze anos depois que Galois tinha saído dessa instituição. Seu professor de matemática lá foi o mesmo Louis Richard que tinha sido o mentor de Galois. O professor talentoso foi novamente rápido em reconhecer em Hermite "um jovem Lagrange". Se algum dia você duvidou que a história tem o hábito de se repetir, pense no seguinte. Enquanto esteve no Louis-le-Grand, Hermite publicou dois artigos de matemática. O título de um deles era "Considerações sobre a Solução Algébrica da Equação de Quinto Grau". Era um artigo interessante que demonstrou que o método de solução de Lagrange (capítulo 3) não poderia funcionar. O título e o conteúdo do artigo também mostraram, contudo, que pelo menos aos 20 anos, Hermite ainda era inteiramente ignorante dos trabalhos de Abel e de Galois (não que, na época, qualquer outra pessoa no mundo da matemática estivesse ciente do trabalho de Galois). Para levar o paralelismo entre as experiências escolares de Hermite e as de Galois um passo adiante, Hermite também tentou a Escola Politécnica. Ao contrário do arrasado Évariste, ele foi aprovado no exame de admissão, mas foi classificado apenas como o 68º. Então, somando insulto à ferida, depois de um ano apenas na Politécnica, Hermite foi forçado a sair por causa de uma deficiência física, uma deformidade incapacitante no pé direito.

Hermite voltou à equação quíntica em fins dos anos 1850 e seu artigo sobre o assunto foi publicado em 1858 — mesmo ano em que Kronecker também publicou um artigo com um título idêntico: "Sobre a Solução da Equação Geral de Quinto Grau". O resultado de Hermite foi espetacular. Usando um tipo especial de função elíptica, ele conseguiu, pela primeira vez, resolver a quíntica geral. Os séculos de repetidos ataques finalmente compensaram.

Kronecker até deu um passo adiante. Primeiro, obteve praticamente a mesma solução de Hermite, mas usando uma abordagem diferente, mais próxima em espírito às idéias de Galois. Segundo, em um artigo subseqüente publicado em 1861, ele se aprofundou nas razões fundamentais para o sucesso do método que tinha empregado. Em outras palavras, Abel e Galois demonstraram que a quíntica geral não poderia ser resolvida por uma fórmula; Kronecker tentou entender por que poderia ser resolvida por funções elípticas. Outra façanha de Kronecker foi a publicação (em 1879) de uma versão mais simples, mais curta e mais bem organizada da demonstração de Abel. Ele também corrigiu um pequeno erro na demonstração original um tanto longa (que felizmente não teve nenhum efeito sobre o resultado). Isso preparou o palco para o ataque decisivo de Felix Klein.

A filosofia por trás da investigação de Klein[34] era realmente bem simples. Anteriormente neste capítulo, usamos as propriedades familiares do grupo de simetrias do triângulo equilátero e as do grupo de permutações de três elementos para mostrar que os dois grupos são realmente iguais (isomorfos). Klein virou esta lógica de ponta-cabeça. Primeiro, ele mostrou que dois grupos aparentemente díspares eram isomorfos e depois explorou o fato para desvendar

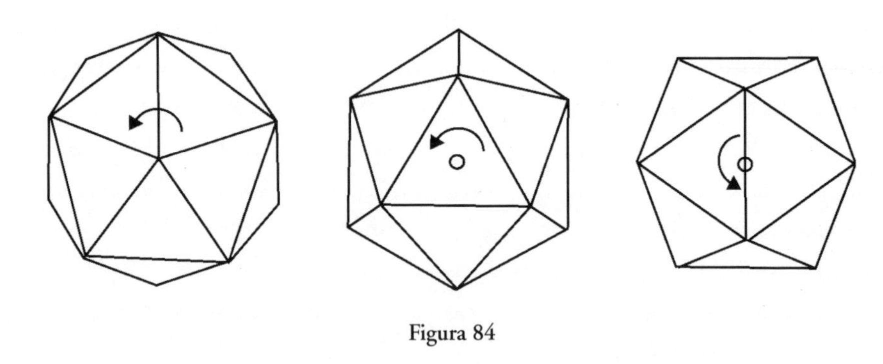

Figura 84

os motivos dessa inesperada conexão. Os achados de Klein foram publicados em 1884 em um volumoso tratado com o exótico título *Palestras sobre o icosaedro e a solução de equações do quinto grau*. Como estão relacionados os dois tópicos do título? Klein começou com um simples exame do sólido conhecido como icosaedro (Figura 84). Platão considerava este belo sólido um dos constituintes básicos do cosmos (sendo os outros o tetraedro, o cubo, o octaedro e o dodecaedro, coletivamente conhecidos como os *sólidos platônicos*). O icosaedro tem doze vértices, vinte faces (cada uma um triângulo equilátero) e trinta arestas (as linhas onde duas faces se encontram). Primeiro, Klein mostrou que existem precisamente sessenta rotações que deixam o icosaedro inalterado. São elas (Figura 84): quatro rotações pelos múltiplos de 72 graus em torno das linhas que unem vértices opostos (com um total de 24); duas rotações por 120 graus em torno das linhas que unem os centros de faces opostas (com um total de vinte); meias-voltas em torno das linhas que juntam os pontos médios das arestas opostas (com um total de 15); a identidade, que o deixa "no mesmo estado". Klein então mostrou que tais rotações formam um grupo. A seguir, examinou um grupo particular de permutações das cinco eventuais soluções da equação quíntica. Mais especificamente, examinou somente as permutações pares (que contêm um número par de transposições). Já que existe um total de 5! =120 permutações de cinco elementos, existem precisamente 60 permutações pares (e 60 ímpares). Então veio o xeque-mate. Klein demonstrou que *o grupo icosaédrico e o grupo de permutações são isomorfos*. Lembremos, contudo, que a demonstração de Galois sobre a resolubilidade das equações dependia inteiramente da classificação das equações de acordo com suas propriedades de simetria sob as permutações das soluções. A inexplicável ligação entre permutações e rotações icosaédricas permitiu que Klein tecesse uma magnífica tapeçaria na qual a equação quíntica, os grupos de rotação e as funções elípticas estavam todos entretecidos. Assim como a montagem de um quebra-cabeça revela a paisagem completa, as interconexões fundamentais descobertas por Klein forneceram a resposta definitiva quanto ao porquê de a quíntica poder ser resolvida por funções elípticas.

O poder unificador da teoria de grupos foi tão irresistível que, por volta do final do século XIX, estava se tornando evidente que seu alcance transbordaria os limites da matemática pura. Os físicos, em particular, estavam começando a perceber. Primeiro, através da teoria da relatividade geral de Einstein, a geometria foi reconhecida como uma propriedade crucial do universo em geral. Depois a simetria foi identificada como o alicerce do qual todas as leis da natureza acabam brotando. Essas duas verdades simples virtualmente garantiram que a busca por uma teoria do cosmos que abrangesse tudo viesse em grande parte a se transformar em uma busca pelos grupos fundamentais.

– SETE –

A SIMETRIA É QUE MANDA

A natureza tem sido generosa conosco. Sendo governada pelas leis universais e não por meros estatutos provincianos, ela nos deu a oportunidade de decifrar seu grande projeto. Diferentemente do que acontece nos negócios imobiliários — onde tudo é a localização —, nem nossa localização no espaço nem nossa orientação em relação à Terra, ao Sol ou às estrelas fixas fazem qualquer diferença para as leis da natureza que deduzimos. Não fosse por essa simetria das leis da natureza por translações e rotações, os experimentos científicos teriam de ser repetidos em cada novo laboratório em todo o mundo e qualquer esperança de algum dia entender as partes remotas do universo estaria perdida para sempre. É um conceito poderoso. Quando Newton propôs inicialmente que a dinâmica dos corpos celestes poderia ser descrita por fórmulas matemáticas e, além disso, que elas expressavam leis universais, isso provocou reações compreensíveis por toda a Europa. A explicação de maçãs em queda dificilmente teria sido suficiente para causar muita sensação. Os movimentos dos planetas, por outro lado, sempre tinham sido considerados uma obra indubitável da mão orientadora de Deus. O poeta do século XVIII Alexander Pope provavelmente expressou os sentimentos de muitos quando escreveu:

> A Natureza e as leis da Natureza jazem ocultas na noite:
> Deus disse: Faça-se Newton! e tudo foi luz.[1]

Newton, ele próprio um homem devoto, não teve nenhuma intenção de colocar em dúvida a onipresença de Deus. Em sua obra-prima científica *Principia*

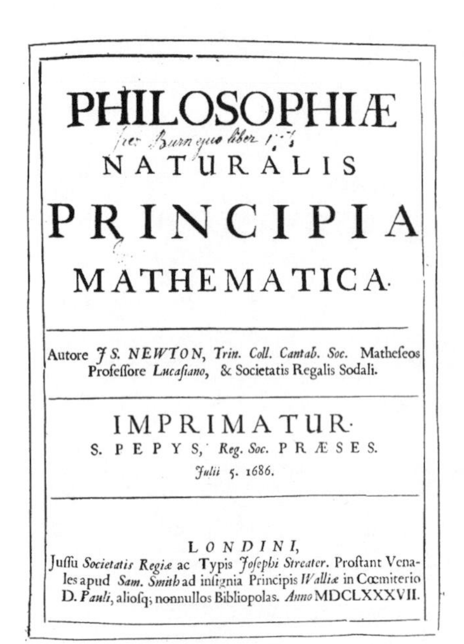

PHILOSOPHIÆ
NATURALIS
PRINCIPIA
MATHEMATICA.

Autore *J S. NEWTON*, *Trin. Coll. Cantab. Soc.* Matheſeos Profeſſore *Lucaſiano*, & Societatis Regalis Sodali.

IMPRIMATUR.
S. PEPYS, *Reg. Soc.* PRÆSES.
Julii 5. 1686.

LONDINI,
Juſſu *Societatis Regiæ* ac Typis *Joſephi Streater*. Proſtant Venales apud *Sam. Smith* ad inſignia Principis *Walliæ* in Cœmiterio D. *Pauli*, alioſq; nonnullos Bibliopolas. *Anno* MDCLXXXVII.

Figura 85

(a Figura 85 mostra a primeira página),[2] ele escreveu: "Este belíssimo sistema do Sol, planetas e cometas só poderia vir da deliberação e domínio de um Ser inteligente e poderoso. E se as estrelas fixas são os centros de seus sistemas semelhantes, estes, sendo formados por uma deliberação igualmente sábia, devem estar todos sujeitos ao domínio de Um." Contudo, a noção do universo como alguma espécie de máquina realmente conseguiu penetrar até em algumas ilustrações da época, como a impressionante pintura *Um filósofo dando palestra sobre o modelo mecânico planetário*, de Joseph Wright de Derby (Figura 86). Isso fazia parte da transformação do universo organicista grego, que tratava o cosmos como um organismo biológico, em universo mecanicista.

O mundo ao nosso redor parece tão transitório quanto as nuvens. As histórias da humanidade, da Terra, do sistema solar, de toda a galáxia da Via Lác-

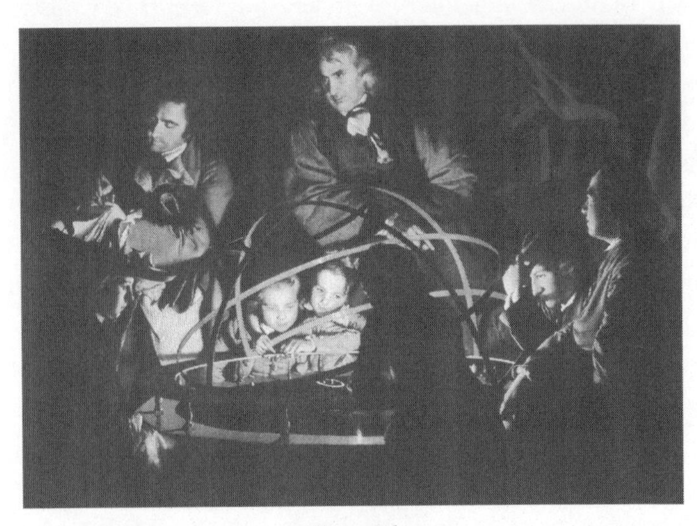

Figura 86

tea e até do universo como um todo são marcadas por mudanças implacáveis, às vezes violentas, se bem que em diferentes escalas de tempo. Felizmente, as leis da natureza são menos efêmeras. Quando os astrônomos observam uma galáxia que está a um bilhão de anos-luz, a luz que entra na abertura de seu telescópio naquele momento percorreu seu caminho por um bilhão de anos. Em outras palavras, os telescópios são verdadeiras máquinas do tempo — fornecem vislumbres do passado distante do universo. Até onde podemos dizer, a Mãe Natureza não permite nenhuma emenda à sua constituição — as leis da natureza não mudaram de nenhuma maneira perceptível, pelo menos desde o tempo em que o universo não tinha mais que um segundo de idade. Leis com uma existência mais efêmera (se elas de fato existissem) teriam tornado bem difícil para os físicos desvendar a história cósmica.

ESPAÇO-TEMPO

A simetria das leis da natureza vai muito além de meras translações e rotações. As leis não se importam, por exemplo, com que velocidade ou em que direção nos movemos. Você deve ter deparado com a mais simples manifestação desse fato em uma estação de trem. Às vezes quase não conseguimos dizer se é o trem em que estamos ou o dos trilhos adjacentes que está se movendo. Dois observadores movendo-se a velocidades constantes (isto é, sem alteração da velocidade ou da direção do movimento) descobrirão que a natureza obedece precisamente as mesmas leis, não importando se um deles está disparando pelo céu em um foguete futurista a 99 por cento da velocidade da luz enquanto o outro está sentado preguiçosamente nas costas de uma tartaruga gigante. Galileu e Newton já tinham reconhecido essa importante simetria entre observadores movendo-se em velocidades constantes, mas Einstein deu a ela uma enorme ênfase e uma reviravolta inteiramente imprevista na sua teoria da relatividade especial. Uma parte dessa simetria é relativamente simples. A pergunta "Quando Nova York pára neste trem?" pode ser uma formulação surrealista, mas é de fato perfeitamente legítima mesmo na física newtoniana. Uma pessoa em um trem poderia indiscutivelmente considerar que aquele trem está parado enquanto tudo o mais está se movendo. Einstein, contudo, formulou tal simetria de maneira a concordar com o inesperado resultado experimental de que a velocidade da luz sempre se revela a mesma,[3] independentemente de como a fonte de luz ou o observador está se deslocando. Em outras palavras, à simetria que impõe que as leis da física (inclusive as leis do eletromagnetismo e da luz) devem parecer as mesmas para todos os observadores em movimento uniforme, ele acrescentou mais uma: *a velocidade da luz é precisamente a mesma para todos os observadores.*

A constância de uma velocidade da luz absoluta era uma característica implícita das equações de Maxwell (a teoria do eletromagnetismo), mas, à primeira vista, parece extremamente surpreendente. De fato, provoca uma grande tensão em nosso senso comum sobre como as coisas se comportam. Quando alguém arremessa uma maçã para frente enquanto está dirigindo um conversível (felizmente não são muitos os motoristas que fazem isso), a velocidade da maçã em relação ao solo é a soma da velocidade do carro e da velocidade em que a maçã está sendo lançada. Da mesma maneira, poderíamos esperar que, se aquele conversível estivesse vindo diretamente em nossa direção, a velocidade que mediríamos para a luz emitida pelos faróis dianteiros seria a soma da velocidade da luz (cerca de 670 milhões de milhas por hora ou 300 mil quilômetros por segundo) com a velocidade do carro. Einstein nos informa, porém, e inúmeros experimentos confirmam, que *não* é esse o caso. Mais precisamente, mesmo que o carro estivesse se movendo à incrível velocidade de 99,99 por cento da velocidade da luz, a velocidade que registraríamos para a luz vinda dos faróis dianteiros permaneceria inalterada, 300 mil quilômetros por segundo. Além do mais, o mesmo seria verdadeiro se fôssemos medir a velocidade da luz emitida pelas lanternas traseiras do carro enquanto este estivesse se afastando a uma velocidade próxima à da luz. Antes de nos aprofundarmos nas implicações dessa descoberta crucial, vamos examinar por um momento o que poderia ter acontecido caso as velocidades das fontes fossem somadas à (ou subtraídas da) velocidade da luz. A Figura 87 mostra pistas que se cruzam em um aeroporto. O avião deslocando-se para o sul acabou de aterrissar em alta velocidade. Quando está prestes a entrar na interseção, o piloto percebe um caminhão entrando na interseção vindo do oeste. O piloto dá rapidamente uma guinada para evitar uma colisão. Suponhamos agora que um observador esteja vendo o incidente inteiro da parte sul do cruzamento. Para deixar a questão ainda mais clara, suponha que o avião que está pousando esteja se movendo a uma velocidade bem próxima à da luz. Se a velocidade da luz não fosse constante, o observador veria a luz refletida do avião se movendo em sua direção a quase duas vezes a velocidade da luz (a soma das velocidades do avião e da luz). A luz refletida do caminhão lento, por outro lado, iria se aproximar do observador à velocidade da luz (já que é refletida perpendicularmente à direção do movimento). Conseqüentemente, a luz do avião atingiria o observador significativamente antes do que a luz do caminhão. O observador veria o avião dar uma violenta guinada sem nenhum motivo aparente de qualquer espécie. A constância da velocidade da luz para todos os observadores elimina tais paradoxos nos quais os efeitos antecedem suas causas.

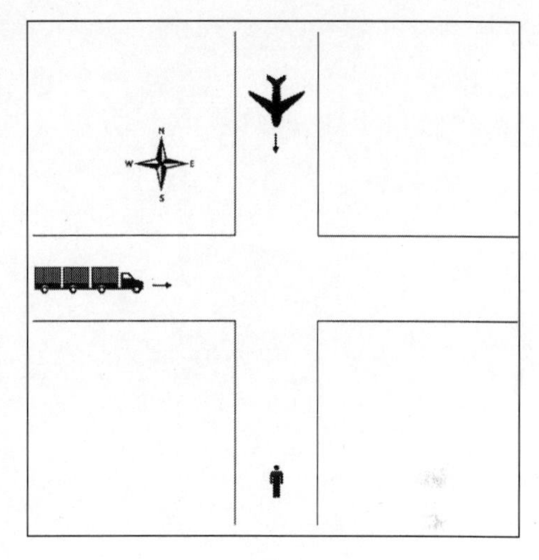

Figura 87

Para garantir a simetria das leis da física para observadores em movimento uniforme, bem como a invariância da velocidade da luz, a teoria da relatividade especial teve de pagar um preço. Einstein descobriu que espaço e tempo não podem ser tratados como entidades separadas. Mais precisamente, estão inseparavelmente atados um ao outro pela simetria. O artigo original de Einstein sobre a relatividade especial teve o despretensioso título "Sobre a Eletrodinâmica dos Corpos em Movimento" (Figura 88) e, ainda assim, como mostrará o próximo exemplo, literalmente alterou nossa percepção da realidade.

Imagine que durante um período de alguns anos você grave em vídeo uma maçã parada em uma mesa enquanto ela envelhece e se desintegra. O que esse filme (nem um pouco empolgante) está realmente capturando é o "movimento" da maçã através do tempo, em oposição ao seu movimento através do espaço. Tempo, de acordo com a relatividade especial, é uma quarta dimensão que precisa ser adicionada às três dimensões familiares do espaço. Quando a maçã é impulsionada a alguma velocidade, ela necessariamente se desloca em

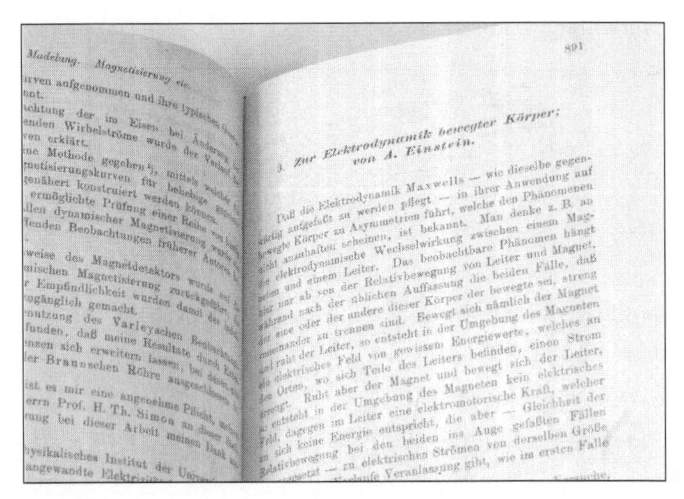
891

3. *Zur Elektrodynamik bewegter Körper;*
von A. Einstein.

Daß die Elektrodynamik Maxwells — wie dieselbe gegenwärtig aufgefaßt zu werden pflegt — in ihrer Anwendung auf bewegte Körper zu Asymmetrien führt, welche den Phänomenen nicht anzuhaften scheinen, ist bekannt. Man denke z. B. an die elektrodynamische Wechselwirkung zwischen einem Magneten und einem Leiter.

Figura 88

todas as quatro dimensões, já que à medida que a maçã se desloca pelo espaço, o tempo também está progredindo. Irá a maçã em movimento envelhecer no mesmo ritmo que a maçã estacionária? A resposta surpreendente da relatividade especial é que não. Quanto mais rápido a maçã se deslocar no espaço, mais lentamente seu "relógio" baterá, conforme visto por um observador em repouso. À medida que a velocidade da maçã se aproximar da velocidade da luz, seu tempo (para um observador em repouso) desacelerará até estar se arrastando lentamente. Isso poderia parecer inteiramente inacreditável não tivesse sido confirmado sem qualquer sombra de dúvida por inúmeros experimentos. Por exemplo, uma partícula elementar chamada múon está sendo constantemente produzida na atmosfera superior da Terra pelo bombardeamento de partículas de alta energia conhecidas como raios cósmicos. O fato de esses múons serem capazes de se deslocar por dezenas de quilômetros da atmosfera se deve inteiramente à desaceleração relativística de seus "relógios" internos. Em repouso, os múons vivem apenas cerca de dois milionésimos de segundo antes de decair e se transformar em partículas mais leves. Para vidas tão curtas assim, mesmo que tenham passado zunindo pelo espaço à velocidade da luz, o tempo de viagem pela atmosfera seria mais de dez vezes mais longo que o tempo de vida do múon (na ausência de efeitos relativísticos). Pesquisadores que cronometraram e contaram tais múons entre o pico e o sopé da montanha Washington em New Hampshire em 1941 confirmaram que múons viajantes viviam mais tempo,[4] exatamente com previsto pela relatividade especial. Experimentos realizados em 1975, nos quais múons foram acelerados a 99,94 por cento da velocidade da luz, mostraram que tais múons rápidos viveram 29 vezes mais tempo que seus correspondentes em repouso, novamente em plena concordância com as expectativas da relatividade especial.

Certo, você poderia pensar, mas os múons são partículas elementares bizarras e não relógios normais. Será que nossos relógios de pulso ou nossos batimentos cardíacos também desacelerariam se fôssemos nos mover a velocidades que se aproximam da velocidade da luz? Bem, uma experiência realizada em 1971 usou relógios reais. Os físicos Joseph Carl Hafele e Richard Keating[5] voaram ao redor do globo em sentidos opostos em vôos comerciais da Pan Am. Eles transportaram consigo quatro relógios atômicos que foram sincronizados no início da viagem com um relógio estacionário em Washington, D.C. Ao final da viagem, os relógios que viajaram no sentido leste (e, portanto, mais rápido que a rotação da Terra) mostraram, como esperado, um tempo decorrido mais curto em 59 bilionésimos de segundo, enquanto aqueles que se deslocaram para oeste (efetivamente movendo-se mais lentamente que o relógio em Washington) registraram tempos que foram maiores em 273 bilionésimos de segundo.

Uma das previsões centrais da relatividade especial é que as velocidades de um corpo através das dimensões do espaço e tempo sempre se combinam para fornecer precisamente a velocidade da luz. Um múon em repouso, por exemplo, tem toda a sua "velocidade" apontando na direção do tempo, já que "viaja" somente através da dimensão do tempo. Para os múons em movimento, quanto maior o componente de sua velocidade através do espaço, mais lentamente eles "envelhecerão", com seus tempos efetivamente parando (para observadores em repouso) à medida que a velocidade dos múons se aproxima da velocidade da luz. A própria luz sempre se desloca pelo espaço tridimensional precisamente à velocidade da luz. A relatividade especial nos informa que em nenhum lugar a luz pode se deslocar a qualquer outra velocidade, nem é possível alcançar a luz — a luz nunca pode estar em repouso. Nesse sentido, perceber a luz é um pouco como a percepção de movimento em um filme. Cada quadro no filme captura uma cena ligeiramente diferente e quando os quadros passam rápida e sucessivamente diante dos nossos olhos, vemos o movimento. Quando o filme é interrompido, o movimento desaparece. Vemos luz apenas quando ela está se movendo à velocidade da luz.

Por estranho que pareça, apesar de sua incrível intuição e compreensão profunda da física, a atitude de Einstein em relação à matemática pura era no início um tanto glacial.[6] Quando estudante em Zurique, ele era chamado de "preguiçoso" por faltar às aulas do matemático Hermann Minkowski (1864-1909). Por um irônico capricho da história, depois que Einstein publicou sua teoria da relatividade especial, não foi outro senão o próprio Minkowski que usou a simetria para colocar a teoria em uma base matemática sólida. Minkowski mostrou que espaço e tempo podem ser "girados" como uma entidade quadridimensional, exatamente como uma esfera pode ser girada no espaço tridimensional. Mais importante, da mesma maneira que uma esfera é simétrica (isto é, não se altera) quando rotacionada por qualquer ângulo ao redor de qualquer eixo, as equações da relatividade especial de Einstein são simétricas ("covariantes" no jargão da física) sob tais rotações de espaço-tempo. Essa extraordinária simetria das equações tornou-se conhecida como *covariância de Lorentz*, em homenagem ao físico holandês Hendrik Antoon Lorentz (1853-1928), que foi o primeiro a descrever essas transformações em 1904. É bem provável que você não fique surpreso em saber que a coleção de todas as transformações de simetria do espaço-tempo de Minkowski forma um grupo, similar ao grupo de rotações e translações comuns em três dimensões. O grupo é conhecido como *grupo de Poincaré*, em homenagem ao destacado matemático francês que refinou a base matemática da relatividade especial.

Desconfiado no início ("desde que os matemáticos invadiram a teoria da relatividade, eu mesmo não a entendo mais"), Einstein lentamente começou a compreender o inacreditável poder da simetria. Se as leis da natureza precisam permanecer inalteradas para observadores em movimento, não apenas as equações que descrevem estas leis realmente precisam obedecer a covariância de Lorentz, *as próprias leis podem de fato ser deduzidas da exigência de simetria*. Essa profunda compreensão literalmente reverteu o processo lógico que Einstein (e muitos dos físicos que o seguiram) empregou para formular as leis da natureza. Em vez de iniciar com uma imensa coleção de fatos experimentais e observacionais sobre a natureza, formular uma teoria e, então, verificar se a teoria obedece alguns princípios de simetria, Einstein se deu conta de que as exigências da simetria podem vir antes e ditar as leis que a natureza precisa obedecer. Vejamos esse tipo de reversão com algumas analogias simples.

Suponhamos que você nunca viu um floco de neve antes, mas alguém pede que você adivinhe sua forma geral. Evidentemente, você não pode sequer começar sem pelo menos alguma informação. Mesmo uma ilustração de um único raio do floco de neve (Figura 89) não é muito útil — não dá para adivinhar a forma de um elefante a partir do rabo. No entanto, você recebe alguns fatos adicionais — você é informado de que a forma geral é simétrica sob rotações de 60 graus em torno de seu centro. A instrução imediatamente limita a possibilidade a flocos de neve a seis pontas, doze pontas, dezoito pontas, e assim por diante. Já que a natureza geralmente opta pela solução mais simples e mais econômica, flocos de neve de seis pontas (como na Figura 90) seria um chute excelente. A simetria impõe restrições tão rígidas que a teoria está sendo guiada, quase inevitavelmente, em direção à verdade.

Como um exemplo um pouco mais complicado, imagine que biólogos de um distante sistema solar investiguem a estrutura do "DNA" de todas as formas de vida de seu planeta. Depois de anos de trabalho, eles descobrem que a vida sempre se baseia em fitas muito longas de "DNA" que vêm em sete con-

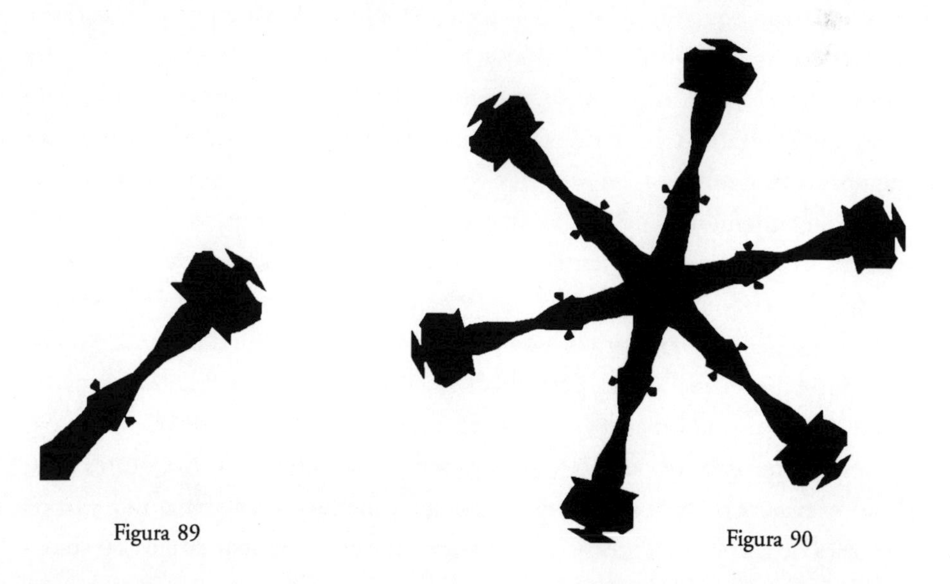

Figura 89

Figura 90

(i) b b b b b b b b b b ...

(ii) b p b p b p b p b p b ...

(iii) b d b d b d b d b d b ...

(iv) b b b b b b b b b b
p p p p p p p p p p p ...

(v) b q b q b q b q b q b ...

(vi) b q p d b q p d b q p ...

(vii) b d b d b d b d b d b
p q p q p q p q p q p ...

Figura 91

figurações diferentes, como as da Figura 91. Uma inspeção cuidadosa dos diferentes "desenhos" de tiras revela que cada uma delas pode ser obtida por uma operação de simetria ou uma combinação de operações de simetria sobre o símbolo básico *b*. Por exemplo, a primeira fita envolve apenas a simetria translacional — um motivo é simplesmente deslocado repetidas vezes. A segunda fita representa uma *reflexão deslizante*, que, como vimos (capítulo 1), envolve imagens de espelho que sofrem translação uma em relação à outra. A quarta fita é obtida por translação e reflexão em torno de uma linha horizontal do espelho. O sexto padrão do "DNA" pode ser obtido de várias maneiras diferentes — por exemplo, através de sucessivas translações de quatro símbolos ou através de sucessivas reflexões deslizantes de um par de símbolos refletidos. Em uma tentativa de formular suas descobertas na linguagem de uma lei, os biólogos extraterrestres poderiam concluir que todas as fitas de DNA estão arranjadas em padrões simétricos sob combinações de translações, rotações, reflexões e reflexões deslizantes. Suponhamos, contudo, que os biólogos tiveram uma intuição para começar (talvez depois de descobrir algumas fitas), que as fitas de DNA têm de obedecer algumas simetrias. Eles poderiam então abordar o problema partindo da extremidade oposta e exigir desde o princípio que as fitas de DNA fossem simétricas. Claramente, não existe nenhuma maneira de adivinhar o motivo básico — poderia parecer um *b*, uma estrela ou um pato. Entretanto, uma vez descoberto o motivo, a teoria de grupos pode ser usada para demonstrar que existem apenas sete padrões de fita distintos[7] que podem ser formados com o uso de combinações das quatro simetrias acima. Todos os outros padrões são meramente variações sobre os sete temas diferentes. Em outras palavras, a exigência de simetria neste caso dita inequivocamente o número de padrões de frisos existentes. John Horton Conway, matemático de Princeton, deu nomes divertidos para os sete tipos diferentes de tiras. Os nomes correspondem ao padrão de pegadas obtidas quando cada uma das ações é repetida: pular em um só pé, dar um passo, saltar, andar de lado, pular em um só pé girando, andar de lado girando, saltar girando.

As simetrias das leis da física sob translações, rotações e movimento uniforme (inclusive a invariância da velocidade da luz) são absolutamente essenciais para a nossa compreensão de espaço e tempo, mas elas por si sós não impõem a existência de novas forças ou novas partículas. Como veremos em breve, contudo, as tentativas de compreender a gravidade e de unificar todas as forças básicas da natureza elevaram o significado dos princípios de simetria a um nível ainda mais alto — a simetria tornou-se a *fonte* das forças.

UMA SIMETRIA DE PESO

O intenso brilho da relatividade especial expandiu os horizontes da simetria das leis da física a todos os observadores em movimento uniforme. Mas, você pode se perguntar, e quanto aos observadores em aceleração? De maneira geral, a maioria dos movimentos que observamos ao nosso redor não é uniforme — começam em repouso, chegam a um repouso ou envolvem deflexões, curvas ou rotações. Se as leis do eletromagnetismo fossem, digamos, desmoronar ou mesmo apenas mudar significativamente ao tratar de um foguete que acelera a partir de sua plataforma de lançamento, não seríamos capazes de enviar astronautas para o espaço. Einstein não estava preparado para aceitar isso como opção. De fato, por que deveriam as leis depender de como o observador está se movendo? Além disso, o movimento acelerado é tão ubíquo — do movimento dos planetas ao redor do Sol até os velocistas em uma pista — que qualquer teoria que não discuta aceleração estará irremediavelmente incompleta. Outra deficiência óbvia da relatividade especial foi o fato de a teoria ter ignorado inteiramente a gravidade. A gravidade, contudo, está em todos os lugares e, ao contrário do eletromagnetismo contra cujas forças é possível se proteger, não existe nenhuma maneira de escapar das garras da gravidade. Uma das principais metas de Einstein tornou-se, portanto, ampliar ainda mais o alcance da simetria. Em particular, ele sentia que as leis da natureza tinham de parecer precisamente as mesmas, não apenas aos observadores movendo-se a velocidades constantes, mas a todos os observadores, seja em um laboratório que está se acelerando em uma linha reta, girando em um carrossel ou movendo-se de uma maneira qualquer. Exatamente como os biólogos extraterrestres poderiam ter começado com um princípio de simetria e depois deduzir dele os sete padrões de tira possíveis, Einstein também quis colocar antes a simetria. Inspirado pela covariância de Lorentz da relatividade especial (o fato de as equações não se alterarem sob rotações do espaço-tempo), ele agora exigia a covariância geral, implicando simetria das leis da natureza — quaisquer que possam ser — sob qualquer alteração nas coordenadas de espaço e tempo. A exigência não era trivial. Afinal, cerca de um milhão de traumatismos cervicais por ano somente nos Estados Unidos demonstram que as pessoas realmente experimentam acelerações repentinas. Cada vez que fazemos uma curva brusca com o carro, sentimos nosso corpo sendo empurrado para o lado pela força centrífuga e os aviões que atingem bolsões de ar fazem nossos estômagos pularem fisicamente até nossas gargantas. À primeira vista, parece haver uma distinção inconfundível entre movimento uniforme e acelerado. Você não sente o movimento quando anda de trem ou de elevador movendo-se a uma velocidade constante. Seu ponto de vista — de que você está em repouso enquanto tudo ao seu redor está se movendo — é tão válido quanto o das pessoas que acenam em despedida na plataforma ou daquelas que esperam pacientemente no saguão do hotel. Quando as bochechas de uma astronauta são tracionadas poderosamente para baixo no lançamento, por outro lado, ela indiscutivelmente sente a aceleração. Então, como podem as leis da física ser as mesmas mesmo nos referenciais em aceleração? E que dizer dessas forças adicionais? A solução culminante para esse enigma foi a proeza suprema de Einstein, aquela que ele levou anos para conceber. Vamos tentar seguir a linha de raciocínio de Einstein enquanto ele buscava estabelecer a simetria como a fonte das leis da física.

Figura 92

Imagine a vida em um vagão em aceleração (Figura 92). Se o vagão estiver acelerando constantemente para a direita, sabemos da experiência do dia-a-dia que tudo será empurrado para trás (para a esquerda, na figura). A lâmpada que pende do teto, por exemplo, ficaria inclinada em relação à vertical. Todo objeto solto ao chão cairia em ângulo e toda pessoa sentada em uma cadeira voltada para frente sentiria pressão vinda debaixo do assento e do encosto da cadeira. Isso é bem fácil de entender. Se um homem no vagão deixa cair as chaves, a velocidade horizontal das chaves continua inalterada (exceto pelas pequenas alterações por causa da resistência do ar) e é igual à velocidade que as chaves tinham no instante que foram soltas. Ao mesmo tempo, o próprio vagão se acelera continuamente a velocidades cada vez maiores. As chaves são, portanto, deixadas para trás, resultando em uma trajetória que é inclinada para trás. Aqui, contudo, entra uma importante descoberta. As experiências da pessoa no vagão em aceleração não são diferentes daquelas que alguém teria se a própria gravidade fosse mais forte e estivesse inclinada, em vez de apontar diretamente para baixo. Colocado de uma maneira diferente, a força gravitacional produz precisamente os mesmos fenômenos que aqueles observados no movimento acelerado.

Considere outra situação. Quando você está de pé em uma balança de banheiro dentro de um elevador que está acelerando para cima, a balança registrará um peso maior (porque seus pés exercem uma pressão maior na balança) — como se a gravidade tivesse se tornado mais forte. Um elevador em aceleração para baixo daria a impressão de uma gravidade mais fraca. No caso extremo em que o cabo do elevador rompe, você e a balança estariam em queda livre em uníssono e a balança registraria peso zero. (Este não é um procedimento recomendado para perda de peso, contudo: imagine o que a balança registraria quando o elevador de fato atingisse o fundo do poço!) Os astronautas flutuam "sem peso" dentro da estação espacial não por estarem fora do alcance da gravidade da Terra, mas porque a estação e os astronautas sofrem a mesma aceleração em direção ao centro da Terra — ambos se encontram em queda livre.

Enquanto pensava nessas coisas, Einstein acabou sendo levado em 1907 a uma conclusão eletrizante: *a força da gravidade e a força resultante da aceleração são, de fato, a mesma.*[8] Essa unificação poderosa foi chamada de *princípio da equivalência* — aceleração e gravidade são duas facetas da mesma força; são equivalentes. Dentro de um elevador em queda livre, é impossível dizer se você está sem peso porque o elevador está em aceleração para baixo ou porque a gravidade foi milagrosamente "desligada". Em uma palestra dada em Quioto, em 1922, Einstein descreveu aquele momento em 1907 quando teve um lampejo de profunda compreensão: "Estava sentado no escritório de patentes em Berna [Suíça] quando, de repente, ocorreu-me um pensamento: se uma pessoa cair livremente, ela não sentirá seu próprio peso. Levei um susto. Esse pensamento simples causou uma profunda impressão em mim. Impeliu-me em direção a uma teoria da gravitação."[9] Os laboratórios médicos tiram proveito do princípio da equivalência o tempo todo. Usam centrífugas para girar fluidos rapidamente para separar substâncias de diferentes densidades. As centrífugas agem como máquinas de gravidade artificial. A aceleração do movimento rotacional é equivalente a uma maior força gravitacional.

Uma afirmativa de uma simetria onipresente acompanhou o princípio da equivalência — as leis da física, conforme expressas pelas equações da relatividade geral de Einstein, são precisamente as mesmas em *todos* os sistemas, inclusive naqueles em aceleração. Isto é, as leis são simétricas sob quaisquer alterações nas coordenadas de espaço-tempo. Então, por que existem diferenças aparentes entre o que se observa, digamos, em um carrossel e em um laboratório em repouso? Essas, somos informados pela relatividade geral, são apenas diferenças no *ambiente*, não nas leis em si. Da mesma maneira que para cima e para baixo parecem ser diferentes na Terra (apesar da simetria das leis sob rotações) por causa da gravidade da Terra, observadores no carrossel sentem a força centrífuga que é equivalente à gravidade. Em outras palavras, a simetria entre todos os referenciais (sistemas de referência), inclusive aqueles em aceleração, exige a existência da gravidade. Como nos mostraram os exemplos do vagão em aceleração e do elevador, as leis da física em um referencial em aceleração são indistinguíveis daquelas em um referencial que experimenta a gravidade.

Armado com as poderosas concepções oferecidas pelo princípio da equivalência, Einstein sentiu que finalmente estava pronto para enfrentar as duas perguntas mais intrigantes que a teoria da gravitação de Newton tinha deixado inteiramente em aberto. A primeira e mais importante foi a pergunta "como" de um milhão de dólares: como a gravidade faz o seu truque? Ou, alternativamente: como pode o Sol, que está a uma distância de quase 160 milhões de quilômetros da Terra, exercer uma atração gravitacional inescapável que segura a Terra em sua órbita?

Newton estava plenamente ciente do fato de que não tinha nenhuma resposta:

> Até agora explicamos os fenômenos dos céus e do mar pelo poder da gravidade, *mas ainda não sabemos a causa deste poder* [grifos nossos]. É certo que deve vir de uma causa que penetra nos próprios centros do Sol e dos planetas, sem sofrer a menor diminuição de sua força(...) e propagar sua virtude para todos os lados até imensas distâncias, diminuindo sempre com o inverso do quadrado das distâncias(...) Mas, até aqui, não fui capaz de descobrir a causa dessas propriedades da gravidade a partir dos fenômenos e não formulo nenhuma hipótese.[10]

Segundo, havia o perturbador conflito entre a relatividade especial e a noção de gravidade de Newton. Embora a primeira declare indiscutivelmente que nenhuma massa, energia ou informação de qualquer espécie pode se propagar mais rápido que a luz, Newton imaginou a gravidade exercendo sua força instantaneamente através das imensidões do espaço. Uma gravidade assim "veloz" poderia ter aberto a porta para alguns fenômenos verdadeiramente bizarros e indesejados. Por exemplo, se o Sol desaparecesse repentinamente, todos os planetas do sistema solar começariam imediatamente a se mover ao longo de linhas praticamente retas, já que desapareceria a força que os mantém em órbitas elípticas. Entretanto, o Sol realmente desapareceria da visão das pessoas da Terra somente cerca de oito minutos depois, já que a luz leva esse tempo para atravessar a distância Sol–Terra. Se existissem habitantes em Netuno, eles começariam sua jornada rumo ao espaço frio quatro horas inteiras antes que vissem o Sol desaparecer. Tal inversão de causa e efeito transformaria nossa percepção de realidade em um pesadelo incompreensível. Sendo um verdadeiro crente na correção da relatividade especial e do princípio da equivalência, Einstein percebeu que tinha chegado o momento de uma revisão completa da teoria da gravitação de Newton.

Einstein pode ter percebido os primeiros indícios da possibilidade de um espaço-tempo dobrado a partir de outro intrigante pensamento. Ele tinha sido originalmente proposto pelo físico Paul Ehrenfest (1880-1933) e tornou-se mais tarde conhecido como *paradoxo de Ehrenfest*.[11] Um dos resultados conhecidos da relatividade especial é que o comprimento dos corpos em movimento, conforme medido por observadores em repouso, contrai-se ao longo da sua direção de movimento. A contração é maior quanto maior a velocidade. Isso não é nenhuma ilusão — uma vareta em movimento pode ser momentaneamente confinada em um espaço no qual não caberia quando em repouso. Consideremos, então, o que acontece a um objeto plano, como um CD, quando está girando bem rapidamente. Já que a circunferência gira mais rápido que o interior, ela se contrairia mais. Isso distorceria e dobraria o formato do disco. Uma vez introduzida a idéia de aceleração como uma fonte de dobras, Einstein não conseguiu largá-la. Ele concluiu que a aceleração dobraria a própria estrutura do espaço-tempo. E, de acordo com o princípio da equivalência, se aceleração pode fazer com que o espaço se curve, a gravidade também pode. Isso se tornou a essência da relatividade geral — *a gravidade dobra e arqueia o espaço-tempo* da mesma maneira que trapezistas circenses fazem arquear a rede de segurança em que pousam. Assim como objetos mais pesados causariam uma distorção mais pronunciada em um trampolim, quanto maior a massa de um corpo, mais curvo se torna o espaço-tempo em suas vizinhanças. O caminho de um jipe que transpõe as dunas de areia do Saara é determinado pelo formato do terreno ondulante. Da mesma forma, as trajetórias dos planetas ao redor do Sol são uma conseqüência da curvatura que o Sol produz no espaço-tempo. Os planetas estão simplesmente buscando a rota mais direta e as formas de suas órbitas revelam a geometria curva do espaço-tempo. Na estrutura de um espaço-tempo arqueado, indiscutivelmente a influência da gravidade não é instantânea. Einstein calculou que as perturbações na forma do espaço-tempo se propagam como ondulações em um lago, *exatamente à velocidade da luz*. Se por um milagre o Sol desaparecesse, o desaparecimento de sua influência gravitacional atingiria a Terra em oito minutos — simultaneamente ao seu desaparecimento visual. Esse resultado gratificante eliminou o último problema persistente da física newtoniana.

O fato de Einstein ter transformado o espaço-tempo curvo na pedra angular de sua nova teoria do cosmos criou uma necessidade de ferramentas matemáticas para a descrição de tais espaços. As aulas de matemática que ele tinha perdido na escola voltaram para assombrá-lo. Felizmente, o outrora cético em matemática teve alguém a quem recorrer — Marcel Grossman (1878-1936), um velho colega de classe de Einstein e um matemático de talento. Em um tom inusitadamente impotente, Einstein se arrependeu: "Passei a ter enorme respeito pela matemática, cujas partes mais sutis eu antes considerava puro luxo!"[12] O sempre confiável Grossman não o desapontou. Ele sugeriu a Einstein a geometria não-euclidiana de Riemann e também os métodos matemáticos desenvolvidos pelos matemáticos Elwin Christoffel, Gregorio Ricci-Curbastro e Tullio Levi-Civita. Lembremos que Riemann tinha de fato "previsto" com precisão a maquinaria de que Einstein precisava — uma geometria de espaços curvos em qualquer número de dimensões. A introdução do cálculo na geometria através do ramo conhecido como *geometria diferencial* e o desenvolvimento do *cálculo tensorial* permitiram, adicionalmente, a realização de cálculos precisos (tensores são "caixas de números" que podem representar espaços em qualquer número de dimensões). Depois de alguns becos sem saída nos anos 1912-15, Einstein decidiu seguir sua principal intuição — a simetria de todos os referenciais implicada pelo princípio da covariância geral. Sua intuição gerou frutos e, no final de 1915, nasceu a relatividade geral, uma abrangente teoria de espaço-tempo e gravidade (a Figura 93 mostra a primeira página do artigo). Em um bilhete ao físico teórico Arnold Sommerfeld, Einstein não conseguiu esconder o entusiasmo: "Não deixe de dar uma boa olhada nelas [as equações da relatividade geral]; são a descoberta mais valiosa da minha vida."

Einstein foi o primeiro a reconhecer sua dívida para com a matemática. Em um discurso na Academia Prussiana de Ciências em 1921, ele declarou, "Podemos de fato considerar [a geometria] o ramo mais antigo da física(...) Sem ela, eu teria sido incapaz de formular a teoria da relatividade".[13] Em uma palestra em 1933, acrescentou, "O princípio criativo [da ciência] reside na matemática".

Praticamente desde o dia em que apareceu pela primeira vez, a simetria subjacente e a simplicidade lógica da relatividade geral ganharam muitos admiradores entre os maiores físicos da época. Ernest Rutherford (que descobriu o núcleo atômico) e Max Born (pioneiro da mecânica quântica) mais tarde compararam a teoria a uma obra de arte.

Uma das principais previsões da relatividade geral era a deflexão dos raios luminosos sob a influência da gravidade. Em particular, havia a previsão de

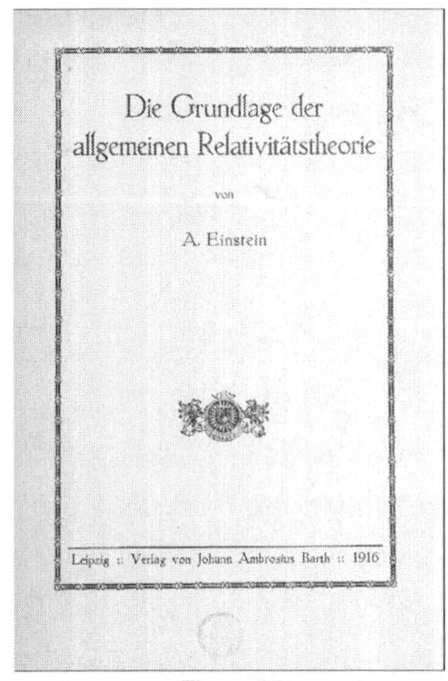
Die Grundlage der
allgemeinen Relativitätstheorie

von

A. Einstein

Leipzig :: Verlag von Johann Ambrosius Barth :: 1916

Figura 93

que o Sol defletiria a luz estelar de estrelas distantes posicionadas diretamente atrás dele. Para que a luz vinda do Sol não cobrisse inteiramente a luz vinda das estrelas, as observações tinham de ser realizadas durante um eclipse total do Sol, quando a Lua bloqueia sua luz. A idéia básica do experimento era simples: pela comparação de uma fotografia tirada durante um eclipse solar com uma fotografia do mesmo trecho do céu obtida quando a luz estelar não é defletida, seria possível tentar medir os ligeiros desvios aparentes nas posições estelares causados pela deflexão da luz.

As observações, de duas equipes britânicas, ocorreram durante o eclipse solar de 29 de maio de 1919, mas Einstein só recebeu a confirmação final dos resultados em 22 de setembro. As duas equipes, uma delas chefiada pelo famoso astrofísico britânico Arthur Eddington (1882-1944), constataram uma deflexão média de 1,79 segundos de arco, que era perfeitamente concordante (dentro dos erros experimentais esperados) com a previsão da relatividade geral. O alegre e entusiasmado Einstein informou imediatamente a mãe. A confirmação da relatividade geral foi formalmente anunciada em uma reunião conjunta da Royal Society e da Sociedade Astronômica Real em Londres, em 6 de novembro de 1919, e foi legitimamente declarada "uma das maiores realizações na história do pensamento humano". No dia seguinte, o mundo inteiro acordou com a notícia de uma "Revolution in Science" (Figura 94 mostra o artigo no *Times* de Londres de 7 de novembro de 1919) e Einstein foi instantaneamente elevado à inesperada condição de astro da mídia. Não que todo mundo entendesse inteiramente todas as implicações da nova teoria. De acordo com um relato conhecido, um repórter perguntou a Eddington se era verdade que a teoria da relatividade era tão complicada que, além de Einstein, apenas outras duas pessoas no mundo eram realmente capazes de compreendê-la. Eddington permaneceu em silêncio por alguns minutos. O repórter o encorajou a não ser muito modesto, ao que

THE TIMES, FRIDAY, NOVEMBER 7, 1919.

DEARER MONEY.
RISE IN BANK RATE.
CAUSES AND EFFECTS.

LABOUR DISPUTES COURTS.
SECOND READING OF THE BILL.
COMPULSION CLAUSES DROPPED.
(By a Student of Politics.)

COAL OUTPUT AND PRICE.
MINERS TO MEET MINISTERS.
SCOPE OF THE INQUIRY.
(By Our Parliamentary Correspondent.)

REVOLUTION IN SCIENCE.
NEW THEORY OF THE UNIVERSE.
NEWTONIAN IDEAS OVERTHROWN.

Figura 94

Eddington replicou: "De forma alguma, eu só estava tentando imaginar quem seria a outra pessoa."

Mesmo hoje, fico inteiramente estupefato com a seguinte cadeia maravilhosa de idéias e interconexões. Guiado do início ao fim pelos princípios da simetria, Einstein primeiro mostrou que aceleração e gravidade são na verdade dois lados da mesma moeda. Em seguida, expandiu o conceito para demonstrar que a gravidade meramente reflete a geometria do espaço-tempo. Os instrumentos que ele usou para desenvolver a teoria foram as geometrias não-euclidianas de Riemann — precisamente as mesmas geometrias usadas por Felix Klein para mostrar que a geometria é, de fato, uma manifestação da teoria de grupos (porque toda geometria é definida por suas simetrias — os objetos que elas deixam inalterados). Não é sensacional?

Lembremos que Galois estava um pouco inseguro sobre as aplicações potenciais de suas idéias da teoria de grupos. O poder combinado das imaginações de matemáticos como Klein, Lie, Riemann, Minkowski, Poincaré e Hilbert "uniu forças" com a intuição física sem igual de Einstein para tornar a simetria e a teoria de grupos as expressões mais básicas do espaço-tempo e da gravidade.

ENTRANDO NO MUNDO QUÂNTICO

Por mais importantes que as simetrias sejam para as leis que descrevem o espaço-tempo e gravidade, sua importância é ainda mais ampliada no domínio das partículas subatômicas. Ao contrário da física clássica, onde a palavra *partícula* geralmente evoca a imagem de algo como uma minúscula bola de bilhar, na teoria quântica — a estrutura teórica usada na física de partículas —, as partículas podem se comportar como ondas. O estado de qualquer sistema e sua evolução temporal são descritos por uma entidade chamada *função de onda*. A função de onda de um elétron é uma onda de probabilidade, usada, por exemplo, para determinar a probabilidade de encontrar o elétron em uma determinada posição com uma determinada direção de spin. Já que todos os elétrons do universo são idênticos, a única maneira de diferenciar um do outro é por sua energia, momento linear (produto da massa multiplicada pela velocidade na física clássica) e spin. Essas quantidades básicas são definidas na mecânica quântica pela resposta da função de onda a várias transformações de simetria no espaço e tempo. A energia, por exemplo, reflete a alteração na função de onda que resulta do deslocamento da coordenada de tempo (equivalente ao reajuste dos relógios).[14] Vou explicar o conceito resumidamente. Imagine que dois fotógrafos tiram uma foto de ondas circulares que se propagam a partir do ponto de impacto de uma pedrinha lançada em um lago. Os flashes das duas câmeras estão ajustados para disparar precisamente às 8 horas da manhã. Entretanto, acontece que um dos dois relógios que controlam os flashes está errado em um segundo. Isso quer dizer que, embora as duas câmeras registrem a mesma onda, elas a registrarão em fases ligeiramente diferentes. Onde um dos fotógrafos mostra uma crista na onda, o outro pode mostrar um vale, e vice-versa. A mecânica quântica define a energia de um sistema, como o elétron, através da mudança de fase da sua função de onda (medida em ciclos da onda) causada pelo reajuste dos relógios em um segundo. Da mesma forma, o momento linear do elétron caracteriza a mudança de fase da função de onda sob uma ligeira translação no espaço. Embora essas definições realmente relacionem as propriedades físicas básicas com as transformações de simetria, elas provavelmente soam surpreendentemente abstratas. Qualquer pessoa que estudou um pouco de física no colegial pode se lembrar de que quantidades como energia e momento linear estão normalmente associadas a um conceito bem diferente — as *leis da conservação*. As leis da conservação refletem o fato de algumas quantidades não poderem ser criadas nem destruídas — têm os mesmos valores independentemente de as medirmos hoje, amanhã ou daqui a um milhão de anos. A conservação de energia é o equivalente físico da frase "nada é de graça". Se conseguíssemos energia a partir do nada, não estaríamos pagando mais nas bombas de gasolina a cada vez que diminui a produção de petróleo. A conservação do momento linear é familiar a qualquer um que tenha visto uma colisão entre bolas de bilhar. Você nunca verá as duas bolas rolando para trás (em direção ao jogador) — o momento linear total das bolas em recuo tem que combinar para ser igual ao momento linear da bola branca. As leis da conservação são tudo para o físico. Os físicos experimentais de partículas, por exemplo, usam aceleradores imensos para colidir partículas umas contra as outras. Tais aceleradores são estruturas gigantescas (o de Genebra, na Suíça, usa um túnel circular de 27 quilômetros de extensão) nas quais as partículas subatômicas são aceleradas a energias extremamente altas. A finalidade é sondar as forças fundamentais em distâncias cada vez mais curtas e produzir partículas mais pesadas que a previsão teórica diz existirem. Os pesquisadores experimentais aproveitam-se do fato de a energia total e o momento linear dos produtos de colisão terem de ser precisamente iguais àqueles da partícula de entrada e do alvo (por causa das leis da conservação) para determinar até mesmo as propriedades das partículas que não podem ser detectadas diretamente pelo aparato experimental.

À primeira vista, portanto, parece que temos duas definições não relacionadas. Por um lado, quantidades básicas como energia e momento linear são definidas através da resposta da função de onda às transformações de simetria. Por outro, as mesmas quantidades estão associadas às leis da conservação. Qual é a relação precisa entre simetrias das leis da física e das leis da conservação? A resposta inesperada foi dada pela matemática alemã Emmy Noether (1882-1935) e é geralmente conhecida como *teorema de Noether*. Antes de explicar esse resultado, contudo, quero descrever resumidamente a vida dessa mulher extraordinária, para lançar alguma luz no tipo de dificuldades que uma mulher enfrentava em um mundo matemático dominado pelos homens.

Emmy Noether nasceu em Erlangen, Alemanha,[15] onde o pai era professor de matemática. A intenção original de Emmy era tornar-se professora de francês e inglês, mas, em vez disso, aos 18 anos, decidiu estudar matemática. Isso se revelou mais fácil em tese do que na prática. Embora mulheres pudessem se matricular nas universidades da França desde 1861, o seu ingresso ainda não era oficialmente permitido na conservadora Alemanha de 1900. A congregação acadêmica da Universidade de Erlangen declarou em 1898 que a admissão de alunas iria "subverter toda a ordem acadêmica". Mesmo assim, foi concedida a Emmy pelo menos uma permissão especial para freqüentar alguns cursos. Depois de passar nos exames em Nüremberg, Göttingen e Erlangen e se beneficiar com as mudanças lentas, mas graduais, no preconceito de gênero, ela finalmente obteve um doutorado em matemática em 1907. Esse não foi, contudo, o fim de suas batalhas com a elite acadêmica alemã. Mesmo tendo sido Noether convidada em 1915 por David Hilbert e Felix Klein a trabalhar na faculdade de Göttingen, esses dois renomados matemáticos tiveram de lutar com as autoridades da universidade por outros quatro anos antes de ela receber uma permissão formal para lecionar. Durante o período de troca de correspondência e conflitos verbais com a administração, Hilbert enganou os burocratas ao permitir que Emmy lecionasse em cursos oficialmente anunciados com o nome dele.

Noether demonstrou o teorema[16] que leva seu nome em 1915, pouco depois de chegar a Göttingen. Ela começou examinando as simetrias contínuas. Estas são as simetrias por transformações que promovem variações contínuas (e não discretas), como as rotações (onde o ângulo de rotação pode ser alterado num *continuum* de possibilidades). A simetria de uma esfera, por exemplo, se mantém por rotações arbitrariamente pequenas, ao contrário da simetria discreta de um floco de neve, que é simétrico apenas sob rotações por múltiplos de 60 graus. O resultado que Noether obteve foi assombroso. Ela mostrou que *para cada simetria contínua das leis da física corresponde uma lei de conservação e vice-versa.* Em particular, a simetria familiar das leis sob translações corresponde à conservação do momento linear, a simetria com respeito à passagem do tempo (o fato de as leis não mudarem com o tempo) nos fornece a conservação de energia e a simetria sob rotações produz a conservação do momento angular. Momento angular é uma quantidade que caracteriza a quantidade de rotação que um objeto ou um sistema possui (para um objeto puntiforme, é o produto da distância em relação ao eixo de rotação e o momento linear). Uma manifestação comum da conservação do momento angular pode ser vista na patinação artística — quando aproxima os braços do corpo, a patinadora gira bem mais rápido.

O teorema de Noether fundiu as simetrias e as leis da conservação — na verdade, esses dois pilares gigantes da física nada mais são que facetas distintas da mesma propriedade fundamental.

Com a ascensão dos nazistas ao poder, Noether, cujos pais eram judeus, foi forçada a deixar a Alemanha e mudou-se para a Faculdade Bryn Mawr nos Estados Unidos. Ela continuou a dar aulas em Bryn Mawr e Princeton até sua morte súbita, depois de uma cirurgia, em 1935. No discurso do funeral, o físico matemático Hermann Weyl aludiu às batalhas que Emmy Noether teve de travar por ser mulher: "Se, em Göttingen, muitas vezes nos referíamos por brincadeira a ela como 'der Noether' (com o artigo masculino), era também feito com um reconhecimento respeitoso do poder dela como pensadora criativa que parecia ter derrubado inteiramente a barreira do sexo."

A maioria das simetrias que encontramos até agora teve a ver com uma mudança no nosso ponto de vista no espaço e tempo. Muitas das simetrias subjacentes às partículas elementares e às forças básicas da natureza são de um tipo diferente — alteramos nossa perspectiva sobre a identidade das partículas. Isso pode soar alarmante; um elétron é sempre um elétron, certo? Na verdade, não, quando se trata da vagueza do reino quântico.

Lembremos que a única coisa certa na mecânica quântica é que tudo é incerto. Somente probabilidades podem ser verdadeiramente determinadas. Um elétron pode estar em um estado no qual não está indiscutivelmente girando em um sentido nem no outro. Mais precisamente, o estado é uma mistura de giro em sentido horário com giro em sentido anti-horário. Mais surpreendente, os elétrons podem estar em estados que os misturam com outra partícula elementar chamada neutrino. O neutrino é uma partícula de massa quase zero e sem carga elétrica. Assim como a Lua pode estar cheia, minguada (nova) e qualquer coisa intermediária, as partículas podem ter o rótulo de "elétron", "neutrino" ou ser uma mistura dos dois, até realizarmos uma medição específica (como aquela da carga elétrica) que consiga diferenciar os dois. A descoberta dessa capacidade das partículas de se metamorfosear entre diferentes estados fez os físicos darem um passo importante na direção da unificação de todas as forças da natureza.

Newton foi o primeiro a introduzir o conceito de unificação. Sua teoria da gravidade unificou a força que mantém nossos pés no chão com a força que segura os planetas em suas órbitas. Antes de Newton, ninguém suspeitava que uma mesma força fosse responsável pelas duas coisas. Michael Faraday e James Clerk Maxwell introduziram a segunda unificação importante — demonstraram que as forças elétrica e magnética são, de fato, a mesma força em trajes diferentes. A variação do campo elétrico gera um campo magnético e vice-versa. Além das forças gravitacional e eletromagnética, distinguimos atualmente na natureza duas forças nucleares. Uma delas, a *força nuclear forte*, é que mantém prótons e nêutrons firmemente ligados no núcleo atômico. Sem ela, os prótons se afastariam por causa de sua mútua repulsão eletromagnética e, portanto, nunca teria sido formado nenhum outro elemento além do hidrogênio (que tem um único próton). A *força nuclear fraca* é responsável pelo decaimento radioativo do urânio e transforma um nêutron em um próton, criando ao mesmo tempo no processo um elétron e um antineutrino (a "antipartícula" do neutrino). Esses decaimentos radioativos foram descobertos experimentalmente em 1896, mas sua associação com a força nuclear fraca foi elucidada apenas nos anos 1930.

Em fins dos anos 1960, os físicos Steven Weinberg, Abdus Salam e Sheldon Glashow conquistaram a fronteira de unificação seguinte. Em uma obra fenomenal de trabalho científico, eles mostraram que as forças eletromagnética e a nuclear fraca nada mais são que aspectos diferentes da mesma força, subseqüentemente apelidadas de *força eletrofraca*. As previsões da nova teoria foram dramáticas. A força eletromagnética é produzida quando partículas eletricamente carregadas trocam entre si feixes de energia chamados *fótons*. O fóton é, portanto, o mensageiro do eletromagnetismo. A teoria eletrofraca previu a existência de irmãos próximos do fóton, que desempenham o papel de mensageiro para a força fraca. Prefigurou-se que essas partículas nunca antes vistas teriam uma massa aproximadamente noventa vezes maior que a do próton e viriam em uma versão eletricamente carregada (chamada W) e outra neutra (chamada Z). Experimentos realizados no consórcio europeu de pesquisas nucleares em Genebra (conhecido como CERN, de *Conseil Européen pour la Recherche Nucléaire*) descobriram as partículas W e Z em 1983 e 1984, respectivamente. (Incidentalmente, o *best-seller* de Dan Brown, *Anjos e demônios*, chamou a atenção de milhões de leitores para a pesquisa no CERN.)

As partículas W e Z têm uma massa 68 e 97 vezes maior que a do próton (respectivamente), exatamente como previu a teoria. Essa foi sem dúvida alguma uma das histórias de maior sucesso da simetria. Glashow, Weinberg e Salam conseguiram desmascarar as forças eletromagnética e fraca por reconhecer que, por baixo das diferenças nas intensidades delas (a força eletromagnética é cerca de cem mil vezes mais forte dentro do núcleo) e das diferentes massas das partículas mensageiras, existe uma simetria notável. As forças da natureza assumem a mesma forma se elétrons são permutados com neutrinos ou com qualquer mistura dos dois. O mesmo é verdadeiro quando fótons são permutados com os mensageiros de força W e Z. A simetria persiste mesmo se as misturas variam de um lugar a outro ou de um tempo a outro. A invariância das leis sob tais transformações realizadas localmente no espaço e tempo tornou-se conhecida como *simetria de calibre*. No jargão profissional, uma *transformação de calibre* representa liberdade para formulação de teorias que não têm nenhum efeito diretamente observável — em outras palavras, a transformação à qual a interpretação física é insensível. Assim como a simetria das leis da natureza sob qualquer alteração nas coordenadas de espaço-tempo exige a existência de gravidade, a simetria de calibre entre elétrons e neutrinos exige a existência do fóton e das partículas mensageiras W e Z. Uma vez mais, quando a simetria é colocada antes, as leis praticamente escrevem-se a si próprias. Um fenômeno semelhante, com a simetria impondo a presença de novos campos de partícula, se repete com a força nuclear forte.

QUARK, QUARK, GRUPO

Prótons e nêutrons, as partículas que formam o núcleo atômico, não são "elementares". São compostos por unidades básicas elementares[17] denominadas *quarks*. O nome *quark* foi escolhido pelo físico de partículas Murray Gell-Mann em 1963. Ele decidiu pôr uma palavra que combina o latido de um cão com o grasnido de uma gaivota, cunhada pelo famoso romancista irlandês James Joyce no livro *Finnegans Wake*:

Three quarks for Muster	*Três quarks para Muster*
Mark!	*Mark!*
Sure he hasn't got much of	*Por certo seu latido não é*
A bark	*Grande coisa*
And sure any he had it's all	*E por certo o que acaso teve*
Beside the mark.	*é inteiramente irrelevante.*

Os quarks se apresentam em seis "sabores" que receberam nomes arbitrários: *up*, *down*, *strange*, *charm*, *top* e *bottom*. Os prótons, por exemplo, são feitos de dois quarks *up* e um quark *down*, enquanto os nêutrons consistem em dois quarks *down* e um quark *up*. Além da carga elétrica corriqueira, os quarks possuem outro tipo de carga, que recebeu o nome extravagante de *cor*, mesmo não tendo nada a ver com qualquer coisa que vemos. Da mesma maneira que a carga elétrica situa-se na raiz das forças eletromagnéticas, a cor dá origem à força nuclear forte. Cada sabor de quark vem em três cores diferentes, convencionalmente chamadas vermelho, verde e azul. São, portanto, 18 quarks diferentes.

As forças da natureza são daltônicas. Assim como um tabuleiro de xadrez infinito pareceria o mesmo se permutássemos o preto e o branco, a força entre um quark verde e um quark vermelho é igual àquela entre dois quarks azuis ou um quark azul e um quark verde. Mesmo se fôssemos usar nossa "paleta" de mecânica quântica e substituíssemos cada um dos estados de cor "puros" por um estado de cor misto (por exemplo, "amarelo" representando uma mistura de vermelho e verde ou "celeste" para uma mistura azul-verde), as leis da natureza ainda tomariam a mesma forma. As leis são simétricas sob qualquer transformação de cor. Além disso, a simetria de cor é de novo uma simetria de calibre — as leis da natureza não se importam se as cores ou sortimentos de cores variam de posição para posição ou de um momento para o seguinte.

Já vimos que a simetria de calibre que caracteriza a força eletrofraca — a liberdade de intercambiar elétrons e neutrinos — dita a existência dos campos eletrofracos mensageiros (fóton, W e Z). Da mesma forma, a simetria de cor de gauge exige a presença de oito campos gluônicos. Os glúons são os mensageiros da força forte que unem os quarks para formar partículas compostas, como o próton. Incidentalmente, as "cargas" de cor dos três quarks que formam um próton ou um nêutron são todas diferentes (vermelho, verde e azul) e elas se somam para fornecer uma alteração de cor zero ou "branco" (equivalente a ser eletricamente neutro no eletromagnetismo). Já que a simetria de cor está na base da força entre os quarks mediada pelo glúon, a teoria dessas forças tornou-se conhecida como *cromodinâmica quântica*. O casamento da teoria eletrofraca (que descreve as forças eletromagnética e fraca) com a cromodinâmica quântica (que descreve a força forte) produziu o *mo-*

delo padrão — a teoria básica das partículas elementares e das leis da física que as governam.

Se você está começando a se sentir um pouco tonto por causa de todas essas partículas elementares diferentes, não está sozinho. Consta que o famoso físico Enrico Fermi (1901-54), que foi considerado o "último cientista universal" (implicando que ele conhecia todas as áreas da física), teria dito certa vez: "Se conseguisse lembrar os nomes de todas essas partículas [a maioria nem era conhecida em sua época], eu seria um botânico." Algumas das exóticas propriedades das partículas elementares conseguiram chegar até na cultura popular. A física e escritora Cindy Schwarz[18] compilou uma coleção completa de prosa e poesia sobre partículas elementares, escrita por alunos da Vassar College. Um desses poemas, de Vanessa Pepoy, intitula-se "Cromodinâmica":

Rouge vert bleu
Trindade da cor.
Fundamental.
Organizacional.
Princípio.
Contida
Numa partícula,
Luz branca
Invisível.

Você pode ter percebido que as partículas envolvidas nas simetrias de calibre tendem a formar famílias de parentesco bem próximo (por exemplo, prótons e nêutrons). Historicamente, mesmo antes da sugestão de que prótons e nêutrons eram ambos compostos de três quarks permutadores de glúons, os físicos perceberam similaridades incríveis entre esses dois vizinhos intranucleares. Eles não apenas são muito próximos em massa, mas também é indiferente se a força forte entre eles está atuando entre dois nêutrons, um nêutron e um próton ou dois estados mistos de quaisquer dos dois. Com o advento dos aceleradores de partículas de alta energia nos anos 1950, parece ter emergido todo um zoológico de partículas. Em uma tentativa de colocar ordem na coleção de partículas em rápida proliferação, Murray Gell-Mann e o físico israelense Yuval

Ne'eman perceberam que os prótons e nêutrons pareciam bem semelhantes a outras seis partículas. Eles também identificaram outras de tais famílias estendidas de oito ou dez membros. Gell-Mann chamou essa simetria de "caminho óctuplo" (*eightfold way*), em alusão aos oito princípios do caminho budista de autodesenvolvimento que supostamente levam ao fim do sofrimento. Perceber que a simetria é a chave para compreender as propriedades das partículas subatômicas levou a uma pergunta inevitável: Existe uma maneira eficiente de caracterizar todas essas simetrias das leis da natureza? Ou, mais especificamente, qual a teoria básica de transformações que pode alterar continuamente uma mistura de partículas em outra e produzir as famílias observadas? A essa altura, você provavelmente adivinhou a resposta. A verdade profunda na frase que citei anteriormente neste livro volta a se revelar: "Onde quer que os grupos tenham se revelado ou puderam ser introduzidos, do caos comparativo cristalizou-se a simplicidade." Os físicos dos anos 1960 ficaram emocionados em descobrir que os matemáticos já tinham preparado o caminho. Assim como Einstein tinha aprendido sobre o kit de ferramentas da geometria preparado por Riemann cinqüenta anos antes, Gell-Mann e Ne'eman deram de cara com o impressionante trabalho de Sophus Lie sobre teoria de grupos. As idéias de Lie tornaram-se tão centrais para a física de alta energia[19] que é oportuno dizer algumas palavras sobre esse notável matemático.

Sophus Lie (Figura 95) chegou à matemática[20] de uma maneira um tanto indireta. Na Universidade Real Fredrik, de Cristiânia (Oslo de hoje), ele não demonstrou nenhuma paixão particular nem uma aptidão fora do comum em matemática, embora tenha sem dúvida estudado os trabalhos de Abel e Galois. Um de seus professores, Ludvig Sylow (1832-1918), ele mesmo um matemático famoso, confessou mais tarde que nunca teria imaginado que o jovem Lie se tornaria uma das maiores mentes matemáticas do século. Contudo, depois de alguns anos de hesitação, durante os quais foi assombrado por tendências suicidas, os interesses de Lie se voltaram cada vez mais para a matemática. Em 1868, ele finalmente concluiu que "havia um matemático oculto dentro de mim".

Figura 95

Durante suas viagens a Berlim e Paris em 1869 e 1870, Lie conheceu e tornou-se amigo de Felix Klein. Em Paris, também conheceu Camille Jordan (1838-1922) e o último o convenceu de que a teoria de grupos poderia ter um papel crucial no estudo da geometria. Os esforços combinados de Lie e Klein nessa área produziram as sementes do célebre programa de Erlangen, de Klein, sobre a caracterização da geometria por meio da teoria de grupos.

Em 1870, eventos políticos complicaram a colaboração contínua entre os dois jovens matemáticos. A deflagração da Guerra Franco-Prussiana forçou Klein a deixar Paris por Berlim. Lie tentou ir a pé até a Itália, mas só conseguiu chegar até Fontainbleau, onde foi preso. Para os oficiais do exército francês, os densos artigos de matemática do norueguês certamente pareciam mensagens cifradas de um espião alemão. Felizmente para Lie, o matemático francês Gaston Darboux interveio e o libertou da prisão. Dois anos depois, a Universidade de Cristiânia não repetiu o erro que tinha cometido com Abel. A faculdade e seus membros reconheceram o talento excepcional de Lie e criaram uma cátedra de matemática para ele. Lie continuou a trabalhar ocasionalmente em colaboração com Klein até 1892, quando explodiu uma lamentável controvérsia entre os dois. Isso se deveu em parte à impressão de Lie de que não tinha recebido o devido reconhecimento por seu papel no desenvolvimento do Programa de Erlangen. Em 1893, Lie deu uma declaração que atacava publicamente Klein: "Não sou discípulo de Klein, ou vice-versa, embora este último possa estar mais perto da verdade." Klein não melhorou as coisas ao mencionar (supostamente em "defesa" das ações de Lie) os problemas mentais de que Lie padecera em fins dos anos 1880. Nenhum desses eventos diminui a genialidade de Lie.

Os dois gigantes noruegueses do final do século XIX, Lie e Sylow, reconheceram inteiramente a sua dívida intelectual para com o ilustre astro da matemática norueguesa — Abel. Durante um período de oito anos, eles assumiram a trabalhosa incumbência de preparar e publicar as obras completas de Abel. Por volta do mesmo período, Lie começou a trabalhar em grupos de transformações contínuas (como as translações e as rotações no espaço convencional). Esse projeto culminou na publicação de uma extensa teoria e de um detalhado catálogo de tais grupos entre 1888 e 1893 (em colaboração com o matemático alemão Friedrich Engel). Os membros da classe dos grupos contínuos estudados por Lie tornaram-se mais tarde conhecidos como *grupos de Lie.*

Os grupos de Lie foram precisamente os instrumentos de que Gell-Mann e Ne'eman precisavam para caracterizar o padrão subjacente do zoológico de partículas recém-descoberto. Para seu grande deleite, os dois físicos descobriram que o matemático alemão Wilhelm Killing (1847-1923) e o matemático francês Elie-Joseph Cartan (1869-1951) tinham facilitado ainda mais a sua tarefa. Lembremos que Galois, para a demonstração sobre a resolubilidade das equações, definiu alguns subgrupos especiais chamados subgrupos normais (capítulo 6). Quando um grupo não tem subgrupos normais (exceto os dois subgrupos triviais, um composto apenas pela identidade e o outro sendo o próprio grupo), ele é chamado de *simples.* Grupos simples são as unidades fundamentais básicas da teoria de grupos no mesmo sentido que os números primos (divisíveis apenas por si mesmos e por 1) são as unidades fundamentais de todos os números inteiros. Em outras palavras, todos os grupos podem ser construídos a partir de grupos simples e os próprios grupos simples não podem ser decompostos pelo mesmo processo. Killing descreveu a classificação dos grupos simples de Lie em 1888; a classificação foi concluída e aperfeiçoada por Cartan em 1894. Existem quatro famílias infinitas de grupos simples de Lie e cinco grupos simples *excepcionais* (ou *esporádicos*) que não se encaixam em nenhuma das quatro famílias. Gell-Mann e Ne'eman descobriram que um desses grupos simples de Lie, chamado "grupo unitário especial de grau 3", ou SU(3), era particularmente apropriado para o "caminho óctuplo" — a estrutura familiar à qual constatou-se que as partículas obedecem. A beleza da simetria SU(3) foi revelada em toda a glória através de seu poder de previsão. Gell-Mann e Ne'eman mostraram que, se a teoria fosse válida, um décimo membro anteriormente desconhecido da família particular de nove partículas tinha de ser descoberto. A intensa caça à partícula que faltava foi realizada em um experimento com acelerador em 1964, no Laboratório Nacional de Brookhaven, em Long Island. Yuval Ne'eman contou-me anos depois que, ao saber que metade dos dados já tinha sido examinada sem a descoberta da partícula prevista, ele pensou em abandonar de vez a física. A simetria triunfou ao final — a partícula que faltava (chamada ômega menos) foi encontrada e tinha precisamente as propriedades previstas pela teoria.

Todas as simetrias que caracterizam o modelo padrão (por exemplo, a simetria da troca de cor entre quarks) podem ser representadas como um produto de grupos simples de Lie. A tentativa pioneira de descrever matematicamente tais simetrias foi feita pelos físicos Chen Ning Yang e Robert Mills em 1954. A propósito disso, as equações que descrevem a força fraca (em analogia com as equações de Maxwell, que descrevem o eletromagnetismo) são conhecidas como equações de Yang-Mills. Através dos trabalhos de Weinberg, Glashow e Salam sobre a teoria eletrofraca e a elegante estrutura desenvolvida pelos físicos David Gross, David Politzer e Frank Wilczek para a cromodinâmica quântica, o grupo característico do modelo padrão foi identificado com um produto de três grupos de Lie denotados por U(1), SU(2) e SU(3). Em um certo sentido, portanto, a estrada rumo à unificação definitiva das forças da natureza precisa passar pela descoberta do grupo de Lie mais adequado que contenha o produto U(1) × SU(2) × SU(3).

A experiência com a relatividade especial e geral e o modelo padrão das partículas elementares pode levar a uma única conclusão. Simetria e teoria de grupos têm uma maneira misteriosa de conduzir os físicos para o caminho certo. Isso pode parecer um pouco surpreendente no início, já que a exigência de simetria impõe restrições relativamente rígidas. Como vimos, uma vez que um padrão que se estende até o infinito em uma dimensão seja confinado a obedecer às simetrias dos movimentos rígidos, somente sete diferentes padrões de tira são permitidos. Mesmo em duas dimensões, pode-se demonstrar que os padrões repetitivos do tipo "papel de parede" estão limitados a 17.[21] Restrições semelhantes são impostas a qualquer teoria que incorpore simetria. Tais restrições não inibem a liberdade que, do contrário, a teoria poderia ter? Inibem e essa inibição é um resultado desejável. Os físicos procuram por *uma única* teoria que explique o universo, e não por muitas, todas elas fazendo o trabalho igualmente bem. Se eu tivesse apresentado 23 teorias diferentes da morte de Galois no capítulo 5, todas inteiramente compatíveis com as evidências disponíveis, você provavelmente não teria ficado muito satisfeito. A simetria nos ajuda não apenas a evitar os falsos inícios e os becos sem saída, mas também elimina as partes mais difíceis, as fases de "decisões, decisões" que caracterizam as escolhas.

A Bíblia nos conta que quando os israelitas partiram do Egito, foram guiados no deserto por "uma coluna de fogo à noite que lhes fornecia luz".[22]

A simetria tem sido a coluna de fogo dos cientistas, guiando-os para a relatividade geral e o modelo padrão. Poderá também levar para a unificação dos dois?

A HARMONIA DAS CORDAS

Os historiadores gostam de ressaltar que algumas revoluções sociais foram erros, quando julgadas retrospectivamente. Em contraposição, as duas revoluções científicas do século XX foram sucessos inquestionáveis. A relatividade geral previu a deflexão da luz por objetos astronômicos, a existência dos objetos colapsados a que chamamos de buracos negros e a expansão do universo, tendo sido tudo confirmado por observação. A teoria quântica foi confirmada na eletrodinâmica com uma precisão impressionante e sua jóia suprema — o modelo padrão — foi bem-sucedida em capturar e prever todas as propriedades das partículas subatômicas conhecidas. É aqui, contudo, onde mora o problema. Temos uma teoria de enorme sucesso para as maiores escalas astronômicas (estrelas, galáxias, o universo) e outra para as menores escalas subatômicas (átomos, quarks, fótons). Não haveria nenhum problema nisso se os dois mundos nunca tivessem que se encontrar. Mas em um universo que começou a se expandir a partir de um "big bang" — um estado extremamente compacto e ferozmente quente —,[23] foi inevitável que os caminhos da relatividade geral e da mecânica quântica se cruzassem. Muitas evidências, como a formação dos elementos da tabela periódica, apontam para o fato de que mesmo o grande foi outrora pequeno. Além do mais, algumas entidades, como os buracos negros, habitam tanto o domínio astronômico como o quântico. Conseqüentemente, depois das fracassadas tentativas de Einstein de unir a relatividade geral com o eletromagnetismo, muitos físicos se empenharam na maior de todas as tentativas de unificação — da relatividade geral com a mecânica quântica.

O maior obstáculo que tem tradicionalmente molestado todos os esforços de unificação é o simples fato de que, à primeira vista, a relatividade geral e a mecânica quântica realmente parecem ser incompatíveis.[24] Lembremos que o conceito central da teoria quântica é o princípio da incerteza. Quando se tenta sondar as posições com poder de ampliação sempre crescente, os momentos lineares (ou velocidades) começam a oscilar violentamente. Abaixo de um determinado comprimento minúsculo conhecido como *comprimento de Planck*, todo o dogma do espaço-tempo homogêneo é perdido. Esse comprimento (igual a 0,0000...1 centímetro, onde o 1 está na trigésima quarta casa decimal) determina a escala em que a gravidade tem de ser tratada por meio da mecânica quântica. Para escalas menores, o espaço se transforma em uma "espuma quântica" eternamente flutuante. Mas a própria premissa básica da relatividade geral é a existência de um espaço-tempo suavemente curvo. Em outras palavras, *as idéias centrais da relatividade geral e mecânica quântica se entrechocam irreconciliavelmente quando se trata de escalas extremamente pequenas.*

A melhor aposta atual para uma teoria quântica da gravidade parece ser alguma versão da teoria das cordas. De acordo com essa teoria revolucionária, as partículas elementares não são entidades puntiformes sem estrutura interna, como o modelo padrão faria você acreditar, mas diminutas alças de cordas em vibração. Essas alças infinitamente delgadas semelhantes a elásticos são tão pequenas (da ordem do comprimento de Planck; cerca de cem bilhões de vezes menores que o próton) que, para o poder de resolução dos experimentos dos dias atuais, parecem pontos. A beleza da idéia principal da teoria das cordas é que todas as partículas elementares conhecidas supostamente representam meramente diferentes modos de vibração da mesma corda básica. Assim como a corda de um violino ou violão pode ser dedilhada para produzir diferentes harmônicos, os diferentes padrões vibracionais da corda básica correspondem a diferentes partículas de matéria, como os elétrons e os quarks. O mesmo também se aplica aos mediadores de força. As partículas mensageiras como os glúons ou o W e o Z devem sua existência a outros harmônicos. Dito de uma maneira simples, todas as partículas de matéria e de força do modelo padrão fazem parte do repertório que as cordas podem tocar. Mais impressionante ainda, contudo, é que foi constatado que uma determinada configuração de corda vibrante tem propriedades que coincidem precisamente com o *gráviton* — o mensageiro previsto da força gravitacional. Foi essa a primeira vez que as quatro forças básicas da natureza foram abrigadas, embora provisoriamente, sob um mesmo teto.

Você poderia pensar que uma proeza de tal magnitude — o Santo Graal da física moderna — seria imediatamente saudada por toda a comunidade da física. Contudo, a reação em meados dos anos 1970 foi bem diferente. Anos de frustração com as tentativas de unificar a relatividade geral com a mecânica quântica agiram para construir uma grossa parede de ceticismo. A afirmação dos físicos John Schwarz, do Instituto de Tecnologia da Califórnia, e Joël Scherk,[25] da Escola Normal Superior da França, de que a teoria das cordas finalmente une a gravidade com a força forte foi universalmente ignorada. A situação persistiu por mais de uma década. Durante esse período, praticamente cada passo para frente foi imediatamente seguido pela descoberta de alguma dificuldade sutil, que resultava em nove décimos de passo para trás. O grande e decisivo salto finalmente ocorreu em 1984,[26] quando os físicos Michael Green, então da Queen Mary College, e John Schwarz demonstraram que a teoria das cordas poderia de fato oferecer a unificação definitiva que todos estavam procurando. Seguiu-se uma atividade frenética de algumas das melhores mentes teóricas dedicadas à caça do que parecia ser a cobiçada "teoria de tudo" — o alicerce definitivo sobre o qual o resto da física pode ser erigido. Como é freqüentemente o caso em ciência, contudo, a explosão de entusiasmo (apelidada a "primeira revolução das supercordas") logo deu lugar a uma fase de trabalho árduo de muita frustração. Ao contrário do caso de SU(3), onde todas as ferramentas matemáticas estavam estabelecidas, à espera dos físicos que fizessem uso delas, os teóricos das cordas tiveram de desenvolver parte da matemática enquanto avançavam. Ainda assim, como veremos adiante, os grupos ainda proporcionaram a linguagem certa para descrever os padrões subjacentes.

Então, como a teoria das cordas propõe resolver o conflito fundamental entre a suave geometria da relatividade geral e as violentas flutuações da mecânica quântica?[27] Conferindo parte da imprecisão até para o espaço-tempo, semelhante àquela vagueza que a mecânica quântica confere às posições e movimentos das partículas.

Imagine que você queira desenhar uma nuvem. Se a nuvem que você escolhe no céu para modelar estiver relativamente distante, próxima do horizonte, é bem provável que você consiga reproduzir a forma observada com razoável precisão. Se, por outro lado, a nuvem estiver relativamente próxima, ficará cada vez mais difícil capturar cada giro e curva de suas diminutas volutas. Uma aproximação ainda maior, até a escala submolecular, tornará irrealizável qualquer tentativa de reprodução. A teoria das cordas afirma que, ao tratar as partículas elementares e as mensageiras de força como objetos puntiformes sem dimensão, a física tentou sondar o universo em escalas que estão abaixo do limite que faz qualquer sentido. Em outras palavras, já que as cordas, os constituintes mais básicos do universo, são objetos longos com tamanhos da ordem do comprimento de Planck, as distâncias menores que o comprimento de Planck estão fora do domínio da física. Quando nos concentramos apenas nas escalas acima do comprimento de Planck, podemos eliminar flutuações violentas e evitar conflitos. Não admira que a vagueza na estrutura da teoria das cordas mude a natureza dos eventos no espaço-tempo. Enquanto no modelo padrão toda interação entre duas partículas ocorre em um ponto precisamente bem-definido, com que concordam todos os observadores, a situação na teoria das cordas é diferente (Figura 96). Por causa da natureza estendida das cordas, não podemos dizer com precisão quando e onde duas cordas interagem. Tanto a localização como o momento da interação estão "borrados". A situação pode ser equiparada (apenas superficialmente) à nossa incapacidade de prever quando e onde um ossinho da sorte vai quebrar quando os braços são tracionados para lados contrários.

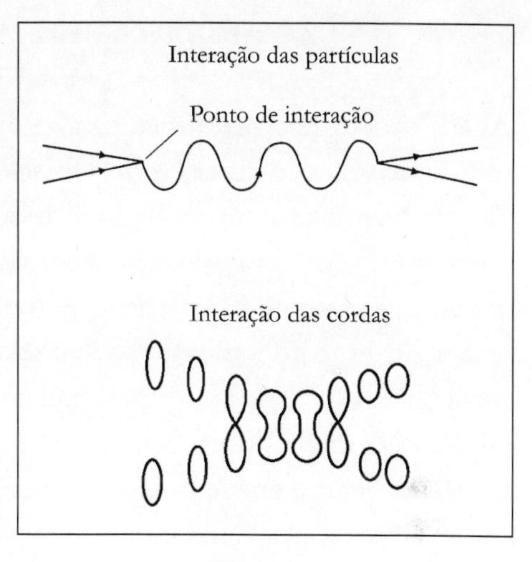

Figura 96

Mal tendo se recuperado da revolução na interpretação de espaço-tempo introduzida pela relatividade de Einstein, os físicos tiveram de se reajustar aos novos conceitos introduzidos pela revolução das cordas. Felizmente, um dos conceitos familiares não apenas sobreviveu à revolução, como também atingiu seu auge através da teoria das cordas.

NÃO APENAS SIMETRIA — SUPERSIMETRIA

As leis da natureza não dependem de onde, de que ângulo ou de quando as utilizamos. São simétricas sob translações, rotações e a passagem do tempo. São também idênticas para todos os observadores, independentemente de eles estarem se movendo a velocidades constantes ou em aceleração. Essa é a essência do princípio de covariância geral de Einstein. Assim como observadores em movimento uniforme podem se declarar em repouso, com tudo ao seu redor em movimento, também o podem os observadores em aceleração. Estes estão inteiramente justificados em alegar que as forças extras que sentem se devem ao campo gravitacional (de acordo com o princípio da equivalência). Em 1967, os físicos achavam que não poderia existir nenhuma outra simetria que estivesse associada apenas com a mudança do nosso privilegiado ponto de vista no espaço e tempo. De fato, até houve um teorema que afirmava demonstrar que era esse o caso.[28] Para surpresa de muitos físicos, pesquisas intensas durante os quatros anos subseqüentes levaram à descoberta de que a mecânica quântica dá margem a uma simetria adicional. Tal simetria inesperada foi chamada de *supersimetria.*

A supersimetria é uma simetria sutil baseada no spin,[29] uma propriedade da mecânica quântica. Lembremos (do capítulo 1) que o spin do elétron é uma propriedade intrínseca, de maneira bem parecida com sua carga elétrica, que lembra em alguns aspectos o momento angular clássico — como se o elétron estivesse girando ao redor de seu eixo. Contudo, ao contrário dos corpos que giram à maneira clássica, como os piões, onde a velocidade de giro pode assumir qualquer valor alto ou baixo, os elétrons sempre têm um único spin fixo. Nas unidades em que esse spin é medido pela mecânica quântica (chamadas *constante de Planck*), os elétrons têm meia-unidade, ou são partículas de "spin ½". De fato, todas as partículas de matéria no modelo padrão — elétrons, quarks, neutrinos e outros dois tipos chamados múons e taus — têm "spin ½". Partículas com spin semi-inteiro são conhecidas coletivamente como *férmions* (em homenagem ao físico italiano Enrico Fermi). Por outro lado, os mediadores de força — o fóton, W, Z e glúons — têm todos uma unidade de spin, ou são partículas "spin 1" no jargão da física. O mediador de gravidade — o gráviton — tem "spin 2" e foi essa precisamente a propriedade identificadora que se constatou que uma das cordas em vibração possuía. Todas as partículas com unidades inteiras de spin são chamadas *bósons* (em homenagem ao físico indiano Satyendra Bose). Assim como o espaço-tempo comum está associado à simetria de rotações, o espaço-tempo da mecânica quântica está associado a uma supersimetria que se baseia no spin. As previsões da supersimetria, se ela for verdadeiramente obedecida, têm um grande alcance. Em um universo baseado na supersimetria, *toda partícula conhecida deve ter uma parceira ainda não descoberta* (ou "superparceira"). Todas as partículas de matéria com spin ½ , como elétrons e quarks, devem ter superparceiras de spin 0. O fóton e os glúons (que são spin 1) devem ter superparceiras de spin ½ chamadas *fotinos* e *gluínos* respectivamente. Mais importante, contudo, é que, já nos anos 1970, os físicos perceberam que a única maneira de a teoria das cordas incluir de algum modo os padrões fermiônicos de vibração (e, portanto, ser capaz de explicar os constituintes da matéria) seria a teoria ser supersimétrica. Na versão supersimétrica da teoria, os padrões vibracionais bosônicos e fermiônicos vêm inevitavelmente em pares. Além do mais, a teoria supersimétrica das cordas conseguia evitar outra grande dor de cabeça que tinha sido associada com a formulação original (não-supersimétrica) — partículas com massa imaginária. Lembremos que as raízes quadradas de números negativos são denominadas números imaginários. Antes da supersimetria, a teoria das cordas produziu um estranho padrão de vibração (chamado *táquion*) cuja massa era imaginária. Os físicos exalaram um suspiro de alívio quando a supersimetria eliminou essas feras indesejáveis.

Desnecessário dizer, todas as simetrias e padrões subjacentes das versões atuais da teoria das cordas são descritos por grupos. Uma das versões, por exemplo, conhecida pelo nome intimidador de *heterótica do tipo* $E_8 \times E_8$, baseia-se em um dos grupos esporádicos de Lie.

O próximo passo crítico na confirmação ou refutação da teoria das cordas será, naturalmente, a busca pelas partículas supersimétricas previstas. Os físicos esperam que isso esteja ao alcance do Grande Colisor de Hádrons (LHC, nas iniciais inglesas), no CERN. Por volta de 2007, espera-se que este acelerador, que é o maior do mundo, atinja energias que são quase oito vezes maiores que aquelas que podem ser obtidas hoje. Se as superparceiras forem de fato encontradas, suas propriedades fornecerão pistas cruciais para aquilo que poderia ser a teoria definitiva. Se não forem encontradas, isso poderia ser uma indicação de que a teoria está indo para a direção inteiramente errada.

A teoria das cordas progride em um ritmo tão incrível que qualquer um fora do círculo dos que trabalham com ela no dia-a-dia acha muito difícil acompanhar em detalhe. A pesquisa atual continua a ser encabeçada por Edward Witten, do Instituto de Estudos Avançados de Princeton, e muitos outros em número grande demais para nomeá-los aqui. A matemática usada nesses estudos está se tornando progressivamente mais e mais avançada. Não apenas os números inteiros quaisquer são substituídos por uma classe estendida de números conhecidos como *números de Grassmann* (em homenagem ao matemático prussiano Hermann Grassmann),[30] como a geometria comum também está sendo suplantada por um ramo especial conhecido como geometria não-comutativa, que foi desenvolvida pelo matemático francês Alain Connes.

Apesar das ferramentas extremamente avançadas que se tornaram a marca distintiva da teoria, a teoria das cordas está na verdade em sua infância. Um dos pioneiros da teoria das cordas, o físico italiano Daniele Amati, caracterizou-a como "parte do século XXI que, por acaso, caiu no século XX". De fato, existe algo na própria natureza da teoria no presente que aponta para o fato de estarmos testemunhando seus primeiros passos. Lembremos da lição aprendida de todas as grandes idéias desde a relatividade de Einstein — *colocar a simetria na frente*. A simetria origina as forças. O princípio da equivalência — a expectativa de que todos os observadores, independentemente de seus movimentos, deduziriam as mesmas leis — *exige* a existência de gravidade. As simetrias de calibre — o fato de as leis não distinguirem cor, ou os elétrons dos neutrinos — *ditam* a existência dos mensageiros das forças forte e eletrofraca. Contudo, a supersimetria é um produto da teoria das cordas, uma conseqüência de sua estrutura e não fonte de sua existência. O que isso significa? Muitos teóricos das cordas acreditam que algum princípio fundamental mais grandioso, que exigirá a existência da teoria das cordas, ainda será descoberto. Se a história for se repetir, então acabaremos por descobrir que esse princípio envolve uma simetria inteiramente abrangente e ainda mais convincente, mas, no momento, ninguém tem a menor idéia de o que poderia ser esse princípio. Já que, contudo, estamos apenas no início do século XXI, a caracterização de Amati ainda pode acabar se revelando uma profecia assombrosa.

Como vimos neste capítulo, os físicos elevaram a simetria à posição de *o* conceito central em suas tentativas de organizar e explicar um universo do contrário desconcertante e complexo. Isso levanta algumas perguntas intrigantes. Em primeiro lugar, por que achamos a simetria tão atraente? Segundo e talvez mais difícil, seriam as explicações da teoria de grupos baseadas na simetria verdadeiramente inevitáveis? Ou o cérebro humano estaria de alguma maneira sintonizado para captar apenas os aspectos simétricos do universo? Para entender por que a simetria nos atrai tão intensamente, devemos entender como ela afeta a mente humana.

– OITO –

QUEM É O MAIS SIMÉTRICO DE TODOS?

Por quanto tempo você acha que conseguiria agüentar ter uma conversa civilizada com o homem da Figura 97 antes que a aparência torta dos óculos o deixasse maluco? Ou suponhamos que você entre na casa de alguém e descubra que os quadros pendurados nas paredes exibem um "arranjo" como o da Figura 98. Você não iria querer instintivamente ajustar cada um deles? Como e por que essa ânsia pela simetria bilateral se desenvolve na mente humana? Uma das finalidades da psicologia da evolução é precisamente responder a esse tipo de pergunta.

A psicologia da evolução é uma ciência[1] que tenta combinar o melhor de dois mundos — biologia da evolução e psicologia cognitiva. Nessa concepção, a mente humana é na verdade uma coleção de inúmeros módulos de propósito especial desenhados e moldados pela seleção natural para resolver problemas de adaptação bem específicos. Um problema de adaptação é qualquer desafio imposto pelo meio ambiente, ao qual as mentes dos ancestrais humanos precisaram responder para que essas criaturas de duas pernas sobrevivessem e se reproduzissem com sucesso. Em outras pa-

Figura 97

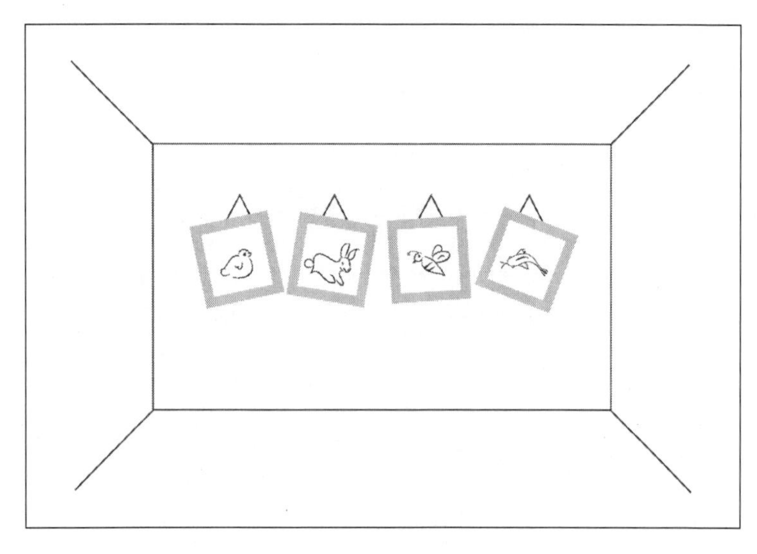

Figura 98

lavras, de acordo com os pioneiros da psicologia da evolução Leda Cosmides e John Tooby, a mente humana é um pouco como o canivete suíço, tem muitas "engenhocas" diferentes, cada qual projetada para uma tarefa específica. Os psicólogos da evolução rejeitam a noção de que a mente tem processos de propósito mais geral. Argumentam convincentemente que todos os problemas que os hominídeos tiveram algum dia de enfrentar foram sempre de natureza específica e não geral.

Indícios vindos de várias áreas, desde a biologia e antropologia até a arqueologia e paleontologia, sugerem quais poderiam ter sido os problemas de adaptação mais cruciais. Em termos gerais, incluem fugir dos predadores, identificar o alimento certo, formar alianças, sustentar a prole e os parentes próximos, comunicar-se com outros seres humanos e selecionar os parceiros. Onde a simetria entra nisso tudo?

SIMETRIA TEMÍVEL

Poucos poderiam competir com Oscar Wilde na batalha dos ditos espirituosos. Em *O retrato de Dorian Gray*, ele diz: "Na escolha de inimigos, nenhum cuidado é demais." Piadas à parte, do ponto de vista da evolução, esta observação é bem perspicaz. Os genes não poderão satisfazer uma de suas principais tarefas — conseguir que sejam passados intactos à geração seguinte — se aquele que os transporta se deixar ser devorado por um predador. Quaisquer genes que de alguma forma ajudam um animal a escapar dos predadores seriam, portanto, inevitavelmente favorecidos pela seleção natural. Tais genes participariam da construção evolutiva de "módulos de evitação de predadores" da mente. As tarefas de tais módulos são óbvias. Antes de mais nada, os predadores potenciais precisam ser detectados. Sem uma detecção precoce, nenhuma providência pode ser tomada e as conseqüências podem ser catastróficas. Somente nos estágios subseqüentes é que as demais funções precisam ser ativadas — perigos reais precisam ser diferenciados dos alarmes falsos e as reações precisam ser desencadeadas adequadamente. Conseqüentemente, os módulos de evitação de predadores precisam ser primordialmente dispositivos de detecção de predadores.

Vários experimentos mostram que os sistemas perceptivos de muitas criaturas, das abelhas e pombos aos seres humanos, são altamente sensíveis à simetria bilateral. Os padrões simétricos são detectados com maior rapidez que os assimétricos e são mais fáceis de aprender e recuperar da memória. Poderiam essas capacidades interespecíficas estar de alguma forma relacionadas com as necessidades de evitar o predador? Qual foi o problema de adaptação específico que o hardware/software perceptivo estava tentando resolver?[2] Uma pista para a resposta pode ser recolhida ao se fazer a pergunta de uma maneira diferente: em um mundo sem igrejas, carros, aviões e outros artefatos criados pelo homem, o que parece bilateralmente simétrico? A resposta é tão evidente quanto o nariz no rosto de uma pessoa — animais e seres humanos! De fato, embora a extremidade traseira do leão também seja bilateralmente simétrica, a simetria ali não chega perto de ser tão impressionante quanto a da vista frontal. Em outras palavras, a detecção da simetria bilateral se traduz para um animal em mais ou menos "estou sendo vigiado". As intenções do vigilante não precisam ser necessariamente maliciosas — ele poderia estar simplesmente se deleitando com a paisagem ou selecionando uma parceira. Ainda assim, é indubitável que a detecção precoce da simetria bilateral poderia significar a diferença entre a vida e a morte para o indivíduo em questão.

O neurocientista Joseph LeDoux, do Centro de Neurociência da Universidade de Nova York, é um dos pioneiros do estudo da emoção como um fenômeno puramente fisiológico, em oposição a comportamental. LeDoux não está interessado em sentimentos complexos, como a mescla de amor e compulsão ou a luta consciente evocada pela interação entre desejo e ciúme. Ele estuda, mais precisamente, o circuito cerebral que conduz à emoção do medo.[3] LeDoux acha que a reação ao medo é um inconsciente cognitivo que não envolve "os sistemas superiores de processamento do cérebro". Dito de uma maneira simples, o módulo de detecção de predadores do cérebro enfrenta o mesmo dilema encontrado por qualquer projetista de sistemas de alarme contra ladrão. Por um lado, os projetistas querem que o sistema seja capaz de reagir instantaneamente a quaisquer tentativas de invasão, mas, por outro, querem minimizar o número de alarmes falsos. Colocando tudo na balança, no entanto, uma reação atrasada poderia se revelar bem mais custosa e perigosa do que alguns alarmes falsos. Não admira, portanto, que LeDoux constate que o cérebro opera através de duas vias neurais independentes. Uma rota mais "rápida e suja" permite que os animais reajam a estímulos potencialmente perigosos mesmo antes que o cérebro tenha analisado inteiramente os estímulos. E outra "auto-estrada" que atravessa o córtex sensorial e aproveita os benefícios de um processamento mais profundo.

Central para a emoção imediata (mais que o sentimento consciente) do medo[4] é a *amígdala* — uma pequena estrutura em forma de amêndoa localizada no prosencéfalo (*amígdala* é "amêndoa" em latim). LeDoux usou compostos químicos que colorem neurônios para rastrear o circuito cerebral dos ratos e para mapear o caminho preciso que o medo segue. Esse é um passo significativo que supera a mera abordagem de descondicionamento dos ratos que caracterizou os estudos puramente comportamentais de épocas passadas. LeDoux verificou que, assim que um rato soa o primeiro alarme (na forma de gritos estridentes agudos), o sinal recebido pelos outros ratos vai diretamente de seu tálamo sensorial (a substância cinzenta de duplo lóbulo que retransmite sinais sensoriais) à amígdala. A amígdala, por sua vez, assim que recebe um forte estímulo, desencadeia todo o sistema de defesa. A resposta pode ser na forma de paralisação — evitar ser visto — ou coração acelerado e os hormônios inundando a corrente sangüínea. Esses hormônios ajudam a provocar o curso adequado de ação — o rato corre para salvar a vida ou se prepara para enfrentar o predador.

A amígdala parece governar a resposta de medo em todas as espécies que têm essa estrutura, inclusive os seres humanos. Pesquisas mostraram que uma mulher com uma lesão cerebral na amígdala perdeu inteiramente a capacidade de detectar e reconhecer qualquer expressão facial relacionada ao medo.

Sem dúvida, é provável que o mecanismo "rápido e sujo" desencadeie um número não tão pequeno de alarmes falsos e de ataques de pânico desnecessários. Entretanto, o tálamo também envia informações ao centro mais preciso de processamento de sinais — o córtex sensorial. Essa via mais lenta acaba fornecendo à amígdala uma representação mais confiável do estímulo real e impede o animal de reagir exageradamente.

Como acabamos de ver, a detecção pura e simples da simetria bilateral poderia algumas vezes disparar a sirene que coloca em movimento toda a maquinaria (inconsciente cognitivo) do medo. A simetria bilateral também pode agir, sob diferentes circunstâncias, como um mecanismo de defesa antipredador por si só. Muitos animais (coletivamente conhecidos como *animais aposemáticos*) usam vários sinais, como odores, sons e padrões de cor distintivos, para mostrar seu risco ou repugnância aos predadores. Algumas borboletas, por exemplo, têm grandes manchas conspícuas em forma de olho que ficam ocultas em repouso,[5] mas são expostas quando é detectado um predador potencial. O súbito aparecimento de um par de "olhos" freqüentemente confunde o predador o suficiente para dar à borboleta a oportunidade de fugir. Entre os vários sinais de aviso visuais que a criatura aposemática usa, os bilateralmente simétricos se revelaram os mais eficazes. Especificamente, experimentos fascinantes que submeteram "borboletas" artificiais de papel com diferentes padrões de asa à predação de galinhas domésticas mostraram que o valor protetor de tais exibições visuais de advertência é amplificado por elementos de padrão grande e simétrico. Em uma experiência realizada por pesquisadores suecos,[6] borboletas de papel (Figura 99) foram afixadas sob placas de petri de plástico e migalhas de alimento foram colocadas dentro de cada placa. Em cada tratamento, 45 borboletas pretas monocromáticas com migalhas palatáveis e 45 borboletas aposemáticas com migalhas tratadas com quinina não-palatável foram colocadas no chão. As borboletas aposemáticas tinham um padrão de aviso simétrico ou assimétrico e cada grupo de galinhas foi exposto a um único tipo (grande simétrico, pequeno simétrico ou assimétrico) de borboleta de sinalização de sabor desagradável. Os resultados da experiência sugeriram que a assimetria nos padrões compromete a eficácia dos sinais aposemáticos. Os pesquisadores concluíram que o motivo provável disso é que os desvios em relação à simetria provocam uma resposta neural mais fraca e, desse modo, tornam o sinal mais difícil de a galinha detectar, lembrar ou associar com a não-palatabilidade. Coletivamente, os achados desta e de outras pesquisas semelhantes levaram a uma conclusão interessante: espécies de presa que possuem coloração de advertência podem estar sujeitas a uma seleção natural por padrões grandes e bilateralmente simétricos.

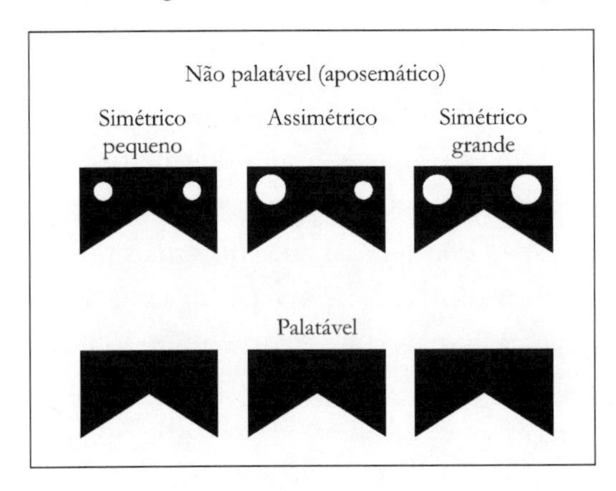

Figura 99

O estadista e filósofo britânico Edmund Burke (1729-97)[7] disse certa vez que "nenhuma paixão é tão eficaz quanto o medo para privar a mente de todos os seus poderes de ação e raciocínio". Isso é provavelmente verdadeiro, mas a resposta cognitiva inconsciente ao medo, ocasionalmente desencadeada pela detecção da simetria, pode às vezes ser tudo que é necessário para evitar um predador. Da mesma forma, na arena da sinalização, a exibição provocativa de sinais simétricos aposemáticos proporciona em alguns casos um escudo protetor contra predadores potenciais.

O papel da simetria dos dois tipos de mecanismos de evitação de predadores (detecção e sinalização) é negativo. A simetria age, em um certo sentido, como agente repelente, mas importante. Poderia ela também provocar um estímulo encorajador, convidativo? O processo de seleção de parceiro mostra que, de fato, ela pode, talvez mais do que se imagine.

OS PÁSSAROS FAZEM, AS ABELHAS FAZEM, ATÉ PULGAS EDUCADAS FAZEM*

Evitar os predadores e comer a comida certa são ações muito importantes para a sobrevivência. Da perspectiva dos genes, contudo, a sobrevivência é apenas um meio para um fim. Mesmo que todos os seres humanos tivessem tido sucesso em implementar as idéias no livro *How to Live to Be 100 — Or More* [Como viver para chegar aos 100 — ou mais] do comediante George Burns,[8] isso por si só não teria absolutamente nenhuma utilidade para os genes, a menos que estes seres humanos também tivessem prole. Reprodução e passagem dos genes para a próxima geração — é com isso que os genes realmente têm a ver. Como colocou o biólogo da evolução e escritor Richard Dawkins: "Um organismo é apenas uma maneira do gene de produzir mais genes."

Em algumas espécies, os indivíduos podem se reproduzir sozinhos — dividem-se em dois e cada parte torna-se uma nova criatura. A natureza claramente decidiu que esse processo assexual é menos divertido, porque a maioria das cerca de 1,7 milhão de espécies na Terra praticam reprodução sexual. Portanto, a reprodução sexual deve oferecer um benefício adaptativo para a espécie ou não seria tão prevalente. A diferença óbvia (entre as vias sexual e assexual) é que a prole produzida sexualmente pode se beneficiar da troca dos genes dos pais. A nova e melhor constituição genética pode limitar o dano causado por mutações nocivas e pode melhorar a aptidão da prole. Para explorar integralmente as vantagens do sexo, contudo, os indivíduos precisam selecionar os parceiros mais adequados. "Mais adequados" do ponto de vista dos genes significa um parceiro com características que melhoram as chances de sobrevivência e reprodução da prole. Isso se traduz em dois traços principais: alta qualidade dos genes (em termos de aptidão) e capacidade de cuidado parental. Aqui, irei me concentrar na primeira dessas propriedades, já que é a mais diretamente relacionada com a simetria.

Os descendentes herdam 50 por cento de seus genes de cada um dos pais. Conseqüentemente, acasalar com alguém com "bons" genes é vitalmente im-

---

*"Birds do it, bees do it / Even educated fleas do it", referência à canção de Cole Porter "Let's Do It, Let's Fall in Love". (*N. da E.*)

portante. Tal percepção remonta ao próprio Darwin, que reconhecia que, além de ser impelida pela seleção natural para a sobrevivência, a evolução é também moldada pela seleção sexual,[9] através da escolha do parceiro. Aqui, contudo, entra o enigma principal. Evidentemente, nossos ancestrais não estavam equipados com kits de testes de DNA; então, como qualquer indivíduo poderia aquilatar a aptidão genética de seus parceiros em potencial? Hoje, mesmo com a disponibilidade de instalações para testes de DNA, a maioria dos seres humanos ainda não confia neles para a escolha de seus amados, nem as escolhas voluntárias de parceiro dos pássaros viúvas-de-rabo-longo ou pavoas dependerão algum dia de tais testes. Um conhecimento completo do processo de seleção de parceiro exige nada menos que desvendar todos os mistérios da atração sexual que, sem dúvida, estão muito além do campo de interesse do presente livro. Dos vários aspectos interessantes do problema, discutirei apenas aqueles relacionados especificamente com a simetria.

Então, como os parceiros são escolhidos? Fundamentalmente, tantos os animais como os seres humanos procuram (entre outras coisas) por alguns indicadores confiáveis de aptidão. Procuram por aquelas características biológicas que foram especificamente desenvolvidas evolutivamente para sinalizar e anunciar aptidão. Observe que isso significa que, durante o mesmo período em que esses sinais de aptidão evoluíram, também evoluiu a capacidade do sistema sensorial de detectar e reconhecê-los. Isto é, o traseiro vermelho flamejante de um babuíno seria inútil de uma perspectiva da evolução se não houvesse uma preferência concomitante por traseiros vermelhos evoluindo no sistema de percepção de parceiros potenciais. O traço do macho e a preferência da fêmea co-evoluirão até as características mais extremas enquanto o benefício do acasalamento não for balanceado por alguma força de seleção natural voltada para a direção oposta. Muitas pesquisas sugerem que um dos indicadores mais poderosos de aptidão é a simetria bilateral. Para apreciar esse conceito, examinemos o caso particular freqüentemente discutido da cauda do pavão. Uma cauda grande perfeitamente simétrica anuncia ao mundo em alto e bom som: "Meu proprietário está livre de parasitas e não tem mutações distorcedoras." Parasitas de pássaros são bem comuns e sofrem mutação com tamanha rapidez que qualquer pássaro capaz de demonstrar que os subjugou tem de possuir genes bem saudáveis. Um pavão infestado de parasitas teria uma causa assimétrica, de cores esmaecidas. Em outras palavras, uma simetria precisa pode ser uma indicação clara de estabilidade de desenvolvimento. Mesmo desvios relativamente pequenos em relação à simetria perfeita (denominados *assimetria flutuante*) podem revelar o quanto o genoma está bem adaptado ao meio ambiente.

A associação entre escolha do parceiro e qualidade genética recebeu um impulso significativo de um trabalho influente dos biólogos William Hamilton e Marlene Zuk,[10] em 1982. Os pesquisadores examinaram parasitas sangüíneos em pássaros americanos e sua relação potencial com uma aparência exterior chamativa. Os resultados sugeriram que, de fato, os animais escolhem parceiros com resistência genética a doenças por um processo de seleção que leva em conta características cuja expressão é dependente da saúde. Outros experimentos, com andorinhas (realizados pelo biólogo sueco Anders Møller)[11] e com mandarins (pelos biólogos britânicos John Swaddle e Innes Cuthill),[12] também mostraram que as fêmeas usam a simetria como um critério na escolha preferencial de parceiro.

Uma sensibilidade correspondente aos padrões simétricos teve que se desenvolver na ponta receptora dos sinais de assimetria flutuante. Os biólogos Randy Thornhill, Andrew Pomiankowski e colegas propuseram que preferências por simetria evoluíram em animais precisamente porque o grau de simetria em sinais indica a qualidade do sinalizador. A simetria não pode ser falsificada. Você poderia se perguntar, para começo de conversa, por que qualquer animal desenvolveria um ornamento tão grande e difícil de manejar como a cauda do pavão. O biólogo israelense Amotz Zahavi[13] propôs uma resposta bem plausível que se tornou conhecida como o *princípio do handicap* (deficiência). *A posteriori*, a idéia de Zahavi é simples: o alto custo (em termos da dificuldade de desenvolver e manejar) do ornamento sexual é exatamente o que o torna um indicador confiável de aptidão e escolha do parceiro. Se alguém lhe diz pelo telefone que o ama, isso é muito bom, mas se ela usa o último centavo para comprar uma passagem de avião para vir do Japão para vê-lo, isso demonstra um nível mais profundo de compromisso. Ornamentos de alto custo e que exigem muita manutenção funcionam porque são essas precisamente as qualidades que inspiram mais confiança em um parceiro potencial. Machos de melhor qualidade podem supostamente se dar ao luxo de gastar a energia extra que é necessária para tais exibições extravagantes.

Nem todos concordam que a preferência por simetria seja necessariamente uma conseqüência de ser a simetria um indicador de aptidão. Em um artigo interessante intitulado "Symmetry, Beauty and Evolution" [Simetria, beleza e evolução], o biólogo sueco Magnus Enquist e o engenheiro britânico Anthony Arak[14] propuseram que as preferências por simetria podem surgir simplesmente porque objetos simétricos são mais facilmente reconhecidos que os assimétricos, independentemente de sua orientação. Afinal, um dos problemas enfrentados pelos animais é a necessidade de reconhecer objetos em diferentes orientações e posições no campo visual. Qualquer ajuda que o sistema perceptivo puder obter será bem-vinda e provavelmente preferida, resultando em uma inclinação sensorial pela simetria. Enquist e Arak usaram redes neurais artificiais como modelos de sistemas de reconhecimento. Redes neurais são sistemas computacionais inspirados na operação do cérebro, capazes de aprender por experiência para melhorar seu desempenho. Nos experimentos de Enquist e Arak, a preferência pela simetria foi indiscutivelmente uma exploração sensorial — uma conseqüência da necessidade de reconhecer sinais — e não tem nada a ver com a avaliação da qualidade genética. Resultados semelhantes foram obtidos em um experimento separado de rede neural artificial realizado pelo biólogo de Cambridge Rufus Johnstone.[15] Novamente, a implicação era que as preferências de acasalamento a favor da simetria evoluem como um simples subproduto da seleção para o reconhecimento do macho, e não por causa da relação entre o grau de assimetria flutuante e qualidade do parceiro. Da perspectiva da discussão aqui, contudo, não importa realmente se a preferência pela simetria na seleção de parceiro no reino animal é resultado da busca de qualidade ou de reconhecimento. As preferências por simetria podem ter evoluído por diversas razões. A questão importante, contudo, é que *existe uma preferência pela simetria* — a simetria tem um papel crucial na seleção de parceiros dos animais.

O QUE O AMOR TEM A VER COM ISSO?

Os seres humanos são animais muito complexos. Uma mistura inseparável de psicologia da evolução, de cultura e etnicidade, de várias crenças e interesses e de traços determina o que os seres humanos consideram atraente. Contudo, no fundo, o desejo dos genes de procriar é ainda uma das forças poderosas dentro da mente humana. Na busca por um parceiro sadio e fértil, nossas mentes não são programadas de maneira diferente daquelas de nossos ancestrais da Idade da Pedra. A beleza pode estar nos olhos de quem vê, mas como colocou o psicólogo da evolução David Buss: "Os olhos e mentes por trás dos olhos foram formados por milhões de anos de evolução humana."[16] O sentido do que é ou não atraente foi basicamente determinado por uma maquinaria adaptativa de tomada de decisões que evoluiu, pelo menos em parte, para a seleção de parceiros.

Se você acha que a atração não é importante, pense de novo. Anna Kournikova estava posicionada mais ou menos no septuagésimo lugar do *ranking* do tênis feminino durante a maior parte de 2003, mas, ainda assim, ganhou milhões de dólares mais com publicidade do que jogadoras significativamente mais bem colocadas no *ranking*. Caso você especule por que, aqui está uma pista — ela também apareceu duas vezes na capa da revista *Maxim*. Os criadores do programa *20/20* da ABC News realizaram uma experiência para estimar com que freqüência homens e mulheres atraentes recebem tratamento preferencial. Em um teste em Atlanta com duas atrizes vestidas de maneira semelhante, cada uma foi deixada de pé, desconsolada, ao lado de um carro que tinha ficado sem gasolina. Para aquela de aparência mais mediana das duas, alguns pedestres pararam, mas apenas para lhe indicar o posto de gasolina mais próximo. Para a atriz mais atraente, pelo menos doze carros pararam e seis motoristas realmente foram buscar a gasolina para ela!

Em um segundo teste, o *20/20* contratou dois homens para se candidatarem a um emprego. Os dois candidatos tinham grau de instrução e experiência profissionais semelhantes e mesmo as diferenças que de fato existiam em seus currículos foram intencionalmente reduzidas. Havia, contudo, uma diferença perceptível entre os dois — um deles era muito atraente enquanto o outro tinha uma aparência mais comum. Acredite se quiser: o entrevistador ficou entusiasmado e pediu que o homem atraente voltasse assim que possível para um dia de experiência, enquanto o homem de aparência mais comum recebeu a resposta "não nos telefone, nós telefonaremos para você".

Até mesmo a área no cérebro que reage à beleza foi identificada.[17] Os pesquisadores Hans Breiter, Nancy Etcoff, Itzhak Aharon e seus colaboradores utilizaram a técnica de tratamento de imagens de ressonância magnética para investigar a atividade dos cérebros dos homens quando lhes eram mostradas fotografias de mulheres particularmente atraentes. Eles constataram que a beleza ativa a mesma área do cérebro que é ativada pelo alimento (quando a pessoa está com fome) ou por vícios (por exemplo, quando um jogador compulsivo vê uma roleta).

Supôs-se por muito tempo que os critérios de beleza eram basicamente culturais e, portanto, aprendidos e não inatos. Estudos mais recentes da psicóloga Judith Langlois, da Universidade do Texas em Austin,[18] derrubaram inteiramente essa idéia. Primeiro, Langlois pediu a adultos que classificassem fotos de mulheres brancas e negras quanto à atratividade. Em seguida, as fotos foram mostradas aos pares (uma mais atraente que a outra) a crianças de dois grupos etários — dois a três meses e seis a oito meses de idade. Constatou-se que as crianças dos dois grupos etários olhavam fixamente por mais tempo para os rostos classificados como mais atraentes. Da mesma forma, verificou-se que crianças de um ano de idade brincam durante um tempo significativamente mais longo com bonecas com faces atraentes.

Outros estudos testaram alterações de gosto entre diversas culturas. O psicólogo Michael Cunningham[19] constatou um incrível consenso no julgamento de atratividade facial de mulheres de diferentes raças por homens de diferentes raças. A concordância persistiu mesmo quando foram considerados diferentes graus de exposição à mídia ocidental de massa. Estudos realizados além das fronteiras geográficas e étnicas (por exemplo, com homens chineses, indianos sul-africanos e norte-americanos)[20] produziram resultados semelhantes. Considerados conjuntamente, todos esses estudos parecem indicar que realmente existem alguns critérios universais para atratividade e que faces atraentes desfrutam de um encanto de longo alcance que emerge bem cedo na vida e se repete em diferentes culturas. Os detectores de beleza podem não ser exatamente inatos, mas a mente humana pode ter regras básicas inatas a partir das quais são construídos os modelos de atratividade.

Então, talvez exista um preconceito que valoriza a "aparência", mas o que é que homens e mulheres acham atraente?[21] O biólogo Randy Thornhill, o psicólogo Steve Gangestad e o etologista Karl Grammer acumularam um grande volume de evidências que mostra que a simetria é um fator central. Thornhill,

Gangestad e seus colegas mediram a simetria de cerca de mil estudantes com relação a diferentes feições faciais (posicionamento dos cantos dos olhos, pupilas, maçãs do rosto, cantos da boca etc.) e características do corpo (largura do pé, largura da mão, largura do cotovelo, comprimento do ouvido, comprimento do segundo e quinto dedos etc.) para desenvolver um índice global de assimetria. Ao correlacionar estes dados com classificações independentes de atratividade, Thornhill e Gangestad constataram que as pessoas menos simétricas no corpo ou na face foram consideradas menos atraentes.

Em um estudo independente, Grammer e a bióloga Anja Rikowski[22] descobriram até uma relação entre simetria e odor corporal atraente. Em um estudo que envolveu 16 homens e 19 mulheres, cada indivíduo vestiu uma camiseta em três noites consecutivas sob condições controladas. Imediatamente depois do uso, as camisetas foram congeladas e, logo antes da avaliação do odor, foram reaquecidas à temperatura do corpo. Quinze indivíduos do sexo oposto então classificaram o cheiro com relação à atração sexual em uma escala de sete pontos. Outros 22 homens e mulheres avaliaram os retratos dos indivíduos tendo em vista a atratividade e os índices de simetria dos indivíduos foram calculados com base em sete características. Os resultados mostraram que o rosto atraente e o odor corporal sexy caminham juntos para as mulheres. Além disso, os homens acharam que quanto mais simétrico o corpo da mulher, mais sexy era seu cheiro. Curiosamente, as mulheres acharam o cheiro dos homens mais simétricos mais atraente quando elas estavam na fase mais fértil de seu período menstrual.

Talvez o mais surpreendente, Thornhill e Gangestad descobriram uma relação entre simetria e o orgasmo das mulheres.[23] Os pesquisadores raciocinaram que, se o orgasmo das mulheres fosse de fato uma adaptação projetada para assegurar genes sadios para a prole, então as mulheres deveriam ter mais orgasmos com parceiros mais simétricos. Conduzindo um estudo com 85 casais de estudantes heterossexuais, os pesquisadores verificaram que, de fato, as mulheres cujos parceiros eram mais simétricos apresentaram uma freqüência significativamente maior de orgasmos. Um pouco inesperadamente, os pesquisadores não encontraram nenhuma correlação entre orgasmo feminino durante o sexo e o nível de ligação romântica ou a experiência sexual dos parceiros. Antes que alguma leitora vá correndo em busca de um sujeito simétrico, devo observar que os estudos também mostram que os homens mais simétricos investem menos nos relacionamentos e traem suas parceiras com mais freqüência. O orgasmo feminino parece ter menos a ver com a criação de laços com uma ótima pessoa e mais a ver com uma fria avaliação, ao estilo Idade da Pedra, do dote genético do parceiro.

Pesquisas independentes dos psicólogos Todd Shackelford e Randy Larsen[24] mostraram que a simetria do rosto humano apresenta uma boa correlação com outros indicadores de aptidão, tanto na parte fisiológica como na psicológica. Em particular, constatou-se que homens com rostos assimétricos têm uma maior probabilidade de sofrer de depressão, ansiedade, dores de cabeça, dificuldades em se concentrar e, até, problemas de estômago. Constatou-se também que mulheres com assimetria facial tinham uma saúde pior e eram mais propensas a instabilidade emocional e depressão. Além do mais, a simetria é também outro indício de juventude porque quanto mais velhas ficam as pessoas, menos simétricos se tornam seus rostos.

O quadro que emerge é bem sugestivo. Assim como no reino animal o processo de seleção de parceiro pode ter identificado a simetria como um bom indicador de aptidão, também para os seres humanos a simetria bilateral foi equiparada à estabilidade de desenvolvimento, juventude e resistência a vários patógenos debilitantes. O resultado, em termos de "magnetismo" animal/humano, foi inevitável — *simétrico* tornou-se quase sinônimo de *atraente.*

Não quero que você fique com a impressão de que a simetria é a única qualidade que afeta a atratividade. A psicóloga Judith Langlois e seus colaboradores enfatizam a da face mediana como a mais atraente. Langlois gerou por computador composições de quatro, oito, 16 e 32 faces.[25] Para sua surpresa, ela descobriu que as faces compostas foram uniformemente julgadas mais atraentes do que as faces individuais das quais as composições foram criadas. As composições feitas de 16 faces foram classificadas acima das de quatro ou das de oito faces e a composição feita com 32 faces foi considerada a mais atraente. Embora as faces compostas tendam, por construção, a ser também mais simétricas, Langlois descobriu que mesmo depois que foram controlados os efeitos da simetria, as qualidades medianas foram ainda julgadas atraente. Tais achados argumentam a favor da existência de protótipos de algum nível na mente, já que características medianas poderiam muito bem estar acopladas com um modelo prototípico.

O cientista cognitivo David Perrett,[26] da Universidade de St. Andrews na Escócia, descobriu que rostos que consideramos atraentes são freqüentemente cativantes porque se parecem com o nosso próprio rosto, ou com os rostos de nossos pais. Intrigado com os resultados, telefonei para ele durante uma visita a St. Andrews, para descobrir por que ele achava que isso era uma escolha adaptativa. Ele primeiro enfatizou que, para que a mente seja capaz de ajudar na seleção de parceiros, ela precisa ser um sistema de aprendizado. "Especificamente", acrescentou ele, "a mente precisa ter a capacidade de se acoplar a coisas relevantes do meio ambiente imediato — como simetria ou medianidade. Achar atraente alguém semelhante [a você ou a seus pais] também pode fazer sentido, já que a sua família já conseguiu sobreviver através do caminho evolutivo." Outros fatores que afetam a seleção de parceiros estão relacionados com indicadores de fertilidade, recursos e capacidade e disposição para cuidados parentais. Por exemplo, estudos do psicólogo Devendra Singh mostram que é praticamente universal a preferência dos homens por mulheres com o clássico corpo "de violão",[27] caracterizado por uma proporção entre cintura e quadril de 0,7. O motivo adaptativo por trás dessa preferência pode ser o fato de ter sido constatado que essa proporção era um bom indicador de fertilidade. Uma preferência potencialmente relacionada também foi encontrada para a simetria das mamas. Outros levantamentos de opinião constatam que as mulheres geralmente preferem homens um pouco mais velhos que elas, provavelmente por causa da preferência feminina por homens com recursos.

Mesmo a breve descrição dos resultados e idéias da psicologia da evolução que apresentei neste capítulo parece levar a uma conclusão inescapável. Seja por causa da seleção de parceiro, da cognição, da evitação de predadores ou de uma combinação de todas as três, *nossas mentes estão bem sintonizadas com a detecção de simetria e são atraídas por ela.* A questão sobre se a simetria é verdadeiramente fundamental para o próprio universo ou meramente para o universo como os seres humanos o percebem, torna-se, portanto, particularmente importante.

A SIMETRIA REALMENTE MANDA?

Imagine o que teria acontecido se o olho humano fosse sensível apenas à luz azul. Antes do desenvolvimento de quaisquer outros detectores de luz, os cientistas teriam naturalmente concluído que tudo no universo é azul (só de pensar nessa possibilidade fico deprimido). Da mesma forma, uma empresa de controle de pragas que fabrica armadilhas de 7,5 centímetros de comprimento para apanhar camundongos poderia concluir que todos os camundongos têm menos de 7,5 centímetros porque todos os camundongos que realmente são apanhados teriam esse comprimento. Esses são exemplos simples de *efeitos seletivos* observacionais — filtros de realidade física introduzidos por tendências não-reconhecidas, seja nos métodos de observação ou nos instrumentos de observação. Poderia a preferência por simetria de nossa mente introduzir uma tendência semelhante em nossa percepção daquilo que é verdadeiramente fundamental no universo?

Preciso enfatizar aqui, novamente, que estou me concentrando nas simetrias das leis da natureza e sua descrição com o uso da teoria de grupos, não na simetria de quaisquer estruturas particulares da natureza. Cristais perfeitos são exemplos dessas últimas. Parecem precisamente os mesmos quando nos movemos dentro do cristal por certas distâncias, em várias direções. A cristalografia é a ciência que estuda as estruturas e propriedades de blocos feitos de números bem grandes de unidades idênticas. As próprias unidades podem ser compostas de átomos, moléculas ou, em um contexto mais abstrato, até peças de código de computador. Uma pergunta típica na cristalografia poderia ser: como um grande número de unidades idênticas pode ser arranjado no espaço de maneira que cada unidade "veja" arredores idênticos? A teoria de grupos é fundamental para a cristalografia — as tentativas de responder a pergunta acima resultaram em uma demonstração de que existem apenas 230 tipos diferentes de grupos de simetria espacial (assim como existem apenas sete grupos diferentes de padrões de tira linear; veja o capítulo 7).

Os princípios da simetria se manifestam também na estrutura de uma variedade de moléculas biológicas e organismos, desde proteínas e DNA cristalizados até vírus. Todas essas simetrias são obviamente importantes, já que representam sistemas estáveis (de energia mínima), que, por sua vez, formam minerais e coisas vivas. Entretanto, elas não são as simetrias subjacentes às leis básicas da natureza.

Quando se trata de leis, não existe absolutamente nenhuma dúvida de que a simetria e a teoria de grupos são conceitos extremamente *úteis*. Sem a introdução da simetria e da linguagem de grupos na física de partículas, a descrição das partículas elementares e suas interações teria sido um pesadelo complicado. Os grupos verdadeiramente dão corpo à ordem e identificam padrões como nenhuma outra ferramenta da matemática.

Em uma entrevista de 1985, Andrew Gleason,[28] matemático de Harvard, disse: "É claro que a matemática deveria funcionar na física! É projetada para discutir exatamente a situação que a física enfrenta, a saber: parece existir alguma ordem no mundo lá fora — vamos descobrir qual é." Além de sua utilidade, a simetria remove redundâncias da descrição dos sistemas reais e dos abstratos. Por exemplo, imagine que um dado sistema é simbolicamente representado pela seqüência de caracteres

XYZXYZXYZXYZXYZ.

Podemos usar a simetria translacional dos símbolos para remover a redundância e reduzir a descrição para uma forma bem mais compacta 5*(XYZ), lido como "repita a subseqüência XYZ cinco vezes". Da mesma forma, na seqüência de caracteres

UVWXYZZYXWVU

podemos usar a simetria de reflexão para reduzir a seqüência de caracteres a *SIM*(UVWXYZ), onde o operador *SIM* indica esse tipo de reflexão. A pergunta real é, portanto, se a simetria está de fato incorporada ao tecido da natureza ou se apenas representa uma maneira cômoda de nós construirmos um diálogo com a realidade física. A pergunta não é fácil. Em certas etapas ao longo da estrada que leva à teoria definitiva do universo, a simetria parece ser mais fundamental que em outras. A simetria básica entre dois observadores quaisquer que fundamenta a relatividade, por exemplo, é uma simetria exata que parece, de fato, caracterizar o comportamento da natureza. Por outro lado, um dos primeiros

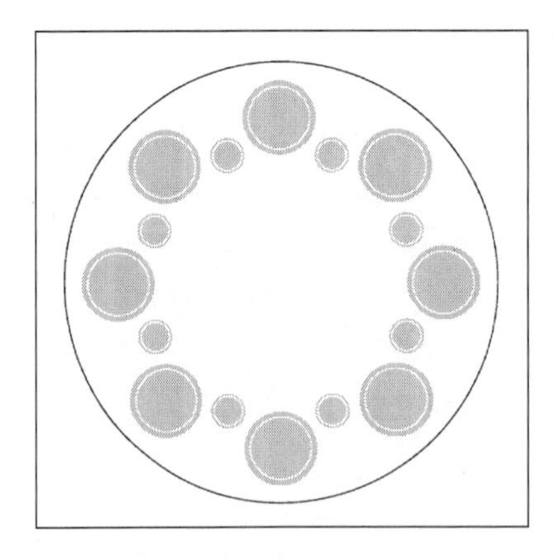

Figura 100

modelos dos núcleos atômicos, conhecido como *modelo de Elliott*,[29] foi descrito por uma simetria (e um grupo associado), embora fosse fato conhecido que tal simetria era apenas aproximada e quase certamente não fundamental.

Um problema potencial de algumas das simetrias de calibre que se supõe que sustentam o modelo padrão é o da *quebra de simetria*. Explicarei este conceito resumidamente. Examine a vista de cima da mesa de jantar da Figura 100, onde os pratos pequenos são para pão. Todos os assentos em volta da mesa são idênticos e do ponto de vista de qualquer pessoa sentada à mesa, esquerda e direita são indistinguíveis. Logo, a configuração é simétrica tanto por rotação (através de múltiplos inteiros de 360 ÷ 8 = 45 graus) como por reflexão (em torno de oito eixos). Contudo, assim que o pão é servido e a primeira pessoa o coloca em um prato (à esquerda dela, informam-me), a simetria é "quebrada espontaneamente". Esquerda e direita se tornam distintas e a invariância rotacional se perde.

Lembremos que na teoria eletrofraca, o eletromagnetismo e a força fraca são dois lados da mesma moeda (capítulo 7). Os mediadores de força — o fóton, W e Z — são intercambiáveis. Uma pergunta que emerge imediatamente é: por que, então, essas duas forças têm manifestações tão diferentes (por exemplo, uma é cem mil vezes mais forte que a outra) no universo de hoje? O modelo padrão coloca a culpa na quebra da simetria. De acordo com o cenário mais popular, pouco depois do momento em que nosso universo passou a existir (o evento a que chamamos de "big bang", ou a grande explosão), havia uma simetria perfeita entre o eletromagnetismo e a força fraca. Nas temperaturas elevadíssimas que caracterizaram essa fase, fótons e as partículas W e Z eram verdadeiramente indistinguíveis. À medida que se expandia e se esfriava, contudo, o universo passou por uma transição de fase — não diferente do congelamento de um líquido —, na qual ocorreu quebra da simetria. Isso supostamente aconteceu quando a idade do universo era de uma diminuta fração (cerca de 10^{-12}) de um segundo. A analogia líquida pode, de fato, ser levada um passo adiante. Um líquido parece o mesmo por mais que o viremos — não existe uma direção preferencial. Tal simetria é perdida, contudo, quando o líquido congela. A estrutura cristalina que emerge tem alguns eixos preferenciais. Acredita-se que a quebra da simetria entre as forças eletromagnética e fraca que foi associada ao "congelamento" cósmico tenha gerado as diferenças que observamos hoje. As partículas W e Z foram dotadas de massa, enquanto o fóton permaneceu sem massa. O alcance da força fraca é limitado a distâncias da ordem do tamanho do núcleo somente por causa de seus mediadores lerdos, pesos-pesados.

Ao não-iniciado, a descrição acima pode parecer um pouco com um imaginativo conto de fadas. Essa pessoa pode imaginar que os físicos de partículas inventaram uma simetria que supostamente caracteriza as forças básicas da natureza e quando se descobriu que o universo dos dias de hoje não a obedece, eles inventaram um cenário bem conveniente de quebra de simetria. Na verdade, a situação da teoria é bem mais sólida do que sugere a descrição acima. Muitas previsões do modelo padrão foram espetacularmente confirmadas por experimentação (capítulo 7). Mais importante ainda, os testes experimentais de todo o esquema de quebra de simetria em breve se tornarão exeqüíveis. Da mesma maneira que os pontos de congelamento de líquidos[30] podem ser estimados a partir das massas atômicas e das energias que mantêm os átomos juntos, os parâmetros conhecidos do modelo convencional podem ser usados para estimar a energia no ponto de quebra de simetria. Ou as energias necessárias já estão dentro do alcance de um grande acelerador de partículas — como o Tevatron, no Fermilab da Universidade de Chicago — ou poderão ser atingidas pelo Grande Colisor de Hádrons do CERN por volta de 2007. No mínimo, espera-se que tais experimentos nos informem se as idéias teóricas da quebra de simetria estão na trilha certa.[31] Os mesmos experimentos também poderiam testar as previsões da supersimetria. Lembremos que se o mundo real obedece à supersimetria, então todo um exército de novas partículas está esperando para ser descoberto. O elétron de spin ½ deve ter um parceiro de spin 0 (chamado "selétron"), o fóton de spin 1 deve ter um parceiro "fotino" de spin ½ e, segundo as previsões, existem parceiros semelhantes para cada partícula do modelo padrão.

Estritamente falando, contudo, mesmo uma confirmação experimental da quebra de simetria e supersimetria não demonstrará inequivocamente que a simetria é de fato fundamental, e não apenas útil. Como vimos, a supersimetria é ainda somente um aspecto da teoria das cordas, e não sua fonte. O princípio de base da teoria ainda precisa ser desvendado e pode ou não se revelar um princípio de simetria.

Existe outro motivo pelo qual devemos ter cuidado antes de aclamar que a simetria é o principal motor na gênese e funcionamento do universo e que a teoria de grupos é sua linguagem primordial. Talvez esse motivo possa ser mais bem demonstrado com o exemplo das regras de casamento por parentesco dos kariera. Lembremos que foi demonstrado que tais regras, de uma tribo aborígine, formam um grupo que tem a mesma estrutura do famoso grupo de Klein. É indubitável, contudo, que os kariera não pretendiam que suas regras representassem qualquer estrutura matemática particular. Estamos, portanto, diante de uma situação em que identificamos uma ferramenta matemática que fornece uma descrição perfeita da realidade, mas na qual os verdadeiros motivos para tal realidade continuam desconhecidos. A verdadeira motivação que levou os kariera a escolher esse conjunto particular de máximas pode ter relativamente pouco a ver com a ordem que reconhecemos nele, mesmo que uma análise profunda possa revelar que tais regras propiciam uma sociedade estável.

Enquanto eu me debatia com a questão sobre o quanto a simetria é fundamental, decidi realizar uma pequena pesquisa de opinião entre alguns dos melhores físicos e matemáticos do mundo para descobrir quais eram suas opiniões sobre o assunto. Steve Weinberg, prêmio Nobel de física de 1979 e um dos principais atores no desenvolvimento do modelo padrão, concordou que a simetria poderia não ser o conceito mais fundamental na teoria definitiva. Ele acrescentou: "Suspeito que, no fim, o único princípio sólido será o da consistência matemática." Ed Witten, ganhador da Medalha Fields de matemática em 1990 e a pessoa que ocasionou a segunda revolução das cordas, também destacou que "ainda estão faltando ingredientes ou existem ingredientes desconhecidos na teoria das cordas" e que "alguns conceitos, como a geometria riemanniana na relatividade geral, poderão se revelar mais fundamentais do que a simetria". *Sir* Michael Atiyah, que recebeu a Medalha Fields em 1966 e o prêmio Abel em 2004, fez alusão aos efeitos seletivos impulsionados pela mente humana. "Descrevemos a natureza com certas lentes", disse. "Nossa descrição matemática é precisa, mas podem existir melhores modos. O uso de grupos de Lie excepcionais pode ser um artefato de como a pensamos."[32] A última frase, em particular, me fez lembrar de outra declaração interessante do famoso matemático e filósofo Bertrand Russell (1872-1970): "A física é matemática não por sabermos muito sobre o mundo físico, mas por sabermos bem pouco; são somente suas propriedades matemáticas que podemos descobrir." Em outras palavras, Russell considerou que até nossa descrição do universo por meio da matemática estava perigosamente perto de alguma espécie de efeito seletivo. Freeman Dyson, uma das principais figuras no desenvolvimento da eletrodinâmica quântica e que recebeu o prêmio Wolf de física em 1981, ofereceu, como sempre, sua perspectiva bem particular: "Sinto que não estamos sequer começando a compreender por que o universo é do jeito que é." Depois de alguns segundos de reflexão, acrescentou: "Mesmo coisas simples como nossa capacidade de dizer se uma linha é perfeitamente reta ou de distinguir entre um círculo e uma elipse são mistérios em si mesmos." Quanto à simetria, confessou que não gosta muito da palavra "fundamental" e prefere usar "frutífero" ao se referir à simetria como a origem das forças (como no caso das simetrias de calibre da teoria eletrofraca). Finalmente, comentou que a simetria e a teoria de grupos tornaram-se descritores muito mais poderosos desde a introdução da mecânica quântica.

O que podemos concluir de todas essas idéias em termos do papel da simetria na tapeçaria cósmica? Meu modesto resumo pessoal é que não sabemos ainda se a simetria acabará se revelando o conceito mais fundamental nas engrenagens do universo. Algumas das simetrias que os físicos descobriram ou discutiram ao longo dos anos foram depois reconhecidas como acidentais ou apenas aproximadas. Outras simetrias, como a covariância geral na relatividade geral e a simetrias de calibre do modelo padrão, tornaram-se brotos dos quais floresceram as forças e as novas partículas. Tudo computado, não existe absolutamente nenhuma dúvida em minha mente de que os princípios da simetria quase sempre nos informam algo importante e podem fornecer as mais valiosas pistas e concepções para se desvendar e decifrar os princípios subjacentes do universo, quaisquer que possam ser. A simetria, nesse sentido, é de fato frutífera.

Em *The Feynman Lectures on Physics*, um livro baseado em um curso ministrado pelo famoso físico Richard Feynman durante o ano acadêmico de 1961-62, Feynman conclui a discussão de simetria da seguinte forma:

> Então, nosso problema é explicar de onde vem a simetria. Por que a natureza é aproximadamente tão simétrica? Ninguém tem a menor idéia. A única coisa que poderíamos sugerir é algo assim: existe um portão no Japão, em Neiko, que às vezes os japoneses chamam de o mais belo portão de todo o Japão; foi construído em uma época em que havia uma enorme influência da arte chinesa. O portão é bem trabalhado, com muitas cumeeiras e belas gravações, com muitas colunas e cabeças de dragão e príncipes esculpidos nos pilares, e assim por diante. Mas quando uma pessoa olha bem de perto, vê que, no elaborado e complexo desenho ao longo de um dos pilares, um dos pequenos elementos de desenho é esculpido de cabeça para baixo; exceto por isso, a coisa é inteiramente simétrica. Se essa pessoa perguntar o porquê disso, a história é que foi esculpido de cabeça para baixo para que os deuses não ficassem com inveja da perfeição do homem. Portanto, eles colocaram propositalmente um erro lá, para que os deuses não tivessem inveja e ficassem irritados com os seres humanos. Poderíamos querer virar a idéia pelo avesso e pensar que a explicação verdadeira da quase simetria da natureza é esta: que Deus fez as leis apenas quase simétricas para que nós não ficássemos com inveja de Sua perfeição![33]

As simetrias associadas com as leis da natureza não são o único tópico no qual o legado de Galois gerou e continua a gerar novas idéias. Poderemos ter pelo menos uma noção dessa incrível herança se examinarmos alguns exemplos simples, que abrangem uma série de atividades artísticas e intelectuais que vão da música à álgebra moderna.

QUE PAIXÃO NÃO PODE A MÚSICA CRIAR E DISSIPAR?

O título desta seção é tirado de "Uma canção para o dia de Santa Cecília", do famoso poeta e dramaturgo inglês John Dryden (1631-1700). A festa de Santa Cecília (22 de novembro) comemorava a lenda de que a santa padroeira da música inventou o órgão. O tema do poema é um tributo ao poder da música.

De fato, poucas formas de arte são tão ao mesmo tempo próximas dos estados emocionais e do ritmo do corpo humano como a música. Nossa respiração e batimentos cardíacos, por exemplo, estão intimamente relacionados com o nível e a natureza de nossas atividades e com a intensidade de nossa excitação ou medo. Muitas peças musicais, talvez nenhuma mais que o célebre *Bolero* de Ravel, proporcionam um reflexo direto desses ritmos da vida. Na verdade, no filme *Mulher nota 10*, de Blake Edwards, de 1979, o *Bolero* foi declarado a perfeita trilha sonora para fazer amor. Como já mencionei no capítulo 1, dizer que simetria tem um papel importante na música é dizer o óbvio. Conseqüentemente, seria de esperar que a teoria de grupos descrevesse admiravelmente as estruturas e padrões musicais.

As notas em um teclado de piano oferecem o exemplo mais simples de uma relação grupos-música. A altura de um tom é caracterizada pelo número de vibrações por segundo (por exemplo, de uma corda), a *freqüência*. A freqüência é medida em vibrações por segundo ou hertz (denotado por Hz), em homenagem ao físico alemão Heinrich Rudolf Hertz. Por exemplo, a freqüência do dó na escala maior (ou dó central) no teclado do piano (Figura 101) é de cerca de 261,6 Hz. A freqüência do lá fundamental (ou A_4) é de 440 Hz. A *oitava* é definida de maneira que a razão entre as freqüências seja precisamente igual a 2. Uma oitava acima do dó central tem uma freqüência de 261,6 × 2 = 523,2 Hz e uma oitava abaixo tem uma freqüência de 261,6 ÷ 2 = 130,8 Hz. As notas separadas por um número inteiro preciso de oitavas têm o mesmo nome e soam parecidas. No "sistema igualmente temperado" popularizado por Bach em sua impressionante coleção de prelúdios e fugas, todas as teclas têm *status* igual. A razão entre as freqüências de duas teclas adjacentes quaisquer é a mesma e igual a 1,05946. Esse número (igual à raiz duodécima de 2) é obtido simplesmente pela exigência

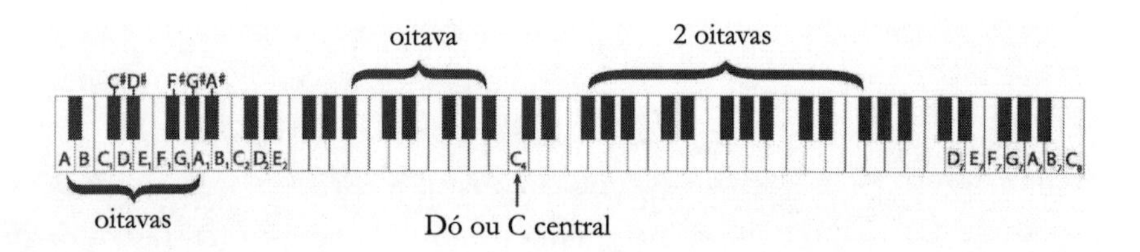

Figura 101

de que, quando elevada à potência 12 (existem doze semitons na oitava), ela forneça uma razão de 2, correspondente ao tom uma oitava acima.

É tradicionalmente dado ao matemático grego Pitágoras o crédito pela descoberta de que duas notas que correspondem às freqüências cuja razão é igual à razão de dois números inteiros simples (por exemplo, 3:2) produzem sons harmoniosos ("consonantes") e agradáveis. Uma quinta perfeita, por exemplo, é caracterizada por uma razão de freqüência de 3:2, que corresponde a uma separação de sete semitons (a sétima potência de 1,05946 é bem próxima de 1,5). Uma quarta perfeita corresponde a uma razão de freqüência de 4:3 e cinco semitons.

Já que existem 12 semitons na oitava, podemos representá-los de uma maneira cômoda em um mostrador de relógio,[34] como na Figura 102. Podemos agora nos mover de uma nota qualquer para outra nota qualquer realizando uma operação precisamente igual àquela que usamos quando calculamos a hora do dia. Isto é, quando queremos saber que hora será nove horas depois das 7h00 da noite, calculamos 7 + 9 = 16 = 4h00 da manhã (porque 12 é também considerado 0). A adição de números assim é denominada no jargão matemático *adição módulo 12.* Por exemplo, 8 + 7 = 15 = 3 (módulo 12) e 10 + 2 = 12 = 0 (módulo 12). Os semitons do sistema igualmente temperado obedecem às mesmas regras. Se quiser saber que nota está 10 semitons acima de ré (Figura 102), calcule 3 + 10 = 13 = 1 (módulo 12) = dó . O conjunto de números {0, 1, 2, 3, 4, 5, 6, 7, 8, 9, 10, 11} ou as notas correspondentes da escala musical formam um grupo sob a operação de adição módulo 12. É fácil conferir o fechamento — por exemplo, 9 + 4 = 13 = 1 (módulo 12) — e a associatividade. O elemento neutro é o número 0 e qualquer número tem um inverso. Por exemplo, a quinta perfeita (correspondente a 7 semitons) é o inverso da quarta perfeita (correspondendo a 5 semitons), já que 7 + 5 = 12 = 0 (módulo 12). Isso faz muito sentido mesmo de uma

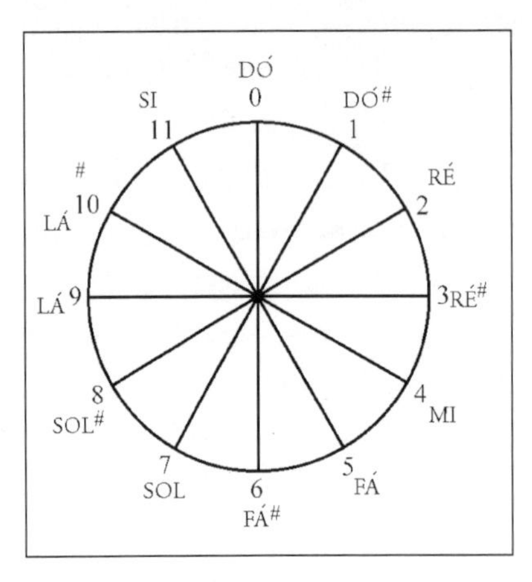

Figura 102

perspectiva puramente musical, já que a combinação desses dois intervalos corresponde a uma razão de freqüência de $^3/_2 \times {}^4/_3 = 2$, que é precisamente uma oitava — que fornece o mesmo som. De fato, é bem apropriado que dois intervalos que se combinam para fornecer uma oitava sejam chamados pelos músicos de "inversões" um do outro. Outro exemplo de duas dessas inversões (Figura 103) é a terça menor (razão de 6:5; 3 semitons) e a sexta maior (razão de 5:3; 9 semitons), já que 3 + 9 =12 =0 (módulo 12).

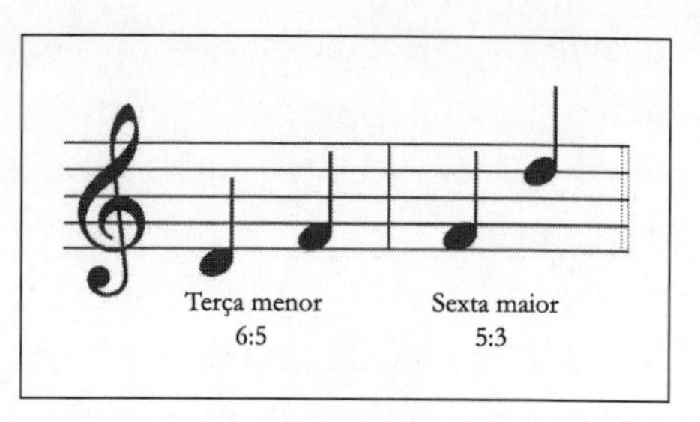

Figura 103

Os grupos aparecem não apenas na escala musical, mas também na estrutura de certas formas de música. Um caso simples é o do cânone — um tipo de composição curta na qual cada voz entra em turnos para cantar a mesma melodia, como no familiar "Frère Jacques" (Figura 104).

Se denotarmos as quatro frases diferentes por A, B, C e D, respectivamente (Figura 104), então a estrutura é representada por AABBCCDD (cada frase é repetida) e o cânone para quatro vozes assume a forma

1: A A B B C C D D A A B B C C D D A A B B C C D D
2: _ _ A A B B C C D D A A B B C C D D A A B B C C
3: _ _ _ _ A A B B C C D D A A B B C C D D A A B B
4: _ _ _ _ _ _ A A B B C C D D A A B B C C D D A A

Repare que se uma quinta voz fosse entrar, simplesmente estaria repetindo ou dobrando a primeira voz. De fato, começando com qualquer voz, se fôssemos continuar a adicionar vozes, então quatro vozes abaixo da linha resultaria em

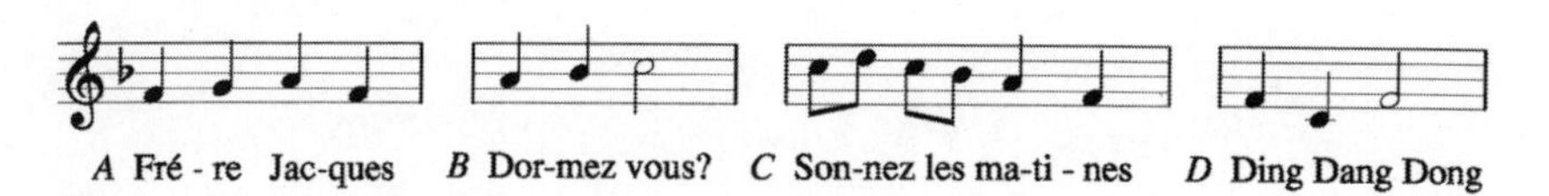

Figura 104

dobrar a voz. Poderíamos agora denotar por a a instrução "entrar dois compassos depois", o que nos leva de uma voz à seguinte. Simbolicamente, a^2 (ou $a \circ a$) denotaria "entrar quatro compassos depois", a^3 ($a \circ a \circ a$) seria "entrar seis compassos depois" e a^4 ("entrar oito compassos depois") resultaria em dobrar a mesma voz, ou a identidade. É fácil verificar que as quatro instruções I, a, a^2, a^3 (onde I é a identidade) formam um grupo sob a operação "multiplicar" (por exemplo, a e a^3 são inversos recíprocos já que $a \circ a^3 = a^4 = I$).

É claro que nem Bach nem qualquer um dos outros compositores clássicos tinham em mente a teoria de grupos quando compuseram sua música. A teoria de grupos inevitavelmente abre caminho até a descrição de padrões musicais simplesmente por causa de sua própria natureza como linguagem de simetrias. Dizem que alguns compositores do século XX, em particular Arnold Schoenberg,[35] Alban Berg e Anton Webern, da Segunda Escola Vienense, teriam flertado mais deliberadamente com música de base matemática. Em particular, no "método de composição com 12 tons" usado em peças como a *Suíte lírica* de Berg ou o *Concerto para piano* de Schoenberg, todas as harmonias se baseiam em uma "série de 12 tons" que é, de fato, uma permutação das 12 notas cromáticas comuns. Uma série de doze tons poderia ser usada na sua ordem original (selecionada pelo compositor) ou poderia ser transformada por algumas outras operações. As três operações básicas usadas pelos compositores vienenses foram *inversão de linha*, *retrogradação* e *inversão retrógrada*. Na inversão de linha, os intervalos descendentes foram substituídos por intervalos ascendentes e vice-versa. Por exemplo, se a linha original começava com dó e subia uma quarta perfeita para fá, então a linha invertida caía uma quarta perfeita para sol (Figura 102). A retrogradação revertia a ordem dos saltos melódicos. Se o último salto na linha original subia uma terça maior, então este seria o primeiro salto na nova linha. Finalmente, a inversão retrógrada aplicava simultaneamente a inversão de linha e a retrogradação. Você pode facilmente se convencer de que essas três transformações juntamente com a identidade ("não fazer absolutamente nada") formam um grupo sob a operação "seguida de". Em particular, cada membro do grupo é seu próprio inverso.

Muitas pessoas, inclusive os ávidos freqüentadores de concertos, se sentem desconfortáveis com a música atonal[36] de Schoenberg, como também se sentem com peças experimentais de Igor Stravinsky, Aaron Copland, Pierre Boulez, Luciano Berio e muitos outros. Membros desse público antiatonalidade provavelmente argumentariam que o uso da matemática por parte desses compositores (se de fato intencional) não ajudava na qualidade da música. Entretanto, independente de qual possa ser a opinião sobre a música atonal, não há como negar o fato de que a experimentação "matemática" de Schoenberg e mais ainda de Webern abriu a porta para a interessante Nova Música de vanguarda e foi a inspiração do *serialismo*. Essa revolução na composição substituiu todas as regras e convenções tradicionais por uma série estrutural de notas que governa todo o desenvolvimento da composição. Músicas fascinantes de compositores como Olivier Messiaen e Milton Babbitt vieram dessa mudança radical de dogmas.

A música é uma forma de arte na qual somente os conceitos básicos de grupos foram implicados. O desenvolvimento da própria teoria de grupos, contudo, não parou no início do século XX. Pelo contrário, uma demonstração sobre teoria de grupos concluída somente em agosto de 2004 é, em certos aspectos, a demonstração mais complexa da história da matemática.

A "GUERRA DOS 30 ANOS" OU O MONSTRO DOMADO

Os empreendimentos científicos muitas vezes são uma procura pelas unidades elementares mais básicas. Em relação à estrutura da matéria, uma busca de séculos levou à descoberta de moléculas e átomos, depois dos prótons e nêutrons, mais tarde das partículas elementares do modelo padrão (quarks, elétrons, neutrinos, múons, taus) e finalmente à sugestão das cordas. Nas vastas amplidões do espaço, os astrônomos agora estão procurando pelas primeiras estrelas e aglomerados de estrelas formados no universo — as unidades elementares das gigantescas galáxias de hoje. Na teoria de grupos, a caça tem sido por uma classificação de todos os grupos simples (que não têm subgrupos normais não-triviais) dos quais todos os outros podem ser construídos. Como vimos no capítulo 7, a classificação histórica dos grupos simples de Lie foi realizada no final do século XIX por Wilhelm Killing e Elie Cartan. Os grupos de Lie são os grupos de transformações contínuas (como as rotações em três dimensões) definidos por Sophus Lie em 1874. Por sua própria natureza, os grupos de Lie têm um número infinito de elementos (por exemplo, existe um número infinito de ângulos de rotação possíveis). Ainda assim, basta especificar um número finito de parâmetros para caracterizar inteiramente qualquer grupo de Lie. Por exemplo, os elementos do grupo de rotações de um círculo no plano, geralmente denotados por SO(2) ou U(1), são inteiramente determinados pela especificação de um único parâmetro — o ângulo de rotação. A dimensão do grupo é, portanto, 1. O grupo de rotações de uma esfera no espaço tridimensional pode ser caracterizado por três parâmetros — dois ângulos que identificam o eixo de rotação e um ângulo para a própria rotação. Tal grupo, denotado por SO(3), tem, portanto, dimensão 3. Killing e Cartan conseguiram encontrar quatro famílias infinitas de grupos de Lie (tradicionalmente conhecidas como A_m, B_m, C_m, D_m, para valores de m = 1, 2, 3,...) e cinco grupos esporádicos que eram "únicos no gênero" individuais que não se encaixavam em nenhuma das famílias. Estes são normalmente chamados G_2, F_4, E_6, E_7 e E_8 e têm dimensões de 14, 52, 78, 133 e 248, respectivamente. Como descrevi no capítulo 7, os grupos simples de Lie desempenham um papel crucial no modelo padrão e podem se revelar uma ferramenta essencial na teoria das cordas.

A classificação dos grupos simples finitos acabou sendo uma tarefa bem mais intimidante que seu equivalente em grupos de Lie. Em fins do século XIX, havia seis famílias infinitas e cinco grupos simples finitos esporádicos (excepcionais) conhecidos. Uma dessas famílias foi definida pelo próprio Galois enquanto lutava com a irresolubilidade da quíntica.[37] Lembremos que, em uma permutação par de um conjunto de objetos, existe um número par de reversões da ordem natural ou original (capítulo 6), enquanto em uma permutação ímpar, o número de inversões é ímpar. Por exemplo, 1324 é uma permutação ímpar de 1234, porque envolve uma única reversão (3 aparece antes do 2), mas 4321 é uma permutação par porque, como você poderá verificar, ela envolve seis reversões. Já sabemos (capítulo 6) que a coleção de permutações de n objetos forma um grupo com n! elementos. De fato, o teorema de Cayley declara que todo grupo tem a mesma estrutura de um grupo de permutações. O conjunto de permutações pares de qualquer número de objetos também forma um grupo — um subgrupo do grupo inteiro de permutações. Isso é fácil de entender: se uma permutação que envolve um número par de reversões for seguida de uma segunda permutação par, então claramente o número total de reversões é também par, implicando fechamento. Os grupos de permutações pares são conhecidos como *grupos alternantes.* Galois mostrou que os grupos alternantes obtidos das permutações de mais de quatro elementos são todos simples e essa foi precisamente a propriedade que ele usou para demonstrar a irresolubilidade da quíntica por uma fórmula.

Uma segunda família de grupos simples que era conhecida dos matemáticos no final do século XIX era do tipo que encontramos na escala musical. Da mesma maneira que os números de zero a onze formam um grupo sob a operação de adição módulo 12, os números de zero a $n-1$ formam um grupo sob adição módulo n para qualquer valor de n. Grupos assim são conhecidos como *cíclicos*, e grupos cíclicos com um número primo de elementos são simples. As outras quatro famílias de grupos simples finitos eram equivalentes de diversas maneiras às famílias correspondentes dos grupos de Lie. Em 1955, o matemático francês Claude Chevalley (1909-84) descobriu novas famílias de grupos simples. De fato, constatou-se que os grupos esporádicos de Lie eram a fonte de famílias de grupos simples finitos. Ao final, 18 famílias de grupos simples foram identificadas.

A história dos grupos simples esporádicos começou com o matemático francês Émile Léonard Mathieu (1835-90).[38] Entre 1860 e 1873, enquanto estudava geometrias finitas, Mathieu descobriu os primeiros cinco grupos esporádicos simples que depois receberam o nome em homenagem a ele. O menor deles tem 7.920 elementos e o maior, 244.823.040. Um século inteiro se passou antes que o grupo simples esporádico seguinte fosse descoberto pelo matemático iugoslavo Zvonimir Janko, em 1965. A existência deste e vários outros grupos simples tinha sido prevista antes que eles fossem de fato "descobertos". Assim como a simetria SU(3) previu a existência da partícula ômega menos, Janko encontrou uma maneira de demonstrar que, se existisse um grupo simples com determinadas propriedades, ele teria certamente de ser composto por 175.560 elementos. Depois de páginas e páginas de cálculos, a pesquisa de Janko gerou frutos e ele conseguiu construir o grupo simples agora denominado J_1. A descoberta de Janko pôs fim a um século de hibernação e marcou o início de uma década de descobertas. Entre 1965 e 1975, não menos de 21 grupos esporádicos simples foram construídos, levando ao total de 26 (além das 18 famílias). O maior dos 26 grupos excepcionais, geralmente conhecido como o "monstro", contém o número assombroso de

808.017.424.794.512.875.886.459.904.961.
710.757.005.754.368.000.000.000

elementos! Para os aficionados em números primos, este número é igual a

$$2^{46} \times 3^{20} \times 5^{9} \times 7^{6} \times 11^{2} \times 13^{3} \times$$
$$17 \times 19 \times 23 \times 29 \times 31 \times 41 \times 47 \times 59 \times 71.$$

A existência do monstro foi prevista pelo matemático alemão Bernd Fischer e pelo americano Robert Griess (independentemente) em 1973 e foi construído por Griess em 1980. Além disso, Fischer descobriu outros quatro grupos esporádicos, como também Janko, na Austrália e Alemanha. Na Inglaterra, John Conway descobriu mais três.

A identificação de 18 famílias e 26 grupos esporádicos simples foi somente o ponto de partida para o que acabou sendo um dos projetos mais impressionantes e desafiadores da história da matemática. A meta era clara: demonstrar inequivocamente que tal classificação verdadeiramente exauriu todas as possibilidades de grupos simples finitos. Em outras palavras, demonstrar que todo grupo simples finito ou é membro de uma das 18 famílias ou é um dos 26 grupos esporádicos. O homem que assumiu a responsabilidade por esse projeto aterrorizantemente respeitável, Daniel Gorenstein, mais tarde o chamou de a "guerra dos 30 anos" porque parte considerável do esforço de classificação foi realizado durante as três décadas entre 1950 e 1980.

Daniel Gorenstein (1923-92)[39] cresceu em Boston, estudou em Harvard e interessou-se pelos grupos finitos quando era aluno de graduação. Durante a Segunda Guerra Mundial, deu aulas de matemática aos militares como parte do esforço de guerra. Terminada a guerra, voltou a Harvard para o curso de pós-graduação, concluindo o doutorado em 1950. Depois de alguns anos nos quais trabalhou principalmente no campo da geometria algébrica, voltou aos grupos finitos em 1957 e dedicou-se à classificação de grupos simples finitos no ano acadêmico de 1960-61.

Além das descobertas reais dos 21 grupos esporádicos simples, outros dois eventos foram instrumentais na preparação do palco para o ataque maciço ao problema da classificação. Um foi uma palestra dada em Amsterdã em 1954 pelo matemático germano-americano Richard Brauer (1901-77). Nessa palestra importante, Brauer propôs um método de classificação que dependia da identificação de pequenos "núcleos" dos grupos simples que pareciam, em suas propriedades, com os próprios grupos pais. A idéia de Brauer era usar tais núcleos como o primeiro passo na verificação de se qualquer grupo arbitrário pode ser de fato identificado com um dos grupos simples conhecidos.

O segundo elemento crucial para a guerra da classificação foi um importante teorema demonstrado em 1963 pelos matemáticos da Universidade de Chicago Walter Feit e John Thompson. O teorema basicamente afirma que todo grupo simples finito (que não é cíclico) deve ter um número par de elementos. Embora a correção dessa afirmativa já tivesse sido prevista em 1906 pelo matemático britânico William Burnside (1852-1927) e fosse conhecida como a *segunda conjectura de Burnside*, a demonstração real de 1963 de autoria de Feit e Thompson ocupou uma edição inteira (255 páginas) do *Pacific Journal of Mathematics*. O impacto foi enorme. Tanto as idéias como os métodos introduzidos no artigo tornaram-se o alicerce para o esforço de classificação. Como descreveu Gorenstein em 1989, "Em grande parte sob o ímpeto do teorema da ordem ímpar [o teorema de Feit-Thompson afirma equivalentemente que grupos finitos com um número ímpar de elementos são resolvíveis], houve um interesse nascente na teoria de grupos finitos. Durante toda a década e meia seguinte, uma longa lista de jovens e talentosos matemáticos, que iriam ter um papel proeminente na demonstração da classificação, foram atraídos ao campo".[40] Armado com as concepções de Brauer e com o teorema de Feit-Thompson, Gorenstein esboçou em 1972 um audacioso plano de 16 passos para completar uma demonstração da classificação. Ele expressou com otimismo cauteloso que a demonstração completa poderia ser alcançada em fins do século XX.

Dado que a demonstração acabou envolvendo aproximadamente cem matemáticos que produziram cerca de 15 mil páginas de demonstração em cerca de cinco mil artigos de periódicos, a estimativa original de Gorenstein para o tempo necessário para completar a demonstração certamente não pareceu exagerada. De fato, o matemático do estado de Ohio, Ron Solomon, um dos chefes do empreendimento, escreveu em 1995: "Nem um único dos teóricos de grupo mais importantes, além de Gorenstein, acreditava em 1972 que a classificação pudesse ser concluída neste século." Como muitas vezes é o caso na matemática, contudo, uma única pessoa pode fazer uma grande diferença. Para o teorema da classificação, foi o matemático Michael Aschbacher, do Instituto de Tecnologia da Califórnia, quem derrubou alguns dos principais obstáculos com sua demonstração. Nas palavras de Gorenstein:

> Houve muitíssimos outros teóricos de grupo que deram contribuições significativas para a demonstração da classificação. Mas foi a entrada de Aschbacher no campo no início dos anos 1970 que alterou irrevogavelmente o panorama dos grupos simples. Assumindo rapidamente um papel de liderança em uma busca resoluta do teorema da classificação total, ele iria levar com ele toda a "equipe" durante a década seguinte até que a demonstração fosse concluída.

De fato, para a grande surpresa de todos, imaginou-se que a demonstração estava concluída já em 1983. Ainda assim, por causa do tamanho da demonstração, praticamente impossível de manipular, Gorenstein, Solomon e o matemático Richard Lyons juntaram forças em 1982, lançando um projeto de revisão cujo objetivo era produzir uma versão mais curta e mais coerente da demonstração. Nos anos seguintes, algumas lacunas significativas foram identificadas na demonstração principal. A última delas foi finalmente fechada em agosto de 2004,[41] em uma obra em dois volumes de Aschbacher e do matemático da Universidade de Illinois, Stephen Smith. O projeto de revisão Gorenstein-Lyons-Solomon também prossegue bem, com seis monografias já publicadas ou no prelo. Mesmo assim, serão necessários pelos menos mais cinco anos para concluir esse empreendimento monumental.

Nos últimos anos, o estudo dos grupos finitos está inextricavelmente ligado com uma enorme variedade de outras áreas da matemática, da topologia à teoria dos grafos. Alguns suspeitaram, embora ainda não tenham explorado plenamente a questão, que poderiam também existir conexões potenciais com a teoria quântica de campos.

Galois introduziu o conceito de grupo e construiu a primeira família de grupos simples finitos tendo em mente uma finalidade modesta — demonstrar quais equações são resolvíveis por uma fórmula e quais não são. Sem dúvida teria ficado encantado em ver o que aqueles primeiros passos geraram. Ron Solomon descreveu os resultados da "guerra dos 30 anos" esplendidamente: "A erupção da matemática durante o apogeu do estudo de grupos simples gerou intuições surpreendentes da estrutura de grupos finitos e desvendou vários dos objetos mais fascinantes no firmamento da matemática."

– NOVE –

Réquiem para um gênio romântico

Dos muitos milhares de matemáticos que viveram desde a antiga Babilônia, quais foram os mais influentes? O matemático e escritor Clifford Pickover[1] fez um levantamento informal com exatamente essa pergunta e apresentou em seu divertido livro *Wonders of Numbers* a lista dos dez nomes mais citados. Évariste Galois está nessa lista eminente (no número oito), mesmo tendo este romântico atormentado morrido aos 20. O que é que torna certos indivíduos criativamente tão superiores aos outros? E como é possível que uma criatividade que transborda tão copiosamente se manifeste em tão pouca idade? Se eu realmente pudesse fornecer respostas precisas a essas perguntas, tenho certeza de que muitos psicólogos, biólogos, educadores e corporações ficariam agradecidos. Já que não posso, contudo, apresentarei em vez disso algumas das idéias atuais sobre esses tópicos e examinarei se e quando se aplicam a Galois.

Em primeiro lugar, quero esclarecer que por criatividade extraordinária quero dizer um processo que tem um impacto cultural significativo — uma idéia ou ato que realiza uma mudança significativa. Os exemplos óbvios incluem a criação da psicanálise por Sigmund Freud e a formulação das leis de movimento por Newton. O psicólogo Mihaly Csikszentmihalyi, da Universidade de Chicago,[2] salientou argutamente que, por sua própria natureza, a criatividade não é apenas algo que acontece dentro da cabeça de alguém. Para podermos declarar que uma idéia ou realização qualquer é "criativa", devemos compará-la a alguns critérios e padrões existentes. Por exemplo, só poderemos dizer sem qualquer qualificação que a relatividade geral de Einstein é uma das teorias mais criativas de todos os tempos se a compararmos com o histórico de todas as outras teorias físicas do universo. Criatividade sempre envolve, portanto, relações entre pelo menos três componentes: a pessoa criativa; o domínio em que ocorre o ato criativo (por exemplo, matemática ou alguma parte dela, música, literatura); e o campo dos jogadores ou profissionais que agem como selecionadores e juízes (por exemplo, outros matemáticos, curadores de museus, leitores de literatura e críticos). Por quaisquer padrões, Galois foi assombrosamente criativo. As idéias desse jovem mudaram a matemática de uma maneira profunda. O novo domínio que ele criou — a teoria de grupos — expandiu-se muito além dos limites da matemática pura e entrou nos reinos das artes visuais, música, física e onde quer que simetrias possam ser encontradas.

Como observei acima, compreender como funciona a criatividade é algo que intriga não apenas os cientistas cognitivistas, neurologistas e educadores. Grandes empresas e corporações lutam para descobrir maneiras de fomentar a criatividade e a inovação entre seus funcionários. Muitos milhões de dólares são gastos todos os anos com seminários, retiros, sessões de *brainstorming* e cursos especiais, todos idealizados com a finalidade específica de produzir o próximo Bill Gates. Mas as fontes de criatividade podem ser identificadas? Ou as idéias criativas são meramente fruto do acaso, fragmentos do saber habilmente apanhados de disciplinas nem sempre relacionadas?

OS SEGREDOS DE UMA MENTE CRIATIVA

O poeta inglês Owen Meredith (pseudônimo de Edward Robert Bulwer-Lytton, conde de Lytton) disse certa vez: "A Genialidade faz o que deve, o Talento faz o que pode."[3] É uma citação interessante, já que combina e contrasta dois termos que podem ocasionalmente coincidir parcialmente com criatividade, mas que não devem ser confundidos com ela — "talento" e "genialidade". Ao longo dos séculos, certamente houve muitos pintores e inventores de talento, mas bem poucos (talvez nenhum) que possam se equiparar a Leonardo da Vinci na criatividade. Por outro lado, para ser criativa — isto é, promover uma mudança de paradigma — a pessoa não precisa necessariamente ser um gênio. Em particular, muitos estudos mostram que acima de um certo nível de QI, provavelmente em torno de 120, não existe nenhuma correlação nítida entre inteligência e criatividade.[4] Em outras palavras, a criatividade verdadeira provavelmente exige um certo grau de inteligência, mas não existe absolutamente nenhuma garantia de que uma pessoa com um QI de 170 será mais criativa que outra com um QI de 120. Um dos principais motivos pelos quais não existe nenhuma "explicação" da criatividade é precisamente o fato de todos os seres humanos serem criativos em algum nível. Quando você não consegue abrir um frasco de vidro e pega uma toalha para impedir que a mão escorregue, propôs uma solução criativa. Quando uma criança na escola escreve o número de telefone de um amigo no dorso da mão, reage criativamente a uma necessidade urgente. No fim, mesmo as pessoas mais criativas que já viveram ainda tiveram de usar uma mente humana.

Outro detalhe a lembrar é que as explosões criativas em diferentes domínios não admitem comparações fáceis. Como observou o pesquisador de cognição e pedagogia de Harvard, Howard Gardner: "As inovações criativas em um domínio não podem ser comparadas com inovações em outros domínios; o processo de pensamento e as realizações científicas de Einstein diferem dos de Freud e mais ainda dos de Eliot [o poeta T. S. Eliot] ou Gandhi. A criatividade única é um mito."[5] Apesar dessas advertências, em uma tentativa quase desesperada de chegar à origem da criatividade, os pesquisadores (inclusive o próprio Gardner) muitas vezes usaram o recurso de tentar identificar os traços mais comuns nos vários indivíduos criativos. A esperança era de que as características que a maioria tivesse em comum representassem fontes potenciais de criatividade excepcional. As qualidades examinadas incluem características fisiológicas do cérebro, traços de personalidade, diversas características cognitivas (como a capacidade de fazer associações remotas) e circunstâncias sociais nos ambientes imediatos (por exemplo, família e amigos íntimos) e mais globais (por exemplo, étnicos, políticos). Com um simples exercício que se baseia nos conceitos do método científico, podemos ter pelo menos uma idéia de até que ponto os vários modelos de criatividade funcionam. O método é uma abordagem organizada para explicar por meio de um modelo um conjunto de fatos observados. Esse processo idealizado pode ser resumido em três palavras: indução, dedução, verificação. Mais explicitamente, o método científico começa com a coleta de fatos experimentais ou observacionais. Com base nesses fatos, é construído um modelo, um cenário ou, às vezes, uma teoria completa. Por fim, o modelo ou teoria é testado em relação a novos experimentos, observações ou um conjunto de novos fatos que não tinham sido utilizados na formulação do próprio modelo.

Podemos seguir uma versão simples dessa filosofia geral examinando como Galois se comporta segundo algum "modelo" consensual de traços de personalidade da mente criativa, desde que o próprio Galois não tenha sido usado na criação do "modelo". Esta última exigência se revelou fácil de satisfazer — não encontrei o nome de Galois em nenhuma das listas compiladas por pesquisadores da criatividade.[6] A primeira coisa que eu deveria comentar é que existe uma razão muito boa para eu ter colocado a palavra "modelo" entre aspas — na verdade, não existe um "modelo"! Mesmo que alguém tenha a predisposição genética para a criatividade como pintor, se essa pessoa não tiver acesso a uma formação adequada e algumas conexões no mundo da arte, as maiores chances são de que nunca ouçamos falar dela. Além do mais, nem todos os criadores, nem mesmo aqueles de uma determinada área, são semelhantes. Como disse Csikszentmihalyi: "Michelangelo não era muito chegado a mulheres, enquanto para Picasso não havia mulher que chegasse." Similarmente, vimos no capítulo 3 que Cardano vivia extravagante e desregradamente, enquanto dal Ferro, que contribuiu para a solução precisamente dos mesmos problemas matemáticos, era recluso e modesto. Ainda assim, como observou a psicóloga da Boston College, Ellen Winner, sobre crianças talentosas: "Para aqueles que realmente conseguem entrar na lista dos criadores, um certo conjunto de traços de personalidade se revela bem mais importante do que ter um QI geral alto ou uma grande aptidão em uma área específica, mesmo que no nível de prodígio. Os criadores são pessoas difíceis de controlar, são pessoas focadas, dominantes e independentes que gostam de se arriscar." Embora os pesquisadores não tenham sido capazes de discernir com certeza se características pessoais podem de fato ser as causas diretas da criatividade, são poucas as dúvidas de que algumas qualidades estão intimamente envolvidas no processo criativo. Então, quais são esses traços? Os psicólogos John Dacey e Kathleen

Lennon[7] enfatizam a tolerância à ambigüidade — a capacidade de pensar, operar e permanecer com a mente aberta nas situações em que as regras não são claras, onde não existem diretrizes ou onde os sistemas habituais de apoio (por exemplo, família, escola, sociedade) desmoronaram. De fato, sem a competência para trabalhar onde não existem regras, Picasso nunca teria inventado o cubismo e Galois não teria proposto a teoria de grupos. Tolerância à ambigüidade é uma condição necessária para a criatividade.

O psicólogo Csikszentmihalyi concentra-se em uma qualidade um tanto relacionada, que ele chama de "complexidade". *Complexidade* significa ser capaz de abrigar tendências que normalmente parecem estar em extremos opostos. Por exemplo, a maioria das pessoas se situa em algum lugar no meio do *continuum* entre ser rebelde ou altamente disciplinado. Indivíduos muito criativos podem alternar esses dois extremos quase prontamente, sem hesitar. Csikszentmihalyi entrevistou muitas dezenas de pessoas criativas de uma ampla variedade de áreas, desde as artes, humanidades e ciências até negócios e política. Com base nessas entrevistas, ele compilou uma lista de dez dimensões da complexidade — dez pares de características aparentemente antitéticas[8] que estão freqüentemente presentes nas mentes criativas. A lista inclui:

1. Explosões de impulsividade entre períodos de serenidade e quietude.
2. Ser esperto e, ainda assim, extremamente ingênuo.
3. Grandes oscilações entre a extrema responsabilidade e a irresponsabilidade.
4. Um senso arraigado de realidade, juntamente com uma generosa dose de fantasia e imaginação.
5. Períodos alternados de introversão e extroversão.
6. Ser simultaneamente modesto e orgulhoso.
7. Androginia psicológica — sem uma adesão nítida aos estereótipos dos papéis sexuais.
8. Ser rebelde e iconoclasta, embora respeitoso com o domínio do conhecimento especializado e sua história.
9. Ser passional, mas, ao mesmo tempo, objetivo com o próprio trabalho.
10. Experimentar sofrimento e dor mesclados com exaltação e prazer.

Curiosamente, a psicóloga Ellen Winner[9] constata que crianças-prodígios geralmente exibem um único extremo do espectro de características — elas tendem a ser intensas, impetuosas e introvertidas. Devemos nos lembrar, contudo, de que crianças talentosas ainda estão no modo de imersão no conhecimento, e não no modo criativo. A realidade de que a maioria dos prodígios não se torna particularmente criativa na vida adulta pode refletir (entre outras coisas) o fato de apenas uma pequena fração das crianças-prodígios realmente possuir a capacidade para complexidade.

Embora a lista de Csikszentmihalyi sem dúvida seja, na melhor das hipóteses, apenas sugestiva, ela realmente descreve Galois assombrosamente bem. Galois foi, de várias maneiras, o epítome de contradições e complexidade. Tomemos, por exemplo, a carta dele de 25 maio a Auguste Chevalier: "Como posso me consolar quando exauri em um único mês a maior fonte de felicidade que um homem pode ter?" Alguém consegue imaginar maiores mudanças de humor? Ou examinemos a seguinte descrição em uma das cartas de Raspail da prisão. O comportamento de Galois oscila entre a serenidade e a explosão:

> Certo dia, ele estava vagando pelo pátio da prisão, absorto, como se estivesse devaneando. Tinha o olhar doentio de um homem que mal estava fisicamente presente na terra e que era mantido vivo somente por seus pensamentos.
>
> Nossos rapazes o provocaram: "Ei, você pode ter apenas 20, mas é um velho! Não consegue nem beber, consegue? Beber o apavora, não é?" Ele então marchou direto para confrontar o perigo, esvaziou a garrafa inteira garganta abaixo, tudo de uma só vez, e arremessou-a ao provocador.

Ser esperto embora ingênuo, realista embora imaginativo, simultaneamente rebelde e respeitoso com a matemática e os matemáticos, são combinações de traços que poderiam ter sido inventados para literalmente descrever Galois. De que outra forma você caracterizaria as experiências dele nos exames de ingresso para a Escola Politécnica, as virulentas trocas de palavras com o diretor da escola, as interações paranóicas com a elite da matemática e as confrontações com a lei?

Androginia psicológica — de um lado, ser muito sensível e mais "feminino" e, do outro, agressivo e ofensivo — era outro traço evidente de Galois.

Consideremos a seguinte carta, que ele escreveu da prisão para a tia, Céleste-Marie Guinard:

> Minha queria tia, soube que a senhora está doente e acamada. Sinto a necessidade de dar-lhe conhecimento de quanto lamento, sentimento ainda agravado pelo fato de eu estar privado do prazer de vê-la, já que me encontro confinado ao meu cômodo e não posso visitar ninguém. A senhora foi muito gentil de pensar em me enviar presentes. É muito prazeroso receber lembretes da vida, enquanto se está em uma tumba. Espero encontrá-la em boa saúde quando eu sair da prisão. Minha primeira visita será para a senhora.

Difícil de acreditar, mas esta é a mesma pessoa sobre quem a matemática Sophie Germain tinha escrito o seguinte ao amigo e colega Guglielmo Libri Carucci dalla Sommaja: "Tendo voltado para casa, ele [Galois] continuou com o hábito do insulto, do qual ele lhe deu uma amostra depois da melhor palestra que você deu na academia. A pobre mulher [mãe de Galois] fugiu para sua própria casa, deixando apenas o suficiente para o filho sobreviver."

Dacey e Lennon identificam alguns outros traços que, em sua opinião, contribuem para a tolerância à ambigüidade e seu papel na promoção da criatividade. Um deles — *liberdade de estímulo* — é o que poderíamos chamar de capacidade de pensar insolitamente. Em grande parte, a própria essência da criatividade é a capacidade de se desvencilhar das premissas comuns e escapar de quaisquer modos de pensar preexistentes. Vou dar um exemplo bem simples desse tipo de liberdade de estímulo. Você recebe seis palitos de fósforo de mesmo comprimento, como na Figura 105, e o objetivo é usá-los para formar exatamente quatro triângulos, nos quais todos os lados de todos os quatro triângulos são iguais. Tente isso por alguns minutos, mas esteja ciente de que a solução exige uma abordagem não-convencional. Caso não consiga, não se desespere; a maioria das pessoas tem dificuldade com o problema. A solução é mostrada no apêndice 10. A demonstração de Galois referente a quais equações

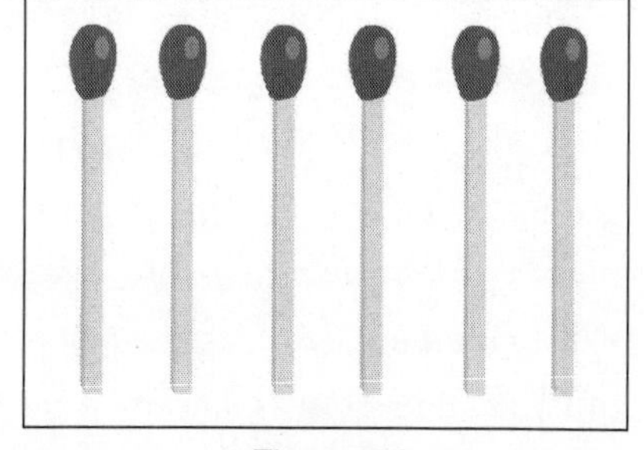

Figura 105

são solucionáveis por uma fórmula (capítulo 6) é a personificação do pensamento insólito — para responder uma pergunta sobre equações algébricas, ele inventou todo um novo domínio na matemática.

Existe outra característica que parece ser comum a muitos indivíduos criativos (particularmente os homens criativos) e que se aplica também a Galois — a perda do pai ainda cedo na vida. Entre quase uma centena de entrevistados criativos, Csikszentmihalyi realmente descobriu não menos que três de dez homens e duas de dez mulheres que ficaram órfãos por volta da época que chegaram à adolescência.

Como pode a perda estimular a criatividade? A vida dá a esses jovens uma complexa situação, que é uma mistura de fardo e oportunidade. Por um lado, existe a enorme carga psicológica de ter de viver à altura das expectativas imaginadas do pai ausente. Por outro lado, tais jovens têm a enorme oportunidade de verdadeiramente se inventar. O filósofo francês Jean-Paul Sartre (1905-80)[10] observou em seu autobiográfico *As palavras*: "A morte de Jean Baptiste [pai de Sartre] foi o grande acontecimento da minha vida: devolveu minha mãe aos seus grilhões e me deu liberdade... Tivesse vivido, meu pai teria pesado muito sobre mim e me esmagado. Quis o destino que ele morresse jovem." Essa visão é com certeza excessivamente cínica. Embora alguns criadores, possivelmente inclusive Abel e Galois, possam ter sido impelidos para a independência e curiosidade pela morte dos pais, muitos outros prosperaram com o sustento que tinham recebido de suas famílias. Existem casos, por exemplo, em que pai e filho foram ambos ganhadores do prêmio Nobel. Niels Bohr recebeu o Nobel de física em 1922 e o filho Aage Bohr o recebeu em 1975. Um exemplo ainda mais impressionante é o de William Henry Bragg e o filho William Lawrence Bragg. A equipe pai-filho ganhou o prêmio Nobel de física em 1915, quando Lawrence tinha apenas 25.

Galois realizou todo o trabalho brilhantemente seminal sobre teoria de grupos antes dos 21 anos, a genialidade de Abel fascinou o mundo da matemática antes que este pobre matemático tivesse 27. Deveríamos ficar surpresos? Realmente não. Alguns dos matemáticos, poetas líricos e compositores de músicas mais criativos eram extraordinariamente jovens quando produziram sua melhor obra. A maioria dos pintores, romancistas e filósofos, por outro lado, continuam a criar e freqüentemente estão em seu auge já em idade relativamente avançada. A crítica musical e romancista Marcia Davenport (1903-96) expressou esplendidamente esta realidade: "Todos os grandes poetas morreram jovens. A ficção é a arte da meia-idade. E os ensaios são a arte da velhice."

Perguntei a *sir* Michael Atiyah, ganhador do prêmio Abel de 2004, por que ele achava que os matemáticos eram tão intuitivos cedo na vida. Ele respondeu imediatamente:

> Na matemática, se você tiver uma mente rápida, conseguirá chegar à "linha de frente" da pesquisa de ponta bem rapidamente. Em alguns outros domínios, você pode ter de ler antes grossos volumes. Além do mais, se você estiver tempo demais em um determinado domínio, ficará condicionado a pensar como todo mundo. Quando jovem, você não se sente compelido às idéias das pessoas que o cercam. Quanto mais jovem for, maior a probabilidade de você ser verdadeiramente original.

O psicólogo Howard Gardner faz uma distinção semelhante entre matemáticos e cientistas, por um lado, e artistas, do outro:

> É importante notar aqui uma diferença decisiva da criação nas ciências ou matemática. Nessas áreas, os indivíduos começam a ser produtivos em idade jovem e certamente têm a opção de fazer inúmeras inovações durante seus primeiros anos. Entretanto, ao contrário das artes, tais domínios progridem e se acumulam a um ritmo veloz, estimulados pelas descobertas dos indivíduos mais criativos; ferramentas modeladas em um período anterior da vida podem se tornar irrelevantes ou disfuncionais.

As mentes criativas em matemática podem até se distinguir das de outras ciências no sentido de não obedecerem freqüentemente ao que Gardner chama de a "regra dos dez anos". Essa regra diz que muitos indivíduos criativos fazem uma descoberta importante depois de dez anos de trabalho em sua área. Porém tanto Abel como Galois ousaram atacar a quíntica enquanto ainda estavam no colégio! Eles forneceram a resposta definitiva para a resolubilidade quando estavam no início ou na casa dos 20 anos, bem antes de quando seria aplicada a regra dos dez anos.

Existe um outro aspecto da personalidade de Galois que se encaixa na atual concepção sobre a criatividade — o fato de que ele exibia fortes sintomas de paranóia. Os contínuos delírios de ser perseguido e atormentado pela mediocridade certamente iam além do normal. A genialidade foi muitas vezes vinculada a transtornos mentais. Já nos tempos antigos, o filósofo romano Sêneca escreveu que "nenhum grande gênio jamais existiu sem algum toque de loucura". Em 1895, o psiquiatra W. L. Babcock[11] publicou um artigo intitulado "Sobre a mórbida herança e predisposição à insanidade do homem genial" no qual afirmou que, assim como a propensão à morte precoce, a genialidade era uma característica da constituição genética inferior. Em uma base mais sólida, pesquisas recentes corroboram a associação geral da criatividade com psicopatologia. Por exemplo, o psicólogo Arnold Ludwig[12] examinou as vidas de mais de mil indivíduos criativos e constatou que cerca de 28 por cento dos cientistas proeminentes apresentavam pelo menos alguma espécie de distúrbio mental. A fração aumentava para assombrosos 87 por cento entre os poetas excepcionais. O psicólogo Donald MacKinnon, então do Instituto de Avaliação e Pesquisas da Personalidade da Universidade da Califórnia, Berkeley, conduziu uma extensa avaliação psicométrica de muitos matemáticos, arquitetos e escritores criativos. Os achados mostraram que os indivíduos criativos[13] sistematicamente obtinham uma pontuação maior nas dimensões indicativas de vários transtornos afetivos, como a esquizofrenia, a depressão e a paranóia. A conclusão destes e de inúmeros estudos semelhantes é, como diz o psicólogo Dean Keith Simonton, da Universidade da Califórnia, Davis: "A associação genialidade-loucura pode ser mais que um mito." Devo notar que, como no caso de Galois, raramente foi constatado que os níveis do transtorno eram altos a ponto de debilitar o indivíduo criativo. Galois e muitos outros gênios criativos possuíam uma força de ego e outros recursos mentais suficientes para ajudar a conter sua psicopatologia. Ainda assim, as evidências desse pacto faustiano que as mentes criativas freqüentemente precisam negociar são bem convincentes. O ensaísta inglês *sir* Max Beerbohm (1872-1956)[14] expressou sua própria experiência com o fenômeno: "Não conheci nenhum homem genial que não tivesse que pagar, com alguma dor ou defeito, seja físico ou espiritual, por aquilo que os deuses lhe concederam."

Por mais convincente que possa ser o caso de Galois se ajustar ao perfil do gênio criativo, precisamos nos perguntar: havia também alguma coisa nitidamente especial em seu cérebro?

A HISTÓRIA DE DOIS CÉREBROS

Albert Einstein morreu em 18 de abril de 1955, no Hospital Princeton, em Nova Jersey. Thomas S. Harvey, o patologista que realizou a autópsia, removeu o cérebro do grande cientista, dissecou-o em 240 partes e incluiu as peças em uma substância semelhante a plástico chamada celoidina. Évariste Galois morreu em 31 de maio de 1832, no Hospital Cochin, em Paris. O patologista abriu o crânio e realizou um exame minucioso do cérebro, o que é verdadeiramente assombroso, dado que Galois recebeu um tiro na barriga e morreu de peritonite. Mais da metade do relatório da autópsia é dedicada ao cérebro.

Por mais de duas décadas,[15] ninguém, nem mesmo a família de Einstein, soube que o cérebro de Einstein estava sendo mantido em frascos na casa de Harvey. Em 1978, Steven Levy, então repórter da *New Jersey Monthly*, investigou o paradeiro de Harvey e descobriu-o em sua casa em Wichita, Kansas. Depois de uma longa conversa com o repórter, Harvey confessou que tinha o cérebro. De uma caixa com o rótulo “Cidra Costa”, ele retirou dois frascos comuns de conserva que continham o cérebro que tinha ocasionado uma revolução na ciência.

Desde então, Harvey permitiu que três equipes examinassem partes do cérebro. Marian Diamond, anatomista da Universidade da Califórnia, em Berkeley, e seus colegas publicaram um artigo sobre o cérebro de Einstein em 1985. Eles descobriram que a proporção entre neurônios e células gliais (as células que sustentam e protegem os neurônios)[16] em uma parte do cérebro de Einstein era menor que as proporções em 11 cérebros normais. Embora os autores tenham concluído que o maior número de células gliais por neurônio pudesse indicar que os neurônios de Einstein trabalhavam mais arduamente — precisavam de mais energia — que o normal, a interpretação foi mais tarde questionada[17] por outros pesquisadores. Um segundo artigo, de Britt Anderson, da Universidade do Alabama em Birmingham, foi publicado em 1996.

Anderson e Harvey[18] mostraram que, embora o cérebro de Einstein pesasse menos que a média (2 libras e 11,4 onças em comparação com 3 libras de 1,4 onças para a média; 1.230 gramas em comparação com 1.400 gramas), abrigava mais neurônios por unidade de área. Finalmente, em 1999, a neuropsicóloga da Universidade McMaster Sandra Witelson[19] e seus colegas descobriram o que foi recebido como uma chave potencial para a genialidade de Einstein. Foi constatado que a região parietal inferior, que se acredita ser usada para o raciocínio matemático, era 15 por cento maior que o normal. Além disso, constatou-se que uma ranhura (sulco) estava parcialmente ausente nessa área. Os pesquisadores argumentaram que a ausência dessa fissura poderia ter resultado em uma comunicação mais eficiente entre os neurônios. Embora interessante, toda essa pesquisa não poderia ser considerada conclusiva. Afinal, o estudo de Witelson, apesar de ter utilizado 35 cérebros como um grupo de controle, teve um único cérebro no grupo experimental — o de Einstein.

As peças restantes do cérebro de Einstein acabaram sendo levadas por Harvey ao seu local de descanso final — o Departamento de Patologia do Hospital de Princeton. Quando lhe perguntaram por que afinal tinha apanhado o cérebro (o corpo de Einstein foi cremado), Harvey explicou que se sentiu na obrigação de salvar a preciosa massa cinzenta para a posteridade.

O relatório da autópsia[20] do cérebro de Galois declara:

> Despido de seu envoltório, o crânio apresenta as duas partes que formam a coroa em crianças jovens, estando unidas em um ângulo obtuso. Possui no máximo uma largura de um quinto de polegada [0,5 cm]. Na borda onde a coroa sutura os ossos parietais, observa-se uma depressão circular profunda e plana, que acompanha a junção entre os dois ossos; as protuberâncias parietais são bem desenvolvidas, bem distanciadas entre si; o desenvolvimento dessa parte é notável, em comparação com o osso occipital(...)
>
> Uma vez aberto o crânio, as paredes internas dos seios frontais são bem próximas; o espaço restante tem menos de um quinto de polegada; no meio do domo do crânio, duas depressões correspondem às protuberâncias acima descritas(...)
>
> O cérebro é pesado, as convoluções grandes, as fendas profundas, especialmente nas partes laterais; existem protuberâncias correspondentes às cavidades no crânio;

uma na frente de cada lobo anterior, duas no topo da face superior; a substância cerebral é geralmente macia; as cavidades ventriculares são pequenas, vazias de quaisquer fluidos serosos; a glândula pituitária é volumosa e contém granulações cinzentas; o cerebelo é pequeno; o peso do cérebro[21] e do cerebelo juntos é de três libras, duas onças, menos um oitavo de onça [1.470 g].

Por que o patologista examinou o cérebro de Galois tão minuciosamente quando a causa da morte era óbvia? A primeira sentença do relatório pode fornecer uma pista: "O jovem Galois Évariste, 21 anos de idade, um bom matemático, conhecido principalmente por sua imaginação ardente, acaba de sucumbir a 12 horas de peritonite aguda, causada por uma bala atirada de 25 passos." Meu palpite é que o patologista foi impelido pela mesma curiosidade que fez Harvey remover o cérebro de Einstein. O patologista estava ciente tanto da reputação de Galois como matemático quanto de sua imaginação feroz e apaixonada e sentiu-se compelido a examinar o cérebro em busca de indícios potenciais da origem desses atributos. Como no caso de Einstein, a autópsia não revelou nenhuma "evidência incriminatória indiscutível". Ainda assim, o esforço provavelmente valeu a pena já que a meta era desvendar a mente da pessoa que se posicionava, tanto na matemática como na política, no coração do romantismo revolucionário.

INDIVISÍVEL

Ao contrário do que ocorre na maioria das outras ciências, na matemática as idéias têm um valor duradouro. As visões do universo de Aristóteles são curiosidades históricas interessantes, mas nada além disso. Os teoremas dos *Elementos* de Euclides, por outro lado, são tão válidos, tão corretos e tão imortais hoje quanto o eram em 300 a.C. Isso não quer dizer que a matemática é estagnante. Nem um pouco. Assim como as novas gerações de telescópios expandem nossos horizontes sem necessariamente invalidar descobertas anteriores no universo próximo, a matemática revela continuamente novos panoramas enquanto constrói sobre o conhecimento existente. A perspectiva pode mudar, mas não as verdades. O matemático e escritor Ian Stewart[22] expressou muito bem esta realidade: "De fato, existe uma palavra na matemática para resultados anteriores que são posteriormente alterados: são chamados 'erros'."

As idéias de Galois, com todo seu brilhantismo, não surgiram do nada. Abordavam um problema cujas origens podiam ser remontadas até a antiga Babilônia. Ainda assim, a revolução que Galois tinha começado agrupou domínios inteiros que não estavam anteriormente relacionados. De uma forma bem parecida com a explosão cambriana — aquele atordoante impulso de diversificação nas formas de vida na Terra —, a abstração da teoria de grupos abriu janelas para uma infinidade de verdades. Campos tão distantes entre si como as leis da natureza e a música subitamente se tornaram misteriosamente conectados. A Torre de Babel das simetrias miraculosamente se fundiu em uma única linguagem.

A *webdesigner* Brenda C. Mondragon administra um convidativo site intitulado "Neurotic Poets" [Poetas neuróticos].[23] Sua primeira linha sobre o poeta romântico inglês Percy Bysshe Shelley (1792-1822) diz: "O espírito da revolução e o poder do pensamento livre foram as maiores paixões de Percy Shelley em vida." Essas mesmas palavras exatamente poderiam ser usadas para descrever Galois. Em uma das páginas que Galois tinha deixado sobre a mesa antes de sair para aquele fatídico duelo, encontramos uma fascinante mistura de garatujas matemáticas, entremeadas com idéias revolucionárias (Figura 106). Depois de duas linhas de análise funcional vem a palavra "indivisível", que parece se aplicar à matemática. A palavra é seguida, contudo, pelos lemas revolucionários "unité; indivisibilité de la république" ("unidade; indivisibilidade da república") e "Liberté, égalité, fraternité ou la mort" ("Liberdade, igualdade, fraternidade ou a morte"). Depois de tais proclamações republicanas, como se tudo fizesse parte de um só pensamento contínuo, a análise matemática é retomada. É indubitável que, na mente de Galois, os conceitos de unidade e indivisibilidade se aplicavam igualmente bem à matemática e ao espírito da revolução. De fato, a teoria de grupos realizou precisamente isso — uma unidade e indivisibilidade de padrões que alicerçam uma ampla variedade de disciplinas aparentemente não-relacionadas.

Entre as garatujas de Galois, existem outras duas frases que chamam atenção. Uma, "Pas l'ombre", quase certamente se refere à frase "pas l'ombre d'un doute" ("sem sombra de dúvida"). Uma vez mais, Galois teria tido tais convic-

Figura 106

ções da correção de suas demonstrações matemáticas e de seus ideais republicanos. A segunda frase, "une femme" ("uma mulher"), é um triste lembrete das circunstâncias irritantemente triviais que estavam prestes a causar sua morte inoportuna apenas algumas horas depois.

O famoso poeta indiano Rabindranath Tagore (1861-1941) escreveu que a "morte não é o apagar das luzes. É o apagar da lâmpada porque o alvorecer chegou".[24] Isso era certamente verdadeiro no caso de Galois. Suas concepções anunciaram o amanhecer de uma nova era na matemática. Ele pertence ao exclusivíssimo clube dos genuinamente imortais.

Gerações de jovens matemáticos instigados pela trágica história e morte sem sentido de Galois encontraram consolo em seu incrível legado. Por meio dessa satisfação, foram poupados do destino de alguns dos jovens mais impressionáveis que algumas décadas antes da época de Galois tinham lido a obra-prima de Goethe *Os sofrimentos do jovem Werther*. A romântica agonia do sensível protagonista de Goethe provocou uma emoção universal. O enredo foi tão poderoso que inspirou uma série de suicídios de jovens por toda a Europa. Incidentalmente, poder-se-ia imaginar que uma paixão assim há muito desapareceu de um mundo bem mais cínico. Contudo, as efusivas manifestações espontâneas de pesar que se seguiram à morte da princesa Diana demonstraram que o romantismo ainda não morreu. A história de Galois continua simultaneamente a entristecer e a inspirar ainda hoje e o espírito de seu trabalho permeia boa parte da matemática moderna. Não encontro palavras melhores para descrever esse contraste entre a perecibilidade da carne e a resistência das idéias do que as do poema de Emily Dickinson:

A morte é um Diálogo entre
O Espírito e o Pó.
"Dissolve-te", diz a Morte — O Espírito: "Senhora
Outra crença me inspira".[25]

APÊNDICE 1

O QUEBRA-CABEÇA DAS CARTAS

Uma solução do quebra-cabeça da página 34. O objetivo é distribuir os valetes, damas, reis e ases em um quadrado de tal maneira que nenhum naipe ou valor apareça duas vezes em qualquer linha, coluna ou nas duas diagonais principais.

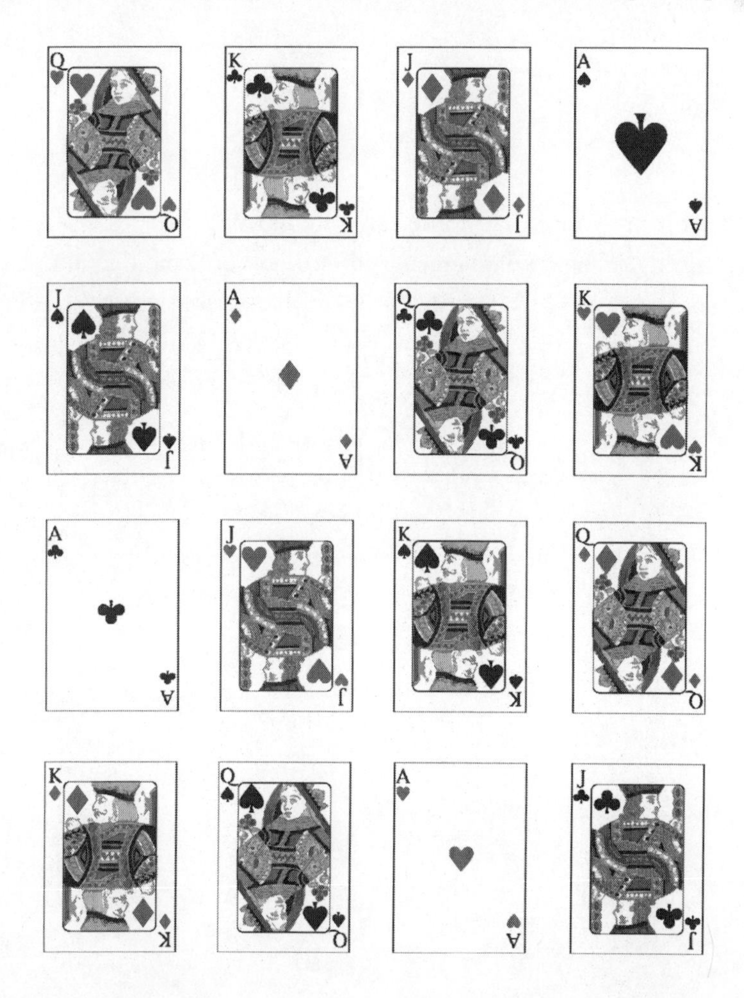

APÊNDICE 2

RESOLUÇÃO DE UM SISTEMA DE DUAS EQUAÇÕES LINEARES

Na página 69, encontramos o sistema de equações da antiga Babilônia:

$$\frac{1}{4}y + x = 7$$

$$x + y = 10.$$

Este é um breve lembrete de como tais sistemas de equações são resolvidos. Um método de solução relativamente direto é isolar uma incógnita em uma das equações e substituí-la na outra. Isso reduz o sistema a uma única equação com uma única incógnita. No sistema acima, podemos subtrair y de ambos os lados da segunda equação, transformando-a em

$$x = 10 - y$$

Podemos agora substituir o x da primeira equação, obtendo

$$\frac{1}{4}y + 10 - y = 7$$

ou, depois de juntar os termos em y

$$-\frac{3}{4}y + 10 = 7$$

Subtraindo 10 de ambos os lados:

$$-\frac{3}{4}y = -3$$

Multiplicando ambos os lados por $\left(-\frac{4}{3}\right)$, obtemos:

$$y = 4.$$

Agora, substituindo o valor de y em $x = 10 - y$ acima, obtemos: $x = 6$. A solução é, portanto, comprimento = 6; largura = 4.

APÊNDICE 3

Solução de Diofanto

Esta é a solução de Diofanto ao problema 28 do primeiro livro de *Arithmetica* (mencionado na página 76).

Precisamos descobrir dois números tais que sua soma e a soma de seus quadrados sejam números dados. Suponhamos que a soma seja 20 e a soma dos quadrados seja 208. Diofanto não chamou os números de x e y, mas de $10 + x$ e $10 - x$, aproveitando-se do fato de que a soma precisa ser 20. A equação por ele obtida para a soma dos quadrados é, portanto

$$(10 + x)^2 + (10 - x)^2 = 208.$$

Ora, já que:

$$(10 + x)^2 = (10 + x)(10 + x) = 100 + 20x + x^2$$
$$(10 - x)^2 = (10 - x)(10 - x) = 100 - 20x + x^2$$

a equação torna-se (pela junção de todos os termos):

$$200 + 2x^2 = 208.$$

Subtraindo 200 de ambos os lados: $2x^2 = 8$.

Dividindo por 2: $x^2 = 4$.

Tirando a raiz quadrada positiva: $x = 2$.

Logo, os dois números procurados são 12 e 8.

APÊNDICE 4

Uma equação diofantina

Precisamos encontrar soluções que sejam números inteiros (como 1, 2, 3,...) para a equação (página 76)

$$29x + 4 = 8y.$$

Podemos subtrair 4 dos dois lados para obter

$$29x = 8y - 4.$$

Colocando em evidência o fator comum 4 de ambos os termos no lado direito resulta em

$$29x = 4(2y - 1).$$

Já que x precisa ser um número inteiro, o lado esquerdo é divisível por 29 e o mesmo deve acontecer com o lado direito. Entretanto, 29 é um número primo (divisível somente por 1 e por si mesmo); logo, $2y - 1$ deve ser divisível por 29. Em particular, poderíamos considerar:

$$2y - 1 = 29 \text{ e } x = 4 \text{ (para a igualdade ser verdadeira).}$$

Somando 1 a ambos os lados de $2y - 1 = 29$ e dividindo por 2, obtemos $y = 15$. Uma solução é, portanto, $x = 4$, $y = 15$.

APÊNDICE 5

VERSOS E FÓRMULA DE TARTAGLIA

As regras de Tartaglia para resolver as três formas da cúbica foram colocadas em versos (página 86 do texto). A tradução da versão inglesa de Ron G. Keightley é:

Nos casos onde o cubo e a incógnita
Juntos equivalem a algum número inteiro, conhecido:
Encontre antes dois números que diferem por esse montante;
Seu produto, então, como é consensual,
Será igual a um terço, ao cubo, da sua incógnita;
O resíduo de suas raízes cúbicas, quando mostradas
E propriamente subtraídas, a seguir fornecerá
A incógnita principal em valor, como eu vivo!
Quanto à segunda questão dessa espécie,
Quando o cubo de um lado sozinho encontrar
Os outros termos juntos ligados:
Dois números daquele, uma vez encontrados,
Juntos multiplicados, ágeis como um pássaro
Fornecem o produto claro è simples, de um terço
Ao cubo da incógnita; por preceito comum, desses
Você toma a raiz cúbica; soma-os, por favor,
Para obter o objeto na sua soma com facilidade.
O terceiro caso, agora nessas nossas pequenas somas,
Do segundo é resolvido; pois, como chega,
Na espécie é igual ou assim digo eu!
Essas coisas descobri — ah, não diga tardiamente —
Em três vezes quinhentos, quatro e trinta mais,
De nossa era; a demonstração galante guardada
Onde, pelo Mar Adriático, a cidade é cercada.

Quando a equação cúbica é da forma

$$x^3 + px = q$$

onde p e q são quaisquer números, como em $x^3 + 6x = 20$, a fórmula de dal Ferro-Tartaglia-Cardano para a solução é dada pela expressão um tanto intimidante

$$x = \sqrt[3]{\frac{q}{2} + \sqrt{\frac{p^3}{27} + \frac{q^2}{4}}} + \sqrt[3]{\frac{q}{2} - \sqrt{\frac{p^3}{27} + \frac{q^2}{4}}}.$$

Por exemplo, a substituição de $p = 6$ e $q = 20$ do exemplo acima (e tirando as raízes quadradas positivas), fornece a solução positiva $x = 2$.

Examinemos, contudo, a seguinte equação considerada por Bombelli (página 98 no texto):

$$x^3 - 15x = 4.$$

Aqui, $p = -15$, $q = 4$. É fácil verificar que a substituição desses valores na fórmula acima nos dá

$$x = \sqrt[3]{2 + \sqrt{-121}} + \sqrt[3]{2 - \sqrt{-121}}.$$

Aqui, a etapa intermediária envolve a raiz quadrada do número negativo -121. Contudo, uma simples inspeção revela que $x = 4$ é uma solução da equação original. Embora Bombelli tenha conseguido resolver essa equação específica com um truque engenhoso, o problema geral de lidar com raízes quadradas de números negativos foi resolvido somente com a introdução dos números complexos.

O truque de Bombelli foi: Escreva $\sqrt[3]{2 + \sqrt{-121}} = 2 + c\sqrt{-1}$, onde o valor de c precisa ser determinado. Eleve os dois lados da equação à terceira potência. Isso fornecerá

$$2+\sqrt{-121}=\left(2+c\sqrt{-1}\right)^3.$$

Já que a raiz quadrada de 121 é igual a 11, o lado esquerdo é igual a $2 + 11\sqrt{-1}$. O lado direito pode ser expandido, usando a identidade

$$(a + b)^3 = a^3 + 3a^2b + 3ab^2 + b^3$$

fornecendo $8 + 12c\sqrt{-1} - 6c^2 - c^3\sqrt{-1}$

Igualando os dois lados e juntando os termos, obtemos:

$$2 + 11\sqrt{-1} = (8 - 6c^2) + (12c - c^3)\sqrt{-1}.$$

Por inspeção, a equação é verdadeira para $c = 1$. Da substituição de Bombelli, encontramos, portanto, que

$$\sqrt[3]{2+\sqrt{-121}} = 2+\sqrt{-1}.$$

Usando uma substituição semelhante, Bombelli descobriu que

$$\sqrt[3]{2-\sqrt{-121}} = 2-\sqrt{-1}.$$

Substituindo as duas expressões na fórmula para x acima, Bombelli descobriu a solução

$$x = 2 + \sqrt{-1} + 2 - \sqrt{-1} = 4.$$

APÊNDICE 6

O DESAFIO DE ADRIAAN VAN ROOMEN

A equação apresentada por van Roomen foi (página 99 do texto):

$$\begin{aligned}
&x^{45} - 45x^{43} + 945x^{41} - 12.300x^{39} + 111.150x^{37} \\
&\quad - 740.459x^{35} + 3.764.565x^{33} \\
&\quad - 14.945.040x^{31} + 469.557.800x^{29} - 117.679.100x^{27} \\
&\quad + 236.030.652x^{25} - 378.658.800x^{23} + 483.841.800x^{21} \\
&\quad - 488.494.125x^{19} + 384.942.375x^{17} - 232.676.280x^{15} \\
&\quad + 105.306.075x^{13} - 34.512.074x^{11} + 7.811.375x^{9} \\
&\quad - 1.138.500x^{7} + 95.634x^{5} - 3.795x^{3} + 45x = C
\end{aligned}$$

onde C é um número conhecido. Em particular, ele pediu uma solução quando

$$C = \sqrt{\frac{7}{4} - \sqrt{\frac{5}{16}} - \sqrt{\frac{15}{8} - \sqrt{\frac{45}{64}}}}.$$

Viète, que já conhecia a fórmula dos senos e cossenos de $n\alpha$ (onde n é qualquer inteiro e α é um ângulo qualquer), foi capaz de usar esse conhecimento. Ele reconheceu que o lado esquerdo da equação é a expressão para 2 sen 45α, quando este é posto em termos de 2 senα. Portanto, a simples descoberta do valor de α tal que 2 sen $45\alpha = C$, fornece a solução para a equação de van Roomen, que é $x = 2$ senα.

APÊNDICE 7

PROPRIEDADES DAS RAÍZES DAS EQUAÇÕES QUADRÁTICAS

A equação quadrática mais geral tem a forma (página 101 no texto):

$$ax^2 + bx + c = 0.$$

Dividindo por a, obtemos

$$x^2 + \frac{b}{a}x + \frac{c}{a} = 0.$$

Se, por outro lado, denotamos as soluções por x_1 e x_2, então a equação também pode ser escrita como

$$(x - x_1)(x - x_2) = 0$$

já que o produto é igual a zero quando $x = x_1$ ou $x = x_2$. Desenvolvendo a multiplicação, obtemos

$$x^2 - (x_1 + x_2)x + x_1x_2 = 0.$$

Comparando essa expressão com a forma anterior, vemos que as soluções precisam satisfazer

$$x_1 + x_2 = -\frac{b}{a}$$

$$x_1 x_2 = \frac{c}{a}$$

Examinemos agora a expressão

$$\frac{1}{2}\left[(x_1+x_2)\pm\sqrt{(x_1+x_2)^2-4x_1x_2}\right].$$

Dado que:

$$(x_1 + x_2)^2 = x_1^2 + 2x_1x_2 + x_2^2$$
$$(x_1 - x_2)^2 = x_1^2 - 2x_1x_2 + x_2^2$$

vemos que

$$\pm\sqrt{(x_1+x_2)^2-4x_1x_2} = \pm(x_1-x_2)$$

e, portanto,

$$\frac{1}{2}\left[(x_1+x_2)\pm\sqrt{(x_1+x_2)^2-4x_1x_2}\right] = \frac{1}{2}\left[(x_1+x_2)\pm(x_1-x_2)\right]$$

fornecendo x_1 (quando o sinal de "+" é escolhido) e x_2 (quando o sinal de "–" é escolhido).

APÊNDICE 8

A ÁRVORE GENEALÓGICA DA FAMÍLIA GALOIS

Do lado paterno de Évariste, descobri apenas o seguinte, começando com seu avô:

Jacques Olivier Galois (avô de Évariste)
Nasceu em 1742, em Ozouer-le-Voulgy (Seine-et-Marne)
Casou-se com Marie-Jeanne Deforge (avó de Évariste)
Morreu em Bourg-la-Reine em 12 de maio de 1806

Os avós de Évariste tiveram seis filhos:

Marie Anne Olivier Galois
Nasceu em 3 de novembro de 1768
Casou-se com Joseph Martin Blondelot

Marie Antoinette Galois
Nasceu em 20 de outubro de 1770
Casou-se com Denis François Le Guay

Théodore Michel Galois
Nasceu em 14 de março de 1774
Casou-se com Victoire Antoinette Grivet

Nicolas-Gabriel Galois (pai de Évariste)
Nasceu em 3 de dezembro de 1775
Casou-se com Adéläide Marie Demante (mãe de Évariste)
Morreu em 2 de julho de 1829

Maria Pauline Galois
Nasceu em 7 de setembro de 1778
Casou-se com André Robert Hyard

Jacques Antoine Raphaël Galois
Nasceu em 1781

Auffray (2004) relaciona outro filho — Jean Baptiste Olivier —, mas não encontrei o nome dele nos registros de Bourg-la-Reine. Ele também grafa o nome do meio da penúltima filha como Apolline (em vez de Pauline).

Nicolas Gabriel Galois e Adéläide Marie Demante tiveram três filhos:

Nathalie Théodore Galois
Nasceu em 26 de dezembro de 1808
Casou-se com Benoît Chantelot

Évariste Galois
Nasceu em 25 de outubro de 1811
Morreu em 31 de maio de 1832

Alfred Galois
Nasceu em 18 de dezembro de 1814
Casou-se com Pauline Chantelot

As gerações seguintes têm a seguinte configuração:

Natalie (1808-)	Évariste (1811-32)	Alfred (1814-)
|		|
Pauline (1833-1901)		Elisabeth (1843-55)
Casou-se com Guinard Felix		
|		
Nathalie (-1877)		

A árvore genealógica *direta* no lado materno de Évariste é:

Michel de Mante
Casou-se com Barbe de Criquebeuf
|
Pierre de Mante (1590-1670)
Casou-se com Anne Bréard
Tiveram dez filhos, dos quais segue o décimo
|
François Demante (1645-1711)
Casou-se com Marguerite de Gruchy
Tiveram 14 filhos, dos quais segue o décimo terceiro
|
Michel Demante (1692-1766)
Casou-se com Anne Marguerite Leclerc
Tiveram 14 filhos, dos quais segue o sexto:
|
François Demante (1723-90)
Casou-se com Marie-Madeleine Martin
Tiveram dois filhos; a filha morreu muito jovem
|
Thomas François Demante (1752-1823)
Casou-se com Marie Thérèse Élisabeth Durand

Adéläide Marie Demante	Antoine-Marie Demante	Céleste-Marie Demante
(1788-1872)	(1789-1856)	(1804-60)
Mãe de Évariste	Casou-se com	Casou-se com
Casou-se com	Anne Delaporte	Éttienne-Charles
Nicolas-Gabriel Galois		Guinard
	Tiveram sete filhos	Tiveram sete filhos
Casou-se pela segunda vez com Jean François Loyer		

Tenho extensas informações sobre as gerações que se seguiram a Antoine-Marie Demante e Céleste-Marie Demante, mas não as apresento, já que não estão diretamente relacionadas a Galois.

APÊNDICE 9

O QUEBRA-CABEÇA 14-15

A configuração original do quebra-cabeça 14-15 de Samuel Loyd (página 185 no texto):

1	2	3	4
5	6	7	8
9	10	11	12
13	15	14	

pode ser alterada para a seguinte configuração:

	1	2	3
4	5	6	7
8	9	10	11
12	13	14	15

em 44 movimentos. Os números a seguir indicam qual quadrado (em ordem) deve ser deslizado para o espaço vazio: 14, 11, 12, 8, 7, 6, 10, 12, 8, 7, 4, 3, 6, 4, 7, 14, 11, 15, 13, 9, 12, 8, 4, 10, 8, 4, 14, 11, 15, 13, 9, 12, 4, 8, 5, 4, 8, 9, 13, 14, 10, 6, 2, 1.

APÊNDICE 10

SOLUÇÃO DO PROBLEMA DOS PALITOS DE FÓSFORO

Com seis palitos de fósforo de igual comprimento (Figura 105), precisamos formar quatro triângulos nos quais todos os lados sejam iguais. A tendência ingênua é tentar resolver o problema em duas dimensões (com os palitos sobre uma mesa), onde não existe nenhuma solução. A solução "insólita" é construir um tetraedro em três dimensões (como na figura abaixo). Isso forma automaticamente quatro triângulos com lados iguais.

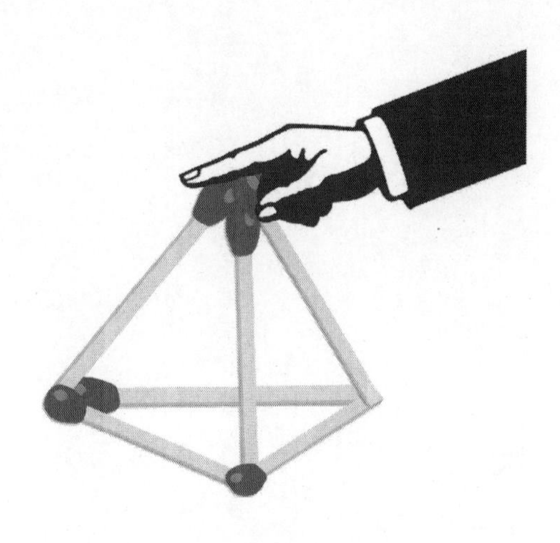

NOTAS

CAPÍTULO 1: SIMETRIA

Dois ótimos livros para leigos sobre simetria em geral são o de Stewart 2001 e o de Stewart e Golubitsky 1992. Um livro para leigos altamente recomendado sobre simetria em física é o de Zee 1986. Um pouco mais técnicos sobre simetria em ciência são o de Rosen 1995 e o de Icke 1995. A simetria em química é competentemente descrita em Heilbronner e Dunitz 1993. Um livro extremamente bem documentado sobre simetrias em diferentes culturas é o de Washburn e Crowe (1988). O livro de Evans 1975 examina a simetria em ornamentos europeus ocidentais. Duas coletâneas de artigos mais técnicos de inestimável valor sobre simetria são Hargittai 1986 e Hargittai 1989. Uma ampla discussão técnica sobre simetria em ciência e arte pode ser encontrada em Shubnikov e Koptsik 1974. Um livro com muitos exemplos é o de Walser 2000. Finalmente, Weyl 1952 continua sendo uma referência clássica.

1. Loftus, 2001; Wood, Nezworski, Lilienfeld e Garb, 2003.
2. Gombrich, 1995.
3. Nagy 1995; *Oxford English Dictionary*, 1978.
4. Vitrúvio *c.* 27 a.C.; Osborne, 1952.
5. Descrições bem explicadas podem ser encontradas em Rosen, 1975, e em Stewart e Golubitsky, 1992.
6. Shubnikov e Koptsik, 1974.
7. Bergeron, 1973; Gardner, 1979.
8. Fayen, 1977.
9. Skaletsky *et al.*, 2003; Willard, 2003; Rozen *et al.*, 2003; Pagán Westphal, 2003.
10. Discussões excelentes podem ser encontradas em Weyl, 1952; Gardner, 1990; Gregory, 1997; Corballis e Beale, 1976.

11. “Senador” Clarke Crandall, descrito em Gardner, 1990.
12. Argumentos excelentes são apresentados em Kurzweil, 1999.
13. Emerson, 1847.
14. Kepler, 1966.
15. Discussões podem ser encontradas, por exemplo, em: Weyl, 1952; Boardman, O’Connor e Young, 1973.
16. Whistler, 1890.
17. Bell, 1997.
18. Osborne, 1952, 1986.
19. Szilagyi e Baird, 1977.
20. Wilson, 1945; O’Connor e Robertson, 2001b.
21. Birkhoff, 1933.
22. Mencionado em Wolfram, 2002.
23. Uma descrição maravilhosa das obras de Escher está em Schattschneider, 2004.
24. Três bons livros sobre sua vida e obra são, por exemplo, Parry, 1996; MacCarthy, 1995; Menz, 2003.
25. Hares-Stryker, 1997.
26. Shubnikov e Koptsik, 1974.
27. Wilson, 1986.
28. Existem várias referências, entre as quais: Hyatt King, 1944; Tovey, 1957; Mozart, 1966; Hyatt King, 1976; Putz, 1995.
29. Descrições detalhadas de sua vida e música, bem como as ligações com a matemática, podem ser encontradas em Schweitzer, 1967; Altschuler, 1994; Wolff, 2001; Wilson, 1986; Smith, 1996.
30. Por exemplo, em Washburn e Crowe, 1988.
31. Descrições para leigos podem ser encontradas em Peterson, 2000; Gardner, 1959a; mais técnicas, em Ball e Coxeter, 1974.
32. J. Rosen, 1995; Boardman, O’Connor e Young, 1973.
33. Lamb, 1823.
34. Fabricand, 1989.
35. Suponhamos que você aposte em algum número vermelho. Então, em *média*, você pode esperar ganhar 18 vezes de cada 38 vezes que apostar. Nas outras 20 vezes, você perde. Se todas as apostas forem de US$ 1, então em 38 jogadas, a expectativa é de perder US$ 2 (18 apostas ganhas contra 20 apostas perdidas). O retorno líquido é, portanto, um prejuízo de US$ 2 para uma aposta de US$ 38 e a *expectativa* (o prejuízo para cada dólar apostado por vários jogos) é US$ 2/38 ou 5,3¢.
36. Mezrich, 2002; Fabricand, 1989.

37. Uma descrição resumida pode ser encontrada em Gamow, 1959.
38. Rosen, 1975; Loeb, 1971.
39. A citação aparece no prefácio a MacGillavry, 1976.

CAPÍTULO 2: ETNEM AD SOHLO SOA AIRTEMIS

1. Brown, *et al.*, 2003.
2. Julesz, 1960; Brindley, 1970; Pinker, 1997; Goldstein, 2002; Wheatstone, 1838.
3. Os livros de Kepler, *Astronomiae Pars Optica* (publicado em 1604) e *Dioptrice* (publicado em 1611), fazem parte de seus *Collected Works*; veja Caspar e Hammer 1937.
4. Bowers, 2001.
5. A descrição dos princípios pode ser encontrada em Wertheimer, 1912; Palmer, 1999; Goldstein, 2002; Barry 1997.
6. Garner, 1974; Palmer, 1991.
7. Leeuwenberg, 1971; Buffart e Leeuwenberg, 1981; van der Helm e Leeuwenberg, 1991.
8. Amós 3:3.
9. Muito bem resumido em Palmer, 1999.
10. Wilde, 1892.
11. Fox, 1975; Howe, 1980; Palmer e Hemenway, 1978.
12. Freyd e Tversky, 1984.
13. Paraskevopoulos, 1968.
14. Tyler, 2002; Tootell *et al.*, 1998; Mendola *et al.*, 1999.
15. Descrições detalhadas podem ser encontradas em Rock, 1973; Marr, 1982; Corballis, 1988; Tarr e Pinker, 1989; Palmer, 1999.
16. Mach, 1914.
17. Um artigo excelente, embora técnico, sobre a matemática dos caleidoscópios é de Goodman, 2004.
18. Tyler, 1983, 1995; N. E. Thing Enterprises, 1995.
19. Huxley, 1868.
20. Discussões de simetrias das leis da natureza para leigos podem ser encontradas, por exemplo, em Weinberg, 1992; Zee, 1999; Livio, 2000; Greene, 2004; Kane, 2000; Lederman e Hill, 2004.
21. Existem muitos compêndios sobre teoria de grupos, mas relativamente poucos que sejam descrições semi-especializadas ou para leigos. Explicações sucintas para leigos podem ser encontradas, por exemplo, em Stewart, 1995 e Devlin, 1999, 2002. Uma excelente descrição geral que, ainda assim, é de um nível bem elementar (mas não

para leigos) pode ser encontrada em Budden, 1972. Uma discussão simples sobre grupos e simetria é apresentada em Farmer, 1996. Outros livros de nível elementar incluem: Gardner, 1966; Maxwell, 1965; McWeeny, 2002. Vejas as notas do capítulo 6 para os livros mais avançados.

22. A citação é de Bell, 1951.

CAPÍTULO 3: NUNCA SE ESQUEÇAM DISSO QUANDO ESTIVEREM ÀS VOLTAS COM AS SUAS EQUAÇÕES

1. A citação é apresentada em Calaprice, 2000.
2. Calinger, 1999; van der Woerden, 1983; Boyer, 1991; O'Connor e Robertson, 2001a; Kline, 1972.
3. Gillings, 1972; Calinger, 1999; O'Connor e Robertson, 2000a, b, c; Newman, 1956.
4. Wells, 1997; Gillings, 1972.
5. Newman, 1956.
6. Van der Woerden, 1983.
7. Na sessão de 26 de junho de 2003.
8. Gandz, 1940a.
9. Gandz, 1940b.
10. Berriman, 1956.
11. Esse popular gênero matemático é descrito em van der Woerden, 1983; Heath, 1956, 1981; Gandz, 1937.
12. Parte de sua matemática fascinante pode ser encontrada em Turnbull, 1993; Crossley, 1987; Gow, 1968; van der Woerden, 1983; Vogel, 1972.
13. Calinger, 1999.
14. Van der Woerden, 1983.
15. Existem alguns livros excelentes sobre o último teorema de Fermat. Uma bela descrição da história que levou à demonstração desenvolvida por Andrew Wiles é oferecida em Singh, 1997 e em Aczel, 1996; uma explicação sucinta, mas clara, de alguns poucos elementos da demonstração pode ser encontrada em Devlin, 1999; exposições técnicas mais detalhadas são Edwards, 1996; Mozzochi, 2004.
16. Van der Woerden, 1983; Calinger, 1999.
17. Van der Woerden, 1985; Crossley, 1987; O'Connor e Robertson, 1999a.
18. Levey, 1954; O'Connor e Robertson, 1999b.
19. Yardley, 1990; Amir-Moéz, 1994.
20. Van der Woerden, 1985; Calinger, 1999.
21. Van der Woerden, 1985; Calinger, 1999.

22. Franci e Toti Rigatelli, 1985; Taylor, 1942; Livio, 2002.
23. Van der Woerden, 1985; Cardano, 1993; Bortolotti, 1947; Crossley, 1987; Dunham, 1991; Rose, 1975; Masotti, 1972.
24. Bortolotti, 1947.
25. Al-Nadim, 1871-72; Crossley, 1987.
26. Crossley, 1987; Rose, 1975; van der Woerden, 1985; Bortolotti, 1933; Di Pasquale, 1957a, b, 1958; Schultz, 1984; Masotti, 1972.
27. Alguns historiadores da matemática, como Moritz Cantor (1829-1920) em seu *Lectures on the History of Mathematics*, expressaram ceticismo quanto à capacidade de Tartaglia de redescobrir a fórmula de dal Ferro. Cantor afirma que Tartaglia pode ter simplesmente dado um jeito de obter a fórmula de fonte indireta. Outros historiadores, como Gustav Enestrom, discordam da especulação de Cantor.
28. Descrições detalhadas de sua vida e obra podem se encontradas em Cardano, 1993; Fierz, 1983; Ore, 1953; Crossley, 1987; van der Woerden, 1985; Gliozzi, 1972; Hale, 1994.
29. Ore, 1953.
30. Candido, 1941; Di Pasquale, 1957a, b, 1958; Jayawardene, 1972.
31. A história das equações cúbicas e quárticas também é bem descrita em Gindikin, 1988.
32. Segundo uma das lendas que quase certamente é falsa, Cardano cometeu suicídio somente para se vingar de seu próprio horóscopo.
33. Van der Woerden, 1985; Crossley, 1987; Boyer, 1991; Rose, 1975; Pesic, 2003.
34. Ritter, 1895; Crossley, 1987; Pesic, 2003.
35. Embora o método trigonométrico da solução descrito em linhas gerais no apêndice 6 esteja correto, é difícil acreditar que Viète tenha sido capaz de encontrar as soluções em minutos.
36. O'Connor e Robertson, 2000d; Whiteside, 1972.
37. O'Connor e Robertson, 1997; Hofmann, 1972; Ayoub, 1980.
38. O'Connor e Robertson, 2001a; Tignol, 2001.
39. Muitas fontes retratam a vida e obra de Euler. Estes representam uma coleção de fontes nas quais diferentes elementos são enfatizados: Youschkevitch, 1972a; O'Connor e Robertson, 1998; Wells, 1997; Boyer, 1991; Bell, 1937; James, 2502; Ayoub, 1980; Tignol, 2001.
40. Youschkevitch, 1972b; O'Connor e Robertson, 1996a.
41. Van der Woerden, 1985; Ayoub, 1980; Tignol, 2001.
42. Existem muitas referências. Estas enfatizam aspectos relevantes para a discussão aqui: van der Woerden, 1985; Bell, 1937; James, 2002; Ayoub, 1980; Kiernan, 1971; Nový, 1973; Stubhaug, 2000; Tignol, 2001.

43. Entre as várias referências excelentes, indico: Fine e Rosenberger, 1997; Tignol, 2001; Bell, 1937; Dörrie, 1965; Gray, 2004.
44. Fehr, 1902.
45. Gauss, 1876.
46. Ayoub, 1980.
47. A melhor referência é Ayoub, 1980; informações interessantes também podem ser encontradas em van der Woerden, 1985; Carruccio, 1972; Wussing, 1984; Pesic, 2003.
48. Ayoub, 1980.
49. Ayoub, 1980.

CAPÍTULO 4: O MATEMÁTICO ACOMETIDO PELA POBREZA

Existem algumas boas biografias de Abel: uma relativamente recente e muito bem pesquisada é Stubhaug, 2000. A primeira biografia importante foi a de Bjerknes, 1880 (em norueguês), que foi publicada em forma ampliada em francês em 1885. Uma biografia excelente é de Ore, 1954 (em norueguês), publicada em tradução inglesa em 1957. Biografias mais curtas podem ser encontradas em Mittag-Leffler, 1904 (em norueguês), que também foram publicadas em francês, Mittag-Leffler (1907); James, 2002; de Pesloüan, 1906; Ore, 1972; Pesic, 2003; uma narrativa romântica é Bell, 1937. Além disso, existem alguns artigos em um volume memorial publicado por ocasião do centenário do nascimento de Abel (Holst, Stormer e Sylow, 1902) e do Bicentenário de Abel (Laudal e Piene, 2004). As publicações de Abel podem ser encontradas em Sylow e Lie, 1881.

1. Steiner, 2001.
2. Tignol, 2001.
3. Sylow e Lie, 1881; Kiernan, 1971; Kline, 1972; Nový, 1973; Gårding e Skau, 1994: Demonstrações bem claras, embora técnicas, são apresentadas em M. I. Rosen, 1995; Dorrie, 1965. Uma excelente explicação, um pouco menos técnica, da demonstração pode ser encontrada em Pesic, 2003. Sobre a equação quíntica, veja também (os mais técnicos) Shurman, 1997; Spearman e Williams, 1994.
4. Stubhaug, 2000; Auffray, 2004.
5. Battersby, 2003; Thomas, 2001.

CAPÍTULO 5: O MATEMÁTICO ROMÂNTICO

Existem poucas biografias de Galois: a mais recente e bem pesquisada (em francês) é Auffray, 2004. A primeira biografia, excelente, foi Dupuy, 1896. Outras biografias bem documentadas incluem: Dalmas, 1956; Sarton, 1921; Rothman, 1982a, b; Taton, 1972; Toti Rigatelli, 1996; Astruc, 1994; Verdier, 2003. Biografias mais curtas e estudos biográficos incluem: Chevalier, 1832; Bell, 1937; Davidson, 1938; Barbier, 1944; Kollros, 1949; Malkin, 1963; Hoyle, 1977; James, 2002. Biografias em forma de ficção incluem: Infeld, 1948; Petsinis, 1998; Berloquin, 1974; Mondor, 1954. É possível encontrar um material interessante na web, por exemplo, em Gales, 2004, Bychan, 2004 e O'Connor e Robertson, 1996b. A obra matemática de Galois pode ser encontrada em muitas fontes, entre elas Liouville, 1846; Picard, 1897; Tannery, 1906, 1907, 1908; Verriest, 1934; Bourgne e Azra, 1962; Toti Rigatelli, 1996; Verdier, 2003; Auffray, 2004.

1. Documentos do nascimento e árvore genealógica fornecidos por Philippe Chaplain, da Prefeitura de Bourg-la-Reine.
2. Donnay, 1939.
3. Bourgne e Azra, 1962.
4. Terquem, 1849.
5. Para a equação dada como exemplo, pode-se demonstrar que a relação permanece correta, por exemplo, sob a permutação:

$$\begin{pmatrix} X_1 & X_2 & X_3 & X_4 \\ X_2 & X_4 & X_1 & X_3 \end{pmatrix}$$

6. Taton, 1947, 1971, 1983; Rothman, 1982a, b.
7. Dupuy, 1896; Bertrand, 1899; Verdier, 2003.
8. O examinador, Dinet, poderia ter se referido a um conceito desenvolvido por Gauss em 1801. Tais objetos, que Gauss chamou de índices, realmente representam uma classe especial de raízes. Esses "índices" obedecem todas as regras dos logaritmos e, portanto, seria possível pensar neles como "logaritmos aritméticos".
9. Bérard, 1834; Blanc, 1841-1844; Burnand, 1940; Chenu, 1850; Girard, 1929.
10. Uma descrição excelente pode ser encontrada em De Hureaux, 1993.
11. Dahan-Dalmédico, 1991; Sampson, 1990-1991; James, 2002; O'Conner e Robertson, 1996c.
12. Henry, 1879.
13. Dumas, 1863-1865.
14. Dalmas, 1956; Verdier, 2003.
15. Bertrand, 1899.
16. Auffray, 2004; Verdier, 2003.
17. Raspail, 1839.

18. De Nerval, 1841, 1855.
19. Bourgne e Azra, 1962.
20. Astruc, 1994; Auffray, 2004.
21. Alguns dos biógrafos de Galois interpretaram que "*maison de santé*" ("casa de saúde") significava uma clínica médica profissional. Entretanto, na época, a expressão realmente se referia a casas onde as pessoas iam para repousar ou até passar férias. Geralmente, essas casas de fato ofereciam alguma supervisão médica e tinham um médico residente que tratava de problemas físicos e mentais.
22. Bibliothèque de l'Institut, Manuscrits d'É. Galois, f°59vo; Infantozzi, 1968; Auffray, 2004; Dalmas, 1956; Astruc, 1994; Toti Rigatelli, 1996; Rothman, 1982a, b.
23. Dupuy, 1896; Bourgne e Azra, 1962; Rothman, 1982a, b; Toti Rigatelli, 1996; Auffray, 2004; Barbier, 1944.
24. Lucas, 23:34.
25. *Revue encyclopédique*, 1832.
26. Comunicado por Gabriel Demante (primo de Galois) ao primeiro biógrafo de Galois, Paul Dupuy. Victor, irmão de Gabriel, era padre e foi provavelmente aquele cujos serviços Galois tinha recusado.
27. Reconstitution Des Actes de L'État Civil de Paris; Archives de la Seine.
28. Archives Nationales, f. 7.3886.
29. Os eventos políticos que cercaram a morte de Galois estão descritos em Hodde, 1850; Gisquet, 1840-1844.
30. Auffray acha que Galois não iria se referir ao seu jovem amigo Duchatelet (nascido em 19 de maio de 1812) como um dos dois "homens" ou dois "patriotas" (por exemplo, em suas cartas "a todos os republicanos" e a N. L. e V. D.). Entretanto, o estilo de Galois é, de fato, coerente com o fato de que ele tenha se sentido compelido (pela autoridade de Faultrier) a manter secreta a identidade de seus oponentes.
31. Astruc (1994) diz que ele era "freqüentemente fanfarrão".
32. A sugestão de que o oponente pode ter sido Duchatelet já tinha sido feita por Dalmas, 1956 e foi adotada por Rothman, 1982a em sua discussão posterior, que foi publicada na web. Entretanto, Toti Rigatelli propôs seu cenário bem diferente em 1996 e isso dominou as discussões subseqüentes. A importante percepção de que é necessário identificar dois adversários foi feita por Auffray, 2004. Minha sugestão se baseia em todo o material existente.
33. Os costumes precisos e a história dos duelos são discutidos, por exemplo, em Baldick, 1965.
34. Apareceu inicialmente em um conto de Charles Perrault em 1697, que foi inspirado pelo romance *Inès de Cordone* de Catherine Bernard (publicado em 1696).

35. Gisquet, 1840-1844.
36. O evento está descrito em Hugo, 1862.
37. O quadro foi publicado em *Magasin Pittoresque*, vol. 16, julho de 1848, pp. 227-28.
38. Verdier, 2003.
39. Descrito no jornal *La Banlieue*, Nº 24, 20 de junho de 1909.
40. Tannery, 1909.

CAPÍTULO 6: GRUPOS

Descrições interessantes do desenvolvimento e história da teoria de grupos incluem Kiernan, 1971; Tignol, 2001; Nový, 1973; Wussing, 1984; Chandler e Magnus, 1982. Um breve resumo é fornecido em Kline, 1972. Dos muitos tratamentos (mais avançados) de grupos e teoria de Galois, recomendo em particular estes: Rotman, 1990, 1995; Stewart, 2004; Tignol, 2001; Fraleigh, 1989; Garling, 1960; Edwards, 1984. Para uma aplicação sucinta, mas brilhante, de grupos à ciência, veja Eddington, 1956.

1. Kaplan, 1990; Katz, 1989.
2. Um exemplo semelhante aparece em Verdier, 2003.
3. Gardner, 1959b; Singh, 1997.
4. Rubik, Varga, Kéri, Marx e Vekerdy, 1987.
5. Goudey, 2001-2003.
6. Frey e Singmaster, 1982.
7. Joyner, 2002.
8. Os grupos são chamados "comutativos" ou "abelianos" (em homenagem a Abel) se, para cada dois membros do grupo, a ordem em que eles são combinados (pela operação do grupo) não importar. Isto é, $x \circ y = y \circ x$ para quaisquer membros do grupo x e y. Por exemplo, o grupo de todos os números inteiros com a operação de adição ordinária é abeliano, já que a soma de quaisquer dois inteiros é igual, independentemente da ordem (por exemplo, $5 + 3 = 3 + 5 = 8$). Da tabela da página 191, vemos que o grupo de permutações de três objetos é não-abeliano (por exemplo, $t_1 \circ t_2 = s_1$ ao passo que $t_2 \circ t_1 = s_2$).
9. Provas rigorosas do teorema de Cayley podem ser encontradas, por exemplo, em Birkhoff e Maclane, 1953 e em Patterson e Rutherford, 1965.
10. Uma exposição simples da lógica da demonstração é apresentada em Rothman, 1982b. Demonstrações rigorosas podem ser encontradas, por exemplo, em: Edwards, 1984; Rotman, 1990; Tignol, 2001; Stewart, 2004. A versão original de Galois é reproduzida em Toti Rigatelli, 1996.

11. Em geral, não é fácil determinar o grupo Galois para equações de maior grau.
12. Smith, 1997; Cooper, 1997. O problema é também discutido em Cresswell, 2003.
13. Juízes 7:2.
14. Starr, 1997; Fienberg, 1971; Rosenbaum, 1970.
15. Diaconis, Holmes e Montgomery, 2004; Peterson, 2004; Keller, 1986.
16. Kline e Alder, 2000.
17. Bell, 1937; Crilly, 1995; Forsyth, 1895; Gray, 1995; O'Connor e Robertson, 1996d.
18. Budden, 1972.
19. Fletcher,1967; Fox, 1967; Verdier, 2003.
20. Lévi-Strauss, 1949, 1958.
21. Esse tópico foi introduzido e extensamente discutido nos trabalhos do lingüista Noam Chomsky. Os trabalhos fundamentais incluem: Chomsky, 1966, 1968, 1975; Chomsky e Halle, 1968. Para ter apenas uma pequena idéia do trabalho em geral de Chomsky, veja Maher e Groves, 1996.
22. Pennisi, 2004.
23. Veja, por exemplo, a série de ensaios Eco, 2004.
24. Angelelli, 1995; Emch, 1933; Pascal, 1914.
25. Bonola, 1955; Trudeau, 1987; Gray, 1979; Sommerville, 1960; O'Connor e Robertson, 1996a; Coxeter, 1998.
26. Szénássy, 1992; Mayer, 1982; Bier, 1992.
27. Daniels, 1975; Halsted, 1895; Vucinich, 1962.
28. Chandrasekhar, 1989; Bryan, 1901.
29. Livros interessantes para leigos são Derbyshire, 2003; Du Sautoy, 2003; Sabbagh, 2003. Descrições mais técnicas do trabalho de Riemann em geometria podem ser encontradas em Portnoy, 1982; Zund, 1983; Scholz, 1992.
30. Yaglom, 1988; Birkhoff e Bennett, 1988; James, 2002.
31. Uma apresentação espetacular de algumas das simetrias que emergiram do trabalho de Klein é Mumford, Series e Wright, 2002.
32. Bell, 1937; Edwards, 1987; James, 2002.
33. Bell, 1937; Belhoste, 1996; James, 2002; Darboux, 1906.
34. Klein, 1884.

CAPÍTULO 7: A SIMETRIA É QUE MANDA

Existem poucos livros de divulgação científica que discutem o papel da simetria nas leis da natureza. A discussão mais ampla está no excelente livro de Zee, 1999. Outros livros interessantes são Icke, 1995; Lederman e Hill, 2004. Exposições mais sucintas, porém bem compreensíveis, de alguns dos pontos principais incluem Weinberg, 1992; Greene, 1999, 2004; Penrose, 2004; Kaku, 1994, 2004; Gell-Mann, 1994; Barrow, 2003; Webb, 2004.

1. Epitáfio destinado a *sir* Isaac Newton.
2. Veja em Chandrasekhar, 1995; Motte, 1995; Gleick, 2003.
3. Excelentes relatos da relatividade especial e geral para leigos podem ser encontrados, por exemplo, em Kaku, 2004; Greene, 2004; Penrose, 2004; Galison, 2004; Davies, 1977; Bodanis, 2000; Wheeler, 1990; Hawking e Penrose, 1996; Deutsch, 1997. Para um livro-texto recente, veja Schwarz e Schwarz, 2004. Do próprio pai da relatividade: Einstein, 1953, 2001, 2004.
4. Rossi e Hall, 1941; Bailey *et al.*, 1977.
5. Hafele e Keating, 1972a, b.
6. Bons relatos para compreender melhor o homem Einstein incluem: Overbye, 2000; Pais, 1982; Miller, 2001; Frank, 1949; Fölsing, 1997.
7. Budden, 1972; Farmer, 1996; Barrow, 1995; Stevens, 1996.
8. Além dos livros sobre relatividade geral para o público leigo acima mencionados, é sempre esclarecedor examinar os artigos originais de Einstein, por exemplo, em Stachel, 1989, ou no monumental *Collected Papers of Albert Einstein*, publicado pela Princeton University Press. Um livro-texto agora clássico sobre relatividade geral é Misner, Thorne e Wheeler, 1973.
9. De uma palestra proferida em Quioto em 1922. As anotações foram feitas por Yon Ishiwara e traduzidas em agosto de 1932 na *Physics Today* por Y. A. Ono. Citado em Calaprice, 2000.
10. Veja Chandrasekhar, 1995.
11. Uma discussão técnica pode ser encontrada em Hill, 1946.
12. Citado em Kaku, 2004.
13. O título do discurso era "Geometria e Experiência". Citado em Calaprice, 2000.
14. Veja também Weinberg, 1992; Feynman, Leighton e Sands, 1965. Para uma exposição geral da mecânica quântica, um excelente relato para leigos é Lindley, 1996.
15. James, 2002; Osen, 1974; Kimberling, 1972; Weyl, 1935.
16. Para uma demonstração relativamente simples, veja Baez, 2002 e "Noether's theorem" no website Wikipedia.
17. Existem muitos livros sobre física de partículas e teorias das forças fundamentais para leigos. Alguns excelentes são: Gell-Mann, 1994; Barrow, 1991; Davies, 1984; Glashow, 1988; Guth, 1997; Weinberg, 1992; Lederman, 1993; Ferris, 1997.
18. Schwarz, 2002.

19. Para uma introdução relativamente suave aos grupos de Lie, veja Lipkin, 2002; Hall, 2003.
20. Stubhaug, 2002; O'Connor e Robertson, 2002.
21. Ver Budden, 1972. Curiosamente, das 17 classes, 13 podem ser encontradas no Alhambra em Granada, Espanha; Grünbaum, Grünbaum e Shephard, 1986.
22. Êxodo 13:21.
23. A lista de bons livros recentes em cosmologia popular inclui: Rees, 1997; Guth, 1997; Silk, 2000; Kirshner, 2002; Goodsmit, 2000; Chown, 2002; Tyson e Goldsmith, 2004; e, é claro, devo mencionar Livio, 2000.
24. Relatos excelentes para leigos da teoria das cordas e de outros caminhos potenciais para combinar a gravidade com a mecânica quântica são: Greene, 1999, 2004; Smolin, 2002; Kaku, 1994; Davies, 1995, 2001; Gribbin, 1999. Para resumos sucintos, veja Witten, 2004a, b.
25. Afirmações um pouco semelhantes ou relacionadas foram feitas independentemente por outros físicos, por exemplo, o sueco Lars Brink e o japonês Tamiaki Yoneya.
26. Para um relato para leigos, veja Green, 1986.
27. Para um livro-texto recente sobre a teoria das cordas, veja Zweibach, 2004.
28. Demonstrado em 1967 pelos físicos Sidney Coleman e Jeffrey Mandula; Coleman e Mandula, 1967.
29. Kane, 2000; Greene, 1999.
30. A álgebra associada a Grassmann é conhecida como álgebra exterior.

CAPÍTULO 8: QUEM É O MAIS SIMÉTRICO DE TODOS?

1. Livros excelentes sobre psicologia da evolução incluem: Dawkins, 1986, 1989; Barkow, Cosmides e Tooby, 1992; Pinker, 1994; Buss, 1999. A idéia da modularidade da mente é discutida, por exemplo, em Fodor, 1983. Outras análises excelentes incluem: Cosmides e Tooby, 1987; Tooby e Cosmides, 1990. Um resumo bem sucinto é apresentado em Evans e Zarate, 1999.
2. Braitenberg, 1984; Dennett, 1988.
3. LeDoux, 1996; Kalin, 1993.
4. Davis, 1992; Fanselow, 1994.
5. Lyytinen, Brakefield e Mappes, 2003; Blest, 1957.
6. Forsman e Merilaita, 1999, 2003. Análises mais gerais sobre a detecção de assimetria podem ser encontradas em Palmer, 1994; Møller e Swaddle, 1997.
7. Burke, 1757.
8. Burns, 1984.

9. Livros interessantes sobre seleção sexual incluem Ridley, 2003; Buss, 2003; Miller, 2000.
10. Hamilton e Zuk, 1982.
11. Møller, 1992, 1994.
12. Swaddle e Cuthill, 1994.
13. Zahavi, 1975, 1991; Zahavi e Zahavi, 1997.
14. Enquist e Arak, 1994.
15. Johnstone, 1994.
16. Buss, 1999.
17. Aharon *et al.*, 2001.
18. Langlois e Roggman, 1990.
19. Cunningham *et al.*, 1995.
20. Discutidos, por exemplo, em Jackson, 1992 e Jones, 1996.
21. Uma análise excelente é Grammer *et al.*, 2003. Veja também Gangestad, Thornhill e Yeo, 1994; Grammer e Thornhill, 1994; Thornhill e Gangestad, 1996; Thornhill e Grammer, 1999.
22. Rikowski e Grammer, 1999. Veja também Schaal e Porter, 1991; Thornhill *et al.*, 2003.
23. Thornhill, Gangestad e Comer, 1995.
24. Shackelford e Larsen, 1997.
25. Langlois e Roggman, 1990; Langlois, Roggman e Musselman, 1994; Langlois *et al.*, 2000.
26. Perrett *et al.*, 2002. Veja também Perrett, May e Yoshikawa, 1994.
27. Singh, 1993, 1995.
28. Gleason, 1990.
29. Descrito, por exemplo, em Dyson, 1966.
30. Para um breve relato da teoria das cordas para leigos, veja Witten, 2004b.
31. Em particular, usando a implementação mais econômica da quebra de simetria, a teoria prevê a existência de uma nova partícula até agora não observada conhecida como a partícula de Higgs (em homenagem ao físico escocês Peter Higgs). Espera-se que ela seja produzida no Grande Colisor de Hádrons.
32. *Sir* Michael Atiyah discutiu tópicos intimamente relacionados também em Atiyah, 1993.
33. Feynman, Leighton e Sands 1963.
34. Grupos em música são bem discutidos em Budden, 1972. Veja também Winchel, 1967; Lewin, 1993. Sobre a reação fisiológica humana ao som, veja Maor, 1994.
35. Schoenberg, 1969.

36. Veja, por exemplo, Rahn, 1980.
37. A definição original foi de autoria de Cauchy, mas Galois foi o primeiro a distinguir a noção de um "grupo simples".
38. Excelentes relatos para leigos podem ser encontrados em Devlin, 1999; Odifreddi, 2004. Uma descrição um pouco mais técnica é Solomon, 1995. Para aqueles com maior inclinação para matemática: Aschbacher, 1994; Gorenstein, 1982, 1986.
39. Aschbacher, 1992.
40. Em resposta à concessão do prêmio Steele pela Sociedade Americana de Matemática.
41. Os dois volumes *The Classification of Quasithin Groups* foram publicados como os volumes 111 e 112 da série *Mathematical Surveys and Monographs*, da Sociedade Americana de Matemática.

CAPÍTULO 9: RÉQUIEM PARA UM GÊNIO ROMÂNTICO

1. Pickover, 2001.
2. Csikszentmihalyi, 1996.
3. Em *Last Words of a Sensitive Second-Rate Poet.*
4. Resumido, por exemplo, em Gardner, 1993; Simonton, 1999. Veja também Dartnall, 2002; Ambrose, Cohen e Tannenbaum, 2003; Rothenberg e Hausman, 1976. Uma análise geral dos estudos de criatividade é Sternberg, 1998.
5. Gardner, 1993. Uma compilação interessante é Brockman, 1993.
6. Um rápido estudo da criatividade de Poincaré e Einstein é apresentado em Miller, 1996. Um mosaico de uma centena de mentes criativas em literatura e religião é apresentado em Bloom, 2002. Um exame interessante da criatividade dos membros da equipe americana nas Olimpíadas de Matemática é apresentado em Olson, 2004. Veja também Csikszentmihalyi, 1996; Gardner, 1993.
7. Dacey e Lennon, 1998.
8. Csikszentmihalyi, 1996.
9. Winner, 1996.
10. Sartre, 1964.
11. Babcock, 1895.
12. Ludwig, 1995; Simonton, 1999. Um estudo inicial interessante do problema é o de Lombroso, 1895.
13. MacKinnon, 1975.
14. Em "No. 2. The Pines."
15. Em seu website, Steven Levy conta a história de como ele encontrou o cérebro de Einstein. A história é também contada em Abraham, 2002 e Paterniti, 2000.

16. Diamond *et al.*, 1985.
17. Hines, 1998.
18. Anderson e Harvey, 1996.
19. Witelson, Kigar e Harvey, 1999.
20. Dupuy, 1896.
21. O valor da libra parisiense da época era um pouco maior que o valor atual; 489,75 gramas em comparação com 453,59 gramas.
22. Stewart, 2004.
23. http://www.neuroticpoets.com/shelley.
24. Citado, por exemplo, em: http://www.en.wikiquote.org/wiki/Death.
25. Pode ser encontrado, por exemplo, em: http://www.everypoet.com/archive/index.htm/
.

OBRAS DE REFERÊNCIA

Abel, Niels Henrik. 1902. *Mémorial publié à l'occasion du centenaire de sa naissance* (Cristiânia: Jacob Dybwal).

Abraham, C. 2002. *Possessing Genius: The Bizarre Odyssey of Einstein's Brain* (Nova York: St. Martin's Press).

Aczel, A. D. 1996. *Fermat's Last Theorem: Unlocking the Secret of an Ancient Mathematical Problem* (Nova York: Four Walls Eight Windows).

Aharon, I., Etcoff, N., Ariels, D., Chabris, C. F., O'Connor, E. e Breiter, H. C. 2001. "Beautiful Faces Have Variable Reward Value: fMRI and Behavioral Evidence." *Neuron*, 32(3), 537.

al-Nadim, I. 1871-72. *Kitab al-Fihrist*. J. Roediger e A. Mueller, orgs. (Leipzig: FCW Vogel).

Altschuler, E. L. 1994. *Bachanalia* (Boston: Little, Brown and Company).

Ambrose, D., Cohen, L. M. e Tannenbaum, A. J., orgs. 2003. *Creative Intelligence: Toward Theoric Integration* (Cresskill, Nova Jersey: Hampton Press).

Amir-Moéz, A. R. 1994. "Khayyam, Al-Biruni, Gauss, Archimedes e Quartic Equations." *Texas Journal of Science*, 46, n.º 3, 241.

Anderson, B. e Harvey, T. 1996. "Alterations in Cortical Thickness and Neuronal Density in the Frontal Cortex of Albert Einstein." *Neuroscience Letters*, 210, 161.

Angelelli, I. 1995. "Saccheri's Postulate." *Vivarium*, 33(1), 98.

Aschbacher, M. 1992. "Daniel Gorenstein (1923-1992)." *Notices of the AMS*, 39(10), 1190.

——. 1994. *Sporadic Groups* (Cambridge: Cambridge University Press).

Astruc, A. 1994. *Évariste Galois* (Paris: Flammarion).

Atiyah, M. 1993. "Mathematics: Queen and Servant of the Sciences." *Proceedings of the American Philosophical Society*, 137, n.º 4, 527.

Auffray, J.-P. 2004. *Évariste 1811-1832, le roman d'une vie* (Lyon: Alias).
Ayoub, R. G. 1980. "Paolo Ruffini's Contributions to the Quintic." *Archive for History of Exact Sciences*, 23, 253.
Babcock, W. L. 1895. "On the Morbid Heredity and Predisposition to Insanity of the Man of Genius." *Journal of Nervous and Mental Disease*, 20, 749.
Baez, J. 2002. http://www.math.ucr.edu/home/baez/noether.html/.
Bailey, J., *et al.* 1977. "Measurements of Relativistic Time Dilation for Positive and Negative Muons in a Circular Orbit." *Nature*, 268, 301.
Baldick, R. 1965. *The Duel* (Londres: Chapman & Hall).
Ball, W. W. R. e Coxeter, H. S. M. 1974. *Mathematical Recreations and Essays*, 12ª ed. (Toronto: University of Toronto Press).
Barbier, A. 1944. "Un Météore: Évariste Galois, Mathématicien 1811-1832" (manuscrito da coleção Bourg-la-Reine).
Barkow, J., Cosmides, L. e Tooby, J. 1992. *The Adapted Mind: Evolutionary Psychology and the Generation of Culture* (Nova York: Oxford University Press).
Barrow, J. D. 1991. *Theories of Everything: The Quest for Ultimate Explanation* (Oxford: Clarendon Press). [N. do T.: Edição brasileira de 1996. *Teorias de tudo: A busca da explicação final*, trad. Maria Luiza X. de A. Borges, rev. Alexandre Tort (Rio de Janeiro: Jorge Zahar)].
——. 1995. *The Artful Universe* (Boston: Back Bay Books).
——. 2003. *The Constants of Nature: From Alpha to Omega — The Numbers that Encode the Deepest Secrets of the Universe* (Nova York: Pantheon).
Barry, A. M. S. 1997. *Visual Intelligence, Perception, Image e Manipulation in Visual Communication* (Albany: State University of New York Press).
Bartusiak, M. 2000. *Einstein's Unfinished Symphony* (Washington, D.C.: Joseph Henry Press).
Battersby, S. 2003. "Will Abel Prize for Maths Rival the Nobels?", *New Scientist*, 7 de junho, 12.
Belhoste, B. 1996. "Autour d'un Mémoire Inédit: La Contribution d'Hermite au Développement de la Théorie des Fonctions Elliptiques." *Revue d'Histoire des Mathématiques*, 2(1), 1.
Bell, C. 1997. "The Aesthetic Hypothesis." Em *Aesthetics*, S. L. Feagin e P. Maynard, orgs. (Oxford: Oxford University Press), 15.
Bell, E. T. 1937. *Men of Mathematics* (Nova York: Simon & Schuster); reimpresso em1986.
——. 1951. *Mathematics, Queen and Servant of Science* (Nova York: McGraw-Hill).
Bérard, A. S. L. 1834. *Souvenirs historiques sur la révolution de 1830* (Paris: Perrotin).
Bergeron, H. W. 1973. *Palindromes and Anagrams* (Nova York: Dover Publications).

Berloquin, P. 1974. *Un Souvenir d'Enfance d' Évariste Galois* (Paris: Balland).

Berriman, A. E. 1956. "The Babylonian Quadratic Equation." *The Mathematical Gazette*, XL, n.º 333, 185.

Bertrand, J. "Sur 'La vie d' Évariste Galois' par Paul Dupuy", *Journal des savants*, julho de 1899, 289.

Bier, M. "A Transylvanian Lineage." *The Mathematical Intelligencer*, 14(2), 52, 1992.

Birkhoff, G. e Bennett, M. K. 1988. "Felix Klein and His 'Erlanger Programm'. Em *History and Philosophy of Modern Mathematics* (*Minnesota Studies in the Philosophy of Science XI*), W. Aspray e P. Kitcher, orgs. (Mineápolis: University of Minnesota Press), 145.

Birkhoff, G. e Mac Lane, S. 1953. *A Survey of Modern Algebra* (Basingstoke Hampshire: Collier Macmillan). [N. do T.: Edição brasileira de 1977. *Álgebra Moderna Básica* (Rio de Janeiro: Guanabara Dois).]

Birkhoff, G. D. 1933. *Aesthetic Measure* (Cambridge, Massachusetts: Harvard University Press).

Bjerknes, C. A. 1880. *Niels Henrik Abel: En skildring af bans Liv og vitenskapelige Virksomhed* (Estocolmo); traduzido para o francês em 1885 como *Niels Henrik Abel: Tableau de sa vie et de son action scientifique* (Paris: Gauthier-Villars).

Blanc, L. 1841-1844. *L'Histoire de dix ans* (1830-1840) (Paris: Paguerre).

Blest, A. D. 1957. "The function of eyespot patterns in the Lepidoptera." *Behaviour*, 11, 209.

Bloom, H. 2002. *Genius* (Nova York: Warner Books). [N. do T.: Edição brasileira de 2003. *Gênio*, trad. José Roberto O'Shea (Rio de Janeiro: Objetiva)].

Boardman, A. D., O'Connor, D. E. e Young, P. A. 1973. *Simmetry and Its Application in Science* (Nova York: John Wiley & Sons).

Bodanis, D. 2000. *E =mc²* (Nova Iorque: Walker). [N. do T.: Edição brasileira de 2001. *E=mc² – Uma biografia da equação que mudou o mundo e o que ela significa*, trad. Vera de Paula Assis. (Rio de Janeiro: Ediouro).]

Bonola, R. 1955. *Non-Euclidean Geometry: A Critical and Historical Study of Its Development* (Nova York: Dover).

Bortolotti, E. 1933. *I Cartelli Di Matemàtica Disfida* (Imola: Cooperation Tip. Edit. Paolo Galeati).

——. 1947. *La Storia Della Matemàtica Nella Università Di Bolonha* (Bolonha: Nicola Zanichelli Editore).

Bourgne, R. e Azra, J. P., orgs. 1962. *Écrits et mémoires mathématiques d'Évariste Galois* (Paris: Gauthier-Villars).

Bowers, B. 2001. *Sir Charles Wheatstone FRS 1802-1875* (Edison, Nova Jersey: IEE Publishing).

Boyer, C. B. 1991. *A History of Mathematics*, revisada por U. C. Merzbach (Nova York: John Wiley & Sons). [N. do T.: Edição brasileira de 1996. *História da Matemática: revista por Uta C. Mezbach*, trad. Elza F. Gomide (São Paulo: Edgard Blücher).]

Braitenberg, V. 1984. *Vehicles* (Cambridge, Massachusetts: MIT Press).

Brindley, G. S. 1970. *Physiology of the Retina and Visual Pathway* (Baltimore: Williams & Wilkins Company).

Brockman, J., org. 1993. *Creativity* (Nova York: Touchstone).

Brown, T. M., Ferguson, H. C., Smith, E., Kimble, R. A., Sweigert, A. V., Renzini, A., Rich, R. M. e Vandenberg, D. A. 2003. "Evidence of a Significant Intermediate-Age Population in the M31 Halo from Main-Sequence Photometry." *The Astrophysical Journal*, 592, L17.

Bryan, G. H. 1901. "Eugenio Beltrami." *Proceedings of the London Mathematical Society*, 32, 436.

Budden, F. J. 1972. *The Fascination of Groups* (Cambridge: Cambridge University Press).

Buffart, H. e Leeuwenberg, E. L. J. 1981. "Structural Information Theory." Em H. G. Geissler, E. L. J. Leeuwenberg, S. Link e V. Sarris, orgs., *Modern Issues in Perception* (Berlim: Erlbaum).

Burand, R. 1943. *La vie quotidienne en France en 1830* (Paris: Hachette).

Burke, E. 1757. *A Philosophical Enquiry into the Origin of Our Ideas of the Sublime and Beautiful* (nova edição publicada em 1998; Oxford: Oxford University Press). [N. do T.: Edição brasileira de 1993. *Uma investigação filosófica sobre a origem de nossas idéias do sublime e do belo*, trad. Enid Abreu Dobránszky (Campinas: Papirus/ UNICAMP).]

Burns, G. 1984. *How to Live to Be 100 — or More* (Londres: Robson Books).

Buss, D. M. 1999. *Evolutionary Psychology: The New Science of the Mind* (Needham Heights: Allyn & Bacon).

Buss, D. M. 2003. *The Evolution of Desire* (Nova York: Basic Books).

Bychan, B. 2004. "The Évariste Galois Archive." http://www.galois-group.net/.

Calaprice, A., coligido e org. 2000. *The Expanded Quotable Einstein* (Princeton: Princeton University Press).

Calinger, R. 1999. *A Contextual History of Mathematics* (Upper Saddle River, Nova Jersey: Prentice-Hall).

Candido, G. 1941. "La risoluzione della equazione di 40 grado." *Periodico di Matematiche*, ser. IV, vol. XXI, n.º 1, 21.

Cardano, G. 1993. *Ars Magna or the Rules of Algebra*, T. R. Witmer, trad. e org. (Mineola, NY: Dover Publications); edição original 1545.

Carruccio, E. 1972. Em *Dictionary of Scientific Biography*, C. C. Gillespie, org. (Nova York: Charles Scribner's Sons).

Caspar, F. H. e Hammer, F., orgs. 1937. *Johannes Kepler: Gesammelte Werke* (Munique: C. H. Beck'sche Verlagsbuchhandlung).

Chandler, B. e Magnus, W. 1982. *The History of Combinatorial Group Theory: A Case Study in the History of Ideas* (Nova York: Springer-Verlag).

Chandrasekhar, T. R. 1989. "Non-Euclidean Geometry from Early Times to Beltram." *Indian Journal of History of Science*, 24(4), 249.

Chandrasekhar, S. 1995. *Newton's Principia for the Common Reader* (Oxford: Clarendon Press).

Chenu, A. 1850. *Les Conspirateurs* (Paris: Garnier Frères).

Chevalier, A. 1832. "Necrologie Évariste Galois", *Revue encyclopédique*, 55, 744.

Chomsky, N. 1966. *Topics in the Theory of Generative Grammar* (The Hague: Mouton).

——. 1968. *Language and Mind* (Nova York: Harcourt Brace Jovanovich). [N. do T.: Edição brasileira de 1998. *Linguagem e mente*, trad. Lúcia Lobato (Brasília: Universidade de Brasília).]

——. 1975. *The Logical Structure of Linguistic Theory* (Nova York: Plenum).

Chomsky, N. e Halle, M. 1968. *The Sound Pattern of English* (Nova York: Harper & Row).

Chown, M. 2002. *The Universe Next Door* (Oxford: Oxford University Press).

Coleman, S. e Mandula, J. 1967. "All Possible Simmetrys of the S-matrix", *Physical Review*, 159, 1251.

Cooper, L. 1997. "Maths, love and men's best friend." *The Independent*, 5 de abril.

Corballis, M. C. 1988. "Recognition of Disoriented Shapes", *Psychological Review*, 95, 115.

Corballis, M. C. e Beale, I. L. 1976. *The Psychology of Left and Right* (Hillsdale, Nova Jersey: Erlbaum).

Corballis, M. C. e Roldan, C. E. 1974. "On the Perception of Symmetrical and Repeated Patterns", *Perception and psychophysics*, 16(1), 136-142.

Cosmides, L. e Tooby, J. 1987. "From Evolution to Behavior: Evolutionary Psychology as the Missing Link" em *The Latest on the Best: Essays on Evolution and Optimality*, J. Dupre, org. (Cambridge, Massachusetts: MIT Press).

Coxeter, H. S. 1998. *Non-Euclidean Geometry* (Washington, DC: Mathematical Association of America).

Cresswell, C. 2003. *Mathematics and* Sex (Crows Nest NSW, Austrália: Allen & Unwin).

Crilly, T. 1995. "A Victorian Mathematician: Arthur Cayley (1821-1895)", *Mathematical Gazette*, 79, 259.

Crossley, J. N. 1987. *The Emergence of Number* (Cingapura: World Scientific).

Csikszentmihalyi, M. 1996. *Creativity* (Nova York: HarperCollins).

Cunningham, M. R., Roberts, A. R., Wu, C.-H., Barbeis, A. P. e Druen, P. B. 1995. "Their Ideas of Beauty Are, on the Whole, the Same as Ours: Consistency and Variability in the Cross-Cultural Perception of Female Attractiveness", *Journal of Personality and Social Psychology*, 68, 261.

Dacey, J. S. e Lennon, K. H. 1998. *Understanding Creativity* (San Francisco: Jossey-Bass Publishers).

Dahan-Dalmédico, A. 1991. "Sophie Germain", *Scientific American*, 265, 117.

Dalmas, A. 1956. *Évariste Galois, Révolutionnaire et Géomètre* (Paris: Fasquelle); reimpresso em 1982 pela Le Nouveau Commerce (Paris).

Daniels, N. 1975. "Lobachevsky: Some Anticipations of Later Views on the Relation between Geometry and Physics", *Isis*, 66, 75.

Darboux, G. 1906. "Charles Hermite", *La Revue du Mois*, 1, 37.

Dartnall, T., org. 2002. *Creativity, Cognition and Knowledge* (Westport, Connecticut: Praeger).

Davidson, G. 1938. "The Most Tragic Story in the Annals of Mathematics", *Scripta Mathematica*, 6, 95.

Davies, P. 1977. *Space and Time in the Modern Universe* (Cambridge: Cambridge University Press).

Davies, P. 1995. *About Time* (Nova York: Simon & Schuster). [N. do T.: Edição brasileira de 1999. *O enigma do tempo: a revolução iniciada por Einstein*, trad. Ivo Korytowski (Rio de Janeiro: Ediouro).]

Davies, P. 2001. Davies, P. 2001. *How to Build a Time Machine* (Nova York: Allen Lane).

Davies, P. C. W. 1984. *Superforce* (Nova York: Simon & Schuster).

Davis, M. 1992. "The role of the amygdala in fear-potentiated startle: Implications for animal models of anxiety", *Trends in Pharmacological Science*, 13, 35.

Dawkins, R. 1986. *The Blind Watchmaker* (Nova York: W. W. Norton). [N. do T.: Edição brasileira de 2001. *O relojoeiro cego*, trad. Laura Teixeira Motta (São Paulo: Cia das Letras).]

——. 1989. *The Selfish Gene* (Oxford: Oxford University Press). [N. do T.: Edição brasileira de 1979. *O gene egoísta*, trad. Geraldo H. M. Florsheim (Belo Horizonte: Itatiaia; São Paulo: Edusp).]

De Hureaux, A. D. 1993. *Delacroix* (Paris: Éditions Hazau).

De la Hodde, L. 1850. *Histoire des sociétés secrètes et du parti républicain de 1830 à 1848* (Paris: Julien et Lanier).

De Nerval, G. 1841. "Mémoire d'un Parisien", *L'Artiste*, 11 de abril.

——. 1855. "Mes Prisons", *La bohème galante* (Paris: Michel Lévy).

Dennett, D. C. 1988. Em *Sourcebook on the Foundations of Artificial Intelligence*, Y. Wilks e D. Partridge, orgs. (Albuquerque: New Mexico University Press).

De Pesloüan, C. L. 1906. N. H. *Abel, sa vie et son oeuvre* (Paris: Gauthier-Villars).

Derbyshire, J. 2003. *Prime Obsession* (Washington, DC: Joseph Henry Press).

Deutsch, D. 1997. *The Fabric of Reality* (Nova York: Allen Lane). [N. do T.: Edição brasileira de Deutsch, D. 2000. *A essência da realidade* (São Paulo: Makron Books).]

Devlin, K. 1999. *Mathematics, the New Golden Age* (Nova York: Columbia University Press).

——. 2002. *The Millennium Problems* (Nova York: Basic Books). [N. do T.: Edição brasileira de 2004. *Os Problemas do Milênio: Sete grandes enigmas matemáticos do nosso tempo*, trad. Michelle Dysman (Rio de Janeiro: Record).]

Diaconis, P., Holmes, S. e Montgomery, R. 2004. "Dynamical Bias in the Coin Toss." http://www-stat.stanford.edu/-susan/papers/headswithJ.pdf/.

Diamond, M. C., Scheibel, A. B., Murphy, G. M. Jr. e Harvey, T. 1985. "On the Brain of a Scientist: Albert Einstein", *Experimental Neurology*, 88, 198.

Di Pasquale, L. 1957a. "La equazioni di terzo gradi nei 'Quesiti et inventioni diverse' di Niccolò Tartaglia", *Periodico di Matematiche*, ser. IV, vol. XXXV, n.º 2, 79.

——. 1957b. "I cartelli di matematica disfida di Ludovico Ferrari e i controcartelli di Niccolò Tartaglia", *Periodico di Matematiche*, ser. IV, vol. XXXV, n.º 5, 253.

——. 1958. "I cartelli di matematica disfida di Ludovico Ferrari e I controcartelli di Niccolò Tartaglia (continuazione e fine)", *Periodico di Matematiche*, ser. IV, vol. XXXVI, n.º 3, 175.

Donnay, Maurice. 1939. *Le Lycée Louis-le-Grand* (Paris: Nouvelle Revue Française).

Dörrie, H. 1965. *100 Great Problems of Elementary Mathematics* (Nova York: Dover Publications).

Dumas, A. 1862-1865. *Mes mémoires* (Paris: Calman-Lévy).

Dunham, W. 1991. *Journey Through Genius* (Nova York: Penguin Books); publicado pela primeira vez em 1990 pela John Wiley & Sons (Nova York).

Dunnington, G. W. 1955. *Gauss, Titan of Science* (Nova York: Hafner Publishing); reimpresso em 2004 pela Mathematical Association of America, com material adicional de J. Gray e F.-E. Dohse (Washington, DC).

Dupuy, P. 1896. "La Vie d'Évariste Galois", *Annales scientifiques de École normale supérieure*; 3ª ser., 13, 197. Reimpresso como livro em 1992 pelas Éditions Jacques Gabay.

Du Sautoy, M. 2003. *The Music of the Primes* (Nova York: HarperCollins).

Dyson, F. J. 1966. *Simmetry Groups in Nuclear and Particle Physics* (Nova York: W. A. Benjamin).

Eco, U. 2004, *On Literature*, trad. M. McLaughlin (Orlando, Flórida: Harcourt). [N. do T.: Edição brasileira de 2003, *Sobre a Literatura*, trad. Eliana Aguiar (Rio de Janeiro: Record).]

Eddington, A. S. 1956. "The Theory of Groups", *The World of Mathematics*, J. R. Newman, org. (Nova York: Simon & Schuster), 1558.

Edwards, H. M. 1984. *Galois Theory* (Nova York: Springer).

——. 1987. "An Appreciation of Kronecker", *The Mathematical Intelligencer*, 9, 28.

——. 1996. *Fermat's Last Theorem: A Genetic Introduction to Algebraic Number Theory* (Berlim: Springer-Verlag).

Einstein, A. 1953. *The Meaning of Relativity* (Princeton: Princeton University Press).

——. 2001. *Relativity: The Special and the General Theory* (Nova York: Routledge). [N. do T.: Edição brasileira de 2001. *A teoria da relatividade especial e geral*, trad. Carlos Almeida Pereira (Rio de Janeiro: Contraponto).]

——. 2004. *Einstein's 1912 Manuscript on the Special Theory of Relativity* (Nova York: George Braziller).

Eisenman, R. e Rappaport, J. 1967. "Complexity Preference and Semantic Differential Ratings of Complexity-Simplicity and Simmetry-Asymmetry", *Psychonomic Science*, 7(4), 147-148.

Emch, A. F. 1933. *The "Legia Demonstrativa" of Girolamo Saccheri* (Cambridge, Massachusetts: Harvard).

Emerson, R. W. 1847. *Poems*, em *Ralph Waldo Emerson: Collected Poems and Translations*, P. Kaye e H. Bloom, orgs. (Nova York: Library of America, 1994).

Enquist, M. e Arak, A. 1994. "Simmetry, Beauty and Evolution." *Nature*, 372, 169.

Evans, D. e Zarate, O.1999. *Introducing Evolutionary Psychology* (Cambridge, England: Icon Books).

Evans, J. 1975. *Pattern* (Nova York: Hacker Art Books).

Fabricand, B. P. 1989. "Simmetry in Free Markets", *Computers & Mathematics with Applications*, 17, n.ºs 4-6, 653.

Fanselow, M. S. 1994. "Neural Organization of the Defensive Behavior System Responsible for Fear", *Psychonomic Bulletin and Review*, 1, 429.

Farmer, D. W. 1996. *Groups and Simmetry: A Guide to Discovering Mathematics* (Providence, Rhode Island: American Mathematical Society).

Fayen, G. 1977. "Ambiguities in Simmetry-Seeking: Borges and Others", *Patterns of Simmetry*, M. Senechal e George Fleck, orgs. (Amherst: University of Massachusetts Press), 104.

Fehr, H. 1902. *Intermédiaire des mathématiciens*, 9, 74.

Ferris, T. 1997. *The Whole Shebang* (Nova York: Simon & Schuster).

Feynman, R. P., Leighton, R. B. e Sands, M. 1963. *The Feynman Lectures on Physics*, vol. I.
Feynman, R. P., Leighton, R. B. e Sandg M. 1965. *The Feynman Lectures on Physics*, vol. III (Reading, Massachusetts: Addison-Wesley).
Fienberg, S. E. 1971. "Randomization and Social Affairs: The 1970 Draft Lottery", *Science*, 171, 255.
Fierz, M. 1983. *Girolamo Cardano 1501-1576* (Boston: Birkhäuser).
Fine, B. e Rosenberger, G. 1997. *The Fundamental Theorem of Algebra* (Berlim: Springer-Verlag).
Fletcher, D. J. 1967. "Carry On Kariera", *Mathematics Teaching*, 43, 35.
Fodor, J. 1983. *The Modularity of Mind: An Essay on Faculty Psychology* (Cambridge, Massachusetts: MIT Press).
Fölsing, A. 1997. *Albert Einstein* (Nova York: Viking).
Forsman, A. e Merilaita, S. 1999. "Fearful Simmetry: Pattern Size and Asymmetry Affects Aposematic Signal Efficacy", *Evolutionary Ecology*, 13, 131.
——. 2003. "Fearful Simmetry? Intra-Individual Comparisons of Asymmetry in Cryptic vs. Signaling Colour Patterns in Butterflies", *Evolutionary Ecology*, 17, 491.
Forsyth, A. R. 1895. "Arthur Cayley." *Proceedings of the Royal Society of London*, 58, l.
Fox, J. 1975. "The Use of Structural Diagnostics in Recognition", *Journal of Experimental Psychology*, 104(1), 57-67.
Fox, R. 1967. *Kinship and Marriage: An Anthropological Perspective* (Harmondsworth, Inglaterra: Penguin Books).
Fraleigh, J. B. 1989. *A Fast Course in Abstract Algebra* (Reading, Massachusetts: Addison-Wesley).
Franci, R. e Toti Rigatelli, L. 1985. "Towards a History of Algebra from Leonardo of Pisa to Luca Pacioli", *Janus*, 72 (1-3), 17.
Frank, P. 1949. *Einstein: His Life and His Thoughts* (Nova York: Alfred A. Knopf).
Frey, A. H. Jr. e Singmaster, D. 1982. *Handbook of Cubik Math* (Hillside, Nova York: Enslow Publishers).
Freyd, J. e Tversky, B. 1984. "Force of Simmetry in Form Perception", *American Journal of Psychology*, 97(1), 109-126.
Gales, F. 2004. http://perso.wanadoo.fr/frederic.gales/Laviedegalois.htm/.
Galison, P. 2004. *Einstein's Clocks, Poincaré's Maps* (Nova York: W. W. Norton).
Gamow, G. 1959. "The Exclusion Principle", *Scientific American*, 201, n.º 1, 74.
Gandz, S. 1937. "The Origin and Development of the Quadratic Equations in Babylonian, Greek and Early Arabic Algebra", *Osiris*, vol. III, 405.
——. 1940a. "Studies in Babylonian Mathematics III: Isoperimetric Problems and the Origin of the Quadratic Equations", *Isis*, 32, 103; citações *Talmude*, "Sota" IV, 4.

——. 1940b, ibid.; citações de Heath 1956.

Gangestad, S. W., Thornhill, R. e Yeo, R. A. 1964. "Facial Attractiveness, Developmental Stability e Fluctuating Asymmetry", *Ethology and Sociobiology*, 15, 73.

Gårding, L. e Skau, C. 1994. "Niels Henrik Abel and Solvable Equations", *Archive for the History of Exact Sciences*, 48, 81.

Gardner, H. 1993. *Creating Minds* (Nova York: Basic Books).

Gardner, K. L. 1966. *Discovering Modern Algebra* (Oxford: University Press).

Gardner, M. 1959a. "Mathematical Games: How three modern mathematicians disproved a celebrated conjecture of Leonhard Euler", *Scientific American*, 201 (novembro), 181.

——. 1959b. *Mathematical Puzzles of Sam Loyd* (Nova York: Dover).

——. 1979. *Mathematical Circus* (Nova York: Alfred A. Knopf).

——. 1990. *The New Ambidextrous Universe: Simmetry and Asymmetry from Mirror Reflections to Superstrings* (Nova York: W. H. Freeman and Company).

Garling, D. J. H. 1960. *A Course in Galois Theory* (Cambridge: Cambridge University Press).

Garner, W. R. 1974. *The Processing of Information and Structure* (Hillsdale, Nova Jersey: Erlbaum).

Gauss, C. F. 1876. *Collected Works*, vol. 3 (em alemão, publicado em 1969 e em 1987 por Göttingen: Vandenhoeck & Ruprecht; existem várias publicações da G. Olms, Hildesheim).

Gell-Mann, M. 1994. *The Quark and the Jaguar* (San Francisco: W. H. Freeman). [N. do T.: Edição brasileira de 2000. *O quark e o jaguar: As aventuras no simples e no complexo*, trad. Alexandre Tort (Rio de Janeiro: Rocco).]

Gillings, R. J. 1972. *Mathematics in the Time of the Pharaohs* (Cambridge, Massachusetts: MIT Press).

Gindikin, S. G. 1988. *Tales of Physicists and Mathematicians* (Boston: Birkhäuser).

Girard, G. 1929. *Les Trois Glorieuses* (Paris: Firmin Didot).

Gisquet, H. J. 1840-1844. *Mémoires de M. Gisquet, ancien préfet de police, écrits par lui-même* (Bruxelas: Meline et Cans).

Glashow, S. 1988. *Interactions* (Nova York: Time-Warner Books).

Gleason, A. M. 1990. Em *More Mathematical People*, D. J. Albers, G. L. Alexanderson e C. Reed, orgs. (Boston: Harcourt Brace Jovanovich).

Gleick, J. 2003. *Isaac Newton* (Nova York: Pantheon). [N. do T.: Edição brasileira de 2004. *Isaac Newton: Uma biografia*, trad. A. L. Hattnher. (São Paulo: Companhia das Letras).]

Gliozzi, M. 1972. Em *Dictionary of Scientific Biography*, C. C. Gillespie, org. (Nova York: Charles Scribner's Sons).

Goldsmith, D. 2000. *The Runaway Universe: The Race to Discover the Future of the Cosmos* (Nova York: Perseus Publishing).

Goldstein, E. B. 2002. *Sensation and Perception* (Pacific Grove, Califórnia: Wadsworth).

Gombrich, E. H. 1995. *The Story of Art*, 16ª edição (Londres: Phaidon Press Inc.). [N. do T.: Edição brasileira de 1999. *A história da arte*, 16ª edição, trad. Álvaro Cabral. (Rio de Janeiro: LTC)].

Goodman, R. 2004. "Alice Through Looking Glass After Looking Glass: The Mathematics of Mirrors and Kaleidoscopes", *The American Mathematical Monthly*, 111 (4), 281.

Gorenstein, D. 1982. *Finite Simple Groups: An Introduction to Their Classification* (Nova York: Plenum Press).

——. 1985. "The Enormous Theorem", *Scientific American*, 253, 104.

——. 1986. "Classifying the Finite Simple Groups", *Bulletin of the American Mathematical Society*, 14, 1.

Goudey, C. 2001-2003. http://cubeland.free.fr/infos/infos.htm/.

Gow, J. 1968. *A Short History of Greek Mathematics* (Nova York: Chelsea Publishing Company).

Grammer, K., Fink, B., Møller, A. P. e Thornhill, R. 2003. "Darwinian Aesthetics: Sexual Selection and the Biology of Beauty", *Biological Reviews*, 78, 385.

Grammer, K. e Thornhill, R. 1994. "Human (Homo Sapiens) Facial Attractiveness and Sexual Selection: The Role of Simmetry and Averageness", *Journal of Comparative Psychology*, 108, 233.

Gray, J. 2004. *Gauss: Titan of Science* (Cambridge: Cambridge University Press).

Gray, J. J. 1979. "Non-Euclidean Geometry — A Reinterpretation", *Historia Mathematica*, 6(3), 236.

——. 1995. "Arthur Cayley (1821-1895)", *The Mathematical Intelligencer*, 17(4), 62.

Green, M. B. 1986. "Superstrings", *Scientific American*, 255, 48.

Greene, B. 1999. *The Elegant Universe* (Nova York: W.W. Norton). [N. do T.: Edição brasileira de 2001. *O universo elegante — supercordas, dimensões ocultas e a busca da teoria definitiva*, trad. José Viegas Filho. (São Paulo: Companhia das Letras).]

——. 2004. *The Fabric of the Cosmos* (Nova York: Alfred A. Knopf). [N. do T.: Edição brasileira de 2005. *O tecido do Cosmo: O espaço, o tempo e a textura da realidade*, trad. José Viegas Filho. (São Paulo: Companhia das Letras).]

Gregory, R. 1997. *Mirrors in Mind* (Nova York: W. H. Freeman).

Gribbin, J. 1999. *The Search for Superstrings, Simmetry e the Theory of Everything* (Nova York: Little, Brown and Company).

Grünbaum, B., Grünbaum, Z. e Shephard, G. C. 1986. Em *Simmetry*, I. Hargittai, org. (Nova York: Pergamon Press), 641.

Guth, A. H. 1997. *The Inflationary Universe* (Reading, Massachusetts: Helix Books). [N. do T.: Edição brasileira de 1997. *O Universo Inflacionário: um relato irresistível de uma das maiores idéias cosmológicas do século*, trad. Ricardo Inojosa. (Rio de Janeiro: Campus,1997).]

Hafele, J. C. e Keating, R. E. 1972a. "Around-the-World Atomic Clocks: Predicted Relativistic Time Gains", *Science*, 177, 166.

——. 1972b. "Around-the-World Atomic Clocks: Observed Relativistic Time Gains", *Science*, 177, 168.

Hale, J. 1994. *The Civilization of Europe in the Renaissance* (Nova York: Atheneum).

Hall, B. C. 2003. *Lie Groups, Lie Algebras e Representations* (Berlim: Springer-Verlag).

Halsted, G. B. 1895. "Biography, Lobachevsky", *American Mathematical Monthly*, 2, 137.

Hamilton, W. D. e Zuk, M. 1982. "Heritable True Fitness and Bright Birds: A Role for Parasites?", *Science*, 218, 384.

Hares-Stryker, C., org. 1997. *An Anthology of Pre-Raphaelite Writings* (Nova York: New York University Press), 284.

Hargittai, I. 1986. *Simmetry: Unifying Human Understanding* (Nova York: Pergamon Press).

——. 1989. *Simmetry 2: Unifying Human Understanding* (Nova York: Pergamon Press).

Hawking, S. e Penrose, R. 1996. *The Nature of Space and Time* (Princeton: Princeton University Press). [N. do T.: Edição brasileira de 1997. *A natureza do espaço e do tempo*, trad. Alberto Luiz da Rocha Barros. (Campinas: Papirus).]

Heath, T. 1956. *The Thirteen Books of Euclid's Elements* (Nova York: Dover Publications).

——. 1981. *A History of Greek Mathematics* (Nova York: Dover Publications).

Heilbronner, E. e Dunitz, J. D. 1993. *Reflections on Simmetry* (Basel: Verlag Helvetica Chimica Acta).

Henry, C. 1879. "Manuscrits de Sophie Germain." *Revue philosophique de la France et de l'étranger*, 8, 619.

Hill, E. L. 1946. "A Note on the Relativistic Problem of Uniform Rotation", *Physical Review*, 69, 488.

Hines, T. 1998. "Further on Einstein's Brain", *Experimental Neurology*, 150, 343.

Hodde, L. D. L. 1850. *Histoire de sociétés secrètes et du parti républicain de 1830 à 1848* (Paris: Julien, Lanier et Cie).

Hofmann, J. E. 1972. Em *Dictionary of Scientific Biography*, C. C. Gillespie, org. (Nova York: Charles Scribner's Sons).

Hofstadter, D. R. 1979. *Gödel, Escher, Bach: An Eternal Golden Braid* (Nova York: Basic Books). [N. do T.: Edição brasileira de 2001. *Gödel, Escher, Bach: Um entrelaçamento de gênios brilhantes*, trad. José Viegas Filho. (Brasília: Editora UnB).]

Holst, E., Stormer, C. e Sylow, L., orgs. 1902. Festskrift ved hundreaarsjubiloeet for Niels Henrik Abel fosdel (Cristiânia).

Howe, E. S. 1980. "Effects of Partial Simmetry, Exposure Time and Backward Masking on Judged Goodness and Reproduction of Visual Patterns", *Quarterly Journal of Experimental Psychology*, 32, 27.

Hoyle, F. 1977. *Ten Faces of the Universe* (San Francisco: W.H. Freeman and Company).

Hugo, V. 1862. *Les Misérables* (Bruxelas: A. Lacroix, Verboeckhoven & Cie.), traduzido por C. E. Wilbour (Nova York: Modern Library, 1902). [N. do T.: Edição brasileira de 2002. *Os miseráveis*, trad. Frederico de Barros (São Paulo: Cosac & Naify/Casa da Palavra).]

Huxley, T. H. 1868. "A Liberal Education." http://human-nature.com/darwin/huxley/chap2. html.

Hyatt King, A. 1944. "Mozart's Piano Music." *The Music Review*, 5, 163-191.

——. 1976. *Mozart in Retrospect* (Westport, Connecticut: Greenwood Press).

Icke, V. 1995. *The Force of Simmetry* (Cambridge: Cambridge University Press).

Infantozzi, C. A. 1968. "Sur la mort d' Évariste Galois", *Revue d'histoire des sciences*, 21, 1968.

Infeld, L. 1948. *Whom the Gods Love: The Story of Évariste Galois* (Nova York: Whittlesey House, McGraw-Hill).

Jackson, L. A. 1992. *Physical Appearance and Gender: Sociobiological and Sociocultural Perspectives* (Albany: State University of New York Press).

James, I. 2002. *Remarkable Mathematicians: From Euler to von Neumann* (Cambridge: Cambridge University Press).

Jayawardene, S. A. 1972. Em *Dictionary of Scientific Biography*, C. C. Gillespie, org. (Nova York: Charles Scribner's Sons).

Johnstone, R. A. 1994. "Female Preference for Symmetrical Males as a By-Product of Selection for Mate Recognition", *Nature*, 372, 172.

Jones, D. 1996. *Physical Attractiveness and the Theory of Sexual Selection* (Ann Arbor: University of Michigan Press).

Joyner, D. 2002. *Adventures in Group Theory: Rubik's Cube, Merlin's Machine and Other Mathematical Toys* (Baltimore: Johns Hopkins University Press).

Julesz, B. 1960. "Binocular Depth Perception of Computer-Generated Patterns", *Bell System Technical Journal*, 39, 1125.

Kaku, M. 1994. *Hyperspace* (Nova York: Oxford University Press). [N. do T.: Edição brasileira de 2000. *Hiperespaço — uma odisséia científica através de universos paralelos, empenamentos do tempo e a décima dimensão*, trad. Maria Luiza de A. Borges (Rio de Janeiro: Rocco).]

Kaku, M. 2004. *Einstein's Cosmos* (Nova York: Atlas Books). [N. do T.: Edição brasileira de 2005. *O Cosmo de Einstein — Como a visão de Albert Einstein transformou nossa compreensão de espaço e tempo*, trad. Ivo Korytowski. (São Paulo: Companhia das Letras).]

Kalin, N. H. 1993. "The Neurobiology of Fear", *Scientific American*, maio de 94.

Kane, G. L. 2000. *Supersymmetry: Unveiling the Ultimate Laws of Nature* (Nova York: Perseus).

Kaplan, A. 1990. *Sefer Yetzira: The Book of Creation: In Theory and Practice* (Boston: Weiser). [N. do T.: Edição brasileira de 2002. *Sêfer Ietsirá: O livro da criação*, trad. Erwin Von-Rommel Vianna Pamplona. (São Paulo: Sêfer).]

Katz, V. 1989. "Historical Notes", em Fraleigh, 1989.

Keiner, I. 1986. "The Evolution of Group Theory: A Brief Survey", *Mathematics Magazine*, 59(4), 195.

Keller, J. B. 1986. "The Probability of Heads." *American Mathematical Monthly*, 93, 191.

Kepler, J. 1966. *The Six-Cornered Snowflake* (Oxford: Oxford University Press; originalmente publicado em 1611).

Keyser, C. J. 1956. "The Group Concept", em *The World of Mathematics*, vol. 3, J. R. Newman, org. (Nova York: Simon & Schuster; republicado em 2000, Mineola, NY: Dover).

Kiernan, B. M. 1971. "The Development of Galois Theory from Lagrange to Artin", *Archive for History of Exact Sciences*, 8, 40.

Kimberling, C. 1972. "Emmy Noether", *American Mathematical Monthly*, 79, 136.

Kirshner, R. P. 2002. *The Extravagant Universe: Exploding Stars, Dark Energy and the Accelerating Cosmos* (Princeton: Princeton University Press).

Klein, F. 1884. *Lectures on the Icosahedron and the Solution of Equations of the Fifth Degree*, G. G. Morrice, trad. Publicado em 1956 pela Dover (Nova York).

Kline, H. M. e Alder, M. 2000. www.marco-learningsystems.com/pages/ kline/johnny/johnny-chapt7-8.html/.

Kline, M. 1972. *Mathematical Thought from Ancient to Modern Times* (Nova York: Oxford University Press).

Kollros, L. 1949. "Évariste Galois", *Elemente der Mathematik*, n.º 7, 1 (Basel: Verlag Birkhäuser).

Kurzweil, R. 1999. *The Age of Spiritual Machines* (Londres: Orion Business Books).

Lamb, C. 1823. "Essays of Elia: The Two Races of Men." Em *The Norton Anthology of English Literature*, 6ª edição, vol. 2 (Nova York: W. W. Norton).

Langlois, J. H., Kalakanis, L., Rubenstein, A. J., Larson, A., Hallam, M. e Smoot, M. 2000. "Maxims or Myths of Beauty? A Meta-Analytic and Theoretical Review", *Psychological Bulletin*, 126, 390.

Langlois, J. H. e Roggeman, L. A. 1990. "Attractive Faces Are Only Average", *Psychological Science*, I, 115.

Langlois, J. H., Roggman, L. A. e Musselman, L. 1994. "What Is Average and What Is Not Average About Attractive Faces?", *Psychological Science*, 5(4), 214.

Langlois, J. H., Roggman, L. A. e Reiser-Danner, L. A. 1990. "Infants' Differential Social Responses to Attractive and Unattractive Faces", *Developmental Psychology*, 26, 153.

Laudal, O. A. e Piene, R., orgs. 2004. *The Legacy of Niels Henrik Abel: The Abel Bicentennial*, Oslo, 3 a 8 junho de 2002 (Berlim: Springer).

Lederman, L., com Tersei, D. 1993. *The God Particle* (Boston: Houghton Mifflin).

Lederman, L. M. e Hill, C. T. 2004. *Simmetry and the Beautiful Universe* (Amherst, NY Prometheus).

LeDoux, J. E. 1996. *The Emotional Brain* (Nova York: Simon & Schuster). [N. do T.: Edição brasileira de 1998. *O cérebro emocional: os misteriosos alicerces da vida emocional*, trad. T. B. dos Santos (Rio de Janeiro: Editora Objetiva).]

Leeuwenberg, E. L. J. 1971. "A Perceptual Coding Language for Visual and Auditory Patterns." *American Journal of Psychology*, 84(3), 307.

Levey, M. 1954. "Abraham Savasorda and His Algorism: A Study in Early European Logistic", *Osiris*, 11, 50.

Lévi-Strauss, C. 1949. *The Elementary Structure of Kinship*. Republicado em 1971 (Boston: Beacon Press). [N. do T.: Edição brasileira de 1976. *As estruturas elementares do parentesco*. (Petrópolis/São Paulo: Vozes/EDUSP).]

——. 1958. *Structural Anthropology*. Republicado em 1974 (Nova York: Basic Books). [N. do T.: Edição brasileira de 2001. *Antropologia estrutural I*, trad. Chaim S. Katz e Eginardo Pires, e *Antropologia estrutural II*, trad. Maria do Carmo Pandolfo (Rio de Janeiro: Tempo Brasileiro).]

Levy, S. "I Found Einstein's Brain." http://www.echonyc.com/~steven/einstein.html/.

Lewin, D. 1993. *Musical Form and Transformation: 4 Analytic Essays* (New Haven: Yale University Press).

Lindley, D. 1996. *Where Does the Weirdness Go?* (Nova York: Basic Books).

Liouville, J., org. 1846. "Oeuvres mathématiques d'Évariste Galois," *Journal de mathématiques pures et appliquées*, 11, 381.

Lipkin, H. J. 2002. *Lie Groups for Pedestrians* (Mineola, Nova York: Dover Publications).

——. 2000. *The Accelerating Universe: Infinite Expansion, the Cosmological Constant e the Beauty of the Cosmos* (Nova York: Wiley).

Livio, M. 2002. *The Golden Ratio: The Story of Phi, the World's Most Astonishing Number* (Nova York: Broadway Books). [N. do T.: Edição brasileira de 2006. *Razão áurea: A história de fi, um número surpreendente* (Rio de Janeiro: Record).]

Loeb, A. L. 1971. *Color and Simmetry* (Nova York: John Wiley & Sons).

Loftus, M. J. 2001. "The Rorschach Inkblot Test", *Emory Magazine*, vol. 77, número 2.

Lombroso, C. 1895. *The Man of Genius* (Londres: Charles Scribner's Sons).

Ludwig, A. M. 1995. *The Price of Greatness: Resolving the Creativity and Madness Controversy* (Nova York: Guilford Press).

Lyytinen, A., Brakefield, P. M. e Mappes, J. 2003. "Significance of Butterfly Eyespots as an Anti-Predator Device in Ground-Based and Aerial Attacks", *Oikos*, 100, 373.

MacCarthy, F. 1995. *William Morris: A Life for Our Time* (Londres: Faber and Faber).

MacGillavry, C. H. 1976. *Fantasy & Simmetry: The Periodic Drawings of M. C. Escher* (Nova York: Harry N. Abrams).

Mach, E. 1914. *The Analysis of Sensation* (Chicago: Open Court); republicado em 1959 pela Dover (Nova York).

MacKinnon, D. W. 1975. "IPAR's Contribution to the Conceptualization and Study of Creativity," em *Perspectives in Creativity*, I. Taylor e J. W. Getzels, orgs. (Chicago: Aldine Publishing).

Maher, J. e Groves, J. 1996. *Introducing Chomsky* (Cambridge, Inglaterra: Icon Books).

Malkin, I. 1963. "On the 150th Anniversary of the Birth Date of an Immortal in Mathematics," *Scripta Mathematica*, 26, 197.

Maor, E. 1994. *e: The Story of a Number* (Princeton: Princeton University Press). [N. do T.: Edição brasileira de 2003. *A história de um número*, trad. Jorge Calife, rev. técn. Michelle Dysman (São Paulo: Record).]

Marr, D. 1982. *Vision* (Nova York: W. H. Freeman).

Maxwell, E. A. 1965. *Gateway to Abstract Algebra* (Cambridge: Cambridge University Press).

Mayer, O. 1982. "János Bolyai's Life and Work", em *Proceedings of the National Colloquium on Geometry and Topology* (Napoca, Romênia: Cluj-Napoca Technical University Press).

McWeeny, R. 2002. Simmetry: *An Introduction to Group Theory and Its Applications* (Mineola, Nova York: Dover).

Mendola, J. D., Dale, A. M., Fischel, B., Liu, A. K. e Tootell, R. B. H. 1999. "The Representation of Illusory and Real Contours in Human Cortical Visual Areas Revealed by fMRI." *Journal of Neuroscience*, 19, 8560.

Menz, C. 2003. *Morris & Co.* (Adelaide, Austrália: Art Gallery of South Australia).

Mezrich, B. 2002. *Bringing Down the House* (Nova York: Free Press). [N. do T.: Edição brasileira de 2006. *Quebrando a banca: Como seis estudantes ganharam milhões em Las Vegas*, trad. Rubens Figueiredo (São Paulo: Companhia das Letras).]

Miller, A. I. 1996. *Insights of Genius: Imagery and Creativity in Science and Art* (Nova York: Copernicus).

——. 2001. *Einstein, Picasso* (Nova York: Perseus Books).

Miller, G. F. 2000. *The Mating Mind* (Nova York: Doubleday). [N. do T.: Edição brasileira de 2000. *A mente seletiva: como a escolha sexual influenciou a evolução da natureza humana* (Rio de Janeiro: Campus).]

Misner, C. W., Thorne, K. S. e Wheeler, J. A. 1973. *Gravitation* (San Francisco: W. H. Freeman).

Mittag-Leffler, G. 1904. "Niels Henrik Abel." *Ord Och Bild*, 12, 65 e 129.

——. 1907. "Niels Henrik Abel." *Revue du Mois* (Paris), 4, 5 e 207.

Møller, A. P. 1992. "Female Swallow Preference for Symmetrical Male Sexual Ornaments," *Nature*, 357, 238.

——. 1994. *Sexual Selection and the Barn Swallow* (Oxford: Oxford University Press).

Møller, A. P. e Swaddle, J. P. 1997. *Asymmetry, Developmental Stability and Evolution* (Oxford: Oxford University Press).

Molnar, V. e Molnar, F. 1986. "Simmetry-Making and-Breaking in Visual Art," *Computers and Mathematics with Applications*, 12B, nºs. 1-2, 291-301.

Mondor, H. 1954. "L'Étrange rencontre de Nerval et de Galois," *Arts*, 7 de julho.

Mosotti, A. 1972. Em *Dictionary of Scientific Biography*, C. C. Gillespie, org. (Nova York: Charles Scribner's Sons).

Motte, A. 1995, trad. *The Principia* (Amherst, Nova York: Prometheus Books). A obra-prima de Newton de 1686 foi traduzida por Andrew Motte em 1729.

Mozart, W. A., *et al.* 1966. *The Letters of Mozart and His Family*, vol. 1, 2ª edição, Emily Anderson, trad. (Londres: Macmillan), p. 130, p. 137.

Mozzochi, C. J. 2004. *The Fermat Proof* (Vitória, Canadá: Trafford Publishing).

Mumford, D., Series, C. e Wright, D. 2002. *Indra's Pearls: The Vision of Felix Klein* (Cambridge: Cambridge University Press).

N. E. Thing Enterprises. 1995. *Magic Eye Gallery: A Showing of 88 Images* (Kansas City: Andrews & McMeel).

Nagy, D. 1995. "The 2,500-Year-Old Term Simmetry in Science and Art and Its 'Missing Link' Between the Antiquity and the Modern Age", *Simmetry: Culture and Science*, 6, 18.

Newman, J. R. 1956. "The Rhind Papyrus", em *The World of Mathematics*, J. R. Newman, org. (Nova York: Simon & Schuster).

Noether, teorema de: http://en.wikipedia.org/wiki/Noether%27s_theorem/.

Nový, L. 1973. *Origins of Modern Algebra* (Praga: Academia).

O'Connor, J. J e Robertson, E. F. 1996a. www-history.mcs.st-andrews.ac.uk/history/Mathematicians/Bring.html/

——.1996b. www-history.mcs.st-andrews.ac.uk/history/Mathematicians/Galois.html/.

——. 1996c. www-history.mcs.st-andrews.ac.uk/history/Mathematicians/Germain.html/.

——. 1996d. www-history.mcs.st-andrews.ac.uk/history/Mathematicians/Cayley.html/.

——. 1996e. www-history.mcs.st-andrews.ac.uk/HistTopics/Non-Euclidean_geometry.html/.

——. www-history.mcs.st-andrews.ac.uk/history/Mathematicians/Tschirnhaus.html/

——. 1998. www-history.mcs.st-andrews.ac.uk/history/Mathematicians/Euler.html.

——. 1999a. www-history.mcs.st-andrews.ac.uk/history/Mathematicians/Al-Khwarizmi.html/

——. 1999b. www-history.mcs.st-andrews.ac.uk/history/Mathematicians/Abraham.html/

——. 2000a. www-history.mcs.st-andrews. ac.uk/history/HistTopics/Babylonian_mathematics.html/

——. 2000b. www-history.mcs.st-andrews.ac.u~history/HistTopics/Egyptian_mathematics.html/

——. 2000c. www-history.mcs.st-andrews.ac.uk/history/HistTopics/Egyptian_papyri.html/

——. 2000d. www-history.mcs.st-andrews.ac.uk/history/Mathematicians/Gregory.html/

——. 2001a. www-history.mcs.st-andrews.ac.uk/history/Mathematicians/Bezout.html/

——. 2001b. www-history.mcs.st-andrews.ac.uk/history/Mathematicians/Birkhoff.html/.

——. 2002. www-history.mcs.st-andrews.ac.uk/history/Mathematicians/Lie.html/

Odifreddi, P. 2004. *The Mathematical Century: The 30 Greatest Problems of the Last 100 Years* (Princeton: Princeton University Press).

Olson, S. 2004. *Count Down* (Boston: Houghton Mifflin).

Ore, O. 1953. *Cardano, the Gambling Scholar* (Princeton: Princeton University Press).

——. 1954. *Niels Henrik Abel: Et geni og hans Samtid* (Oslo: Gyldendal Norsk Forlag). Traduzido para o inglês em 1957 como *Niels Henrik Abel: Mathematician Extraordinary* (Mineápolis: University of Minnesota Press).

Ore, O. 1972. Em *Dictionary of Scientific Biography*, C. C. Gillespie, org. (Nova York: Charles Scribner's Sons).

Osborne, H. 1952. *Theory of Beauty: An Introduction to Aesthetics* (Londres: Routledge & Kegan Paul). [N. do T.: Edição brasileira de 1999. *Estética e teoria da arte: Uma introdução histórica*, trad. Octávio Mendes Cajado (São Paulo: Cultrix).]

——. 1986. "Simmetry as an Aesthetic Factor," *Computers & Mathematics with Applications*, 12B, N.ºs 1-2, 77.

Osen, L. M. 1974. *Women in Mathematics* (Cambridge, Massachusetts: MIT Press).

Overbye, D. 2000. *Einstein in Love: A Scientific Romance* (Nova York: Viking). [N. do T.: Edição brasileira de 2002. *Einstein Apaixonado*, trad. Ricardo Gouveia (São Paulo: Globo).]

Oxford English Dictionary. 1978 (Oxford: Oxford University Press).

Pagán Westphal, S. 2003. "Decoding the Ys and Wherefores of Males", *New Scientist*, 21 de junho, 15.

Pais, A. 1982. *Subtle Is the Lord: The Science and the Life of Albert Einstein* (Nova York: Oxford University Press). [N. do T.: Edição brasileira de 1995. *Sutil é o Senhor: A ciência e a vida de Albert Einstein*, trad. Fernando Parente e Viriato Esteves (Rio de Janeiro: Nova Fronteira).]

Palmer, A. R. 1994. "Fluctuating Asymmetry Analysis: A Primer", em *Developmental Instability: Its Origins and Evolutionary Implications*, T. A. Markow, org. (Dordrecht, Holanda: Kluwer), 335.

Palmer, S. E. 1991. "Goodness, Gestalt, Groups e Garner: Local Simmetry Subgroups as a Theory of Figural Goodness", em *The Perception of Structure: Essays in Honor of Wendell R. Garner*, G. R. Lockhead e J. R. Pomerantz, orgs. (Washington, DC: American Psychological Association), 23.

Palmer, S. E. 1999. *Vision Science* (Cambridge, Massachusetts: MIT Press).

Palmer, S. E. e Hemenway, K. 1978. "Orientation and Simmetry: Effects of Multiple, Rotational e Near Simmetrys", *Journal of Experimental Psychology*, 4(4), 691-702.

Paraskevopoulos, I. 1968. "Simmetry, Recall e Preference in Relation to Chronological Age," *Journal of Experimental Child Psychology*, 6, 254-264.

Parry, L., org. 1996. *William Morris* (Nova York: Harry N. Abrams).

Pascal, A. 1914. "'Girolamo Saccheri Nella Vita e Nelle Opere," *Giornale di Matematica di Battaglini*, 52, 229.

Paterniti, M. 2000. *Driving Mr. Albert: A Trip Across America with Einstein's Brain* (Nova York: Dial Press). [N. do T.: Edição brasileira de 2003. *Conduzindo o sr. Albert: Uma viagem pelos Estados Unidos com o cérebro de Einstein*, trad. Rosaura Eichenberg (São Paulo: Companhia das Letras).)

Patterson, E. M. e Rutherford, D. E. 1965. *Elementary Abstract Algebra* (Edimburgo: Oliver and Boyd).

Pennisi, E. 2004. "Speaking in Tongues", *Science*, 303, 1321.

Penrose, R. 2004. *The Road to Reality* (Londres: Jonathan Cape).

Perrett, D. I., May, K. A. e Yoshikawa, S. 1994. "Facial Shape and Judgements of Female Attractiveness," *Nature*, 368, 239.

Perrett, D. I., Penton-Voak, I. S., Little, A. C., Tiddeman, B. P., Burt, D. M., Schmidt, N., Oxley, R. e Barrett, L. 2002. "Facial Attractiveness Judgements Reflect Learning of Parental Age Characteristics." *Proceedings of the Royal Society of London B*, 269 (1494), 873.

Pesic, P. 2003. *Abel's Proof: An Essay on the Sources and Meaning of Mathematical Unsolvability* (Cambridge, Massachusetts: The MIT Press).

Peterson, I. 2000. "Completing Latin Squares." *Science News Online*, 157, N.º 19, http:/ /www.sciencenews.org/20000506/mathtrek.asp.

——. 2004. "Heads or Tails?" *Science News*, 28 de fevereiro.

Petsinis, T. 1988. *The French Mathematician* (Nova York: Walker & Company).

Picard, E., org. 1897. *Oeuvres mathématiques d'Évariste Galois* (Reimpresso em1951, Paris: Gauthier-Villars).

Pickover, C. A. 2001. *Wonders of Numbers* (Oxford: Oxford University Press).

Pinker, S. 1994. *The Language Instinct* (Nova York: Morrow). [N. do T.: Edição brasileira de 2002. *O instinto da linguagem: Como a mente cria a linguagem*, trad. Cláudia Berliner (São Paulo: Martins Fontes).]

——. 1997. *How the Mind Works* (Nova York: W. W. Norton & Company). [N. do T.: Edição brasileira de 1999. *Como a mente funciona*, trad. Laura Teixeira Motta (São Paulo: Companhia das Letras).]

Portnoy, E. 1982. "Riemann's Contribution to Differential Geometry," *Historia Mathematica*, 9(1), 1.

Putz, J. F. 1995. "The Golden Section and the Piano Sonatas of Mozart," *Mathematics Magazine*, 68, 275-282.

Rahn, J. 1980. *Basic Atonal Theory* (Nova York: Schirmer Music Books).

Raspail, F.-V. 1839. *Réforme pénitentiaire: Lettres sur les prisons de Paris* (Paris: Tamisey et Champion).

Rees, M. 1997. *Before the Beginning* (Reading, Massachusetts: Helix Books).

Revue encyclopédique, t. 55, 568, setembro de 1832.

Ridley, M. 2003. *The Red Queen* (Nova York: Perennial); originalmente publicado em 1993 pela Penguin (Londres).

Rikowski, A. e Grammer, K. 1999. "Human Body Odour, Simmetry and Attractiveness", *Proceedings of the Royal Society of London B*, 266, 869.

Ritter, F. 1895. "François Viète, inventeur de l'algèbre moderne, 1540-1603. Essai sur sa vie et son oeuvre." *Revue Occidentale Philosophique Sociale et Politique*, 10, 234; 354.

Rock, I. 1973. *Orientation and Form* (Nova York: Academic Press).

Rose, P. L. 1975. *The Italian Renaissance of Mathematics* (Genebra: Librairie Droz).

Rosen, J. 1975. *Simmetry Discovered: Concepts and Applications in Nature and Science* (Cambridge: Cambridge University Press).

——. 1995. *Simmetry in Science: An Introduction to the General Theory* (Nova York: Springer-Verlag).

Rosen, M. I. 1995. "Niels Henrik Abel and Equations of the Fifth Degree", *American Mathematical Monthly*, 102, 495.

Rosenbaum, D. E. 1970. "Statisticians Charge Draft Lottery Was Not Random", *New York Times*, 4 de janeiro de 1970.

Rossi, B. e Hall, D. B. 1941. "Variation of the Rite of Decay of Mesotrons with Momentum", *Physical Review*, 59, 223.

Rothenberg, A. e Hausman, C. R., orgs. 1976. *The Creativity Question* (Durham: Duke University Press).

Rothman, T. 1982a. "Genius and Biographers: The Fictionalization of Évariste Galois", *The American Mathematical Monthly*, 89, 2, 84; revisado em: http://godel.ph.utexas.edu/~tonyr/galois.html/.

——.1982b. "The Short Life of Évariste Galois." *Scientific American*, 246, 4, 136.

Rotman, J. 1990. *Galois Theory* (Nova York: Springer-Verlag).

Rotman, J. J. 1995. *An Introduction to the Theory of Groups* (Nova York: Springer-Verlag).

Rozen, S., Skaletsky, H., Marszalek, J. D., Minx, P. J., Cordam, H. S., Waterston, R. H., Wilson, R. K. e Page, D. C. 2003. "Abundant Gene Conversion between Arms of Palindromes in Human and Ape Y Chromosomes", *Nature*, 423, 873.

Rubik, E., Varga, T., Kéri, G., Marx, G. e Vekerdy, T. 1987. *Rubik's Cubic Compendium* (Oxford: Oxford University Press).

Sabbagh, K. 2003. *The Riemann Hypothesis: The Greatest Unsolved Problem in Mathematics* (Nova York: Farrar, Straus & Giroux).

Sampson, J. H. 1990-1991. "Sophie Germain and the Theory of Numbers", *Archive for History of Exact Science*, 41, 157.

Sarton, G. 1921. "Évariste Galois." *The Scientific Monthly*, 13, 363; reimpresso em 1937, *Osiris*, 3, 241.

Sartre, J.-P. 1964. *Les Mots* (Paris: Gallimard). [N. do T.: Edição brasileira de 2005. *As palavras*, trad. J. Guinsburg. (Rio de Janeiro: Nova Fronteira).]

Schaal, B. e Porter, R. H. 1991. "Microsmatic Humans Revisited: The Generation and Perception of Chemical Signals", *Advances in the Study of Behavior*, 20, 474.

Schattschneider, D. 2004. *M. C. Escher: Visions of Simmetry* (Nova York: Harry N. Abrams).

Schoenberg, A. 1969. *Structural Functions of Harmony* (Nova York: W. W. Norton).

Scholz, E. 1992. "Riemann's Vision of a New Approach to Geometry", em *1830-1930: A Century of Geometry*, L. Boi, D. Flament e J. M. Salanskis, orgs. (Berlim: Springer-Verlag), 22.

Schultz, P. 1984. "Tartaglia, Archimedes and Cubic Equations", *Gazette Australian Mathematical Society*, 11 (4), 81.

Schwarz, C. 2002. *Tales from the Subatomic Zoo* (Staatsburg, NY Small World Books; www.smallworldbooks.net).

Schwarz, P. M. e Schwarz, J. H. 2004. *Special Relativity: From Einstein to Strings* (Cambridge: Cambridge University Press).

Schweitzer, A. 1967. *J. S. Bach* (vol. 1) (Mineola, Nova York: Dover Publications).

Shackelford, T. K. e Larsen, R. J. 1997. "Facial Asymmetry as Indicator of Psychological, Emotional e Physiological Distress", *Journal of Personality and Social Psychology*, 72, 456.

Shubnikov A. V. e Koptsik, V. A. 1974. *Simmetry in Science and Art* (Nova York: Plenum Press).

Shurman, J. 1997. *Geometry of the Quintic* (Nova York: John Wiley & Sons).

Silk, J. 2000. *The Big Bang*, 3ª ed. (Nova York: Times Books). [N. do T.: Edição brasileira de 1985. *O Big bang: A origem do Universo*, trad. Fernando Dídimo Pereira Barbosa Vieira (Brasília: Editora Universidade de Brasília).]

Simonton, D. K. 1999. *Origins of Genius* (Nova York: Oxford University Press).

Singh, D. 1993. "Adaptive Significance of Female Physical Attractiveness: Role of Waist-to-Hip Ratio." *Journal of Personality and Social Psychology*, 65, 293.

——. 1995. "Female Health, Attractiveness e Desirability for Relationships: Role of Breast Asymmetry and Waist-to-Hip Ratio." *Ethology and Sociobiology*, 16, 465.

Singh, S. 1997. *Fermat's Enigma* (Nova York: Anchor Books). [N. do T.: Edição brasileira de 2000. *O último teorema de Fermat*, trad. Jorge Luis Calife (Rio de Janeiro: Editora Record).]

Skaletsky, H., *et al.* 2003. "The Male-Specific Region of the Human Y Chromosome Is a Mosaic of Discrete Sequence Classics", *Nature*, 423, 825.

Smith, D. K. 1997. "Mathematics, marriage and finding somewhere to eat." http://www.pass.maths.org.uk/issue3/marriage/index.html/.

Smith, T. A. 1996. http://jan.ucc.nau.edu/~tas3/musoffcanons.html.

Smolin, L. 2002. *Three Roads to Quantum Gravity* (Nova York: Perseus Books). [N. do T.: Edição brasileira de 2003. *Três caminhos para a gravidade quântica*, trad. Walter J. Maciel (Rio de Janeiro: Rocco).]

Solomon, R. 1995. "On Finite Simple Groups and Their Classification," *Notices of the AMS*, 42(2), 231.

Sommerville, D. Y. 1960. *Bibliography of Non-Euclidean Geometry*, 2ª ed. (Nova York: Chelsea).

Spearman, B. K. e Williams, K. S. 1994. "Characterization of Solvable Quintics *x5+ ax + b, American Mathematical Monthly*, 101, 986.

Stachel, J., org. 1989. *The Collected Papers of Albert Einstein*, vols. 1 e 2 (Princeton: Princeton University Press).

Starr, N. 1997. "Nonrandom Risk: The 1970 Draft Lottery," *Journal of Statistical Education*, 5, n.º 2.

Steiner, G. 2001. *Grammars of Creation* (Londres: Faber and Faber). [N. do T.: Edição brasileira de 2004. *Gramáticas da criação*, trad. Sérgio Augusto de Andrade (Rio de Janeiro: Globo).]

Sternberg, R. J., org. 1998. *Handbook of Creativity* (Cambridge: Cambridge University Press).

Stevens, P. S. 1996. *Handbook of Regular Patterns* (Cambridge, Massachusetts: The MIT Press).

Stewart, I. 1995. *Concepts of Modern Mathematics* (Mineola, NY: Dover).

——. 2001. *What Shape Is a Snowflake?* (Nova York: W. H. Freeman).

——. 2004. *Galois Theory* (Boca Raton, Flórida: Chapman & Hall/CRC).

Stewart, I. e Golubitsky, M. 1992. *Fearful Simmetry: Is God a Geometer?* (Oxford: Blackwell).

Stubhaug, A. 2000. *Niels Henrik Abel and His Times: Called Too Soon by Flames Afar* (Berlim: Springer). Esta é uma tradução da obra norueguesa de 1996, *Et foranskutt lyn, Niels Henrik Abel og hans tid* (Oslo: H. Aschehoug & Co.).

——. 2002. *The Mathematician Sophus Lie* (Berlim: Springer-Verlag).

Swaddle, J. P. e Cuthill, I. C. 1994. "Preference for Symmetric Males by Female Zebra Finches," *Nature*, 367, 165.

Sylow, L. e Lie, S., orgs. 1881. *Oeuvres complètes de Niels Henrik Abel* (Cristiânia: Grondahl & Son); reimpresso em1965 pela Johnson Reprint (Nova York).

Szénássy, B. 1992. *History of Mathematics in Hungary Until the 20th Century* (Berlim: Springer-Verlag).

Szilagyi, P. G. e Baird, J. C. 1977. "A Quantitative Approach to the Study of Visual Simmetry", *Perception & Psychophysics*, 22(3), 287.

Tannery, J., org. 1906. "Manuscrits et papiers inédits de Galois", *Bulletin des Sciences mathématiques*, 2ª ser., 30, 246 e 255.

Tannery, J., org. 1907. "Manuscrits et papiers inédits de Galois", *Bulletin des Sciences mathématiques*, 2ª ser., 31, 275.

Tannery, J., org. 1908. *Manuscrits de Évariste Galois* (Paris: Gauthier-Villars).

Tannery, J. 1909. "Discours Prononcé à Bourg-La-Reine", *Bulletin des Sciences mathématiques*, 19, 1.

Tarr, M. J. e Pinker, S. 1989. "Mental Rotation and Orientation Dependence in Shape Recognition", *Cognitive Psychology*, 21, 233.

Taton, R. 1947. "Les Relations de Galois avec les mathématiciens de son temps." *Revue d'histoire des sciences*, 1, 114.

——.1971. "Sur les relations scientifiques d'Augustin Cauchy et d'Évariste Galois," *Revue d'histoire des sciences*, 24, 123.

——. 1972. "Évariste Galois". Em *Dictionary of Scientific Biography*, C. C. Gillespie, org. (Nova York: Charles Scribner's Sons).

——. 1983. "Évariste Galois and His Contemporaries", *Bulletin of London Mathematical Society*, 15, 107.

Taylor, R. E. 1942. *No Royal Road* (Chapel Hill: University of North Carolina Press).

Terquem, O. 1849. "Biographie. Richard, Professeur", *Nouvelles annales de mathématiques*, 8, 448.

Thomas, R. 2001. "And the Winner Is... " *Plus*, 16 (news) http://plus.maths.org/.

Thornhill, R. e Gangestad, S. W. 1996. "The Evolution of Human Sexuality", *Trends in Ecology and Evolution*, 11, 98.

Thornhill, R., Gangestad, S. W. e Comer, R. 1995. "Human Female Orgasm and Mate Fluctuating Asymmetry", *Animal Behaviour*, 50, 1601.

Thornhill, R., Gangestad, S. W., Miller, R., Scheyd, G., Knight, J. e Franklin, M. 2003. "MHC, Simmetry e Body Scent Attractiveness in Men and Women", *Behavioral Ecology*, 14, 668.

Thornhill, R. e Grammer, K. 1999. "The Body and Face of a Woman: One Ornament That Signals Quality?", *Evolution and Human Behavior*, 20, 105.

Tignol, J.-P. 2001. *Galois' Theory of Algebraic Equations* (Cingapura: World Scientific).

Tooby, J. e Cosmides, L. 1990. "On the Universality of Human Nature and the Uniqueness of the Individual: The Role of Genetics and Adaptation", *Journal of Personality*, 58, 17.

Tootell, R. B. H., Mendola, J. D., Hadjikhani, N. K., Liu, A. K. e Dale, A. M. 1998. "The representation of the ipsilateral visual field in the human cerebral cortex", *Proceedings of the National Academy of Sciences*, 95, 818.

Toti Rigatelli, L. 1996. *Évariste Galois 1811-1832* (Basel: Birkhäuser Verlag).

Tovey, D. F. 1957. *The Forms of Music* (Nova York: Meridian Books).

Trudeau, R. J. 1987. *The Non-Euclidean Revolution* (Boston: Birkhäuser).

Turnbull, H. W. 1993. *The Great Mathematicians* (Nova York: Barnes & Noble Books).

Tyler, C. W. 1983. "Sensory Processing of Binocular Disparity", em *Vergence Eye Movements: Basic and Clinical Aspects*, C. M. Schor e K. J. Ciuffreda, orgs. (Londres: Butterworths).

——. 1995. "Cyclopean Riches: Cooperativity, Neurontropy, Hysteresis, Stereoattention, Hyperglobaliy e Hypercyclopean Processes in Random-Dot Stereopsis", em *Early Vision and Beyond*, T. V. Popathomas, C. Chubb, A. Gorea e E. Kowler, orgs. (Cambridge, Massachusetts: MIT Press).

Tyler, C. W., org. 2002. *Human Simmetry Perception and Its Computational Analysis* (Mahwah, Nova Jersey: Lawrence Erlbaum Assoc.).

Tyson, N. D. G. e Goldsmith, D. 2004. *Origins: Fourteen Billion Years of Cosmic Evolution* (Nova York: W. W. Norton).

van der Helm, P. A. e Leeuwenberg, E. L. 1991. "Accessibility: A Criterion for Regularity and Hierarchy in Visual Pattern Codes", *Journal of Mathematical Psychology*, 35(2), 151.

van der Woerden, B. L. 1983. *Geometry and Algebra in Ancient Civilizations* (Berlim: Springer-Verlag).

——. 1985. *A History of Algebra* (Berlim: Springer-Verlag).

Verdier, N. 2003. "Évariste Galois, Le Mathématicien Maudit", *Pour la Science*, n.º 14, 1.

Verriest, G. 1934. *Évariste Galois et la Théorie des Équations Algébriques* (Louvain: Chez L'Auteur).

Vitruvius. c. 27 a.C.. *De Architectura*, III, I, traduzido em 1914 por M. H. Morgan; reimpresso 1960 pela Dover Publications (Nova York). [N. do T.: Edição brasileira de 1999. Polião, Marco Vitrúvio. *Da Arquitetura.* Tradução e notas Marco Aurélio Lagonegro (São Paulo: HUCITEC/FUPAM) do latim *Vitruvii De Archictetura Libri Decem.*]

Vogel, K. 1972. Em *Dictionary of Scientific Biography*, C. C. Gillespie, org. (Nova York: Charles Scribner's Sons).

Vucinich, A. 1962. "Nicolai Ivanovich Lobachevskii: The Man behind the First Non-Euclidean Geometry", *Isis*, 53, 4653

Walser, H. 2000. *Simmetry* (Washington, DC: The Mathematical Association of America).

Washburn, D. K. e Crowe, D. W. 1988. *Simmetrys of Culture: Theory and Practice of Plane Pattern Analysis* (Seattle: University of Washington Press).

Webb, S. 2004. *Out of This World* (Nova York: Copernicus Books).

Weinberg, S. 1992. *Dreams of a Final Theory* (Nova York: Pantheon Books). [N. do T.: Edição brasileira de 2000. *Sonhos de uma teoria final: A busca das leis fundamentais da natureza*, trad. Carlos Irineu da Costa (Rio de Janeiro: Rocco).]

Wells, D. 1997. *Curious and Interesting Mathematics* (Londres: Penguin Books).

Wertheimer, M. 1912. "Experimentelle Studien über das Sehen von Bewegung," *Zeitschrift für Psychologie*, 61, 161.

Weyl, H. 1935. "Emmy Noether", *Scripta Mathematica*, 3, 201.

Weyl, H. 1952. *Simmetry* (Princeton: Princeton University Press). [N. do T.: Edição brasileira de 1997. *Simetria*, trad. Victor Baranauskas (São Paulo: Edusp).]

Wheatstone, C. 1838. "Contributions to the Physiology of Vision. Part the First. On some remarkable e hitherto unobserved, Phenomena of Binocular Vision", *Philosophical Transactions of the Royal Society, Part 1*, 371 (reimpresso em *The Scientific Papers of Sir Charles Wheatstone*, Londres, 1879, p. 225).

Wheeler, J. A. 1990. *A Journey into Gravity and Spacetime* (Nova York: Scientific American Library).

Whistler, J. M. 1890. "The Gentle Art of Making Enemies", *Propositions*, 2.

Whiteside, D. T. 1972. Em *Dictionary of Scientific Biography*, C. C. Gillespie, org. (Nova York: Charles Scribner's Sons).

Wilde, O. 1892. *O leque de lady Windermere*, ato III.

Willard, H. F. 2003. "Tales of the Y Chromosome", *Nature*, 423, 810.

Wilson, D. 1986. "Simmetry and Its 'Love-Hate' Role in Music." *Computers & Mathematics with Applications*, 12B, n.os 1-2, 101.

Wilson, E. B. 1945. "Obituary: George David Birkhoff", *Science (NS)*, 102, 578.

Winchel, F. 1967. *Music, Sound and Sensation* (Nova York: Dover).

Winner, E. 1996. *Gifted Children: Myths and Realities* (Nova York: Basic Books).

Witelson, S. F., Kigar, D. L. e Harvey, T. 1999. "The Exceptional Brain of Albert Einstein", *The Lancet*, 353, 2149.

Witten, E. 2004a. "Universe on a String". Em *Origin and Fate of the Universe* (edição especial da *Astronomy* sobre cosmologia).

Witten, E. 2004b. "When Simmetry Breaks Down", *Nature*, 429, 507.

Wolff, C. 2001. *Johann Sebastian Bach: The Learned Musician* (Nova York: W. W. Norton & Company).

Wolfram, S. 2002. *A New Kind of Science* (Champaign, Illinois: Wolfram Media), 873.

Wood, J. M., Nezworski, M. T., Lilienfeld, S. O. e Garb, H. N. 2003. *What's Wrong with the Rorschach?* (San Francisco: Jossey-Bass).

Wussing, H. 1984. *The Genesis of the Abstract Group Concept* (Cambridge, Massachusetts: The MIT Press).

Yaglom, I. M. 1988. *Felix Klein and Sophus Lie: Evolution of the Idea of Simmetry in the Nineteenth Century* (Boston: Birkhauser).

Yardley, P. D. 1990. "Graphical Solution of the Cubic Equation Developed from the Work of Omar Khayyam," *Bull. Inst. Math. Appl.*, 26, 5/6, 122.

Youschkevitch, A. P. 1972a. *Dictionary of Scientific Biography*, C. C. Gillespie, org. (Nova York: Charles Scribner's Sons).

Youschkevitch, A. P. 1972b. Em *Dictionary of Scientific Biography*, C. C. Gillespie, org. (Nova York: Charles Scribner's Sons).

Zahavi, A. 1975. "Mate Selection: A Selection for the Handicap", *Journal of Theoretical Biology*, 53, 205.

Zahavi, A. 1991. "On the Definition of Sexual Selection, Fisher's Model e the Evolution of Waste and of Signals in General", *Animal Behavior*, 42(3), 501.

Zahavi, A. e Zahavi, A. 1997. *The Handicap Principle: A Missing Piece of Darwin's Puzzle* (Oxford: Oxford University Press).

Zee, A. 1986. *Fearful Simmetry: The Search for Beauty in Modern Physics* (Nova York: Macmillan Publishing Company).

Zund, J. D. 1983. "Some Comments on Riemann's Contributions to Differential Geometry", *Historia Mathematica*, 10(1), 84.

Zweibach, B. 2004. *First Course in String Theory* (Cambridge: Cambridge University Press).

CRÉDITOS

O autor e a editora agradecem a permissão de reproduzir os seguintes materiais:

ARTE

Figs. 1, 3, 6-9, 12-15, 18-25, 27, 28, 30, 32, 33, 35, 74-77, 79-82, 84, 87, 89, 90, 92, 96, 98, 100-105 e as figuras do apêndice 1 e apêndice 10: de Krista Wildt.

Fig. 2: Alinari/Art Resource, NY; Uffizi, Florença, Itália.

Figs. 4, 5, 25: por Ann Feild.

Fig. 10a: Cortesia de Ricardo Villa-Real. De *The Alhambra and the Generalife* de Ricardo Villa-Real.

Fig. 10b: "Desenho de Simetria E116 (Peixe)" de M. C. Escher, © 2004 The M. C. Escher Company, Baarn, Holanda. Todos os direitos reservados.

Fig. 11a: Morris & Company, Londres (1861-1940), William Morris, desenhista (1834-1896): *papel de parede Maçã* (*azul*), Londres, criado em 1877. Xilogravura colorida sobre papel, rolo de 56,0 cm de largura. Doação de Haslem & Whiteway Ltd. 2002, Art Gallery of South Australia, Adelaide.

Fig. 11b: Morris & Company, Londres (1861-1940), William Morris, designer (1834-1896): *papel de parede St. James* [*fragmento*], 1884, Londres, criado em 1881. Xilogravura colorida sobre papel, irreg. 38,5 × 17,0 cm. Doação de Scotch College, Torrens Park, Adelaide 1992, Art Gallery of South Australia, Adelaide.

Fig. 16: M. C. Escher's "Simmetry Drawing E97 (Dogs)," © 2004 The M. C. Escher Company, Baarn, Holanda. Todos os direitos reservados.

Fig. 17: Cortesia de Thomas M. Brown, NASA e ESA.

Fig. 29: © 2004 Magic Eye Inc./www.magiceye.com/

Fig. 31: © 2005 Bridget Riley, todos os direitos reservados.

Fig. 34: Fotografia © The British Museum.
Figs. 36, 39, 40, 41, 43-46, 78, 83: "Fondo Ritratti" da Biblioteca Speciale di Matematica "Giuseppe Peano", com a ajuda de Laura Garbolino e Livia Giacardi.
Figs. 37, 42, 49, 58, 62, 73: Cortesia do autor.
Fig. 38: B.U.B., ms. 595, N, 7, c. 30 v., Biblioteca Universitaria di Bologna.
Figs. 47, 48, 51: Cortesia de Arild Stubhaug. *De Niels Henrik Abel and His Times: Called Too Soon by Flames Afar*, de Arild Stubhaug.
Figs. 50, 95: Departamento de Matemática, Universidade de Oslo, Noruega, com a ajuda de Yngvar Reichelt.
Figs. 52-56, 59, 68, 70-72: Municipalidade de Bourg-la-Reine, com a ajuda de Philippe Chaplain. Fig. 59: Archives Nationales F17.4176.
Figs. 57, 61, 66, 69: Bibliothèque de l'Institut de France, com a ajuda de Norbert Verdier.
Fig. 60: Réunion des Musées Nationaux/Art Resource, NY; Louvre, Paris, França.
Fig. 63: © Photothèque des musées de la ville de Paris/Cliché: Andreani. Musée Carnavalet.
Fig. 64: Bibl. Historique de la ville de Paris, com a ajuda de Norbert Verdier.
Figs. 65, 106: Archives de l'Académie des sciences, com a ajuda de Norbert Verdier.
Fig. 67: Cent ans d'assistance publique à Paris, com a ajuda de Norbert Verdier.
Figs. 85, 88, 93, 94: Coleção particular do Dr. Elliott Hinkes. "Celestial Harmony: Four Visions of the Universe", em exposição na Biblioteca Milton S. Eisenhower; Universidade Johns Hopkins, 26 de abril a 30 de maio de 2004.
Fig. 86: Derby Museums e Art Gallery.
Fig. 97: De John Bedke.
Fig. 99: Adaptado com permissão de Forsman & Merilaita 1999.

TEXTO

Apêndice 5: Versos de Tartaglia, reimpresso com a permissão de Ron G. Keightley.
Apêndice 8: A árvore genealógica de Galois, da Municipalidade de Bourg-la-Reine, com o auxílio de Philippe Chaplain.
O poema "Chromodynamics": Reimpresso com a permissão de Cindy Schwarz.
O autor tentou, de boa-fé, entrar em contato com os detentores dos direitos autorais da arte neste livro, mas, em alguns casos, não conseguiu localizá-los. Tais detentores dos direitos autorais devem entrar em contato com a Simon & Schuster, 1230 Avenue of the Americas, New York, NY 10020.

ÍNDICE REMISSIVO

Este livro foi composto na tipologia Agaramond,
em corpo 11,5/15,5, e impresso em
papel off-white 80g/m², no Sistema Digital Instant
Duplex da Divisão Gráfica da Distribuidora Record.